Alfred Möllers Dauerwaldidee

Wilhelm Bode (Hg.)

Alfred Möllers Dauerwaldidee

Mit den Reprints sämtlicher Beiträge Alfred Möllers zur Dauerwaldidee 1920–1922

Herausgegeben und kommentiert von Wilhelm Bode aus Anlass einer 100-jährigen Diskussion um die revolutionäre Dauerwaldidee Alfred Möllers

Matthes & Seitz Berlin

Gewidmet

all denjenigen Forstbeamten,

die seit Möllers Dauerwaldidee vor 100 Jahren
von ihren forstlichen Vorgesetzten
in ihrem beruflichen Fortkommen behindert
oder gar aus ihrer Position entfernt wurden,
weil sie seine Grundsätze eines naturgemäßen Waldbaus
im Wald verwirklichen wollten und
sich darum dem Holzackerbau
des Altersklassenwaldes verweigerten.

Inhalt

KOMMENTIERUNGEN

Einstürzende Mauern
Über die globalen Krisen unserer Zeit sind zahlreiche Bücher geschrieben worden. [...] Die Welt ist im Umbruch. Mauern bröckeln, Tyrannen stürzen, Polkappen und Gletscher schmelzen. [...] Doch was tief eingefroren und unverändert erscheint, sind unsere Denkgewohnheiten. Warum ist das so? Warum schaffen wir kollektiv eine Wirklichkeit, die niemand will? [...] Und was können wir tun, um diese Muster, durch die wir fest im Griff der Vergangenheit bleiben, zu durchbrechen?[1]

Reden wir also Tacheles!

Von Wilhelm Bode

Wald ist nicht alles, aber ohne Wald ist alles nichts. Eine bittere Lehre, die die internationale Politik, und so auch die deutsche Regierung, in ihrer fundamentalen Bedeutung erst seit der Sommertrockenheit der Jahre 2018/19 mit ihren Folgekalamitäten und den zunehmenden Waldbränden rund um den Globus zu begreifen scheint.

C. Otto Scharmer und Katrin Käufer entwerfen in ihrem Buch *Von der Zukunft her führen – Theorie U in der Praxis* einen operativ planbaren Weg von der Egosystem- zur Ökosystem-Wirtschaft, also einer Herausforderung, die sich nirgends dringender stellt als in der Forstwirtschaft. Denn fraglos bewirtschaftet diese das terrestrische Ökosystem, das am intensivsten mit der Biosphäre im Austausch steht und gleichzeitig deren Lebensfreundlichkeit maßgeblich mitbestimmt, wenn nicht sogar determiniert.

Politische Paralyse durch Lobbyismus

Bei allem Verständnis für die Zwickmühle, in der Regierungen in pluralistischen Gesellschaften wie der Bundesrepublik parteipolitisch gefangen sind, sehen sie sich zusätzlich einer offen oder versteckt agierenden, sich vermeintlich wissenschaftlichen Lobby gegenüber, sobald es um Reformen geht – darunter sogar der Forstwissenschaft selbst. Doch der Wald hat für unsere Biosphäre eine zentrale, ja unverzichtbare Bedeutung und er ist, wie auch die Gesellschaft, Leidtragender dieser Auseinandersetzung.

Systembedingte Hindernisse in der politischen Entscheidungsfindung müssen deswegen identifiziert und überwunden werden. Systembedingt, weil wir trotz allen Geredes von der deutschen Waldliebe eine Gesellschaft mit eingemauerten Interessenssphären sind, die sich bis in die Parlamente festgesetzt haben und die Forstpolitik der Regierung waldökologisch erblinden lassen. Die Spitze des deutschen Lobby-Eisbergs in der besonders strukturkonservativen Forstwirtschaft mit ihrer falschen, am Ackerbau orientierten, Ausrichtung, dem sogenannten Anbauprinzip (Holzackerbau), bildet ihr Spitzenfunktionär. Der Vorsitzende der deutschen Waldbesitzerverbände (AGdW e.V.), Hans Georg von der Marwitz, ein gelernter Landwirt und Ackerbauer, ein ebenso freundlicher wie vertrauenserweckender Herr, sitzt als Bundestagsabgeordneter in der Regierungsfraktion der Forstministerin Julia Klöckner. Dort blockiert er jede auf die Zukunft unserer Biosphäre ausgerichtete Transformation der Forstwirtschaft. Er berät die waldpolitisch unerfahrene Winzerin zur Fortsetzung der real existierenden Plantagenwirtschaft, denn nichts anderes sind unsere an Baumarten verarmten Wirtschaftswälder. Sowohl ratsuchende Weinkönigin wie Rat gebender Landwirt sind praktischerweise frei von Kenntnissen der Waldökologie oder auch nur alternativer waldbaulicher Betriebsweisen als der des schlagweisen Altersklassenwaldes, dem Holzackerbau, der unsere Plantagenwälder erzeugt. Von der Marwitz kann als Mitglied des zuständigen Bundestagsausschusses und der Regierungspartei *über die konkrete Forstpolitik mitentscheiden und hinter verschlossenen Türen sein Veto einlegen,* ebenso wie die in den Bundestag entsandten und in zahllosen Aufsichtsräten fürstlich entlohnten Lobbyisten der Agrarindustrie derselben Partei. Und natürlich bildet Herr von der Marwitz nur die Spitze des scheinbar einzigen Eisbergs, der trotz Klimaerwärmung nicht zu schmelzen beginnt. Sekundiert wird der parlamentarische Lobbyismus ihres Spitzenvertreters von unzähligen Lobbyorganisationen, die in Teilen von hohen Forstbeamten in den Ministerien und den staatlichen Landesforstbetrieben mit gesteuert werden, wie zum Beispiel der Deutsche Forstverein e.V. (DFV), die Schutzgemeinschaft Deutscher Wald e.V. (SDW), das Kuratorium für Waldarbeit und Forsttechnik e.V. (KWF), der Verband Deutscher Forstlicher Forschungsanstalten (DVFFA), der Deutsche Forstwirtschaftsrat e. V. (DFWR), der Bund Deutscher Baumschulen e. V. (BdB), die Gütegemeinschaft für forstliches Vermehrungsgut e.V. (DKV), der Bund Deutscher Forstleute (BdF im Beamtenbund) etc. Sie alle sind, sieht man von jeweils divergierenden Grüngarnierungen in ihren Programmen ab, mehr oder weniger festgelegt auf die realexistierende Forstwirtschaft, nämlich die schlagweise, pflanzaktive Altersklassenwirtschaft. Sie alle sind sich darin einig, die gegenwärtige Forstwirtschaft als alternativlos zu unterstützen und die industrielle Holzversorgung sicherzustellen – mehr nicht. Die dreiste Krönung dieses Lobbyismus ist die Gründung des PEFC Deutschland e.V., ein Verein, mit dessen Hilfe sich jeder Waldbesitzer selbst die ökologische Nachhaltigkeit bescheinigen kann.[2] Freilich nur die der Holzerzeugung im engeren Sinn, wie sie vor 300 Jahren erstmals formuliert wurde.

Nach Scharmer und Käufer markiert das den Verlust der Steuerungsfähigkeit der Politik auf ihrem dringend gebotenen Weg, sich von Denkmustern der Vergangenheit zu lösen. Er spricht von einer *kollektiven Paralyse*, die durch die entkoppelte Beziehung der Gesellschaft zur politischen Entscheidungsebene immer nur Ergebnisse erzeugt, die sonst niemand mehr will – ganz ähnlich wie in der Landwirtschaft und der Fleischproduktion. Das Ergebnis ist überall und nicht nur in der Forstpolitik ein spürbares Defizit einer mit dem Lobbyismus verschränkten politischen Praxis, die zwar agiert, aber fast mit schlafwandlerischer Sicherheit immer das tut, was nicht hilft. Dieser sich während der Regierungszeit Angela Merkels immer deutlicher abzeichnende Zustand politischer Paralyse durch einen immer umfassenderen Einfluss von Lobbyisten, dem keine politische Richtungsentscheidung mehr entgegengesetzt wird, lässt sich mit den Worten beschreiben: Was nutzt, geht nicht, was geht, nutzt nicht! So auch die Verkündung eines sogar schädlichen milliardenschweren Pflanzprogramms der Bundesregierung 2019, welches die Probleme im Wald eher prolongiert, statt ihnen abzuhelfen. Weniger Geld wäre in diesem Fall *nämlich ökologisch wie ökonomisch mehr!*

Ein bedingungsfreies Geldgeschenk

Das wohl eindrücklichste Beispiel für diese unheilige Allianz der Politik lieferten Hans Georg von der Marwitz und Julia Klöckner unbemerkt von medialer Kritik im Spätsommer 2020. Es war die forstpolitische Umsetzung des Koalitionsbeschlusses zum Regierungsprogramm vom 3. Juni 2020 und ein Meisterstück des forstlichen Lobbyismus.

Das aus Anlass der Corona-Pandemie beschlossene Konjunkturprogramm im gigantischen Umfang von erstmalig 130 Milliarden Euro sollte dabei natürlich auch dem privaten Waldbesitz zugutekommen.[3] Dieser war zwar angesichts der aktuellen »Waldkrise« und der dadurch ohnehin holzgesättigten Nachfrage von der Pandemie gar nicht betroffen. Infolge der Kalamität 2018/19 liegt nämlich bis zum Fünffachen des regulären Jahreseinschlags für Jahre auf Lager, und die Waldbesitzer schlagen deswegen möglichst nichts mehr ein. Auch kann der Waldbesitz durch eigenes Dazutun kaum als Konjunkturmotor angesehen werden, ist er doch stets auf einen maximal nachhaltigen Nutzungssatz verpflichtet. Die Corona-Pandemie schadete auch weder der Baukonjunktur, erst recht nicht der Papiernachfrage (man denke nur an die kurzzeitig erhöhte Nachfrage nach Toilettenpapier) noch dem Energieholzmarkt, im Gegenteil, die Holzpreise ziehen international drastisch an und inzwischen auch die nationalen. Die Möbelkonjunktur wurde sogar infolge der neuen Corona-Häuslichkeit angeheizt. Man könnte also mit Fug und Recht behaupten, die Forstwirtschaft stand auf der Gewinnerseite der durch die Corona-Epidemie veränderten Nachfrageentwicklung, unter der viele andere Sektoren tatsächlich zu leiden hatten. Auch ging es dabei nicht um die ohnehin förderfähigen Aufwendungen zur Beseitigung der Waldschäden, insbesondere um die hohen Kosten der Wiederbewaldung. Sie werden den Waldbesitzern im Rahmen der *Gemeinschaftsaufgabe Verbesserung der Agrarstruktur und des Küstenschutzes* ohnehin weitgehend als förderfähig erstattet. Das gilt grundsätzlich immer und man könnte sogar meinen zur Vorbeugung, damit sie nicht etwa aus Schaden klug werden und ihr falsches waldbauliches Betriebskonzept zu ändern beginnen.

Die politische Herausforderung lautete also, wie kann die Politik den Geldsegen in die Taschen privater Waldbesitzer transferieren, obwohl ja von einer Konjunktur*hilfe* in Kenntnis aller Beteiligten nicht gesprochen werden kann.

Das gemeinsame Ziel hieß: Keinem Waldbesitzer irgendwelche Anstrengungen abzuverlangen, es dafür aber mit dem Heiligenschein der Waldökologie und der Nachhaltigkeit so unbürokratisch wie nur möglich zu bemänteln. Der Weg war schnell gefunden, durch die Zusammenarbeit mit der AGDW unter Vorsitz ihres freundlichen Herrn von der Marwitz. Das Ergebnis hat sich gelohnt: Jeder deutsche Waldbesitzer (privat oder kommunal) kann ab sofort eine pauschale Prämie pro Hektar, den offiziell als »Nachhaltigkeitsprämie« ausgegebenen Geldsegen, beantragen und bedarf dazu nur der Zertifizierung durch einen der beiden Waldzertifizierer, dem FSC oder dem PEFC.[4]

Nun muss man wissen, dass beide Systeme bisher nicht im Geringsten zu einer nachhaltigeren, über den gesetzlichen Rahmen hinausgehenden Bewirtschaftung oder gar zu einer ökologischen Holzerzeugung beigetragen hätten, denn sie wurden von vornherein unwirksam konzipiert. Beide Zertifikate leben als Markt-Dienstleistungen davon, es ihren Auftraggebern, den Waldbesitzern, nicht allzu schwer zu machen. Im Fall des PEFC lässt sich sogar historisch belegen, dass er allein deswegen von Forstlobbyverbänden und den staatlichen Forstbetrieben gegründet wurde, um den zunächst befürchteten Einfluss waldökologischer NGOs durch die Gründung des FSC abzuwehren.[5] Sein offenkundig einziger Zweck ist ein schön klingendes Zertifikat zu vergeben, das es erlaubt, alles beim Alten zu lassen. Es bestand seitens seiner Begründer nämlich die akute Befürchtung, die Forstwirtschaft würde sonst zu einer waldökologischen Bewirtschaftung von außen gezwungen. Das hat sich in der Zwischenzeit zwar als unbegründet herausgestellt. Denn das zunächst von den NGOs begeistert unterstützte vermeintliche *Öko-Zertifikat*, das FSC, war nicht auf die notwendige systemische Veränderung der Holzerzeugung ausgerichtet, sondern eher auf optische Grüngarnierung.[6] So stellen die beiden sich gegenseitig ergänzenden Zertifikate sicher, dass kein einziger Waldbesitzer in Deutschland – wie immer er auch vor sich hinarbeitet – durchs Raster der Zertifizierung fällt. Im Ergebnis wird der Holzerzeugung im Altersklassenwald in Deutschland somit eine flächendeckende ökologische Generalamnestie ausgestellt, indem ihr bescheinigt wird, gar nicht besser wirtschaften zu können. Diesen Zirkelschluss nannte man in den Fünfzigerjahren noch *Kielwassertheorie* und meinte damit, wer im Wald Holz erzeugt, arbeitet eo ipso umfassend nachhaltig.

Wohl nirgends in der Wirtschaft gibt es damit ein derart ökologisch ambitionsloses Selbstverständnis wie in der Forstwirtschaft. Diese Problematik wirft ein besonders krasses Schlaglicht auf eine Zertifikate-Industrie, die zwar den Dienstleistungssektor gepuscht, aber in kaum einem anderen Sektor zu tieferer Nachhaltigkeit geführt hat. Im Ergebnis erzieht diese Inflation von Zertifikaten die Verbraucher dazu, nicht mehr auf die Öko-Logos auf den Produkten zu achten. Zertifikate dienen damit längst als Freifahrtschein des guten Gewissens – weniger der Konsumenten als der Regierenden.

Jedoch hatte nicht jeder Waldbesitzer zuvor eines der Zertifikate erworben und wirtschaftete deswegen auch ohne ganz gut weiter wie gewohnt. Das gilt vor allem für Betriebe, die nach den Grundsätzen der ANW, der Arbeitsgemeinschaft Naturgemäße Waldwirtschaft arbeiten, also den Dauerwald anstreben. Diese passen ohnehin nur mit Biegen und Brechen überhaupt in die eher sinnlosen Regeln der Zertifizierer, die mitunter der Natur sogar zuwiderlaufen. Warum also Geld ausgeben? Zwar hatte die einstige Unterstützung des FSC-Zertifikats durch die Umweltszene diesem einen ökologischen Anscheinsvorteil vermittelt, dafür war es aber deutlich teurer, weil wesentlich bürokratischer. Das Problem wurde schnell gelöst. FSC-Waldbesitzer bekommen einen erhöhten Hektar-Satz des staatlichen Geldgeschenks. Und damit sich später niemand beklagen kann, wurde den Waldbesitzern auch noch erlaubt, sich sogar nachträglich von einem der beiden Anbieter zertifizieren zu lassen. Der vermutlich einzige Konjunktur fördernde Aspekt des Ganzen war damit schlussendlich eine Förderung des Dienstleistungsmarktes *für* beide Zertifizierer. Damit war das Werk vollbracht:[7] Jeder deutsche Waldbesitzer kann sich gefahrlos für seine derzeitige Wirtschaftsweise zertifizieren lassen und nimmt bedingungslos am Geldsegen teil. Die einzige echte Bedingung, die allerdings für jeden Bürger dieses Staates gilt: Sie sollen sich möglichst an die Gesetze halten.

Wie lautete noch das offizielle Versprechen der Regierung Merkel, um das einmalige 130-Milliarden Konjunkturprogramm dem Steuerzahler verständlich zu machen: »Deutschland schnell wieder auf einen nachhaltigen Wachstumspfad zu führen, der Arbeitsplätze und Wohlstand sichert. Dazu bedarf es nicht nur der Reaktion auf die Auswirkungen der Krise, sondern vielmehr eines aktiv gestalteten innovativen Modernisierungsschubs und der entschlossenen Beseitigung bestehender Defizite. Diese Krise wird einschneidende Veränderungen bewirken, Deutschland soll gestärkt daraus hervorgehen.«[8] Na dann, im Wald jedenfalls weiter wie bisher. Nur mit einem unschönen Beigeschmack, je kleiner ein Waldbesitz ist, desto unwahrscheinlicher ist es, dass er zertifiziert wird, denn er ist für private Zertifizierer wirtschaftlich ziemlich uninteressant.[9] Rund 1,8 Millionen Waldbesitzer hat Deutschland, das ganz überwiegende Gros davon Kleinwaldbesitz unter 50 Hektar mehrheitlich mit Waldbesitzgrößen unter 5 Hektar. Wo landet wohl der größte Teil der Millionenförderung wieder einmal? Ein Hektar Wald wird zurzeit mit ca. 15.000 Euro oder mehr gehandelt. Dagegen nimmt sich die Förderung in Höhe von 100 Euro je Hektar (bzw. 120 Euro je Hektar beim FSC) eher mickerig aus. Die

Größe bringt's! Auch wenn bei 200.000 Euro die Förderung gekappt wird, fließt sie doch einem geförderten Grundvermögen von mindestens 30 Millionen Euro zu – ohne ökologische Gegenleistung, versteht sich.

Die waldbauliche Freiheit – ein Trugschluss auf Kosten der Waldökologie

Das Ergebnis dieser in *ökologischer* Hinsicht ambitionslosen Politik der Bundesregierung und der Länder ist bis heute die weithin unbekannte Tatsache, dass zwar die waldbauliche Betriebsweise eines Forstbetriebes den biologischen Waldzustand determiniert, aber der ungeregelten Freiheit jedes Eigentümers überlassen bleibt. Er ist betrieblich freier als jeder andere Betrieb unserer Volkswirtschaft, ob Bäcker, Fleischer, Frisör oder Automobilbauer, solange er nur auf dem Papier im zehnjährigen Durchschnitt nicht mehr Holz einschlägt als in seinem forstlich und steuerlich genehmigten Betriebsplan vorgesehen ist (sogenannter *Nachhaltshiebsatz*).

Zeichnung: Johannes von Freydorf (Aus: *Je wilder desto wertvoller*, hrsg. vom NABU Deutschland, 2019).

Darauf bezieht sich die Never-ending-Story von der deutschen Erfindung der Nachhaltigkeit, denn mehr verbirgt sich nicht dahinter. Unsere Forstgesetze regeln zwar wirksam den Bestand der juristisch als Wald geltenden Grundflächen (den sogenannten »Wald im Sinne des Gesetzes« als Holzproduktionsfläche), nicht aber die umweltrelevantere Betriebsweise der Holzproduktion, welche seine ökologische Leistungsfähigkeit bestimmt. Ihre biologische Qualität ist dem freien Willen des Bewirtschafters ausgeliefert – und genauso sieht der Wald auch aus.[10] Eine ökologisch befriedigende Betriebsweise finden wir am ehesten in den wenigen, in privater Hand befindlichen Forstbetrieben unterschiedlichster Größenordnung, die sich in der Arbeitsgemeinschaft Naturgemäße Waldwirtschaft (ANW) zusammengefunden haben. Die Wälder in Hand der Bürger, nämlich die der Kommunen und der Länder (ca. 50 % der Waldfläche), hingegen werden nur im Ausnahmefall naturschonender oder in einer waldbaulichen Betriebsweise bewirtschaftet, die man als naturnah bezeichnen könnte. Allen ideologischen Vorurteilen zum Trotz sind gerade sie, die öffentlichen Wälder, meistens keine Vorbilder für private Forstbetriebe. Es sind die Verwaltungsspitzen der Staatsforstbetriebe und Forstverwaltungen, die die zuständigen Minister forstpolitisch beraten, wenn sie über Vorschläge der genannten *ökonomischen Interessensvertretungen* befinden. Doch deren Vorschläge haben sie im Hintergrund mitunter selbst mit verfasst[11] und man kann sich vorstellen, in welche Richtung sie ihre politischen Dienstherren, ausnahmslos forstliche Laien, später beraten. Sie verhindern seit mehr als siebzig Jahren hinter dem schützenden Schild der Privatwaldinteressen, dass wenigstens für den öffentlichen Wald schärfere Forstgesetze die sogenannte *waldbauliche Freiheit, auch im öffentlichen Wald,* einschränken.

Die globale Waldfläche und ihre biologische Leistungsfähigkeit sind indessen ein Kardinalpunkt jeder erfolgreichen Klimasteuerung und gleichzeitig ein *tipping point* des Klimawandels. Der erste Schritt, ihm forstlich zu begegnen, beginnt im Wald vor unserer Haustür und nicht etwa im Amazonas. Der Streit, wie wir mit dem Wald betrieblich und waldbaulich zum Zweck der Holzproduktion umgehen sollten, muss hier ausgetragen und entschieden werden und nicht durch mediale Empörung über den brasilianischen Präsidenten Jair Bolsonaro oder einen der anderen weit entfernten, globalen Akteure. Sie geraten erst dann in ihren Ländern unter nationalen Druck, wenn wir mit gutem Beispiel vorangehen.

Genauer hinschauen!

Der Frontverlauf des Diskurses ist kompliziert. Einerseits scheinen sich die widerstreitenden Interessen am deutschen Wald einig zu sein, dass er eine effiziente CO_2-Senke sein könnte, und wir ihn darum schützen und vermehren sollten. Auch weil das Holz ein Biosphärenrohstoff ist, der zu universalem Gebrauch einlädt, nachwächst und sich als Abfall wieder gut in die natürlichen Kreisläufe einordnen lässt. Einig ist man sich auch, dass er eine Vielzahl von *social benefits* (Erholung, Trinkwasser, Lärmschutz, Landschaftsqualität, Luftreinhaltung etc.) liefern kann, die die Gesellschaft dringender braucht als je zuvor, und er nicht zuletzt einen positiven Einfluss auf ein ausgeglichenes Lokalklima ausüben kann, was angesichts des Klimawandels besonders wichtig ist. Und selbst die Energie- und Kapitalintensität der Forstwirtschaft je Jahr und Hektar Betriebsfläche ist im Vergleich zu allen anderen Sektoren vernachlässigbar gering. Wenn auch anstrengungslos, denn sie ist biologisch

Zeichnung: Johannes von Freydorf.

systembedingt durch das extrem langsame Baumwachstum. Mit anderen Worten, die *immergrüne* Forstwirtschaft hat *per se* den Anschein Gutes zu tun und nur wenig Energie- und Fremdstoffeinsatz zu benötigen. So weit, so gut!

Doch andererseits bestehen Zweifel an ihrer ökologischen Qualität in breiten Schichten unserer Gesellschaft, unterstützt von Umweltverbänden, dem Natur- und Gewässerschutz, Landschaftsökologen, vielen Waldnutzern wie zum Beispiel Wanderern und Erholungsuchenden. Sie streiten mit der Politik, den Forstverbänden und Waldbesitzern, der Holzindustrie, Forstwissenschaft und staatlichen Forstbürokratie darüber, wie die Leistungen der Forste, seine *social benefits,* im Zuge der Holzproduktion gesichert und gesteigert werden können. Und das, ohne gleichzeitig erhebliche *social costs* zu verursachen, etwa hinsichtlich Arten- und Gewässerschutz, durch Raubbau an unseren letzten, noch einigermaßen natürlichen Waldböden, durch Kalamität bedingten Waldverlust etc. Sie bezweifeln, dass unsere Wirtschaftsforste aufgrund der naturfernen Betriebsweise des sogenannten standortgerechten Altersklassenwaldes überhaupt eine CO_2-Senke begründen, denn ihnen fehlt jegliche Resilienz gegenüber Wetterextremen und Schädlingen. Es ist unbestritten, dass die Forstwirtschaft sich in dem Moment, in dem ihre labilen Kunstforste sich in Kahlflächen verwandeln, schlagartig von einer CO_2-Senke zur CO_2-Quelle verwandelt. Und das geschieht von einem auf den nächsten Tag in gewaltigen Größenordnungen und ist bei rund 50 Prozent unserer Waldfläche, den Nadelholzforsten, mit mindestens 70 bis 80-prozentiger Wahrscheinlichkeit bereits der Fall. Dann ist es auf Jahrzehnte hinaus mit dem zuvor herbeigelobten CO_2-Speicher vorbei. Und selbst in einschichtigen Altersklassen-Laubwäldern nehmen die Flächenkalamitäten kontinuierlich zu. Dazu hat sich die Forstwirtschaft seit dem »Waldsterben 1.0« trotz ausgezeichneter Öffentlichkeitsarbeit zum Thema Wald zeitgleich in eine industrielle Hochleistungsproduktion entwickelt, die in der Geschichte einmalig ist. Tonnenschwere Maschinen haben seit 1990 bis zu 20 Prozent der Waldböden verdichtet. Nachdem die Maschinen nur einmal darübergefahren sind, ist der Schaden bereits für viele Jahrzehnte irreparabel. Das ungestörte biologische Kontinuum des Bodens, das die Blattstreu und andere Biomasse wieder remineralisiert und *für* Pflanzen verfügbar macht, ist ein aerober Prozess, der sich schlagartig in einen anaeroben verwandelt und ab dann Methan und Lachgas freisetzt, Klimagase mit einem Vielfachen der Klimaschädlichkeit von CO_2. Bis hierher ist das nur ein sehr kleiner Einblick in die Diskussion um eine ökologisch effektivere Bewirtschaftung unserer Wirtschaftsforste. Eine ökologische Gesamtbilanz der realexistierenden und sich selbst als nachhaltig rühmenden, schlagweisen Forstwirtschaft ist tatsächlich ziemlich ernüchternd für die meisten ihrer forstbeamteten Befürworter.

Spätestens als Folge der Trockenjahre 2018/19 und der maßgeblich selbstverschuldeten Kalamität mit rund 280 Tausend Hektar Kahlflächen (= 2800 km^2) treten als Reaktion auf die beharrliche Fürsprache dieser verharrenden Entwicklung tiefgreifende Meinungsunterschiede in der Öffentlichkeit zutage, wie sie in dem Brief[12] von 70 der bekanntesten deutschen Waldexperten an Ministerin Klöckner im Sommer 2019 formuliert wurden. Deutlicher als der Betriebswirt und ehemalige Bundesvorsitzende der ANW Sebastian von Rotenhan kann man den aktuellen Schaden im Altersklassenwald im Vergleich mit den wenigen Dauerwäldern Deutschlands nicht geißeln:

> Der Staat kann helfen (was er ja auch tut), Vermögensverluste kompensieren, kann er nicht. Es *wäre blauäugig, derlei zu erwarten.* [...] Mutter allen Übels ist der Altersklassenwald, also die überall zu besichtigenden gleichaltrigen Reinbestände, die mit Wald nichts zu tun haben, sondern allenfalls mit vom landwirtschaftlichen Denken geprägten Plantagen. Aber diese Ideologie steckt bis heute in den Köpfen fast aller Forstleute und man rennt lieber den Katastrophen hinterher als sich darum zu bemühen, den Wald wieder zum Wald werden zu lassen. Eine Monokultur ist das Unnatürlichste, was man sich denken kann und stellt ein überhaupt nicht zu verantwortendes Risiko dar. [...] 1950, also auch schon wieder vor 70 Jahren, wurde die Arbeitsgemeinschaft Naturgemäße Waldwirtschaft (ANW) gegründet. Deren Mitglieder führen anlässlich regelmäßiger Tagungen vor, wie es geht. Neulich traf ich einen befreundeten Waldbesitzer, dessen Betrieb mitten im Hauptschadensgebiet des Sauerlandes liegt, er meinte, »Mein ANW-Wald steht wunderbar da!« [...] Neben den zu beklagenden Käferkalamitäten bei Fichte kommen im deutschen Osten die Feuerwehren kaum nach, die Waldbrände zu bekämpfen. 2018 mussten sie alleine in Brandenburg weit über vierhundert Mal ausrücken und während

ich diese Kolumne schreibe, brennen bei Lübtheen in Mecklenburg 700 Hektar lichterloh. Hat mal jemand hingeschaut, was da brennt? So gut wie ausschließlich Kiefernmonokulturen. Jeder Spaziergänger kennt das erfrischende Waldinnenklima, das bei einer Laubholzbeimischung Folge der Verdunstungskälte ist. In den »Kieferwüsten«, die jetzt brennen, gibt es aber keine Verdunstungskälte, das Gegenteil ist der Fall. Herrschen draußen 35 Grad, so sind es in den Kieferndickungen 45 und es genügt ein Blitzschlag, eine zur Lupe gewordene Glasscherbe oder eine Zigarettenkippe, um die Katastrophe auszulösen. Der Ehrlichkeit halber muss gesagt werden, dass unsere Waldbesitzerverbände an der Misere nicht unschuldig sind. Über Jahrzehnte wurde hier gepredigt: »Unser Brotbaum ist die Fichte« (für ärmere Standorte setze man statt Fichte Kiefer). Nun ist es im Wald leider so wie an der Börse. Je höher die Gewinnerwartungen, desto größer das Risiko. [...] Schließlich verteidigen die Waldbesitzerverbände verbissen die steuerlichen Regelungen des § 34 b EstG. Ich habe nie verstanden, warum man umgefallene Wälder steuerlich subventioniert, stehende hingegen der vollen Steuerlast unterwirft. Umgekehrt wäre es doch sehr viel sinnvoller, denn die Wohlfahrtswirkungen der Wälder kann nur stehender Aufwuchs garantieren. Auch konterkarieren diese Bestimmungen jedes Bestreben um einen stabilen Waldbau, wenn die mit den Monokulturen verbundenen Risiken auch noch steuerlich belohnt werden. [...] Jedermann weiß, dass für Fehler in der Produktion irgendwann die Rechnung präsentiert wird.[13]

Da hilft nur noch Tacheles

Reden wir also *Tacheles*! *Tacheles reden* meint Klartext reden, statt Augenwischerei mit dem Begriff der Nachhaltigkeit zu betreiben. Doch Letzteres gehört zum forstlichen Grundgeschäft, während eine in Sachen Waldökologie taube und blinde Politik die Botschaft davon in die Welt trägt. Die endlose Geschichte von ihrer angeblich deutschen Erfindung scheint sie unangreifbar und den schlagweisen Altersklassenwald zum weltweiten Vorbild zu machen.[14] Und glaubwürdig dazu, hatten doch deutsche Forstmänner ihre hölzerne Sicht auf den Wald bis zur Mitte des 20. Jahrhunderts zum regelrechten Exportschlager[15] gemacht, sodass die globale Forstwirtschaft heute darunter leidet! Doch die Waldzustände daheim erzählen seit 170 Jahren tatsächlich eine andere Geschichte.[16] Nämlich eine von stetigen Kalamitätsnutzungen und wiederkehrenden Jahrhundertkatastrophen mit riesigen Kahlflächen. Von planmäßiger Wirtschaft kann deswegen schon seit Langem nicht mehr gesprochen werden. Krisen-Improvisation ist im Trend und prägt zunehmend das Tagesgeschäft der Forstwirtschaft. Davon sind immer die *standortgerechten* Wälder betroffen, denn der euphemistische Begriff *Standortsgerechtigkeit* dient dazu, den gewillkürten wie den regelmäßig durch Kalamitäten bedingten Wiederaufbau zerstörter Altersklassenwälder auf der Freifläche ökologisch zu rechtfertigen, hat aber nichts mit Waldökologie zu tun. Tatsächlich ist die einzig treffende Bezeichnung für den realen Zustand der deutschen Forstwirtschaft auf dem größten Teil ihrer Waldfläche *Bad Forestry*,[17] nicht anders wie sie häufig in der Dritten Welt betrieben wird. Also eine ehrliche Bezeichnung für eine Forstwirtschaft, die wir uns angesichts des Klimawandels nicht einen Tag länger leisten sollten.

Natürlich ist diese *Bad Forestry* auch das Ergebnis der Kulturgeschichte mit ihren Zerstörungen durch Kriege und menschliche Not, aber eben auch einer Forstwissenschaft, die sich seit Generationen verweigert, ihren waldbaulichen Ansatz der Holzproduktion nach dem Anbauprinzip den sich immer rascher verändernden kulturellen und ökologischen Rahmenbedingungen anzupassen; zu helfen, die eigenen Stressoren für das Waldökosystem zu minimieren; sowie die kommenden Förstergenerationen einen Waldbau zu lehren, der zukünftigen Beanspruchungen standhält. Seit 100 Jahren verweigert sich die Forstwissenschaft, die revolutionäre Dauerwaldidee Alfred Möllers aufzugreifen und es fragt sich, wer eigentlich schuld daran ist, dass der Altersklassenforst heute so aussieht, wie ihn der Ökologieprofessor Pierre Ibisch[18] erst jüngst vom Satellitenbild Deutschlands auf eine nordhessische Waldregion nahe Haiger herunterbricht. Eindrücklicher und anschaulicher kann man den immer rascher voranschreitenden Verlust unserer Altersklassenforste optisch nicht darstellen; eine Pflichtübung für jeden, der forstpolitische Verantwortung trägt, denn Ibisch zeigt nur ein einziges Beispiel von zahllosen Regionen in Deutschland, die akut bedroht sind, ihre naturferne Kunstbewaldung endgültig zu verlieren und mit öffentlich geförderten Pflanzungen auf der Kahlfläche so weitermachen wie bisher. Vor diesem Hintergrund ist der Pflanzeifer zur raschen Wiederaufforstung der Schadflächen reine Symbolpolitik, die sich zwar gut vor der Kamera inszenieren lässt, aber nicht zum politisch versprochenen Mischwald führen wird. Der angesehene naturgemäße Waldbauprofessor Johannes Weck warnte schon nach dem Zweiten Weltkrieg, so weiterzumachen wie zuvor:

> Von der Großkahlschlagfläche zum gesunden Dauermischwald kommen wir – von Ausnahmen abgesehen – aber nicht über die Reinkultur von Kiefer oder Fichte, sondern nur über Anbauflächen, auf denen bereits reichlich die Ammenholzarten Birke und Eberesche, Aspe

> und Erle neben Waldweiden und anderen Sträuchern vertreten sind, die den Boden für die dauernde Waldgesundheit sicherstellenden Eichen und Buchen, Linden und Ahorne, Eschen und Rüstern bereiten. [...] Der Deutsche Wald am Ende des Jahrhunderts wird Mischwald sein, oder nicht mehr sein.[19]

Trotzdem zettelte der BDF 1991 eine bundesweite Pressekampagne gegen den Herausgeber dieses Buches an, weil dieser vor einer chinesischen Forstdelegation, die eben wegen seines saarländischen Waldreformprojektes ins kleine Saarland gereist waren, den Satz sagte: »Der pflanzaktive Waldbau der vergangenen 200 Jahre gehört auf die Müllhalde der deutschen Forstgeschichte.« Wie recht Weck und er hatten! Wären sie gehört worden, sähe der Wald heute längst anders aus, nämlich stabiler und naturreicher. Doch die Forstwissenschaft lehrt eben einzig diesen Waldbau nach dem Holzanbauprinzip, den sie heute nur mit anderen, vermeintlich klimaharten Baumarten optimieren will. Sie verweigert hartnäckig eine systemische Holzerzeugung im Wald zu lehren, die eben nicht mit der Pflanzung auf der Freifläche beginnt und schon gar nicht mit standortfremden Baumarten.

Mit dieser groben Kritik mag der ein oder andere süddeutsche[20] – und sehr viel seltener auch norddeutsche[21] – Forstkollege sich ungerecht beurteilt fühlen, macht er doch, trotz allerlei Ungemach vonseiten seiner forstakademischen Vorgesetzten, einen recht passablen Waldbau. Dennoch muss Tacheles geredet werden, denn die eine oder andere Schwalbe macht bekanntlich noch keinen Sommer, und die Forstorganisationsreformen der vergangenen zwanzig Jahre haben die Situation überall verschlimmert. Die inzwischen als verselbstständigte Landesforstbetriebe eigenverantwortlich agierenden vormaligen Landesforstverwaltungen machen weitgehend unkontrolliert, was sie wollen. Der Versuch der Politik, sich des lästigen Führungsproblems der zuvor politisch direkt angebundenen und stets reformunwilligen Forstverwaltungen durch mehr Selbstständigkeit und Politikferne zu entledigen, ist waldökologisch ein Eigentor sondergleichen geworden. Die Politik hat die Chance verpasst, ihre öffentlichen Wälder als gemeinwirtschaftlichen Bürgerwald in der Hand ihrer Bürger zu organisieren, um einen Wechsel zum Dauerwald durch Rechtsformwechsel zu eröffnen.[22] Der Niedergang des Waldbaus seit dem 19. Jahrhundert hat sich bis heute rasant beschleunigt – ausgerechnet in unserer Zeit, in der es tatsächlich immer mehr auf die ökologische Effektivität und Effizienz der Wirtschaftswälder ankommt, also ihre physische Fitness gefragt ist. Kein Wunder, dass die Wälder sterben: Ihnen fehlt jegliche Resilienz selbst gegen geringste Umweltveränderungen!

Das ist kein Widerspruch zur Tatsache, dass die seit zwei Jahrzehnten geschützten Buchenmischwälder des Nationalparks Hainich, die vermutlich sogar aus Naturverjüngung hervorgegangen sind, auch unter Trockenstress leiden und in kleineren Teilen ebenfalls beginnen abzusterben. Sie gelten als besonders naturnah und deswegen als gern zitierte Katastrophenanzeiger und letzter Beweis dafür, dass es neuer Baumarten anstelle der Buchen bedarf. Das Schadbild im Hainich unterscheidet sich indessen gewaltig im Vergleich zu dem außerhalb des Nationalparks mit deutlich stärker geschädigten Nadelholzforsten. Seine Buchenmischwälder sind mit einem überwiegend gleichaltrigen Oberstand aus früheren Großschirmschlägen hervorgegangen. Diese Hypothek ihrer früheren Altersklassenstruktur prägt aber Wälder und ihre physische Fitness für das ganze weitere Bestandsleben, selbst wenn man sie aus der Nutzung nimmt. Allerdings können sie sich im Nationalpark ohne Bewirtschaftung und geschützt vor forstbetrieblichen Stressoren genetisch besser an die klimatischen Veränderungen *in situ*[23] anpassen. Sie sind aber zum gegenwärtigen Zeitpunkt immer noch *euhemerob,*[24] also zwar mit natürlichen Baumarten, aber gleichwohl morphologisch naturfern aufgebaut, nämlich mehr oder weniger einschichtig und gleichaltrig. Sie entwickeln sich erst sehr allmählich in der Zukunft zu *oligohemeroben,* das heißt weniger kulturbeeinflussten, Wäldern mit Buche als weiterhin natürlich herrschende Baumart. Die Schäden, die sie aktuell zeigen, sind nichts anderes als ein Anpassungsprozess, der den Staffelstab des Oberstands an die in seinem Schutz heranwachsenden, dynamischeren und resilienteren, zwischen- und unterständigen Baumgenerationen weitergibt. Wir alle vergessen nur zu leicht, welchen Einfluss die Bestandsgeschichte eines Waldes, seine Lebensgeschichte, auf seine spätere Physis ausübt. Das *Gedächtnis* unserer Buchenaltwälder in unseren jungen Nationalparks speichert eine Zeit von sechs bis sieben Menschengenerationen und vergisst die waldbaulichen Zuchtverfahren unserer Vorfahren bis zum heutigen Tag nicht. Es ergeht unseren Bäumen also nicht anders als uns selbst. Wir alle tragen unsere Kinderstube ein Leben lang in uns und sie entscheidet maßgeblich über unsere mentale Widerstandskraft und damit über unseren späteren Lebenserfolg und, wie wir wissen, auch über unsere Lebensspanne, die uns zur Verfügung steht. Nichts anderes gilt für unsere Bäume.

Tacheles reden meint, die Systemfrage zu stellen

Tacheles reden macht sich in jedem harmoniebedürftigen Umfeld unbeliebt. Den Dingen auf den Grund gehen, sich nicht verführen zu lassen vom Wortzauber historischer Schönrednerei, das braucht Mut zur Einsamkeit und gilt erst recht, wenn es um den Wald geht. Das Forstwesen wird nämlich von einer unvergleichlichen Gruppengeschlossenheit geprägt, die jeden Widerspruch intern bestraft. Das wird besonders deutlich, wenn man hinter die Kulissen des aktuellen politischen Krisentheaters schaut, das nicht zuletzt deswegen veranstaltet wird, um der Kernfrage aus dem Weg zu gehen: Wie sollte die Holzproduktion aus biologischer Sicht organisiert werden, um dem Wald nicht noch mehr zu schaden, sondern ihn zu schützen *und* zu nutzen. Das ist in Wahrheit eine waldbauliche *Systemfrage*.

Schon einmal gelang es der Forstwissenschaft erfolgreich, von der eigenen Mitschuld abzulenken. Ende der Siebzigerjahre drohte das »Waldsterben 1.0« erstmals die Systemfrage auf die politische Tagesordnung einer sensibilisierten Öffentlichkeit zu stellen.[25] Es lag damals nahe, die Gesellschaft als den Hauptschuldigen zu identifizieren und die Frage nach der forstlichen Eigenverantwortung auf einen vermeintlich einleuchtenden Nebenschauplatz zu verdrängen, nämlich den der Bodenchemie. Fraglos war das Waldsterben primär eine Folge saurer Niederschläge insbesondere durch Schwefel- und Stickoxide und eine Kalkung der versauerten Böden schien naheliegend. Es war das beherzte Zugreifen von Umweltminister Klaus Töpfer, der das umwelttechnische Problem ursächlich anging[26] und der Forstwirtschaft damit aus der Bredouille der Systemfrage half. Ihm gelang es, den sogenannten Sauren Regen (SO_2) durch wirksame Maßnahmen des technischen Umweltschutzes an der Quelle selbst zu bekämpfen.

Das schützte die Forstwirtschaft davor, die Frage beantworten zu müssen, ob der Saure Regen auf einen stabilen Wald im Optimum seiner biologischen Abwehrkräfte traf. Sie forderte und erhielt stattdessen die Kalkung der Wälder auf Kosten des Steuerzahlers und erfüllte sich damit einen seit den Fünfzigerjahren unbefriedigten Wunsch künstlicher Zuwachssteigerung im Wald. Und sie erreichte mit dem angeblichen Wunderheilmittel einmal mehr … nichts! Alle

Wälder erholten sich seitdem gleichmäßig – auch die nicht gekalkten. Bis heute stellte nur Bayern die als sinnlos und schädlich erkannte staatliche Förderung der Waldkalkung mit eben dieser Begründung ein und markiert damit in allen anderen Ländern einen fortbestehenden politischen Handlungsbedarf, der auf sich warten lässt und Steuergelder einsparen würde.

Die Corona-Pandemie verdeutlichte, dass es einen großen Unterschied macht, ob ein Infekt einen kranken oder einen gesunden Patienten heimsucht. Eine Therapie, die das ignoriert, kann seinen Zustand sogar belasten und schädigen. Das Problem zeigt sich erst recht, wenn der Patient ein kompliziert vernetztes Ökosystem ist wie der Wald. Das Waldökosystem ist darum das anschaulichste Lehrobjekt für *systemisches* Denken. Das gilt in Grenzen selbst für einen labilen Forst, solange er steht. Und es ist für Ökologen wie für Forstleute kein Geheimnis, dass sich die Forstwirtschaft auf dieser Tatsache ausruht nach dem Motto: Der Wald ist grün und das ist unser Verdienst! Aber, um wie viel mehr und ökologisch effektiver naturnahe, stabile Wälder Sozialleistungen produzieren könnten, wird nicht gefragt.

Unsere natürlichen Laubmischwälder Mitteleuropas brennen nicht, noch leiden sie stark unter Trockenheit oder gar dem verheerenden Massenwechsel von Schadinsekten (zum Beispiel Borkenkäfer); sie neigen nicht einmal zu Kahlwürfen, weil sie vielschichtig und altersgemischt wären. Solche Kahlflächen sind aber seit der Mitte des 19. Jahrhunderts zum Begleitphänomen jedes Försterwaldes geworden; sie sind sogar charakteristisch für das Anbauprinzip. Darüber hinaus wären naturnahe Wälder aus sich heraus hochproduktiv an jährlichem Holzzuwachs. Dass die Forstwirtschaft stattdessen die Holzproduktion mit künstlichem Holzanbau, dem standortgerechten, meistens gepflanzten Altersklassenwald betreibt, gilt erst seit etwa 1800 als Errungenschaft, nämlich

Zeichnung: Johannes von Freydorf.

seit der Schwelle zur Waldbauzeit. Sie war der Einstieg in den Katastrophenwald und prägte das forstwissenschaftliche Bild des Waldes, der im ökologischen Sinn nie ein echter Wald war. Sie beschäftigt sich in ihren Denkansätzen seitdem nur mit einschichtigen und baumartarmen Forsten und umgeht dafür den unschönen Begriff der Plantagen. Jedoch nur mit zweifelhaftem Erfolg, denn die Katastrophen dieses angeblich *wissenschaftlich geprüften* Waldbaus nehmen unaufhaltsam zu, trotz stets verbesserter *Standortgerechtigkeit.*

Die konventionelle Forstwirtschaft erzeugt Holzfabriken

Unsere Wirtschaftsforste sind nichts anderes als *Holzfabriken*[27] und nur aus großer Entfernung betrachtet Wald; eine vorwiegend immergrüne Ansammlung von Bäumen zum Zweck der Holzproduktion. Schon immer hat es vereinzelt namhafte Forstwissenschaftler und Förster gegeben, die das mit deutlichen Worten geißelten – leider erfolglos! Deswegen kann an dieser Stelle darauf verzichtet werden, diesen bedauernswerten Zustand noch einmal ausführlich darzustellen, sondern nur summarisch aufzulisten:[28] Der deutsche Forst ist aus nur fünf Baumarten statt von Natur aus circa 30 aufgebaut; besteht zu mehr als 50 Prozent aus Nadelholz-Reinbeständen, also standortfremden Monokulturen. Von Natur aus gäbe es sie so gut wie nicht, nämlich nur mit einem Anteil von äußerstenfalls zwei Prozent; er ist jugendlich (durchschnittlich ca. 80–90 Jahre alt, also gerade geschlechtsreif), das heißt, selbst seine ältesten Bäume sind soeben erst erwachsen geworden, bevor sie eingeschlagen werden, lange vor ihrer biologischen Ausreifung. Von Natur aus würden sie wesentlich älter, größer, und Zuwachs kräftiger werden und ein Durchschnittsalter von rund 200–250 statt tatsächlich nur etwa 80–90 Jahren erreichen. Und selbst die noch wenigen Laubwälder sind vorwiegend hallenartige Reinbestände, also Altersklassenwälder aus Bäumen desselben Alters, die gegenseitig um Licht, Wasser und Nährstoffe konkurrieren. Von Natur aus wären sie ausnahmslos gemischt und ungleichaltrig und wurzelten deswegen in unterschiedlich tiefen Bodenhorizonten; oberirdisch füllten sie den gesamten Luftraum zwischen den Baumindividuen aus und prägten damit ein stabiles Waldinnenklima. Verstärkt seit Mitte der Neunzigerjahre hat die Forstwirtschaft ihre Waldböden auf bis zu 20 Prozent ihrer Fläche mit tonnenschweren Maschinen verdichtet, weil es angeblich nicht anders geht, obwohl ja seit Jahrtausenden der Wald auch ohne diese energiehungrigen Ungeheuer genutzt wurde. Und Sie ahnen schon, in Wahrheit könnte der deutsche Wirtschaftswald eine »grüne Menschenfreude« (so Bertolt Brecht) sein – doch unter Förstern spricht man dann stattdessen von einer »grünen Hölle«.

Das aktuelle »Waldsterben 2.0« ist ein von der Forstwirtschaft selbst gewählter Begriff, der verrät, dass es ihr mit dem »Waldsterben 1.0« schon einmal gelang, den Steuersack ohne Blick auf den biologischen Zustand des Wirtschaftswaldes zu öffnen. Das geschieht nun wieder mit dem Ziel, dass alles so weitergehen soll wie seit 220 Jahren: Abräumen, Pflanzen, Zuwarten bis zur nächsten Jahrhundertkatastrophe und wieder zurück zum Start auf Kosten des Steuerzahlers! Die in den Jahren 2018–20 abgestorbenen Wälder, vorwiegend Fichten- und Kiefernmonokulturen, waren zum großen Teil solche, die aus früheren Jahrhundertkatastrophen wie zum Beispiel denen der Jahre 1947, 1967–69 oder 1990 stammten, sie markieren also nur einen befremdlichen Teufelskreis. Es ist deswegen eine unverantwortliche Geldverschwendung, Steuergeld an die Waldbesitzer auszureichen, ohne eine grundsätzliche Änderung im Waldbetriebssystem zu fordern.

Das angebliche Waldsterben 2.0 – eine politische Bewährungsprobe

Julia Klöckner, CDU-Landwirtschafts- und Forstministerin, lobte zuletzt erneut die vermeintliche Vorbildlichkeit der standortgerechten Forstwirtschaft und hält es für eine Selbstverständlichkeit, dass der Staat und die Gesellschaft dem privaten Waldbesitz, eine treue konservative Wählerschaft, in der *Katastrophe* helfen müsse. Doch diesmal waren die Umweltverbände schneller und verfassten einen Brief an die Ministerin, der an Deutlichkeit nichts zu wünschen übrig ließ.[29] Ohne großen Abstimmungsaufwand unterschrieben 70 namhafte Kritiker diesen öffentlichen Brief. Dieser gewann die Aufmerksamkeit vieler Leitmedien und sorgte für eine kritische Berichterstattung zum Waldnotplan der Bundesregierung. Aber noch ehe der Brandbrief der Forstkritiker das Licht der Öffentlichkeit erblickte, verlieh Frau Klöckner ihrer Lobeshymne Nachdruck und sprach sinngemäß davon, die Forstwirtschaft habe aus historischen Fehlern längst gelernt und würde natürlich seit geraumer Zeit und erst recht in Zukunft nur noch Mischwälder anpflanzen. Infolgedessen werde die Bundesregierung ab sofort ausschließlich die Wiederaufforstung von Mischwäldern fördern – ein erster kleiner Erfolg der Kritiker im Sinne ihrer über Jahrzehnte vergeblichen Forderungen. Noch nie war ein Brief der Umweltverbände spontan so erfolgreich wie dieser der Waldexperten im Sommer 2019.

Unter den Unterzeichnern des Protestschreibens war, alphabetisch als Letzter auf der langen Liste prominenter Waldökologen, ein Förster aus der Eifel, der Bestseller-Autor Peter Wohlleben. Es war wohl gerade sein Name, der dem Anliegen der Unterzeichner zum medialen Durchbruch verhalf, denn mit dem Erfolg seines populärwissenschaftlichen Buchs *Das geheime Leben der Bäume* hatte er ein Millionenpublikum erreicht und dem Thema Waldökologie ein so großes Gehör verschafft wie vorher nur das »Waldsterben 1.0« vor 45 Jahren.

So populär Wohlleben bei den Waldfreunden ist, so verhasst ist er in der Forstwirtschaft und -wissenschaft. Unter vorgehaltener Hand kann man die Schmähkritik hören,[30] dass *ausgerechnet* ein kommunales Försterchen aus dem unbekannten Eifel-Nest Hümmel, der sein Geld nicht mit der Holzproduktion im Wald, sondern mit einem Waldfriedhof, geführten Waldspaziergängen, Blockhausbau-Lehrgängen, ein bisschen Holzeinschlag und viel medialer Selbstdarstellung verdiene, als inzwischen zum Millionär avanciert, sich erdreistet, Kritik an der weltführenden deutschen Forstwirtschaft zu üben. Das schlage dem Fass den Boden aus und gehöre, ginge es nach so manchem Holzfabrikanten, *aus der Öffentlichkeit verbannt*!

Der eher unscheinbare Jahrhundert-Bestseller hatte nämlich zur Überraschung des Autors selbst das Herz von Abermillionen von Waldfreunden weltweit erwärmt, aber andererseits mitten in das der Forstlobby getroffen. Letztere reagierte wie ein angeschossenes Wildschwein, kopflos geradeaus rennend und um sich schlagend mit einer Internetpetition,[31] formuliert und eingereicht von den Waldbauprofessoren Christian Ammer von der Universität Göttingen und dessen Freiburger Kollegen Jürgen Bauhus, also zwei führenden deutschen Waldbauwissenschaftlern. Wir alle kennen das parlamentarische Petitionsrecht und wissen, dass es sich dabei um die (aller)letzte Möglichkeit des Bürgers handelt, eine Behörde oder den Souverän, bei uns das Parlament, zu bitten, eine amtliche Entscheidung zu überdenken und im Zweifelsfall höheren Orts abzuhelfen. Wie jedoch ist zu erklären, dass zwei ausgewachsene Professoren, die sich zu den führenden Vertretern deutscher Waldbauwissenschaft zählen, eine öffentliche Petition zur Mobilisierung der forstlichen Basis gegen ein von mitreißender Waldliebe getragenes Büchlein starten? Einem Büchlein, dem, gemessen an seiner Beliebtheit, die Herzen der Bürger regelrecht zufliegen. Stört sie etwa die vom Autor Wohlleben sensibilisierte Waldliebe der Leser? Also die neu gewonnene öffentliche Zuneigung und mediale Aufmerksamkeit für den Wald, der beides dringend nötig hätte angesichts seiner globalen wie nationalen Gefährdung? Eine Petition im Rechtssinne sollte sie tatsächlich auch gar nicht sein, denn schließlich kann man weder Fakten noch andere Meinungen verbieten lassen. Stattdessen war sie der scheinwissenschaftliche Versuch, die Kritik Wohllebens mittels eines öffentlichen Aufschreis möglichst vieler Forstvertreter zu diskreditieren. Allein darum ging es den beiden Forst*wissenschaftlern*.

Ein einmaliger Vorgang, initiiert und formuliert von Professoren, die im Gegensatz zum Förster Wohlleben die jüngeren Erkenntnisse der Waldökologie offenbar nicht einmal kannten oder zumindest nicht verbreitet wissen wollten. Darauf machte Professor Pierre Ibisch von der Hochschule für nachhaltige Entwicklung in Eberswalde aufmerksam.[32] In seiner Stellungnahme zur Schein-Petition entlarvte er die

Kritik als einseitig und warf ihnen vor, jüngere Erkenntnisse nicht zu kennen oder gezielt auszublenden. Die Schein-Petition wurde in kürzester Zeit von rund fünftausend Waldbesitzern, zahllosen Förstern, Forstakademikern und nahezu sämtlichen namhaften Forstwissenschaftlern der Republik unterschrieben.[33] Tatsächlich offenbart die Petition jedoch den blinden Fleck der Forstwissenschaft in Deutschland, nämlich die Waldökologie und die verborgene, umfassende und komplexe Vernetzung des Waldes vor allem im Boden, also die waldbauliche *Systemfrage*.

Forstwissenschaft auf dem Holzweg

Alle Forstleute in Deutschland eint der überwiegend aus Pflanzung hervorgehende, schlagweise Altersklassenwald, den sie einst bei eben solchen Waldbaulehrern erlernt haben.[34] Sie wissen darum in der Regel nicht, dass ein Wald von Natur aus effizienter Holz produzieren kann, mit höchster natürlicher Resilienz und mit unvergleichlicher dynamischer Stabilität. Sie haben gelernt, den Pflanzakt als Zauberformel zu verehren und wie ein Junkie an der Nadel zu hängen. Sie glauben infolgedessen fest daran, man könne Wälder pflanzen, wo immer man sie braucht. Sie werden darin von der Waldbauwissenschaft bestärkt, die sich in weiten Teilen nicht als unabhängige Institution der Wahrheit, Transparenz, Objektivität und Unvoreingenommenheit verpflichtet fühlt, sondern der schlagweisen und standortgerecht gepflanzten Altersklassenwirtschaft. Als historische Wiege der Forstwirtschaft an der Schwelle zur Waldbauzeit bestimmt diese als sogenannte *rationelle* Forstwirtschaft bis heute ihr Denken. Die gesamte Matrix,[35] das heißt der Werkzeugkasten, mit dem sie ihre Wissenschaft betreibt, ist von diesem Tunnelblick auf den eigenen Forst

Zeichnung: Anonym.

geprägt. Deswegen neigt sie dazu, die Erkenntnisse aus der fachfremden Ökologie und Systemwissenschaft zu ignorieren und sich zur Abwehr auf ihr allzeit bereites Narrativ der Nachhaltigkeit zu berufen, freilich immer nur hinsichtlich der Holzerzeugung. Die Erkenntnisse und Methoden der Biokybernetik, Biozynotik, Ökosystemwissenschaft sowie der Landschafts- und der Synökologie, der Hydrologie und Bioklimatologie etc. gehören nicht zu ihrem Werkzeugkasten. Sie verharrt bei reduktionistischen, linear-kausalen Forschungsansätzen, die sich auf Teilerkenntnisse aus baumartenarmen und einschichtigen Forsten beschränken, ohne sich der Einseitigkeit ihres Paradigmas überhaupt bewusst zu sein. Deswegen spricht sie wie selbstverständlich von *Wald,* wenn sie den eigenen *Forst* meint. Und wir alle haben uns – den vermeintlichen Waldfachleuten folgend – im Sprachgebrauch daran gewöhnt, weil wir nichts anderes kennen. Wir gehen ihr also auf den Leim und sprechen von Wäldern, die tatsächlich keine sind, sondern Plantagen.

Denn echte Wälder sind ein klassisches Beispiel für Komplexität, das heißt: Vernetzung. Die Forstwissenschaft ignoriert aber die innere Vernetzung und schaut primär auf den oberirdischen Holzzuwachs; sie versucht diesen mit autökologischen Erkenntnissen zu optimieren, trotz stetiger Rückschläge infolge der Langfristigkeit jeder Holzerzeugung. Vergleichbar dem landwirtschaftlichen Pflanzenbau ist das bestenfalls eine populations- bzw. demökologische, auf den Zweck der Holzproduktion mit wenigen Nutzpflanzen konzentrierte Verengung, die angesichts des Klimawandels nicht mehr zielführend ist. Längst muss es uns um die biologische und ökologische Leistungsfähigkeit des gesamten Waldökosystems gehen, einschließlich seiner unsichtbaren Teile im Boden. Die etablierte Waldbauwissenschaft behauptet zwar, Waldbau auf zahlenmäßig umfassender Grundlage zu erforschen. Da man Wälder jedoch wegen der Lebensspanne ihrer Bäume weder experimentell noch wissenschaftlich in Freilandmodellen kontrollieren kann, bezieht sie sich dazu vorwiegend auf Modellrechnungen, die wiederum auf Daten gründen, die meistens unter anderen, früheren ökologischen Bedingungen oder nur auf definierten Teilbeobachtungen beruhen, die aus unterkomplexen Altersklassenforsten gewonnen wurden. Entsprechend sind schon ihre Fragestellungen in der Regel linear-kausal angelegt, also von vornherein reduktionistisch oder gemeinsprachlich ausgedrückt: ignorant gegenüber der inneren Natur des Waldes.

Die ursprüngliche Erkenntnisquelle des klassischen Waldbaus war demgegenüber die waldbauliche Erfahrung, die Empirie des Handwerks der im Wald arbeitenden Waldbauern, die deswegen nicht zufällig Forst*meister* hießen. Die Erkenntnisse der Klassiker sind in Teilen noch heute treffsicherer und führen zu besseren ökologischen Ergebnissen als dieser *moderne,* verwissenschaftlichte Waldbau. Damit aber werden heute junge Forstleute auf den Forst losgelassen und sind dann mit dessen Komplexität schlicht überfordert. Was dabei herauskommt, ist ein zügelloses Experimentieren mit den inzwischen nur noch kleinen Resten ehemals intakter Waldökologie, so zum Beispiel in den ehemaligen Auen (siehe unten den Beitrag auf S. 80). Die wenigen harten Daten, die die Altersklassenwirtschaft seit Generationen liefern könnte, sind die über Jahre anwachsenden Schadholzmassen und -flächen. Doch merkwürdigerweise existiert keine ernstzunehmende Risikoforschung, weil ihre Ergebnisse die ökologische Wahrheit sprächen. Das Fehlen einer statistischen Risikoforschung, wie sie etwa in der Humanmedizin unverzichtbar ist, markiert ein zentrales Menetekel des forstwissenschaftlichen Systemversagens. Es interessiert sie nicht einmal, ob der Wald oft auf demselben Standort schon früher einmal durch Kalamitäten vernichtet wurde.

Den verhängnisvollen Weg dieses vorgeblich naturwissenschaftlich fundierten Waldbaus gab Alfred Dengler, ein Waldbauprofessor aus Eberswalde in den Dreißigerjahren, mit seinem Lehrbuch *Waldbau auf ökologischer Grundlage* vor.[36] Er ebnete den Weg der Begriffsverfälschung, mit dem sich die sogenannte *standortgerechte* Forstwirtschaft[37] bis heute den ökologischen Anstrich gibt. Dengler machte sich dafür die Begriffe der damals noch jungen Ökologie zu eigen, ohne tatsächlich ökologisch wirtschaften zu wollen. Zentrale forstfachliche Kategorien sind seitdem nicht zufällig häufig unwissenschaftlich und irreführend. Die Kardinalbeispiele dafür sind die Begriffe Standortgerechtigkeit und Nachhaltigkeit. Sie eröffnen einen eigenen, kaum verifizierbaren Sprachkosmos, mit denen andere Naturwissenschaftler nur schwer kommunizieren können, sowie eine forstwissenschaftliche Betriebsblindheit angesichts der systemischen Herausforderungen des Klimawandels für den Wald.

Wälder spiegeln die Biosphäre

Wälder sind das terrestrische Ökosystem, welches die Kreisläufe der Biosphäre widerspiegelt wie kaum ein anderes uns bekanntes System. Und es ist die innere, biosphärische Struktur unserer Naturwälder, die ihre biologische Leistungsfähigkeit, Produktivität, Resilienz und dynamische Stabilität ausmacht. Es gibt wohl keinen anderen produktiven Sektor, in dem es so leicht wäre, diese biosphärische Struktur kulturell nachzuahmen, nämlich zur Holzerzeugung zu nutzen, um im umfassenden Sinn biologisch und ökologisch nachhaltig zu arbeiten. Während alle anderen Sektoren enorme Schwierigkeiten haben, sich zur Biosphäre konsistent zu verhalten, drängt sich dies bei der Forstwirtschaft geradezu auf. Naturwälder sind eine wesentliche Basis für die maßgeblich auf Assimilation beruhende Biosphäre. Die Forstwirtschaft könnte also ihr kulturell mitproduzierender Teil sein und sie im ökonomischen System der Holzerzeugung problemlos simulieren, wenn sie es wollte.

Das zentrale Element jeder Waldökologie ist ein Verständnis des Waldes als *Kontinuum aus Raum und Zeit.* Alle Wälder entfalten ihre innere Struktur erst durch die Kontinuität der allmählichen Vernetzung ihrer Waldbiozönose auf einer im menschlichen Maßstab unendlichen Zeitachse des natürlichen Wechsels der Baumgenerationen. Wälder sind darum selbsterschaffend und selbsterhaltend.[38] Es ist diese Generationen-Kontinuität, die ihren Standort und ihr beeindruckendes Binnenklima prägt, sie biologisch komplex und hochdivers vernetzt. Sie zeigt sich morphologisch als Vielschichtigkeit eines nach Alter, Stärke und Baumart reich gemischten und durch vertikale Struktur geprägten Kontinuums; als innen vollständig grüner Wald, der dauernd produziert, Sonnenlicht einfängt, assimiliert und deswegen von innen heraus mit Blattgrün ausgefüllt ist. Wir erfahren das

Zeichnung: Frank Bahr (Aus: *Je wilder desto wertvoller*, hrsg. vom NABU Deutschland, 2019).

Kontinuum als mildes und stetiges Waldinnenklima mit ewiger Windruhe, geringeren Temperaturextremen und signifikant höherer Luftfeuchte. Das Kontinuum garantiert die perfekte Infiltration der im Winter auf den Boden durchfallenden Niederschläge in den oberen Grundwasserkörper; es produziert die diffuse Lichtstrahlung, eine waldtypische Lichtökologie mit nur kurzzeitigem Sonnenlichteinfall, die den überall herrschenden Schatten des mehrschichtigen Vegetationsfilters immer nur kurzzeitig unterbricht. Die vertikale Struktur erzeugt ein Lichtprofil, das die dynamischen Stabilitätseigenschaften der Bäume bis ins hohe Alter prägt und eine optimale, von oben nach unten gestufte Lichtausbeute im gesamten Assimilationsraum ermöglicht (solare Orientierung).

Wir staunen darüber, wie der oberirdische Wald diese reich gegliederte Vertikalstruktur im Untergrund seines Wurzelraums spiegelt, um Nährstoffe und Wasserangebot effektiv zu erschließen und seine Durchlüftung sicherzustellen. Der zentrale Mangel der am Altersklassenwald orientierten Wissenschaft betrifft die Komplexität dieses unterirdischen Waldes. Im Boden findet nämlich mehr statt als nur die Versorgung der Bäume mit Nährstoffen. Er ist ein hochdiverser Vernetzungsraum und die noch längst nicht entschlüsselte Informationsbörse eines Systems, das seine Kontinuität und selbsterhaltenden (autopoietischen) Fähigkeiten maßgeblich beeinflusst. Wohllebens wertvoller Verdienst ist es, genau darüber ein schmales Fensterchen jüngerer Erkenntnisse einem breiten Publikum eröffnet zu haben. Es ist die Kontinuität der oberirdischen Waldentwicklung in Wechselwirkung mit ihrem unsichtbaren Untergrund, welche die biologische Nischenvielfalt ausmacht und die Vielfalt der Organismen, die sie besetzen, sie vertieft und vernetzt, sowie die Kreislauf- und Kaskadenstruktur des gesamten Systems erst ermöglicht. Das ist das *Kontinuum aus Raum und Zeit,*[39] das Alfred Möller vor hundert Jahren als »Stetigkeit« und »Harmonie« des Waldwesens bezeichnete. Doch obwohl jeder Kahlschlag die totale Vernichtung dieses *Kontinuums aus Raum und Zeit* eines Waldes oder seiner Reste ist – unabhängig davon, ob es sich nur um einen als standortgerecht gepflanzten Forst handelt – fehlt es noch immer an einem gesetzlichen Totalverbot von Kahlschlägen. Kahlschlag und durch Kalamität bedingte Entwaldung aber sind der GAU jeglicher Waldökologie!

Wälder kann man nicht pflanzen

Stattdessen herrscht forstwissenschaftlich der unerschütterliche Glaube vor, man könne Wälder pflanzen, wo immer sie kahlgeschlagen oder dahingerafft wurden. Tatsächlich kann man jederzeit Bäume auf einer Freifläche als Forst anpflanzen, jedoch nicht als Wald! Will man Wälder erzeugen, die diesen Namen im ökologisch-biologischen Sinn beanspruchen können, muss man sie aus gleichförmigen Jungforsten durch waldbauliche Lichtungseingriffe allmählich in vielschichtige Strukturen überführen. Das beginnt frühestens nach etwa 3–4 Jahrzehnten ihres zwangsläufig einschichtigen Heranwachsens, also lange nach dem sogenannten Dickungsschluss. Es sei denn man begründet sie bei der Wiederbewaldung einer Kahlfläche von vornherein mithilfe gesteuerter, natürlicher Baumsukzessionen, was innerhalb des Waldverbandes bei uns meistens keine Probleme macht und kostenlos durch die Natur geschieht. Denn tatsächlich werden alle unsere Waldböden relativ schnell von selbst wieder zu Wald. In den daraus hervorgehenden Baumgenerationen aus Samenanflug oder natürlicher Absaat eines Forstes, nämlich aus sogenannten Kernwüchsen statt aus Nacktwurzelpflanzen, wächst ein halbnatürlicher, ungleichaltriger und gemischter Wald heran. Sowohl den Überführungswald als auch den Sukzessionswald kann man dann als echten Tertiärwald[40] bezeichnen, denn seine Bäume wachsen aus Kernwüchsen an Ort und Stelle ihres Keimens. Ein solcher Wald verdient diesen Namen aber nur solange, wie er nicht erneut diskontinuierlich, nämlich schlagweise bearbeitet oder periodisch nach definierter Umtriebszeit wieder zerstört wird. Auf Holznutzung muss man in den etwa fünf Jahrzehnten einer Überführungsphase nicht verzichten, man kann sogar mehr Holz ernten als bei jeder schlagweisen Nutzung im Altersklassenwald im selben Zeitraum und das auf Dauer. Denn um den zunächst noch gleichalten Wald in seinem einschichtigen Aufbau zu differenzieren, fällt zunächst noch mehr Durchforstungsholz an als bei einer Fortführung der vorherigen Altersklassenwirtschaft. Der wirkliche Lohn einer jeden Überführung aber ist ein ungleichaltriger Wirtschaftswald mit unvergleichlicher dynamischer Stabilität und Resilienz sowie dauerhafter Ertragskraft nach Masse und Qualität: ein Dauerwald eben.[41] Er ist reicher an Natur und ästhetisch befriedigender als alle strukturarmen Altersklassenforste, die wir kennen.

Mit anderen Worten, wir könnten längst überall naturreiche und stabile Tertiärwälder haben und nutzen, die im Klimawandel besser dastünden. Es gibt rund 200, vorwiegend private Forstbetriebe aller Größenordnungen in Deutschland, die mehrheitlich seit circa 30 und einige sogar seit 100 Jahren nach dieser Methode wirtschaften und ökonomisch bestens dastehen. Die wenigen sogenannten Dauerwaldaltbetriebe, die spätestens seit den Dreißigerjahren entsprechend bewirtschaftet wurden, sind inzwischen die vermutlich rentabelsten Forstbetriebe Europas. Und das gilt selbst für die deutlich jüngeren, die nach den Großkalamitäten seit 1990 wirtschaftlich gezwungen waren, auf die kostenlose *innere* Natur des Waldes zu setzen. Diese Betriebe stehen nur 10–30 Jahre später wirtschaftlich stabiler da als je zuvor, obwohl das im Zeitmaß der Bäume eine extrem kurze Periode darstellt. Dauerwälder verlangen also keinen Verzicht auf Holznutzung, sondern sie liefern mehr Holz und darüber hinaus deutlich besseres als schlagweise Altersklassenbetriebe.

Als Folge ihrer natürlichen Vielschichtigkeit ohne Kahlflächen zeigen sie sich zudem gegenüber den Jahrhundertkatastrophen als weitgehend stabil und resilient, wenn der Orkan sie trifft. Stürme werfen oder brechen nur die Oberständer heraus und lassen die vielschichtige Waldstruktur, den Zwischen- und Unterstand, in der Regel ungeschädigt. Letzterer produziert mit seinem Lichtungszuwachs schon im Folgesommer nach einem Sturm umso wuchskräftiger weiter, als wenn nichts geschehen wäre. Kostenintensive Wiederaufforstungen, die den Steuerzahler in Anspruch nehmen, brauchen Dauerwälder deswegen so gut wie nie. Mit anderen Worten, sie sind dauernd Holz produzierende Wirtschaftswälder, also wortwörtlich echte *Dauer*wälder. Und sie verdienen die ökologische Bezeichnung Wald (und nicht Forst) mit Blick auf ihr stets feuchtes, kühles Waldinnenklima, ihre intakten Nährstoffkreisläufe, ihren hohen biologischen Vernetzungsgrad, ihre generative Vermehrung und Erneuerung. Kurzum: Staat und Gesellschaft verdienen doppelt und dreifach an jeder Umwandlung in Dauerwald. Sie bekommen ökologisch effektivere und schönere Wälder und ersparen sich noch die hohen, im 40- bis 80-jährigen Rhythmus wiederkehrenden Wiederaufforstungskosten angeblich *standortgerechter* Forste mit ihren periodischen Flächenkalamitäten.

Der Dauerwald – eine systemische Wirtschaftsweise

Der Dauerwald wurde wissenschaftlich erstmals beschrieben und begrifflich geprägt von Alfred Möller (1860–1922), dem Leiter der Preußischen Forstakademie in Eberswalde, Waldbauprofessor und Gründer des ersten Pilzinstituts der Welt. In der *Allgemeinen Forst- und Jagdzeitschrift*, der damals führenden forstwissenschaftlichen Fachzeitschrift, veröffentlichte er im Jahr 1920 einen Fortsetzungsbeitrag unter dem Titel »Dauerwaldwirtschaft«, der die Fachwelt seiner Zeit elektrisierte wie keine andere waldbauliche Publikation zuvor (siehe Reprint in diesem Buch auf S. 210). Die dadurch hervorgerufene Begeisterung veranlasste den Verlag zu einem Sonderdruck und den Autor Möller zu einer weiteren Publikation mit der Überschrift *Der Dauerwaldgedanke – Sein Sinn und seine Bedeutung* (1922). Beide Schriften sind retrospektiv revolutionär, weil darin erstmals ein systemischer Waldbau gefordert wurde, der sich vom Altersklassenwald mit seinem Anbaucharakter vollständig löst und stattdessen die Holzproduktion durch gezielte Förderung und Schutz der abstrakten Systemeigenschaften des Waldes als dynamisch stabiles Kulturökosystem organisiert.[42] Vordringlich forderte er »Stetigkeit« im Wald und meinte damit das, was hier mit *Kontinuum aus Raum und Zeit* bezeichnet wird. Er verglich den Wald mit einem selbstständigen Organismus und griff damit späteren wissenschaftlichen Methoden wie zum Beispiel denen der Kybernetik, der Ökosystemwissenschaft, der Ökologie und der Bionik voraus. Seine Sichtweise ist seitdem in der Praxis bewährt und zeigt sich dem Anbauprinzip des Altersklassenwaldes ökonomisch deutlich überlegen. Die ökologische Überlegenheit der Dauerwälder in Zeiten des Klimawandels steht inzwischen in allen nichtforstlichen Wissenschaften außer Frage. Möllers revolutionäre Idee jährt sich heute zum 100. Mal, ohne dass die Forstwissenschaft sie aufgegriffen und in ihre Lehre integriert hat. Er konnte die von Anfang an hitzige Diskussion um seinen Dauerwaldgedanken nicht selbst zu Ende führen, weil er auf dem Höhepunkt der heftigen und sehr persönlichen Auseinandersetzung plötzlich verstarb. Kurz vorher war es seinen Gegnern gelungen, ihn, den europaweit bekanntesten Forstwissenschaftler seiner Zeit, von der Leitung der Preußischen Forstakademie anlässlich der Umwandlung zur Hochschule abzulösen und nach seinem Tod, Alfred Dengler, seinen erbittertsten Gegner, auf seinen Waldbau-Lehrstuhl zu hieven. Letzterer erfand zur Abwehr der in Forstkreisen zunächst stürmisch begrüßten Dauerwaldidee die forstliche Chimäre des *standortgerechten Waldbaus* – löste aber zuvor das Möller'sche Pilzinstitut auf.

Zum 100. Jubiläum soll dieser Band helfen, den systemischen Ansatz Möllers nicht länger politisch und forstwissenschaftlich zu ignorieren. Die Forstwissenschaften schaffen es seit einem Jahrhundert nicht, sich von ihrem Paradigma der Altersklassenwirtschaft zu befreien und ihre Lehrbücher zum Waldbau neu zu schreiben, um sie auf eine *systemische* Grundlage zu stellen, die sich aus dem Wald als hochkomplexes und vernetztes Ökosystem herleitet. Sie zeigen sich damit als Wissenschaft *nachhaltig* überfordert.

Wir brauchen eine Waldöko*system*wirtschaft und -wissenschaft

Die frühe Forstwirtschaft war an der Schwelle zur Waldbauzeit vor die Agenda gestellt, in weitgehend verlichteten Wäldern bzw. auf der Kahlfläche wieder Bäume anzupflanzen oder auszusäen. Die gleichzeitig entstehende Forstwissenschaft wählte den daraus erwachsenden Altersklassenwald verständlicherweise zu ihrem Beobachtungsobjekt, ohne bis heute nach der natürlichen, regelmäßig eine mehr oder weniger kontinuierliche Altersmischung aufweisenden Alternative zu fragen. Der Altersklassenforst prägte darum als Geburtsidee ihre disziplinäre Matrix, die sie sich erarbeitete: Der Normalwald als Bezugsmodell der Forstökonomie und -ökonometrie, die Ertragstafeln zur Einstufung der Standorte, die Qualifizierung sogenannter *standortgerechter* Baumarten zur Anbauentscheidung, jüngst ihre hochmechanisierten Holzerntetechniken, die Standardmethoden des bestandsweisen Waldbaus von der Neubegründung über die Standraumregulierung bis hin zur schlagweisen Ernte sowie die der Forsteinrichtung und Waldeinteilung und nicht zuletzt die des Forstschutzes. Letzterer entstand erst im Zuge des Heranwachsens der ersten gleichalten Baumgenerationen in der zweiten Hälfte des 19. Jahrhunderts, denn die Monokulturen zeigten keine Widerstandskraft gegen biotische oder abiotische Gefahren.

Der Altersklassenforst prägte nicht nur die Wissenschaft, sondern – als Stand der Technik – die gesamte Forstwirtschaft und alle heute geltenden Forstgesetze, die zwar allgemein vom Wald sprechen. Die Vorschriften unserer Forstgesetze behindern nicht nur eine Dauerwaldüberführung, sie sind in Teilen sogar widersinnig, wenn man sie nicht auf einen Altersklassenwald bezieht. Trotzdem – oder gerade deshalb? – wird er nicht systemanalytisch von der Forstwissenschaft hinterfragt. Sie ignoriert die auftauchenden Probleme trotz rechnerischer Scheingenauigkeit. Sie zwingt die Forstwirtschaft in ein System linear-kausalen Denkens, das sich weder der Realität mit ihren Langfristrisiken noch der sich verändernden Umwelt, Kultur und Industriegesellschaft anzupassen vermag: Sie kommt aus dem Teufelskreis der *Reaktion* nicht heraus; anstatt sich, wie im Schreiben der 70 Waldexperten gefordert, der *Regeneration* der häufig schwer geschädigten Waldböden und ihren aufstockenden Forsten *systemisch* zuzuwenden. Ähnliche Ausführungen sind deshalb bis heute in keinem Waldbau-Lehrbuch als Systemkritik nachzulesen, obgleich diese Widersprüche stetig aufgedeckt werden und gesellschaftliches Interesse an ihnen besteht, wie Wohllebens Bucherfolg kürzlich aufzeigte. Verständlich, denn es käme einer Infragestellung des eigenen Wissenschaftsverständnisses gleich. Die forstwissenschaftliche Verweigerungshaltung erinnert hierbei an die agrarwissenschaftliche vor Einrichtung eigener Hochschulprofessuren und Institute für den Ökolandbau in den Achtzigerjahren, die sich erst danach löste.

Das Öko*system* Wald deutet schon kraft seiner Begrifflichkeit systemtheoretische Lösungen an. Es ist darum verwunderlich, dass die Forstwissenschaft nicht von sich aus als Wortführer einer *systemischen* Neukonstruktion der Holzproduktion in der Klimakrise auftritt. Das gilt selbst dann, wenn sie von der Komplexität der Wälder redet, aber der Politik das möglichst zügige Wiederaufforsten von neuen Altersklassenwäldern auf eben jenen Waldstandorten empfiehlt, die dort schon in früheren Jahrzehnten zu Kalamitäten führten, dafür diesmal mit ungeprüften, vermeintlich klimaresistenten Fremdbaumarten. So gut wie nie sind das waldbauliche Empfehlungen an die Forstpraxis, die die biologische Komplexität und Diversität verbessern und das biologische System schützen oder zu entwickeln helfen. Stattdessen rät sie aktuell ernsthaft zu Verkürzungen der Umtriebszeit oder dazu, die Kronenschicht einschichtig und dicht geschlossen zu halten.

Das markanteste Beispiel dafür ist die jüngste Hochmechanisierung der Holzernte mit Maschinenwegen in Abständen von meistens nur 20 Metern (womit diese Wege ein Fünftel einer Forstfläche einnehmen), trotz der bekannten biologischen Folgen für die Nährstoffkreisläufe im Boden, aber ohne Aufschrei der zentral davon betroffenen Waldbauwissenschaft. Es lohnt sich der Vergleich mit dem Bau der Startbahn 18 West in Frankfurt oder dem aktuellen Neubau der Autobahn in Mittelhessen: Damals wie heute ging es um wenige 100 Hektar Rodungsfläche, die weite Teile der Bevölkerung in Aufruhr versetzte. Aus bodenbiologischer Sicht handelte es sich um die gleiche Eingriffswirkung wie bei der von der Öffentlichkeit unbemerkten Zerstörung der natürlichen Bodengenese durch Befahren mit Forstmaschinen. In beiden Fällen wird das biologische Kontinuum auf lange Zeit zerstört. Hinsichtlich der Wirkung auf die Bodenlebewelt ist es egal, ob oben Flugzeuge starten oder schwere Maschinen herumfahren. Das *Kontinuum* des belebten Oberbodens geht verloren, nur in der Maschinenforstwirtschaft in ungleich größerem Umfang, nämlich rechnerisch der zehnfachen Fläche des Saarlandes.[43] Das geschieht ohne Beteiligung der Bevölkerung, der Umweltverbände oder einer Genehmigungsbehörde, geschweige denn einer gerichtlichen Kontrolle: Es ist also eine rechtsfreie Agenda der angeblich nachhaltigen Forstwirtschaft – unkommentiert von der Waldbauwissenschaft.

Die waldbauliche Kernfrage, nämlich welche forstbetrieblichen Stressoren des biologischen Systems zu identifizieren und womöglich zurückzunehmen sind, beantwortet die Forstwissenschaft in Ermangelung eines systemischen Ansatzes nur selten. Statt der Komplexität von Waldökosystemen, ihrer Kybernetik, hat sie sich der Kompliziertheit ihrer historisch gewachsenen Kopfgeburt, dem Imperativ des Anbauprinzips verschrieben. Es ist die naheliegende Biokybernetik, die fachübergreifende Wissenschaft komplexer Systeme, die ausgerechnet in der Forstwissenschaft bis heute unentdeckt vor sich hinschlummert, obwohl sie in vielen Disziplinen, zum Beispiel den Wirtschaftswissenschaften, der Humanmedizin, der Verkehrswirtschaft, der Landschaftsökologie und -planung etc. zu wesentlichen Steuerungsgewinnen führt.[44] Der Wald könnte wie kein anderes Objekt mit sehr geringer Hemerobie (Naturverfremdung) die Holzproduktion aus sich selbst heraus verwirklichen.

Das Konzept des Dauerwaldes lässt sich mit dem Begriff der systemischen Bionik[45] beschreiben. Der Begriff erweitert den Grundgedanken der technischen Bionik, um die Komplexität biokybernetischer Strukturen in der Organisation und Struktur biologischer Produktionssysteme zu simulieren. Das geschieht mit dem Ziel, den »unvorstellbaren Reichtum an qualitäts- und quantitätsgeprüften Organismen, die unter natürlichen Bedingungen ein perfekt organisiertes System von vernetzten Wirkungsabläufen präsentieren,«[46] zu simulieren und zu nutzen. Genau darin liegt die Herausforderung systemischer Waldbauwissenschaft.

Sie fokussiert ihre Forschung und Lehre an der natürlichen Produktivität, Komplexität und Diversität naturnaher Wälder mit geringer Hemerobie. In Anlehnung an die bereits seit Jahrzehnten existierenden Professuren und Fachrichtungen für Ökolandbau sollten darum auch Hochschulen bzw. Fachrichtungen für Forstwirtschaft in solche für *Waldökosystemwirtschaft* umgewandelt werden. Ihre Disziplinen würden sich dabei fundamental von denen bestehender Forsthochschulen unterscheiden. Ihre Forschungsobjekte und Methoden würden sich, wie gezeigt wurde, aus der Diversität und Komplexität naturnaher Waldökosysteme ableiten, das heißt an einer in der Biokybernetik bereits entwickelten Matrix und mit dem Ziel, eine systemische Bionik (Ökonik) zur Nutzung von Waldökosystemen zu etablieren. Wir brauchen also eigene Hochschulen und Studiengänge für Waldökosystemwirtschaft, wie sie für den ökologischen Landbau längst selbstverständlich sind. Es wäre eine weltweit beachtete Innovation für die Erhaltung globaler Wälder sowie ein wichtiger Schritt zur Sicherung und Verbesserung der natürlichen Produktivität und der Holzerzeugung in Wirtschaftswäldern trotz und wegen weiterwachsender Holznachfrage. Sie ist nur durch eine hochschulpolitische Grundsatzentscheidung einer Landesregierung zu erreichen, wie das jüngste Beispiel der Hochschule für Nachhaltige Entwicklung Eberswalde (HNEE) belegt.[47]

Demgegenüber steht die stoische Ignoranz des zuständigen Bundesministeriums. Denn dieses verkündete kürzlich die Entscheidung der Bundesregierung, ihre Anstrengungen zur Erforschung des Waldschutzes deutlich zu verstärken – also schlechtem Geld gutes Steuergeld hinterherzuwerfen.[48] Dass das Problem jedoch durch einen verbesserten künstlichen Waldschutz in der Altersklassenwirtschaft behoben werden kann, daran glaubt heute niemand mehr.

Denn die Zeit ist reif

Tatsächlich stehen die Zeiten auf Wandel, nämlich auf Klima-Wandel, dem sich die Forstwirtschaft nicht länger ohne waldbauliche Katharsis entgegenstemmen kann. Scharmer und Käufer[49] stellen die Frage, welche Kräfte eine Hinwendung zur Ökosystemwirtschaft entfalten könnten. Ihre Antwort darauf gibt ihnen die kulturelle Evolution mit ihren immer wieder auftretenden Sprüngen spontaner gesellschaftlicher Metamorphosen. Was gestern noch schwierig oder kaum durchsetzbar erschien, erscheint plötzlich greifbar und sogar wahrscheinlich. Sie kann schon morgen zur berechtigten Frage führen, wer denn jemals angesichts des allgemeinen Konsenses anderer Meinung war. Es sind die äußeren Umstände (Push-Faktor) und die sich spontan darauf einstellende Bewusstseinsänderung (Pull-Faktor), die wie von selbst gemeinsam in eine Richtung zu ziehen beginnen und die Transformation kultureller Systeme unaufhaltbar machen. In eben dieser Situation befinden wir uns. Der Klimawandel als Push-Faktor lässt keine andere Wahl zu, als alle Sektoren unserer Wirtschaft und unseres Lebensstils auf den Prüfstand zu stellen. Und die Dringlichkeit der objektiv notwendigen Verhaltens- und Produktionsumstellung wird mit jeder Verschärfung extremer Wetterereignisse größer und drängender.

Gleichzeitig wächst das Bewusstsein in der Gesellschaft als Pull-Faktor mit der objektiven Gefahrenlage. Schon heute ist eine Mehrzahl unserer Bürger der Meinung, die bis jetzt politisch in Gang gesetzten Schritte in Wirtschaft und Konsum seien nicht ausreichend und könnten effektiver und effizienter sein, obgleich man sie erst in der Zukunft im Portemonnaie zu spüren bekommt. Tatsächlich befinden wir uns längst inmitten der Transformation, die längst sämtliche Gradienten unseres Lebensstils ergreift und sich durch die Corona-Krise eher noch beschleunigen wird. Noch hat es den Anschein, dass die

Politik sich bisher nur energierelevanten Produktionssektoren zuwendet, die als Treiber der Energieverschwendung primär verantwortlich zu sein scheinen. Deswegen verlangt sie zum Beispiel von der Energiewirtschaft, der Automobil- und der Verpackungsindustrie, dem Wohnungsbau etc. gravierende Anstrengungen. Und auch die über Jahrzehnte geschonte Agrarwirtschaft steht jüngst erstmals unter echtem Veränderungsdruck, der maßgeblich von Brüssel ausgeht, weil sich die nationale Politik dem Widerstand der effizienten, nationalen Agrarinteressen so am ehesten entwinden kann.

Die Pull-Faktoren in der Forstwirtschaft sind gemessen daran noch nicht in vollem Umfang erkannt, aber wesentlich wirksamer, weil sie im Rhythmus wiederkehrender Großkalamitäten Gesellschaft und öffentliche Hand, also uns Bürger, immer wieder neu zur Kasse bitten werden. Waldbaupolitik wird sich angesichts der allmählichen Entwaldung unserer Landschaft bald erstmals in der Geschichte auf der Prioritätenliste der Regierungen wiederfinden. Es ist nur noch eine Frage der Zeit, wann auch der Letzte erkennt, dass es mit dem Anpflanzen von Bäumen, also der schönen politischen Illusion von Waldliebe, nicht länger getan ist. Auf diesen Pull-Faktor des waldökologischen Bewusstwerdens der Gesellschaft können alle Waldfreunde und Umweltbewegten setzen, sie werden gewinnen.

Gleichzeitig wächst die Notwendigkeit in Zeiten des Klimawandels, naturnahe Wirtschaftswälder und Waldschutzgebiete als Freilandlabore der Artenanpassung und -erhaltung unserer heimischen Flora und Fauna zu nutzen; sie erstmals für das Lokalklima vorrangig zu optimieren, ihre Grundwasser- und Klimasenken-Funktion effektiv und effizient zu steigern, was nur mit stabilen und resilienten Waldstrukturen und einer hochwertigen Holzverwendung dauerhaft möglich sein wird. Tatsächlich würden damit erstmals die bisher nur vorgeschobenen Sozialfunktionen des

Waldes in den Waldbau systemisch internalisiert. Und auf der Gewinnerseite dieser Zwangsanpassungen stünden alle, auch die Waldbesitzer! Selbst die Industrie, der wir unseren Wohlstand verdanken und die längst dabei ist, sich tiefgreifend zu verändern, wird nicht tatenlos zusehen können, dass ausgerechnet diejenige sich dem Anpassungsdruck entzieht, die auf der Gewinnerseite stehen könnte, die Forstwirtschaft, die starrsinnig bei ihrem Geburtsfehler verharren will – vergleichbar mit der ungleich bedeutenderen Automobilindustrie, die sich lange weigerte, den Verbrennungsmotor durch Elektroantriebe zu ersetzen – bekanntlich aber erfolglos.

Längst ist die gesellschaftliche Bewusstseinsänderung zu spüren. Der Millionenerfolg von Wohllebens Waldbüchlein, wie die diskussionslos in der Versenkung verschwundene Petition dagegen, sind Anzeichen dieser veränderten Sicht der Bürger auf den realexistierenden Plantagenforst. Das explodierende Buchangebot von Waldbüchern zeugt von der Bewegung, die sich in Gang gesetzt hat. Schon seit Jahren ist der Waldnaturschutz ein zentrales Anliegen aller Umweltverbände. Seine Bedeutung für den terrestrischen Artenschutz als potenziell semi-hemerobes Großhabitat (etwa 32 % der Landesfläche) wird angesichts des Anpassungsdrucks der Arten durch den Klimawandel weiter anwachsen. Gleichzeitig beseelt die Forderung nach echtem Wald schon heute ungezählte Bürgerinitiativen der Republik. Echter Wald wird zunehmend ein unverzichtbarer, weicher Standortfaktor für die Industrie und die Gesellschaft, die auch in Zukunft nicht vom Holzertrag leben wird. Anzeichen für diesen Wertewandel sind nicht nur die bekannten Waldschutzproteste, sondern zahllose kleinere in allen deutschen Waldregionen. Überall bilden sich Initiativen, die nicht länger zusehen wollen, wie die sogenannte *standortgerechte* Forstwirtschaft vor ihrer Haustür angeblich *nachhaltig* mit dem Wald umgeht (siehe auch den Beitrag auf S. 80). Besondere Verdienste hat sich eine bundesweite Internetaktion mit dem Namen *BundesBürgerInitiative Waldschutz* (*BBIWS*)[50] erworben. Sie entwickelt sich zum waldökologischen Gewissen unserer Gesellschaft via Internet, allerdings (noch) ohne Mitarbeit von Forstleuten. Die Vorzeichen für solche Initiativen stehen nicht auf Ermüdung, sondern signalisieren eine neue *Waldzeit,* die unaufhaltsam naht und die Bewusstseinsänderung in Gang halten wird. Der Klimawandel und seine Folgen werden ihr Auftrieb verleihen und sie über kurz oder lang zur Volksbewegung anschwellen lassen. Alle spüren die Alternative: Waldendzeit oder Waldzukunft! Um die Situation zum Guten zu wenden, ist ein neues Paradigma angesagt, eine waldbauliche Methode, die nicht einmal geringere Reinerträge garantiert, geschweige denn weniger Rundholz produziert, deren Praxis bewährt ist und die schon vor 100 Jahren von Alfred Möller beschrieben und wissenschaftlich konzipiert wurde: der Dauerwald.

Ohne gesetzliche Nachschärfung geht's nicht!

Jetzt kommt es seitens der Umweltverbände und Naturschützer darauf an, nicht über das Ziel hinauszuschießen und den Transformationsprozess als Vehikel gegen die Holzproduktion zu missbrauchen. Es darf nicht darum gehen, das Momentum einer breiten gesellschaftlichen Unterstützung dafür zu nutzen, den privaten Waldbesitz zum Opfer des Gemeinwohls zu machen oder gar zum pauschalen Nutzungsverzicht zwingen zu wollen. Nutzungsverzicht ist, soweit notwendig, allein die Aufgabe des öffentlichen Waldes, also der Bundes-, Kommunal- und Landesforsten. Sie haben als öffentliches Wirtschaftseigentum den Natur- und Artenschutz mindestens gleichwertig zur Nutzfunktion zu erfüllen, denn sonst gäbe es keine ordnungspolitische Rechtfertigung, öffentliches Waldeigentum auf fast 50 Prozent unserer

Waldfläche in öffentlicher Hand vorzuhalten. Effizient wirtschaften dagegen können private Waldeigentümer in ihren Wirtschaftswäldern allemal besser als Beamte – zumal, wenn es sich um Dauerwälder handelt.

Allerdings sind die Förderbestimmungen der öffentlichen Hand für den Privatwald von Grund auf zu überdenken. Gefördert werden sollte eine Wiederaufforstung nur, wenn sie auch die natürliche Sukzession einbezieht und vom Willen getragen ist, sich dem Dauerwald zuzuwenden.

Auch sind einige Änderungen der Forstgesetze notwendig, um sie zu echten Waldgesetzen zu machen, die aber weit weniger tiefgreifend sind im Vergleich zu dem, was alle anderen Sektoren der Wirtschaft im Rahmen der Klimapolitik ordnungsrechtlich hinnehmen müssen:

- Die *Gemeinwohlbestimmung* öffentlicher Wälder ist gesetzlich zu konkretisieren: 10 Prozent aller öffentlichen Wälder sind stillzulegen und als *wissenschaftliche Freilandlabore* des Klima- und Artenwandels zu nutzen. Dem öffentlichen Waldbesitz wird gesetzlich untersagt, standortfremde Baumarten in seine Wirtschaftswälder einzubringen. Zusätzlich sind 10 Prozent ihres stehenden Vorrats in ihren bewirtschafteten Wäldern (> 40 cm BHD) dauerhaft als *Biotopholz* zu erhalten, zu kennzeichnen und wirksam vor Nutzung zu schützen.
- Das forstliche Ordnungsrecht wird für *alle* Waldbesitzarten ergänzt und konkretisiert:
  1. *Kahlschläge,* bioklimatisch definiert,[51] sind ausnahmslos zu untersagen.
  2. Dazu ist die schlagweise auf eine selektive Einzelbaumnutzung umzustellen.
  3. Das Befahren der Waldflächen ist auf verbindlich max. 8 % je Hektar zu beschränken (also einen Maschinenweg-Abstand von minimal 50 Metern).

4. Jeder flächenhafte Einsatz von Chemikalien, Düngemitteln und Bioziden im Wald ist unter einen *naturschutzbehördlichen, repressiven* Genehmigungsvorbehalt zu stellen. Sowie
5. alle Entwässerungsstrukturen im Wald sind mit öffentlichen Mitteln rückzubauen.

Es gibt also allen Grund, sich die Augen zu reiben, wenn man sieht, mit wie wenigen Eingriffen die komplette Transformation der Forstwirtschaft von der schlagweisen Bewirtschaftung hin zu einer naturnahen Einzelbaumwirtschaft im Dauerwald politisch möglich wäre. Und es würde die Länder und den Bund nicht einmal etwas kosten. Die nur fünf Änderungen des forstlichen Ordnungsrechts begründen keine finanziellen Verpflichtungen des Staates gegenüber dem privaten Waldbesitz, sie sind enteignungsfrei, das heißt, durch die Sozialbindung des Privateigentums ohne Anspruch auf Entschädigung gedeckt (Sozialpflichtigkeit). Sie beschränken das Nutzungsrecht des privaten Eigentümers nicht, sondern regeln es ordnungsrechtlich, vergleichbar den Inhaltsbestimmungen, die jeder Eigentümer, wie zum Beispiel jeder Häuslebauer oder Kfz-Eigentümer, zu tragen hat. Sie sichern und fördern sogar die natürlichen Produktionskräfte und nutzen dadurch primär dem Waldbesitzer selbst. Er kann auf Dauer sogar mehr, deutlich besseres und dickeres Holz ernten als je zuvor. Und das nicht länger als stoßweisen Massenanfall zu Ramschpreisen infolge häufiger Kalamitäten, sondern als verstetigtes Angebot auf einem ausgeglichenen Rundholzmarkt. Es gibt also keinen ernstzunehmenden ökonomischen Grund, den forstlichen Paradigmenwechsel zur Waldökosystemwirtschaft politisch nicht sofort anzugehen – und einen ökologischen ohnehin nicht.

Die Zeit ist reif!

Bundesministerium für Ernährung und Landwirtschaft
10. August 2019
Ministerin Julia Klöckner[1]
11055 Berlin

Experten, Waldbesitzer und Verbändevertreter fordern Abkehr von Aufforstung und Holzfabriken

Sehr geehrte Frau Ministerin Klöckner,

die aktuelle Situation des Waldes in Deutschland ist besorgniserregend. Es handelt sich um eine nicht nur vom Klimawandel getriebene Waldkrise. Das aktuelle Krisenmanagement der Forstwirtschaft allerdings ist rückwärtsgewandt und waldschädlich. Die beim Ministertreffen in Moritzburg verkündete Erklärung ist als »Moritzburger Bankrotterklärung« zu bezeichnen. Wir fordern die staatliche Forstwirtschaft auf, anstelle teuren Aktionismus endlich eine sachkundige Fehleranalyse des eigenen Wirkens vorzunehmen und dabei alle Akteure mit einzubeziehen. Gefordert wird eine konsequente Abkehr von der Plantagenwirtschaft und eine radikale Hinwendung zu einem Management, das den Wald als Ökosystem und nicht mehr länger als Holzfabrik behandelt.

Am 1. August 2019 haben fünf Forstminister der unionsgeführten Länder einen sogenannten »Masterplan« für den von Hitze, Borkenkäfer, Feuer und Dürre gebeutelten Wald in Deutschland verabschiedet. Der Bund soll ab 2020 als Reaktion auf den Klimawandel 800 Millionen Euro bereitstellen, um die entstandenen Schäden zu beseitigen, die Schadensflächen wieder aufzuforsten sowie für einen »klimaangepassten« Waldumbau – u. a. unter Verwendung nicht heimischer Baumarten, die bisher noch nicht im Wald angebaut wurden. Die Forschung solle sich deswegen zukünftig auf Baumarteneignung und Forstpflanzenzüchtung konzentrieren – Stichwort: »Klimaangepasster Zukunftswald 2100«. Bemerkenswerterweise werden die vorwiegend als Folge der extremen Trockenheit 2018 entstandenen Schäden alleine dem Klimawandel angelastet. Dabei trifft der Klimawandel auf einen Wald, der systemisch krank ist durch das Anpflanzen von nicht heimischen Baumarten, Artenarmut, Monokulturen, Einschichtigkeit, durchschnittlich geringes Lebensalter, maschinelle Bodenverdichtung, Entwässerung etc. etc. Ein gesunder, widerstandsfähiger Wald sähe anders aus!

Der Masterplan betont: Eine nachhaltige, multifunktionale und »aktive« Waldbewirtschaftung bleibe weiterhin unverzichtbar – und meint damit, es dürfe sich an seinem naturfernen Zustand nichts ändern. Verwiesen wird auf die »Kohlenstoffspeicher- und Substitutionseffekte« von Holzprodukten. Der Einsatz von Holz zum Beispiel im Bauwesen solle verstärkt und damit die Holz-Nachfrage weiter angeheizt werden – wohl wissend, dass der Forst in Deutschland diese Nachfrage längst schon nicht mehr decken kann. Tatsächlich leiden die Waldbesitzenden unter schlechten Holzpreisen, wegen eines Überangebots von Stammholz auf dem Weltmarkt.

Bei all diesen Forderungen wird klar: An der bisherigen, jahrzehntelang praktizierten Forststrategie soll sich grundsätzlich nichts ändern. Das Konzept ist einfach: Bäume fällen – Bäume pflanzen. Allenfalls soll sich das »Design« der zukünftigen Kunst-Forsten aus perfekt ausgeklügelten Baumarten-Mischungen ändern, von denen man glaubt, sie könnten den Klimawandel unbeschadet überstehen. Allen Ernstes will man also der Öffentlichkeit weiterhin eine sogenannte »Zukunftsstrategie« zur Rettung des Waldes verkaufen, die nahtlos an das Leitbild einer auf allgemeine

Ablehnung stoßenden Holzfabrik anknüpft und angesichts der momentan großflächig zusammenbrechenden Nadelholz-Plantagen als gescheitert gelten muss. Ein wesentlicher Teil der jetzt abgestorbenen Wälder ist eben jener Teil, der 1947 auf deutlich größerer Fläche als heute als Nadelholzmonokulturen wieder begründet wurde. Nur mit einem Unterschied zu damals: Für die Waldbesitzer sollen diesmal erhebliche Beträge aus der Steuerkasse bereitgestellt werden.

Der Klimawandel schreitet voran und dies hat ohne Frage massive Auswirkungen auf alle Landökosysteme, wie auch auf den Wald. So zu tun, als hätten die letzten zwei Dürrejahre die Katastrophe allein verursacht, ist aber zu billig. Die Katastrophe ist bei genauerem Hinschauen auch Folge einer seit Jahrzehnten auf Nadelholz fixierten Forstwirtschaft – in einem Land, das einst von Natur aus flächendeckend von Laubmischwäldern dominiert wurde. Man gibt nicht gerne zu, dass man über 200 Jahre lang auf die falsche Nutzbaumart (Fichte) gesetzt und zudem künstliche, ökologisch hoch instabile und damit hoch risikoreiche Forstökosysteme geschaffen hat. Ein ganzer Erwerbszweig hat sich vom Nadelholz abhängig gemacht. Und jetzt steht die deutsche Nadelholzwirtschaft kurz vor dem Bankrott.

Es wäre nur ehrlich und zudem ein Zeichen politischer Größe gewesen, wenn Sie und die Forstminister in Moritzburg erklärt hätten: Ja, unsere Forstwirtschaft hat in der Vergangenheit Fehler gemacht, und ja, wir sind bereit für eine schonungslose Analyse, die nicht nur rein forstliche, sondern auch waldökologische Gesichtspunkte mit einbezieht. Stattdessen hat man sich auf allseits bereits bekannte, vorgestanzte Ausreden beschränkt, die jede selbstkritische Reflexion vermissen lassen.

Klar ist: Wir brauchen endlich Ruhepausen für den Wald in Deutschland, der jahrhundertelang ausgebeutet wurde. Wir brauchen ein neues, ökologisch orientiertes Konzept für den zukünftigen Wald, – keinen hektischen »Waldumbau«, sondern schlicht Waldentwicklung – hin zu mehr Naturnähe, die dem Wald als Ökosystem den notwendigen Spielraum belässt, selbstregulierend auf die sich abzeichnenden Umweltveränderungen reagieren zu können. Wir brauchen eine systemische Waldwirtschaft, die nicht weniger rentabel ist als die bisherige, dafür aber wesentlich stabiler und widerstandsfähiger gegen absehbare Umweltveränderungen sein muss. Die jetzt von allen Bürgerinnen und Bürgern über ihre Steuern zu bezahlenden Hilfen für die Waldbesitzenden sind politisch nur dann treuhänderisch im Sinne des Gemeinwohls gerechtfertigt, wenn die damit geförderten Wälder der Zukunft nicht wieder in der nächsten, in Teilen von der Forstwirtschaft selbst erzeugten Kalamität enden.

Darum fordern die Unterzeichner von der Bundesregierung und insbesondere von Ihnen, Frau Klöckner, einen Masterplan, der diesen Namen auch verdient:

1. Auf Kalamitätsflächen (schwerpunktmäßig im öffentlichen Wald!) ist die Wiederbegründung durch natürliche Waldentwicklung (Sukzession) u. a. mit Pionierbaumarten zu bewirken. Im Privatwald sind Sukzessionen zur Wiederbegründung gezielt zu fördern. Größere Kahlflächen sollten mit maximal 400 bis 600 Großpflanzen heimischer Arten pro Hektar bepflanzt werden, um gleichzeitig Sukzession zuzulassen.
2. Auch zur Förderung von Sukzession sollten die Flächen nicht mehr vollständig und nicht maschinell geräumt werden; es ist so viel Holz wie möglich im Bestand zu belassen (zur Förderung einer optimalen Boden- und Keimbettbildung, des Bodenfeuchte-Speichers sowie eines natürlichen Verbiss-Schutzes). Im Privatwald sollte der Nutzungsverzicht auf den Kalamitätsflächen gezielt gefördert werden, nicht zuletzt aus ökologischen Gründen und um den Holzmarkt zu entlasten.

3. Bei der Förderung von Wiederbegründungs-Pflanzungen im Privatwald: Vorrang von standortheimischen Baumarten (aus regionalen Herkünften); weite Pflanzabstände wählen, um der Entwicklung von Pionierarten ausreichend Raum zu lassen.
4. Für die Zukunftswälder: Durchforstungen minimieren (low-input-Prinzip), Vorräte durch gezielte Entwicklung hin zu alten dicken Bäumen aufbauen, Waldinnenklima schützen/Selbstkühlungsfunktion fördern (sollte höchste Priorität haben wegen des rasch fortschreitenden Klimawandels!), Schwersttechnik verbieten, weiteren Wegebau und -ausbau unterlassen, natürliche selbstregulatorische Entwicklungsprozesse im bewirtschafteten Wald sowie auf (größeren) separaten Flächen im Sinne eines Verbundsystems zulassen und fördern; Schalenwilddichten drastisch reduzieren (Reform der Jagdgesetze).
5. Wie im Bereich des seit den 80er-Jahren etablierten Ökolandbaus sollte die Krise unserer Wälder heute Anlass sein, mindestens zwei bestehende forstlich arbeitende Hochschulen in Hochschulen für interdisziplinäres Waldökosystemmanagement umzuwandeln, ein Beitrag nicht nur zur Fortentwicklung der Forstwissenschaft und Forstwirtschaft in Deutschland, sondern auch von globaler Bedeutung! Das Ziel muss es sein, die Holzerzeugung durch weitgehend natürliche Waldproduktion zu leisten und hier in Deutschland, dem Geburtsland der Forstwissenschaft, den Anfang damit zu machen.

Leitmotto: SYSTEMISCHES WALDÖKOSYSTEM-MANAGEMENT STATT HOLZFABRIKEN

Die Unterzeichner:

Dr. Franz Alt (Journalist und Autor) – Bigi Alt (www.sonnenseite.com) – Jana Ballenthien (Waldreferentin, ROBIN

WOOD) – Martin Bertram (Forstwissenschaftler) – Claudia Blank (Sprecherin der BundesBürgerInitiative WaldSchutz, BBIWS) – Wilhelm Bode (Autor und vormals Leiter der Saarländischen Forstverwaltung; Leit. Min. Rat a.D.) – Klaus Borger (Assessor des Forstdienstes und Staatssekretär a.D., Vorsitzender Forstbetriebsgemeinschaft Saar-Hochwald w.V.) – Reinhard Dalchow (Pfr. i.R., Bundesvorstand Grüne Liga, Mitglied der AG Kirchenforst) – Susanne Ecker (Sprecherin BI Schützt den Pfälzerwald) – Gotthard Eitler (Förster i.R.) – Hermann Edelmann (Mitgründer Pro Regenwald) – Dr. Lutz Fähser (Forstamtsleiter i.R., Lübeck) – Herbert Fahrnbauer (Sprecher BI gegen die Waldzerstörung) – Dr. Andreas Fichtner (Wissenschaftler, Leuphana Universität Lüneburg) – Professor Dr. Maximilian Gege (Vorsitzender B.A.U.M.) – Peter Gerhardt (denkhausbremen) – Franz Gregetz (BundesBürgerInitiative WaldSchutz) – Manfred Großmann (Leiter Nationalpark Hainich) – Jessica und Hakan Günder (Bürgerinitiative: BI fightforforest Odenwald) – Sylvia Hamberger (Gesellschaft für Ökologische Forschung) – Mark Harthun (Fachbereichsleiter Naturschutz, Stellvertr. Landesgeschäftsführer NABU Landesverband Hessen) – Dr. Annette Hartmann (Baumaktivistin Geisenfeld) – Hermann Graf Hatzfeldt (Waldbesitzer, ehm. Vorsitzender FSC-Deutschland) – Gaby und Joachim Heger (Sprecher Bürgerinitiative Lachwald-erhalten.de) – Hajo Hoffmann (Minister a.D.) – Birgit Huvendieck (BI Baumschutz Braunschweig) – Prof. Dr. Pierre Ibisch (Direktor Centre for Econics and Ecosystem Management an der Hochschule für nachhaltige Entwicklung, Vorstand Deutsche Umweltstiftung, Vorstand European Beech Forest Network) – Dr. Lebrecht Jeschke (ehem. Direktor des Landesnationalparkamtes Mecklenburg-Vorpommern) – Eberhard Johl (BI-Baumschutz Hildesheim) – Martin Kaiser (Geschäftsführer Greenpeace) – Dr. Bernd Kempf (Bürgerbewegung Freunde des Spessarts, BBFdS) – Tanja Keßels (Protect, Natur-, Arten- und Landschaftsschutz e.V.) – Jutta Kill (Biologin, Beraterin für soziale Bewegungen, Autorin) – Kerstin Klein (BI Stadtwald Raunheim) – Regina Klein (BI Waldschutz im Taunus) – Armin Kohler (Verein Entwicklung Lebensraum Kißlegg e.V.) – PD Dr. Werner Kratz (FU Berlin, stv. Vorsitzender NABU Brandenburg) – Wolfgang Kuhlmann (Arbeitsgemeinschaft Regenwald und Artenschutz) – Prof. Dr. Hans D. Knapp (Dir. Prof. a. D., Succow Stiftung, Vorstand European Beech Forest Network, EuroNatur) – Heinz Kowalski (Stellv. Landesvorsitzender NABU NRW, Sprecher des NABU-Bundesfachausschusses Ornithologie und Vogelschutz) – Sandra Kraus (Ameisenhegerin Homburg) – Michael Kunkel (BN Ortsgruppe Heigenbrücken) – Max V. Limbacher (M.A. Ortsvorsteher Kirkel Limbach) – Dr. Siegfried Klaus (AG Waldnaturschutz im NABU Thüringen) – Dr. Liebhard Löffler (Vorsitzender Verein Nationalpark Steigerwald e.V.) – Dr. Petra Ludwig-Sidow (Dipl. Geol., Wald-AG des NABU Ammersbek) – Jürgen Maier (Geschäftsführer, Forum Umwelt & Entwicklung) – László Maraz (Koordinator Dialogplattform Wald/ AG Wälder, Forum Umwelt & Entwicklung) – Michael Müller (Parlamentarischer Staatssekretär a.D. im Bundesumweltministerium, Bundesvorsitzender NaturFreunde Deutschland) – Peter Naumann (Bergwaldprojekt e.V.) – Harry Neumann (Bundesvorsitzender der Naturschutzinitiative e.V.) – Prof. Dr. Kai Niebert (Präsident DNR – Deutscher Naturschutzring) – Dr. Jörg Noetzel (Sprecher der Bürgerinitiative Zukunft Stuttgarter Wald) – Dr. Lars Opgenoorth (Ökologe, Philipps-Universität Marburg, European Beech Forest Network) – Norbert Panek (Agenda zum Schutz deutscher Buchenwälder) – Silvia Roelcke (waldproblematik.de) – Max Rossberg (Chairman European Wilderness Society) – Ulrike Rothbarth (BI Baumschutz Braunschweig) – Doz. Dr. Wolfgang Scherzinger (ehem. Wissenschaftler/Zoologe des Nationalparks Bayerischer Wald) – Edmund Schultz (Waldschützer, Braunschweig) – Evelyn Schönheit & Jupp Trauth (Forum Ökologie & Papier) – Jörg Sommer (Vorstandsvorsitzender Deutsche Umweltstiftung) – Dr. Georg Sperber (ehemaliger Leites des Forstamts Ebrach) – Wolfgang Stoiber (Vorsitzender, Naturschutz und Kunst – Leipziger Auwald e.V. – NuKLA) – Gerlinde Straka (Projektkoordinatorin Wald, Naturschutzgroßprojekt Hohe Schrecke) – Knut Sturm (Forstamtsleiter, Stadtwald Lübeck) – Prof. em. Dr. Michael Succow (Stiftungsratsvorsitzender Michael Succow Stiftung) – Walter Trefz (Förster) – Olaf Tschimpke (Präsident, NABU- Naturschutzbund Deutschland e.V.) – Florian Tully (2. Vorstand Verein Nationalpark Steigerwald e.V.) – Silvia Wagner (Sprecherin BI pro Ettersberg) – Dr. Torsten Welle (Naturwald Akademie) – Dr. Volkhard Wille (Vorstand, OroVerde – Die Tropenwaldstiftung) – Peter Wohlleben (Förster und Autor, Wohllebens Waldakademie)

»Wer einmal lügt, dem glaubt man nicht,
und wenn er auch die Wahrheit spricht!«
Gaius Julius Phaedrus, von Augustus freigelassener Sklave
und römischer Fabeldichter
(um 20–15 v. Chr. bis 50–60 n. Chr.)

Im Modus einer Holzfabrik

Der ökologische Zustand der deutschen Wälder, hergeleitet aus den Daten der Bundeswaldinventur 2014

Von Norbert Panek

Im Oktober 2014 wurden vom Bundesministerium für Ernährung und Landwirtschaft (BMEL) die Ergebnisse der dritten Bundeswaldinventur (BWI) der Öffentlichkeit vorgestellt. Bei der offiziellen Präsentation wurde durchweg der »gute Zustand« der deutschen Wälder besonders herausgehoben.[1] Dieser Zustand sei das Ergebnis »waldbaulichen Handelns vieler Waldeigentümer und Förster« sowie einer Waldpolitik, die auf »Balance und Nachhaltigkeit« setze und Verantwortung auf viele Schultern verteile. Die vom BMEL vorgenommene offizielle Bewertung folgt indessen einer stark interessengeleiteten Politik, die ausschließlich ökonomische Aspekte in den Vordergrund rückt. Eine gründliche Analyse und Bewertung der vom BMEL ins Netz gestellten Inventurdaten führt jedoch zur Erkenntnis, dass hinter dem umfangreichen Zahlenwerk sich ein ganz anderes Bild des deutschen Waldes verbirgt. Das dem entgegenstehende offizielle Credo »Dem Wald geht's gut« ist aus waldökologischer Sicht nicht haltbar. Untermauert wird diese Feststellung durch den im Frühjahr 2018 von der Naturwald Akademie (Lübeck) veröffentlichten »Alternativen Waldzustandsbericht«[2]. Das niederschmetternde Ergebnis dieser Expertise: Fast 90 Prozent der deutschen Waldfläche sind in einem »schlechten bis sehr schlechten naturschutzfachlichen Zustand«. Drei der heimischen und für Deutschland typischen von Buchen und Eichen dominierten Waldgesellschaften, die näher untersucht wurden, seien aufgrund starker Arealverluste und forstlicher Eingriffe sogar vom Aussterben bedroht.

Katastrophe mit Ansage

Die Lobpreisungen der offiziellen Politik zum Zustand der deutschen Wälder haben in den Dürrejahren 2018/2019 einen deutlichen Dämpfer erlitten. Vor allem Fichtenbestände haben enorme Trockenschäden davongetragen. Der Komplettausfall nahm schon nach den damaligen Angaben des Bundesforstministeriums rund 245.000 Hektar (2,1 Prozent der deutschen Waldfläche) ein und wird inzwischen noch deutlich übertroffen. Die Schadholzmenge wurde 2019 bereits auf 160 Millionen Kubikmeter geschätzt (rund 166 Prozent des durchschnittlichen jährlichen Holzeinschlags). Was allerdings verschwiegen wurde: Großflächige Windwürfe und Borkenkäferbefall hatten den Forst schon in der Vergangenheit regelmäßig heimgesucht. Hitze und Trockenheit trafen auf einen durch falsche Baumartenwahl und Forstbewirtschaftung bereits vorgeschädigten, ökologisch geschwächten Baumbestand und häufig zum wiederholten Mal auf denselben Flächen.

Zustandsanalyse – die Grundlage

Maßstab für eine Einordnung und Bewertung der Ergebnisse der BWI aus ökologischer Sicht ist im Nachfolgenden die Naturnähe unserer Wälder, das heißt die »Ausformung des Naturwaldes und seine Entwicklungspotenziale« als Referenz-Kriterium[3]; also der Grad ihrer Naturentfremdung, die wissenschaftlich als Hemerobie bezeichnet wird. Insbesondere alte Bäume und Totholz gelten als wichtige Schlüsselelemente für die Naturnähe und damit auch für die natürliche Biodiversität sowie für die ökologische Funktionstüchtigkeit von Wäldern. Umfang, Qualität und Verteilung dieser Elemente entscheiden maßgeblich über den Grad ihrer Naturnähe und insbesondere ihren biologischen Reifezustand. Im Rahmen der vorliegenden BWI-Auswertung wurden daher folgende Merkmale genauer untersucht:

- Baumartenanteile und Baumartenzusammensetzung
- Bestandsalter
- Bestandsstrukturen (Mischung, Schichtung, »dicke« Bäume)
- Einflüsse durch Schalenwild
- Totholz
- Bäume mit ökologisch bedeutsamen Merkmalen.[4]

Zusammenfassend lassen sich daraus nachfolgende Bewertungen ableiten.

Von Naturnähe keine Spur

In den Wäldern Deutschlands würden von Natur aus hauptsächlich Buchen- und Buchenmischwälder, in geringeren Anteilen auch Eichen-Hainbuchen- und Edellaubholzwälder vorherrschen. Der natürliche Nadelholzanteil würde bundesweit bei unter zwei Prozent liegen. Aktuell umfasst aber der Anteil nicht standortheimischer Nadelhölzer 53,4 Prozent. Nahezu die Hälfte der Wälder, in denen Nadelholz in der Hauptbestockung dominiert (rund 2,9 Millionen Hektar), sind reine Monokulturen! Wälder mit einem Bestandsalter von unter 60 Jahren, die satte 45 Prozent der deutschen Waldfläche umfassen, weisen sogar einen Nadelholzanteil von 58 Prozent und einen Buchenanteil von lediglich 9 Prozent auf. Ein Waldumbau hin zu laubholzreicheren Beständen hat demzufolge in den letzten Jahrzehnten entgegen der offiziellen Angaben nicht wirklich stattgefunden.

Der Wald im gegenwärtigen Zustand ist aufgrund seiner Baumartenverteilung hingegen als weitgehend naturfern einzustufen. Forstwirtschaftliche Eingriffe haben die natürliche Baumartenvielfalt im deutschen Wald massiv reduziert. Auf etwa 90 Prozent der Holzbodenfläche (= 11 Millionen Hektar) wachsen lediglich elf Baumarten. Die vier häufigsten Baumarten (Fichte, Kiefer, Buche, Eiche) bedecken allein 72 Prozent des Holzbodens. Wo von Natur aus Buchenwälder wachsen würden, stehen heute zu mehr als 50 Prozent Nadelhölzer! Die Veränderung des Naturnähe-Grades der Baumvegetation wird deutlich bei den nutzungsbedingten Verschiebungen der natürlichen Flächenanteile einzelner Baumarten: Die Buche hat gegenüber dem natürlichen Urzustand um den Faktor 14 abgenommen, die Fichte hat um den Faktor 25 zugenommen. Laut BWI liegt aber der Anteil der angeblich *sehr naturnahen* und *naturnahen* Baumartenzusammensetzung bei 36 Prozent. Dieser Wert ist zu relativieren, da selbst das Bundesamt für Naturschutz im Rahmen der bundesweiten Kartierung der Potenziellen Natürlichen Vegetation (PNV) einen wesentlich geringeren Anteil von gerade noch 18,6 Prozent ermittelt hat.[5] Zieht man aber als Naturnähe-Kriterium zusätzlich das Baumalter (> 160 Jahre) heran, dann schrumpft der Anteil der PNV-relevanten naturnahen Laubwälder auf maximal 2,5 Prozent (bei den Rotbuchenwäldern sogar nur auf 1,3 Prozent; wohlgemerkt im Zentralareal des Europäischen Buchenwaldes). Zieht man als weiteres Kriterium alle anderen menschlichen Einflüsse, wie zum Beispiel das waldbauliche Betriebssystem, aber auch die Zerschneidungseffekte, Randeinflüsse, Entwässerungswirkungen infolge des forstlichen Wegebaus etc., mit heran, wären lediglich noch 0,44 Prozent der deutschen Waldfläche auf der Hemerobie-Skala als naturnah einzustufen.

Die allein auf die Baumartenzusammensetzung reduzierte Naturnähe sagt also kaum etwas über den tatsächlichen ökologischen Gesamtzustand der Wälder aus, auch vor dem Hintergrund der Tatsache, dass die PNV-orientierte Naturnähe-Einstufung nach der Baumartenzusammensetzung im Zuge der BWI modifiziert wurde. Bei der Zuordnung der entsprechenden Haupt-, Neben- und Begleitbaumarten wurde beispielsweise die Baumart Fichte in den Hochlagen von Eifel und Sauerland zu einem natürlichen »Element der dort entwickelten Waldtypen« erklärt.[6] Im hessischen Vogelsberg gilt die Kiefer nach BWI-Auslegung als »natürliche« Nebenbaumart der kollinen bis submontanen Hainsimsen-Buchenwälder. Die Douglasie wird auf vielen Standorten (unter anderem in Baden-Württemberg, Hessen, Thüringen) als »eingebürgert« und damit dem heutigen »Standortwald« als zugehörig betrachtet. Hier wird mit dem Naturnähe-Begriff von offizieller Seite nichts anderes als Etikettenschwindel betrieben.

Akut bedrohter Buchenwald

Deutschland ist von Natur aus ein Land der Buchen- und Buchenmischwälder, denn sie würden etwa 67 Prozent der deutschen Landfläche – rund 244.800 km² – bedecken und unsere Naturlandschaft und ihre ökologisch/biologische Produktivität maßgeblich prägen. Das deutsche Areal bildet zudem das Verbreitungszentrum der Rotbuchenwälder Europas. Die Restvorkommen von Buchenwäldern umfassen in

Deutschland laut Bundeswaldinventur heute aber nur noch 16.800 km² (rechnerischer Reinbestand), demnach also nur noch 15 Prozent der heute vorhandenen Waldfläche oder etwa 7 Prozent des potenziellen deutschen Buchenwaldareals.

2011 wurden fünf deutsche Buchenwaldgebiete im Zuge eines seriellen Nominierungsverfahrens zum UNESCO-Weltnaturerbe der Menschheit erklärt. Unser Land hat sich damit verpflichtet, dieses Erbe für die Weltgemeinschaft auch über die Grenzen der ausgewiesenen Gebiete hinaus zu erhalten. Dieser Auftrag ist aber in der Politik nie richtig angekommen und auch die jetzige Debatte im Zuge der Dürrekatastrophe zeigt, dass diese Verantwortung gegenüber seinem Naturerbe kein Gegenstand offizieller politischer Überlegungen ist. Dabei ist der Zustand unserer Buchenwälder in Deutschland, nicht nur wegen des Klimawandels, besorgniserregend. Alle in Deutschland vorkommenden, naturnahen Ausprägungen der unterschiedlichen Buchenwaldtypen sind, wie die überarbeitete Rote Liste aufzeigt (siehe Tabelle unten[7]), mehr oder weniger stark gefährdet, zwei Typen sogar von vollständiger Vernichtung bedroht.

Wald-Ökosystemtyp	**Naturnahe Rest-Areal-fläche (ha)**	**Anteil vom Gesamt-Areal (%)**	**Gefährdungsgrad**
Basen-/kalkreiche Buchenwälder	380.900	16	gefährdet
Drahtschmielen-Buchenwälder	103.800	4	von Vernichtung bedroht (bis stark gefährdet)
Fichten-(Tannen-) Buchenwälder	19.400	10	gefährdet (bis stark gefährdet)
Hainsimsen-Buchenwälder	812.000	9	stark gefährdet (bis gefährdet)
Mäßig basenreiche Buchenwälder	649.500	7	stark gefährdet
Seggen-Buchen-wälder	31.700	6	stark gefährdet (bis von Vernichtung bedroht)

Der Niedergang der Buchenwälder ist Sinnbild für das forsthistorische Erbe, das uns naturferne, ökologisch verarmte Nadelholzplantagen hinterlassen hat. Als Charakterbaum unserer natürlichen Waldvegetation wird und muss die Buche aber auch in Zukunft eine tragende Rolle im Waldaufbau spielen. Sie zählt nach heutigem Kenntnisstand zu den genetisch variabelsten Baumarten; sie weist zudem eine enorm große ökologische Spannbreite auf, was ihre Standortansprüche angeht. Ihre Anpassungsdynamik im Zentralareal ihres natürlichen, hochdiversen Vorkommens lässt deswegen gerade für Deutschland erwarten, dass Buchen sich hier am ehesten dem veränderten Atmosphärenmilieu anpassen können und werden – ganz entgegen den Unkenrufen aus der Forstwissenschaft. Außerdem kann die Buche auf ihren unterschiedlichen Standorten im Gebirge wie im Flachland variierende Trockenstress-Empfindlichkeiten entwickeln. Die derzeitigen Schäden an der Buche sind nicht nur Folge des Klimawandels, sondern weitgehend auch Ergebnis einer falschen waldbaulichen Bewirtschaftung, die zu stark aufgelichtete, ausgedünnte und naturferne Hallenstrukturen geführt hat und der besonders schattentoleranten Baumart sehr abträglich ist.

Unsere Wälder sind zu jung

Der deutsche Wald ist in weiten Teilen ein junger, ökologisch unausgereifter Wald. Der Anteil aller über 160-jährigen Baumbestände beträgt – bezogen auf die Gesamtwaldfläche – lediglich 3,2 Prozent, der Anteil aller über 160 Jahre alten Laubwälder 2,4 Prozent und der Anteil der Buchenbestände dieser Altersklasse nur 1,3 Prozent. Nur auf 4,5 Prozent der als naturnah geltenden Waldflächen stocken Bäume mit einem Alter von über 140 Jahren.[8] Nur 0,2 Prozent dieser wertvolleren Flächen sind dauerhaft geschützt. Das fast vollständige Fehlen alter, fortgeschrittener (reifer, vorrats- und totholzreicher) Waldentwicklungsphasen ist aus waldökologischer Sicht, zumal angesichts des Klimawandels, als dramatisch zu bezeichnen.

Und viel zu dünn

Dicke Bäume mit Brusthöhendurchmessern (BHD) von mehr als 70 cm machen anteilig nur 0,3 Prozent des Gesamtbaumbestands aus. Im rechnerischen Schnitt wächst im deutschen Wald pro Hektar also nur ein Baum, der einen solchen Brusthöhendurchmesser aufweist. Der Anteil des (Massen-)Vorrats der dicken Bäume mit BHD über 70 cm liegt über alle Altersklassen hinweg bei weniger als 5 Prozent, und die Stammzahl der nur über 50 cm dicken Bäume nimmt im deutschen Wald lediglich noch rund 3 Prozent ein. Naturnahe, vertikal gegliederte (»plenterartige«) Strukturen weisen lediglich 11 Prozent aller Waldbestände auf. Die also vorherrschenden homogenen, ein- bis zweischichtigen Wälder sind das charakteristische Merkmal intensiv genutzter, schlagweiser Altersklassenbestände.

Baumbiotope sind kaum noch vorhanden

Im Rahmen der BWI wurden erstmalig sogenannte Biotopbäume erhoben, also Bäume mit besonderen ökologischen Merkmalen (zum Beispiel Stammhöhlen, Kronenabbrüche etc.). Diese Mikro-Habitate haben eine herausragende faunistische Bedeutung.[9] Insgesamt hat die BWI 93 Millionen Bäume (nur 1,2 Prozent des bundesweiten Gesamtbaumbestands > 7 cm BHD) mit solchen Merkmalen erfasst. Interessant ist, dass markierte Biotopbäume lediglich 0,013 Prozent des rechnerisch ermittelten Gesamtbaumbestands (> 7 cm BHD) umfassen. Bezogen auf die Gesamtholzbodenfläche sind das rechnerisch 0,09 Bäume pro Hektar. Der Bestand markierter Biotopbäume, die in der Regel einem kontrollierten Schutz unterliegen sollen, fällt statistisch also kaum ins Gewicht. Dies lässt den Schluss zu, dass das Konzept eines integrierten Naturschutzes, von offizieller Seite oft als »Erfolgsmodell« dargestellt, im Wirtschaftswald jedoch weitgehend unwirksam ist.

Der Lebensraum Totholz ist Mangelware

Totholz in verschiedenen Dimensionen, Zersetzungsgraden etc. stellt ein bedeutendes Merkmal für die Naturnähe von Wäldern dar. In der einschlägigen Fachliteratur werden 30–40 m^3 je Hektar Wirtschaftswald als Richtwert empfohlen.[10]

Nach BWI-Angaben bleibt der gesamte Totholzvorrat im deutschen Wald mit 20,6 m^3 pro Hektar erheblich unter diesem Wert. Die genauere Analyse der BWI-Ergebnisse zum Totholzvorrat in unseren Wäldern ergibt zusammenfassend aus biologisch-ökologischer Sicht ein alarmierendes Gesamtbild.

Der Anteil der Baumartengruppe Nadelbäume am gesamten Totholzvorrat beträgt circa 65 Prozent, also etwa zwei Drittel. Etwa ein Drittel (35 Prozent) verbleibt für das ökologisch bedeutsamere Laubtotholz. Der hohe Nadeltotholzanteil ist letztlich Resultat zahlreicher Kalamitäten und Windwurfkatastrophen in den vergangenen Dekaden. Diese eher zwangsläufig Windwurf-induzierte Erhöhung des Totholzvorrates beschränkt sich zudem im Wesentlichen auf ökologisch weniger bedeutsame Totholztypen wie Schlagabraum, Bruchholz und abgesägte Baumstümpfe.

Die ökologisch bedeutsamen, weil stärker dimensionierten Durchmesserklassen über 40 cm haben einen Anteil von nur circa 30 Prozent an der gesamten Totholzmenge. Der Anteil von waldökologisch weniger relevanten Wurzelstöcken und Abfuhrresten beträgt hingegen mit 5,9 m^3 pro Hektar weit über ein Viertel des gesamten Totholzvorrates.

Der Vorrat im stehenden Totholz hat sich im Erfassungszeitraum 2002–2012 in den stärkeren Durchmesserklassen (20 bis 59 cm), die etwa 50 Prozent des Totholzaufkommens ausmachen, erheblich reduziert bezogen auf den Gesamttotholzvorrat. Ähnliches gilt für Totholzvorräte ab Durchmesser 60 cm. Dabei ist der Rückgang beim Laubholz im Vergleich zum Nadelholz alarmierend, auch weil der Laubholzanteil am Gesamttotholz ohnehin nur etwa ein Drittel beträgt.

Selbst der Vorrat im liegenden Totholz hat bei den stärkeren Durchmesserklassen ab 20 cm aller Baumartengruppen seit 2002 ebenfalls signifikant um 2,684 Millionen m^3 abgenommen. Richtig gedeutet heißt das: Kaum vermarktbares Totholz ist im deutschen Wald nur solange erwünscht, wie es keine Brennholznachfrage dafür gibt, obwohl es nur um die sprichwörtlichen »Pfennige« dabei geht.

Die Zahlen der BWI machen deutlich, dass der ermittelte durchschnittliche Gesamttotholzvorrat in Höhe von 20,6 m^3 pro Hektar nur zu einem geringfügigen Anteil echte Habitat-Funktionen erfüllt. Der tatsächliche, ökologisch relevante Anteil des Totholzvorrates, bezogen auf die entsprechenden Biotopholztypen, dürfte sich rein rechnerisch in einem Bereich von ca. einem m^3 je Hektar bewegen (hauptsächlich aus Laubtotholz ab 60 cm Durchmesser bestehend) und hat in den letzten zehn Jahren trotz aller Versprechungen tatsächlich ab- und nicht zugenommen.

Im Vergleich zu Urwäldern sowie zu den wissenschaftlich empfohlenen Richtwerten ist aber selbst der in der BWI schöngerechnete Gesamttotholzvorrat als naturschutzfachlich und ökologisch völlig unzureichend anzusehen.

Wildpopulation und Verbiss erreichen stattdessen ein Rekordniveau

Die Befunde zum Einfluss der Schalenwildarten auf die Baumvegetation sind aus waldbaulicher Sicht sehr bedenklich, vor allem im Hinblick auf den auch aus Naturschutzsicht geforderten Waldumbau, das heißt insbesondere auch zur Rückkehr zur heimischen Laubbaumvielfalt. Besonders hoch liegen die Verbissanteile bei den Baumarten Eiche (45 %), bei Laubbäumen mit hoher Lebensdauer (43 %), bei Laubbäumen mit niedriger Lebensdauer (38 %), bei der Weißtanne (27 %) sowie selbst bei der dem Wild weniger wohlschmeckenden Buche (17 %). Wohlgemerkt werden frühestens die vorgefundenen verholzten Bäumchen ab dem zweiten Jahr gezählt; das heißt, die gerupften und verzehrten Keimlinge und einjährigen Bäumchen fallen erfahrungsgemäß zu 100 Prozent unter den Tisch. Das ist bei der Weißtanne und Eiche sicher der entscheidende Verlust, denn sie sind absolute Leckerbissen in diesem Frühstadium.

Der deutsche Wald ist in Wirklichkeit schutzlos

Der deutsche Wald ist gegen die Auswüchse einer angeblich »modernen«, immer intensiver agierenden Forstwirtschaft kaum wirksam geschützt. Selbst in formalrechtlich ausgewiesenen Schutzgebieten wird diese sogenannte *»ordnungsgemäße«* Forstwirtschaft geduldet, und werden die Naturschutzziele durch lasche Bewirtschaftungsstandards und mangelnde Kontrolle systematisch untergraben. Eine vom Bundesamt für Naturschutz in Auftrag gegebene Studie kommt zu dem Ergebnis, dass die bisherigen Schutzbemühungen, zum Beispiel durch Ausweisung von Naturschutz- und FFH-Gebieten, »zu keinen nennenswerten

Nutzungseinschränkungen« geführt haben.[11] Der Umfang der Waldflächen, auf der laut BWI eine Holznutzung aus Naturschutzgründen nicht zulässig oder topografisch nicht möglich ist, liegt bundesweit bei gerade 149.660 Hektar (= 1,4 % der Gesamtwaldfläche). Nach Angaben des Bundesamtes für Naturschutz umfasst die Fläche der dauerhaft nutzungsfrei geschützten Wälder lediglich 2,8 Prozent der Gesamtwaldfläche, wovon drei Viertel der erfassten Flächen eine Größe von nur fünf Hektar aufweisen.

Das ökologische Fazit

Der gemessen an natürlichen Wäldern extrem niedrige Totholzvorrat im deutschen Wirtschaftswald, die zu geringen Anteile alter, reifer Bäume (also alter Waldentwicklungsphasen) und die noch immer sehr hohen Anteile standortfremder Baumarten haben sowohl quantitativ wie qualitativ zu waldökologisch extrem verarmten Baumbeständen geführt, die aus Naturschutzsicht die Lebensraumfunktionen von Wäldern und die waldspezifische biologische Vielfalt stark einschränken. Die intensive Holznutzung in den deutschen Wäldern verhindert ein ausreichendes Angebot an Tot- und Biotopholzstrukturen. Durch die planmäßige kurz- bis mittelfristige Entnahme fast aller Buchen-Altbaumbestände (über 140 Jahre) werden momentan bundesweit die letzten Reste der ökologisch bedeutsamen Reifephasen auf kleine geschützte Verinselungsbereiche zurückgedrängt. Konstante Totholzvorkommen und Biotope sind dort aber immer weniger gewährleistet.

Daraus lässt sich ableiten, dass das Ziel der Erhaltung der Biodiversität im klassischen schlagweisen Altersklassenwald, der mehr als 90 Prozent der deutschen Waldfläche einnehmen dürfte, mit den derzeitigen Bewirtschaftungsmethoden und -intensitäten nicht zu erreichen ist. Die Analyse der Daten belegt das für alle wichtigen Strukturelemente naturnaher Wälder eindeutig.

Der vermeintlich integrative Naturschutz ist in seiner derzeitigen Form in der Altersklassenwirtschaft, von einigen wenigen positiven Beispielen abgesehen, weitestgehend gescheitert. Der deutsche Wald ist durch die Forstwirtschaft nicht geschützt, sondern insgesamt eher gefährdet. Die Naturschutzfunktionen auf wenigen, für einen Waldbiotopverbund vollkommen unzureichenden Prozessschutzflächen kann diese in der Gesamtwaldfläche ablaufenden ökologischen Entwertungsprozesse durch die Bewirtschaftung in der Betriebsweise der Altersklassenwirtschaft nicht annähernd kompensieren.

Daraus folgt: Der deutsche Wald ist aufgrund der intensiven, insgesamt noch stark Nadelholz-fixierten Forstnutzung und nicht zuletzt vor dem Hintergrund des sich verschärfenden Klimawandels, in einem ökologisch sehr bedenklichen Zustand. Die teilweise erschreckenden Ergebnisse der Waldinventur insbesondere mit Blick auf alte, ausgereifte Baumbestände und Totholzvorräte erfordern ein rasches Umdenken sowie eine grundsätzliche Infragestellung der schlagweisen Wirtschaft und einen grundlegenden Richtungswechsel der deutschen Waldbaupolitik.

Deshalb ist es erschreckend, dass die politisch Verantwortlichen in unserem Land, die wiederum von einem einseitig besetzten Gremium aus Forstwissenschaftlern beraten werden, keine innovativen Zukunftsstrategien und Konzepte anzubieten haben, die die systemische Effektivität der Wälder in die Ursachenanalyse einbezieht, um sie biologisch zu stärken und wieder zu mobilisieren. Die im Februar 2020 erschienenen »Eckpunkte der Waldstrategie 2050«, herausgegeben vom Bundesministerium für Ernährung und Landwirtschaft (BMEL 2020), sind ein eklatantes Beispiel. Darin ist unter anderem die Rede von »Nadelholzlücken« (die es schnellstmöglich zu schließen gilt), von der »Reduktion der Produktionszeiten«, das heißt Verkürzung der Umtriebszeiten, sowie von Wäldern mit ausschließlich standortheimischen Baumarten, die »nur bedingt zukunftsfähig« seien und deshalb stärker als bisher auf »anbauwürdige, eingeführte Baumarten« zurückgegriffen werden müsse. Klar ist, wohin diese sogenannte Strategie führen wird, nämlich zu einem weiteren Festhalten an dem bestehenden, schon 200 Jahre währenden »Forstmodell«, das längst sowohl ökonomisch als auch ökologisch gescheitert ist.

Es ist an der Zeit, endlich unsere Verantwortung für das Naturerbe der global einmaligen Buchenwälder Zentraleuropas, unser für den Schutz der heimischen Biodiversität wichtigstes Waldökosystem, zu übernehmen und uns vom Modus einer Holzfabrik zu verabschieden. In den über 120-jährigen Buchenbeständen, die bundesweit eine Fläche von gerade rund 523.000 Hektar (maximal 5 % der Waldfläche) einnehmen, ist zur Sicherung der »ökologischen Substanz« unserer ehemals natürlichen Wälder ein sofortiger Holzeinschlagstopp geboten. Zudem ist in allen übrigen Buchenwäldern umgehend eine waldbauliche Neuorientierung hin zur Einzelbaumwirtschaft notwendig, die dafür sorgt, dass genutzte Buchenmischwälder in ihrer Substanz als Lebensraum mit dynamischer Vielfalt sowie mit ihren natürlichen Regenerations- und Anpassungspotenzialen dauerhaft gesichert und erhalten bleiben.

»Nicht der Standort macht den Wald,
sondern der Wald den Standort!«
Waldarzt August Bier (um 1930)

Leipzig ist überall

»Sächsischer Waldnaturschutz« – Zum Umgang der Forstbehörden mit dem Leipziger Auwald

Von Bernd Gerken, Johannes Hansmann und Michael Kleff

Der Leipziger Auwald ist einer der größten noch erhaltenen Auwälder Mitteleuropas. Durch Wasserbaumaßnahmen sind die ihn durchströmenden Flüsse und Bäche (Weiße Elster, Pleiße, Luppe und viele mehr) aber momentan (noch) begradigt und reguliert. Daher gibt es seit Anfang des 20. Jahrhunderts keine nennenswerte Flussdynamik mehr, die für ein Auensystem jedoch prägend wäre. Kleinere Nebenflüsse, Senken und Fließe sind im Laufe der Zeit ausgetrocknet. Der Baumbestand reagiert durch eine Verschiebung der Artenzusammensetzung. So wachsen inzwischen vermehrt Baumarten nach, die auch mit trockenen Standorten zurechtkommen. Arten, die Überflutungen vertragen und sogar von ihnen profitieren, verjüngen sich zwar, werden aber auf Dauer von den schneller wachsenden, für Auen untypischen Baumarten verdrängt. Es ist nicht zuletzt mit Blick auf die Rückgewinnung von Retentionsräumen an der Zeit, das Wasserbaukonzept des 19. und 20. Jahrhunderts zu überdenken und die Flüsse wieder zu revitalisieren. Aber bis auf leere Wortbekundungen, Diskussionen, Symposien und die dafür verschwendeten öffentlichen Gelder ist keine Änderung in Sicht. Stattdessen haben die Forstämter seit etwa 2005 begonnen, die Auwälder im FFH-Gebiet *Leipziger Auensystem* mit schwerer, harter Technik forstlich umzugestalten. Dabei ist ein Teilziel die Förderung der Stieleiche.

Ähnlich sieht die Situation in anderen rezenten Auwaldgebieten Ostdeutschlands aus: Leipzig ist also überall! Dabei stehen die Auwälder und ihre stetige Verschlechterung durch eine häufig inkompetente Forstwirtschaft nur als ein besonders krasses Beispiel für deren ökologische Hilflosigkeit.

Der Leipziger Auwald – Entstehung und Bewirtschaftungshistorie

Entsprechend seiner hohen ökologischen Wertigkeit ist der Leipziger Auwald als FFH-Gebiet, europäisches Vogelschutzgebiet (SPA), Landschaftsschutzgebiet (LSG) und in Teilbereichen als Naturschutzgebiet (NSG) unter Schutz gestellt. Zur Bedeutung des Schutzes der Auwälder zitieren wir an dieser Stelle das Bundesamt für Naturschutz zur Lebensgemeinschaft Hartholzaue: »In weiten Teilen Mitteleuropas sind diese Auenwälder stark gefährdet, auch wenn sie nicht als prioritär gelistet sind. Zur Entwicklung und Wiederherstellung dieser Wälder ist eine natürliche Überflutungsdynamik anzustreben. Eine forstliche Nutzung der wenigen Restbestände sollte möglichst unterbleiben.«[1]

Dieser letzte Satz hat sich in den Forstbehörden offenbar noch nicht herumgesprochen. Die Autoren sind jedoch der Auffassung, dass *nach* Wiederherstellung des natürlichen Wasserhaushaltes eine sensible und naturverträgliche Forstwirtschaft durchaus möglich wäre. Diese müsste natürlich die Flussdynamik mit den auentypischen, zeitweilig nassen und wieder abtrocknenden Flächen berücksichtigen. So

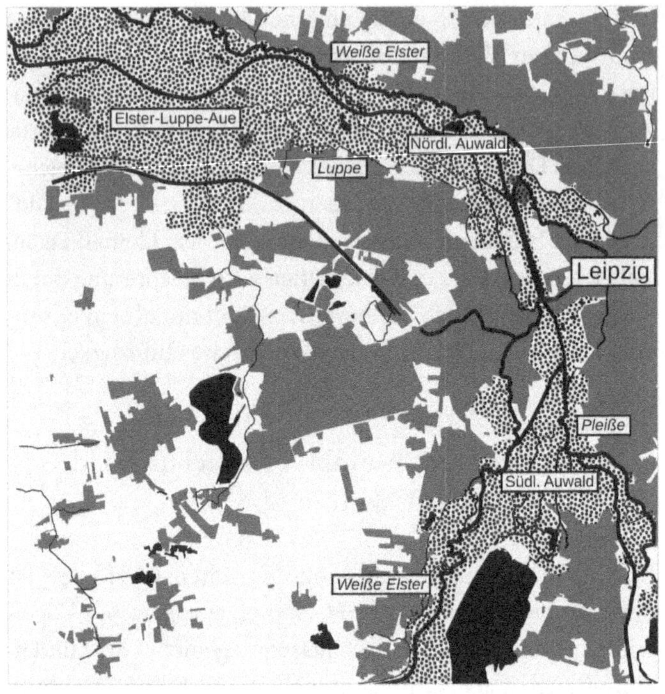

Übersichtskarte des Leipziger Vogelschutzgebiets. Der wohl größte städtische Auwald in unmittelbarer Nähe zu einem deutschen Stadtzentrum ist in seinen wesentlichen Teilen als Europäisches Vogelschutzgebiet ausgewiesen, siehe die gepunktete Fläche. (Zeichnung: Johannes Hansmann)

scheiden moderne, schwere Maschinen (Harvester, Forwarder) aus, die zusätzlich zu anderen Schäden auch zu gravierenden Bodenverdichtungen führen. Bereits in früheren Jahrhunderten gab es beim »Holzmachen« Probleme, das Holz aus dem Wald zu bekommen. Die Winter waren in der Leipziger Tieflandsbucht oft sehr mild und nass, der Klimawandel macht es nun zusätzlich schier unmöglich, ohne Bodenschädigungen mit schweren Maschinen zu arbeiten. Es muss hier betont werden, dass Forstwirtschaft generell für den Erhalt oder die Wiederentstehung eines Auen-Ökosystems nicht notwendig ist: Sie ist zu keiner Zeit die Quelle der Artenvielfalt einer Aue gewesen. Entscheidend für die hohe Biodiversität in Auen ist stattdessen der auentypische Wasserhaushalt!

So selten Auwälder geworden sind, so einzigartig ist ihr Artenreichtum. Er kommt durch die Vielfalt der Lebensräume zustande, die immer wieder durch eine natürliche Flussdynamik neu geschaffen und verändert werden. Die Flüsse bilden Habitate für alles, was in und am Wasser lebt. Durch Überflutungen entsteht die auentypische Vielfalt des Lebensraum-Mosaiks: temporär mit Wasser gefüllte Senken, Altarme, und selbst kleine Sondervorkommen mit Moor- oder Bruchwaldcharakter gehören dazu. Dem fließenden Wasser am nächsten siedelt die Lebensgemeinschaft der Weichholzaue, daran schließt die Hartholzaue als seltener überflutete Lebensgemeinschaft an. Intakte Flüsse lagern Sedimente um. Nach jedem Hochwasser sind veränderte oder neue Steilufer und Sandbänke zu finden und es kommen stellenweise Rohböden zum Vorschein. Dieses bewegte Sediment im Verbund mit periodischen, langsam flächig ziehenden Überflutungen bietet beste Voraussetzungen für die natürliche Etablierung der Stieleiche. Dies wurde an anderen Auenstandorten ausgiebig erforscht.[2,3]

Weiterhin sorgen in Auen charakteristische Tierarten für Dynamik. Biber sind bekannt als prägende Gestalter in Auen. Sie schaffen durch ihre Bauwerke eine Vielzahl von Habitaten und sind eine Schlüsselart der Biodiversität.[4] Auen waren zudem schon immer Anziehungspunkt für große Weidetiere. Die einst bei uns heimischen Arten Wisent, Auerochse, Elch und Wildpferd dürften als Teil der Lebensgemeinschaft Aue einen großen Einfluss gehabt haben. Später, unter der Ägide der Menschen, übernahmen kultivierte Weidetiere diese Schlüsselrolle. Es ist europaweit belegt, dass Waldweide in mitteleuropäischen Wäldern jahrhundertelang gestaltend wirkte. Auch in den mitteldeutschen Auwäldern an der Elbe und im Leipziger Auwald ist Waldweide teilweise bis ins 19. Jahrhundert nachweisbar und bis heute an einer Vielzahl von Hude-Eichen noch immer leicht erkennbar. In bestehenden Hudewäldern ist eine hohe Artenvielfalt erwiesen.[5] In Mitteldeutschland hingegen meint man seitens des Forstes die Artenvielfalt mit Motorsägen, Harvestern und Forwardern erhalten zu können.

Natürlich holen sich Menschen schon seit vielen Jahrhunderten Holz aus den Auwäldern. Eine *ordnungsgemäße Forstwirtschaft* im heutigen Sinne hat in Leipzig aber erst ab dem 19. Jahrhundert richtig Fuß gefasst. Vorher überwog die kleinbäuerliche Bewirtschaftung des Waldes mit einer Vielzahl von Nutzungsarten, die durch Forstbeamte nachweislich bis in das 19. Jahrhundert hinein geregelt wurde. Zudem hat in Leipzig der Rat der Stadt seit Jahrhunderten regelmäßig Holz schlagen lassen, und es gibt seit dem 16. Jahrhundert eine Vielzahl von Dokumenten, die die Bemühungen zeigen, die Vielfalt der Nutzungen zu organisieren. Die Dokumente lassen erahnen, dass diese Bemühungen vor dem 19. Jahrhundert nie dauerhaft von Erfolg geprägt waren. In nassen und warmen Wintern war stellenweise oft gar kein Holzeinschlag möglich, aber auch nach Kriegen wurde allenthalben geklagt, dass es keine ordentliche, geregelte Waldnutzung gab. Der Wald muss als Ergebnis dieses Mosaiks aus verschiedenen Nutzungsformen und seiner damals noch existenten Auendynamik zeitweise sehr licht gewesen sein, an Stellen mit intensiver Beweidung oder Vernässung vielleicht auch nicht einmal mehr waldartig ausgesehen haben. In allen Phasen bildeten die Flüsse die konstante systemische Wirkgröße. Aus alten Fotografien und Schriftquellen kann man schließen, dass es weitaus mehr Weiden gab, was ein Hinweis ist, dass es in der Vergangenheit mehr lichte Weichholzauen gegeben haben muss, von der heute nur noch Restbestände übriggeblieben sind. Gleichzeitig weisen bestimmte Flurnamen wie »Verschlossenes Holz« auf Waldgebiete hin, die auf Inseln von Wasser umflossen waren, sodass der menschliche Zugriff nur in trockenen Jahren möglich war.

Nach mehreren Anläufen fand ab dem 19. Jahrhundert die Forstwirtschaft auf großer Fläche Einzug im Leipziger Auwald. Wie auch andernorts fanden die Förster und Forstwissenschaftler einen lichten und strukturreichen Auwald vor. Er war aus der Dynamik der Flüsse entstanden, den vielseitigen bäuerlichen Nutzungen und einer mittelwaldähnlichen Bewirtschaftungsform des Leipziger Rates, die aber aufgrund der hydrologischen Besonderheiten nicht einmal ansatzweise flächendeckend erfolgen konnte. Besonders die stadtnahen und trockeneren Bereiche wurden jedoch stets stark genutzt und sind heute zum Teil zu Parks geworden.

Begeistert – wie überall in Deutschland – nahmen die Förster und Forstwissenschaftler des 19. Jahrhunderts die Gelegenheit wahr, die agrarisch geprägte Waldnutzung neu zu ordnen. Im Leipziger Auwald hieß das, die eher ungeregelte Mittelwaldwirtschaft nach den Regeln der forstwissenschaftlichen Kunst der Zeit einem strengeren Reglement zu unterwerfen und die bäuerlichen Nutzungen zurückzudrängen. Erste Bestrebungen dazu gab es ab 1800, die aber durch die Befreiungskriege frühestens ab 1814 zur Ausführung kamen. Allerdings fand die Umstellung auf diese vermeintlich geordnete Forstwirtschaft keine Befürwortung in der Bevölkerung. Viele Dörfer hielten darum noch lange an ihren althergebrachten Nutzungen fest. So ist sogar von Protesten zu lesen, wenn die forstlichen Maßnahmen zu heftig vollzogen wurden: »Bereits in der Mittelwaldwirtschaft war es zu Protesten gekommen, wenn die Forstverwaltung zur Beseitigung des sich häufenden anbrüchigen Materials einmal stärkere Eingriffe in die Bestände vornahm.«[6]

Ab 1870 wurde der Auwald als Hochwald mit Kleinkahlschlägen bewirtschaftet. Das Heizen mit Kohle verdrängte das Brennholz, und stattdessen sollte Bauholz für die rasant wachsende Stadt produziert werden. Jedoch fand auch diese neue Bewirtschaftungsform keinen Anklang bei der Bevölkerung und sie protestierten angesichts der Kahlschläge heftig. Eine jahrzehntelange Auseinandersetzung begann, in der man allerlei forstliche Experimente diskutierte. Um 1900 war die Forstwirtschaft unrentabel geworden und der Holzeinschlag wurde nicht zuletzt wegen der Proteste gedrosselt. Die Waldgebiete Rosental und Nonne wurden der Gartenbauverwaltung unterstellt und parkartig bewirtschaftet. Dennoch hielten die bürgerlichen Proteste bis in die Zwanzigerjahre an. Seit einem Kompromiss der Dreißigerjahre wurden die Burgaue und das Connewitzer Holz vor allem in Stadtnähe parkartig bewirtschaftet. In diesen Bereichen sind heute, 100 Jahre später, zahlreiche Vorkommen des Eremiten (*Osmoderma eremita*), einer Art alter naturnaher Wälder, belegt. Nach dem Zweiten Weltkrieg gab es weitere Eingriffe zum Zwecke der Brennholzversorgung. Die entstandenen Kahlschläge wurden mit Ahorn, Eschen, später auch Pappeln aufgeforstet. Zudem gab es massive Eingriffe im Umfeld der Braunkohletagebaue und Wasserbaumaßnahmen im Süden von Leipzig, für die große Bereiche des Auwaldes vernichtet wurden.

1952 verlor die Stadt ihre Zuständigkeit, und der Auwald wurde ab dann staatlicherseits bewirtschaftet. Erst 1990 erlangte die Stadt ihren früheren Besitz zurück, im Zuge dessen im Grünflächenamt die Abteilung Stadtforsten gegründet wurde. Inzwischen hatte sich der Auwald auf die neuen Umweltbedingungen (das Fehlen jeglicher Flussdynamik) eingestellt. In den parkartig bewirtschafteten Waldbereichen findet sich jedoch nur ein geringer Altbaumbestand; an Aufwuchs sind vor allem auf trockeneren Standorten Ahornarten zu finden. Direkt nach der Wende, in den Neunzigerjahren, wurde die Forderung nach der Revitalisierung der Flüsse laut. Doch bis auf Wortbekundungen guten Willens passierte bis heute nichts. Stattdessen reifte ab 2000 aufseiten der Stadtforsten der Plan, mit forstlichen Mitteln für Eichenverjüngung zu sorgen.

Die paradoxe Gegenwart: Forstlicher Umbau und seine ökologischen Folgen für den Auwald

Schon seit Jahrhunderten haben Menschen im Leipziger Auwald je nach Bedürfnis bestimmte Baumarten gezielt gefördert, wie etwa die Eichen. So ist beispielsweise überliefert, dass man an geeigneter Stelle in und um Leipzig schon im 15. Jahrhundert Weiden gesteckt hat. Ebenso wurden Bäume gepflanzt, die man an anderer Stelle der Naturverjüngung entnommen hatte – man nannte dies das »Setzen wilder Bäume«.[7] Prinzipiell ist es möglich, in einen Auwald einzugreifen, entscheidend ist das *Wie.* Eingriffe müssen verträglich für die Waldlebensgemeinschaften sein, gerade in den europaweit extrem selten gewordenen Auwäldern, und die Wiederherstellung der standorttypischen hydrologischen Verhältnisse hat oberste Priorität. Das gilt gerade auch mit Blick auf die übergeordnete Notwendigkeit zur Wiederherstellung von Retentionsräumen längs unserer Flüsse.

Um das Jahr 2000 begannen die Forstbehörden zunächst, in jüngere Bestände von Schwarzpappelhybriden einzugreifen, die vom Pappelrindentod befallen waren. Ab 2005 stieg dann die Anzahl der Eingriffe an, die meisten davon waren flächenmäßig relativ klein. Im Winter 2007/08 begannen die Stadtforsten mit einer angeblichen *Mittelwaldrückführung* auf einer Fläche von 13,5 Hektar. Für dieses Experiment hatte man sich ausgerechnet einen der wertvollsten

Ein sächsischer »Femel« im Waldgebiet Nonne aus dem Frühjahr 2018. Nach ganzflächigem Befahren mit schweren Maschinen wurden Eichen ausgepflanzt. (Foto: Johannes Hansmann)

Hartholz-Auwaldreste überhaupt im FFH-Gebiet der Burgaue ausgesucht, der sich durch einen sehr hohen Anteil an Starkbäumen und einem relativ hohen Totholzanteil auszeichnet und deshalb auch mit einem guten Erhaltungszustand im Sinne von FFH bewertet wurde. Mittelwaldähnliche Strukturen oder typische Mittelwaldeichen sucht man dort allerdings vergeblich, sodass bereits die Ausgangsidee der Eichenverjüngung als verfehlt bezeichnet werden muss. Die Mittelwald*umwandlung* wird seitdem kontinuierlich auf Teilflächen scheibchenweise weitergeführt, sodass bislang etwa die Hälfte umgesetzt wurde. Diese Maßnahmen erfolgten sämtlich mit harter Technik; zunächst wurde gerodet, nur einzelne Überhälter blieben stehen und Baumschulsetzlinge wurden gepflanzt. Die vorher geschlossene Waldstruktur, die Habitat-Kontinuität, wurde damit komplett aufgelöst, der Waldboden geschädigt. Die belassenen Bäume werden durch die plötzlichen Freistellungen in ihrer Vitalität massiv beeinträchtigt und bei Stürmen, die im Zuge

Ein sächsischer »Schirmschlag« in der Burgaue im Frühjahr 2019. Wie zu erwarten, wurden die starken, freistehenden Überhälter (im Vordergrund eine ehemals starke Esche) vom Sturm abgedreht. (Foto: Johannes Hansmann)

des Klimawandels an Häufigkeit und Stärke deutlich zunehmen dürften, schwer beschädigt oder ganz umgeworfen.

Auf den bereits umgewandelten Flächen wird das ökologische Desaster dieser Maßnahme immer deutlicher, was zu vermehrten Bürgerprotesten führte. Die noch stehenden Altbäume bilden Wasserreiser aus, zeigen auffällige Kronenverlichtungen, und im Unterwuchs bildet sich ein monotones, artenarmes Ahorndickicht – kein Wunder angesichts der fehlenden Auendynamik und gravierender Bodenschädigungen. Die Eingriffsintensität der *Mittelwaldumwandlung* lässt sich anhand der Angaben im Forstwirtschaftsplan 2019 gut nachvollziehen. Auf der aktuellen Umwandlungsteilfläche sollen auf einer Fläche von 1,1 Hektar insgesamt 350 Erntefestmeter (Efm) Holz eingeschlagen werden, was schon rechnerisch einem Kahlschlag entspräche, denn der gegenwärtige stehende Vorrat je Hektar beträgt nur etwa 400 Vorratsfestmeter (= 320 Efm).

Ein sächsischer »Femel« in der Elster-Luppenaue aus dem Februar 2019. Sie zeigt den Verlust jeglicher Schlagordnung. (Foto: Johannes Hansmann)

Geradezu grotesk erscheinen die Behauptungen, dass diese Umwandlungen für Zielarten des FFH-Gebietes wie Eremit oder Mopsfledermaus förderlich sein sollen. Tatsächlich werden durch die massiven Verluste an Altbäumen Lebensstätten dieser Arten zerstört. Erstaunlicherweise halten aber fast alle Naturschutzvereine vor Ort dem Forst weiterhin die

Dies ist weder ein Spargelfeld noch ein Kartoffelacker, sondern der Leipziger Auwald auf seinem forstfachlichen Weg zur sächsischen »Renaturierung« seiner Aue. Ein sächsischer »Femel« mit Bodenbearbeitung in der Kanitzsch des nördlichen Auwalds. (Foto: Johannes Hansmann)

Stange und propagieren die Maßnahme als geeignet zur Förderung der Biodiversität. Auch die regelmäßig von den Stadtforsten beauftragten Büros und Wissenschaftler universitärer Einrichtungen unterstützen die Maßnahme zumeist. Man kann nur vermuten, dass die durch den starken Eingriff sich spontan einstellende Artenvielfalt sichtbarer, mobiler Arten für diese Fehleinschätzung ursächlich ist. Sie entspricht allerdings nicht den Zielen eines wissenschaftlich fundierten Waldartenschutzes, der auf die Ausreifung von Waldstrukturen setzt anstelle des forstlichen Staccatos mit seiner künstlich ausgelösten Dynamik.

Der vorgebliche fachliche Grundpfeiler aller forstlichen Tätigkeiten seitens der Stadtforsten (zuständig im Stadtgebiet) und Sachsenforst (zuständig außerhalb des Stadtgebiets) ist eine vorgebliche *Femelung,* die tatsächlich Kleinkahlschläge sind. Bei der Anlage dieser Löcherhiebe – forsttypisch innerhalb europäisch geschützter FFH-Lebensraumtypen – werden auf einer Fläche zunächst alle oder fast alle Bäume gefällt, also Löcherhiebe oder Kleinkahlschläge durchgeführt, und diese anschließend mit wurzelgekappten Pflanzen aus Forstbaumschulen wieder aufgeforstet. Zahlreiche reale wie potenzielle Habitatbäume geschützter Arten gehen dabei verloren. Durch die Folgen des Einsatzes harter Technik und nicht zuletzt die nachfolgende Vollbesonnung wird der Boden massiv geschädigt. Abgesehen von der Problematik, dass durch den Klimawandel mit zunehmenden Hitzeperioden und Dürren solche plantagenartigen Aufforstungen das 21. Jahrhundert nicht überstehen werden, können so bestenfalls artenarme und monotone Altersklassen-Reinbestände in wechselndem Mosaik mit Althölzern aufwachsen. Mit der Förderung artenreicher Waldökosysteme hat das genauso wenig zu tun, wie mit dem Femelschlagverfahren süddeutscher Prägung, das als naturschonendstes Verjüngungsverfahren des konventionellen Waldbaus gilt. Während die Stadtforsten in die vermeintlichen Femellöcher in der Regel Stieleichen pflanzen, geht Sachsenforst einen Schritt weiter. Nach der Rodung europäisch geschützter Waldgesellschaften werden teilweise sogar fremdländische und auenuntypische Arten wie Schwarznuss, Elsbeere, Esskastanie und Roteiche eingebracht.

Ein besonders trauriges Beispiel für ein solches »Femelloch« findet man im Waldgebiet Nonne. Der 2016/2017 angelegte Löcherhieb ist etwa 0,9 Hektar groß, also nach bioklimatischer Definition ein respektabler Kahlschlag, der das Edaphon des Bodens auf lange Zeit zerstört. Es wurde seitens der Stadtforsten argumentiert, dass hier die Auswirkungen des Eschentriebsterbens besonders stark waren, und man daher meinte, besonders viele Eschen fällen zu müssen. Dass man den »Patient Esche« nicht heilen kann, indem man möglichst viele befallene Bäume vorauseilend eliminiert, dürfte jedem verständlich sein. Das Gegenteil wäre richtig! Denn aus waldökologischer Sicht ist es entscheidend, besonders behutsam mit den kranken Eschenbeständen umzugehen, damit sich in den Resten noch vorhandener Waldstrukturen Resistenzen herausbilden können.

Das künstliche Pflanzen von Eichen gilt in Leipzig als sicherer Garant für die Artenvielfalt einer Aue. Erinnern wir uns: Die Artenvielfalt einer Aue entsteht durch viele Faktoren, aber an erster Stelle steht stets die Dynamik der Flüsse. Eine Aue in all ihrer Artenvielfalt lässt sich weder mit Motorsägen noch mit Harvestern und auch nicht mit Pflanzungen aus der Baumschule herstellen. Eichen etwa können ihren hohen Wert für die Biodiversität nur im Kontext intakter Waldökosysteme und ab einem Alter von mindestens 150 bis 200 Jahren entfalten. Dem forstlichen Naturschutz gelingt das in Auenwäldern nicht mit invasiven Eingriffen, sondern es braucht dynamisches, auentypisch bewegtes Wasser – den Rest erledigt die Natur von selbst! Die Kleinkahlschläge, die angeblichen Femel, werden also tatsächlich als für den Naturschutz notwendig propagiert, was sogar von einigen in Leipzig tätigen Naturschutzvereinen begrüßt wird, da Eichen gepflanzt würden. Eichen werden in verbreiteter Unkenntnis intakter Auen als Garant ihrer spezifischen Artenvielfalt angesehen. Es vereinigt sich also forstlicher Aktionismus mit dem guten Willen manches Naturschützers. Wir haben im Osten Deutschlands anders als im Westen nur noch sehr kleine Vorkommen von echten Auwäldern, die als Vorbild oder Lernobjekt dienen könnten. Wie also lebende, sich stets variierende und flussaktive Auwälder funktionieren, können deswegen selbst Naturschützer häufig kaum richtig einschätzen. Dieser mangelnde Kenntnisstand ist aufseiten des natürlich stets gutwilligen Naturschutzes auch in Leipzig vorhanden. Das macht es den Forstbehörden leicht, ihren an der Nutzung orientierten Aktionismus der Öffentlichkeit als ökologische Wohltat zu verkaufen.

Die Artenvielfalt einer Aue entsteht jedoch durch viele Faktoren, aber immer nur unter der *Vorbedingung* der Flussdynamik und ihrer Wirkung auf eine sich von Natur aus einstellende, spezifische Gehölzvegetation. Mit anderen Worten, Hochwasserprobleme und das Verschwinden unserer Auen stehen in einem kausalen Zusammenhang – eine in jüngster Zeit bittere Erfahrung vieler Flussanwohner der Elbe und ihrer Nebenflüsse. Eine Aue mit ihrer Artenvielfalt ist darum weder mit Motorsäge noch mit Harvester künstlich konstruierbar. Denn auch Eichen können ihren hohen Wert für die Biodiversität nur im Kontext intakter Waldökosysteme entfachen. Mit dieser Erkenntnis schlügen so manche Entscheidungsträger mehrere Fliegen mit einer Klappe gleichzeitig: An erster Stelle Hochwasserschutz und Artenschutz. Aber nicht zu vergessen, eine erhebliche Verbesserung der biologischen Reinigungskraft der Fließgewässer, ihre positive Wirkung auf den Grundwasserkörper und nicht zuletzt die unvergleichliche Attraktivität von Auwäldern für die Naherholung und die Umweltbildung – und das alles fast umsonst!

NuKLA und das Klageverfahren

Es mag erstaunen, aber die Proteste gegen die massiven forstlichen Eingriffe hielten sich lange Zeit in Grenzen, waren auf Einzelpersonen beschränkt, die dann als Querulanten und emotionale Laien diffamiert wurden. Doch als die »Femellöcher« immer größer (zum Beispiel in der Nonne) und zahlreicher wurden, wurde auch für *normale* Bürger deutlich, dass sich auf der Mittelwald Übungsfläche lediglich monotones Ahorndickicht entwickelte, und der Protest wurde lauter. Einige Naturschutzverbände verteidigten die Eingriffe weiterhin. Anwohner wurden von ihnen sowie hiesigen Wissenschaftlern und den Stadtforsten in regelrechten Schulungen eines Besseren belehrt. Seitens der Forstverwaltung wurde verlautbart, dass man wegen der Arbeitssicherheit nicht ohne Forwarder und Harvester arbeiten könne. Zudem seien die Fahrspuren der Harvester, wenn sie sich im Frühjahr mit Wasser füllen, Laichhabitate für Frösche (die Verfasser haben solches im Auwald allerdings noch nicht beobachtet). Der Auwald würde sogar ohne forstliche Eingriffe vergreisen, zuwachsen, zu dunkel werden und infolge der Artenvielfalt dramatisch zurückgehen. Auch die Pflicht zur Wegesicherung musste als rechtliches Argument herhalten. Man sei, so wird von behördlicher Seite versichert, mit Unterstützung der Verbände bestrebt, Habitatbäume zu erhalten, aber natürlich müsse das der Förster vor Ort allein entscheiden. Es würden deswegen kleine Eichen gepflanzt, Bäume, die vermeintlich wesentlich für die Artenvielfalt in einer Aue seien. Die Wahrheit von all dem ist: Dieses Vorgehen bedeutet für mindestens 150 Jahre eine effiziente Verhinderung der sich potenziell wieder einstellenden Auendynamik mit ihren typischen Habitaten und erwünschten Wirkungen.

Die Stadt Leipzig hat diverse naturschutzfachliche Gutachten in Auftrag gegeben, die allerlei Widersprüche aufzeigen. So entstand der Managementplan für das FFH-Gebiet unter maßgeblicher Mitwirkung der Forstbehörden, welche das Kunststück vollbrachten, vor allem ihre eigenen Wünsche und Vorstellungen unterzubringen und ihre bisherige forstliche Praxis zu legitimieren. Jüngste Gutachten zur angeblichen FFH-Verträglichkeit der Forsteinrichtung und des Forstwirtschaftsplans der Stadt Leipzig missachten aufs Gröbste die fachlichen Standards des Bundesamtes für Naturschutz.

Trotz aller Regulierungsbauwerke entlang der Flüsse gibt es auch in Leipzig regelmäßig Hochwässer. Im Leipziger Auwald allerdings nicht, den Hochwässer werden über ein System von Flutrinnen direkt an ihm vorbeigeleitet und von ihm ferngehalten. Im FFH-Managementplan steht seit Jahren die gegenteilige Forderung. Die für den Hochwasserschutz zuständige Talsperrenverwaltung des Landes (LTV) setzt aber weiter ihren rein technischen Hochwasserschutz um, wogegen die Stadt Leipzig keine Einwände erhebt. Flussregulierungsbauwerke werden mit Millionensummen saniert, neu gebaut, Deiche verbreitert und erhöht. Dringend notwendige Ansätze, das falsche, technokratische Hochwasserschutzkonzept grundlegend zu überdenken, versanden weiterhin. Flussabwärts steigert das bei Hochwasser nicht unbedingt die Freude der Anwohner; dort ist allerdings nicht mehr Sachsen. Nicht nur die Stadt Halle hat hierzu nasse Erfahrungen gesammelt.[8] Auch im Winter 2011 verhielt es sich so: Das Hochwasser wurde am Auwald vorbeigeleitet, ein Katastrophenszenario heraufbeschworen. Dabei hatte sich lediglich ein Deich mitten im FFH-Gebiet abgesenkt. Der Wald dahinter hätte einen Deichbruch im Dienste der Auwaldökologie leicht verkraftet. Auf Antrag der LTV kam es danach zu einer beispiellos schnellen und umfassenden Entfernung zahlreicher Altbäume entlang der Leipziger Flüsse.[9] Für diese radikalen Rodungen gab es jedoch nie eine Verbandsbeteiligung.

Unter dem Eindruck dieser Geschehnisse gründete sich im Oktober 2011 der Verein Naturschutz und Kunst Leipziger Auwald (NuKLA e.V.). Ziel war es zunächst, mit Konzerten Spenden zu sammeln und damit Naturschutzprojekte im Leipziger Auwald zu unterstützen. Man war sich sicher, damit bei Stadt und Verbänden auf breite Zustimmung zu treffen. Schnell geriet das Thema der geplanten wassertouristischen Nutzung der kleinen Leipziger Fließgewässer und der schleichenden ökologischen Entwertung des Auwaldes als Folge des seit 100 Jahren fehlenden Wassers in den Fokus der Aktivitäten von NuKLA. Kooperationen wurden initiiert, das AULA-Projekt, eine Arbeitsgemeinschaft UNESCO-Bewerbung für den Leipziger Auwald und Umgebung, entstand. Die Idee war, dem Auwald einen besseren Schutz angedeihen zu lassen. Später wurde das Ziel neu formuliert: eine länderübergreifende Renaturierung und Schutz aller Auenlandschaften entlang der Weißen Elster mit dem Leipziger Auwald als Kernprojekt für einen zukunftsweisenden ökologischen Hochwasserschutz.

Die grundsätzliche Kritik am »Wassertouristischen Nutzungskonzept« der Stadt Leipzig war und ist wichtiges Betätigungsfeld von NuKLA. Erklärtes Ziel auf der Ebene kommunaler Politik ist es, die Bergbaufolgelandschaften um Leipzig für Massentourismus *in Wert zu setzen*, damit Touristen per (Motor-)Boot von Hamburg bis in die Tagebauseen im Süden Leipzigs gelangen können. Dafür sind massive Bauvorhaben an den Fließgewässern geplant. 2013 gerieten forstliche Maßnahmen in den Fokus von NuKLA. Mittelwaldumwandlung, Femelungen und drastische Altdurchforstungen wurden kritisiert, während andere Naturschutzverbände schwiegen oder die Forstverwaltungen sogar unterstützten. Die Kritik an der Forstwirtschaft mündete schlussendlich in einer Klage von NuKLA (als Mitglied der Grünen Liga Sachsen) gegen den Forstwirtschaftsplan 2017/18 der Stadt Leipzig und mit einer Umwelt-Strafanzeige gegen den sächsischen Staatsforst.

Der Vereinsvorsitzende Wolfgang Stoiber erhielt 2017 den Wolfgang-Staab-Naturschutzpreis, und NuKLA wurde als einziger sächsischer Verein Mitglied der BundesBürgerInitiativeWaldSchutz (BBIWS). Aus dem überregionalen Austausch wird immer offensichtlicher, dass trotz aller Einzigartigkeit der lokalen Wälder die Probleme mit der konventionellen Forstwirtschaft überregional und sogar ein globales Thema sind, denn Leipzig ist leider überall!

Nachdem das Verwaltungsgericht Leipzig die Klage zunächst abgewiesen hatte, gab im Juni 2020 das Oberverwaltungsgericht Bautzen der Klage in dem entscheidenden Punkt Recht, dass Altdurchforstungen, Kleinkahlschläge, Schirmhiebe (Mittelwaldumwandlung) und Sanitärhiebe (bis auf kleine Bereiche) im Rahmen des Forstwirtschaftsplans nicht ausgeführt werden dürfen, bevor nicht eine FFH-Verträglichkeitsprüfung unter Beteiligung der Naturschutzvereinigungen durchgeführt wurde. Seitdem ruhen weitgehend die Kettensägen, Harvester & Co. im Leipziger Auwald. Ein riesiger Erfolg, der bundesweit und europaweit Signalwirkung hat!

Gegen Sachsenforst, die im FFH-Gebiet ihrer *ordnungsgemäßen Forstwirtschaft* ungehemmt frönten, stellte NuKLA im Jahr 2019 zwei Strafanträge wegen erheblicher Beeinträchtigungen europäisch geschützter Lebensräume und Arten. Hier hatten die Kettensägen selbst vor 300-jährigen Stieleichen nicht mehr haltgemacht. Der Strafantrag für das Stadtgebiet Leipzig wurde zunächst abgelehnt. Nach einer Beschwerde bei der Oberstaatsanwaltschaft wurde das Verfahren wieder aufgenommen.[10] Aber auch im Staatsforst ist seitdem eine auffällige Zurückhaltung forstlicher Aktivitäten erkennbar. Womit sich leider wieder zeigt: Nur mit entsprechender Hartnäckigkeit kann dem Naturschutz zu seinem Recht verholfen werden.

Forderungen

NuKLA fordert eine ökologische und naturverträgliche Waldbehandlung im FFH-Gebiet Leipziger Auensystem, statt einer für den Naturhaushalt unverträglichen Intensivforstwirtschaft. Viele der forstlichen Maßnahmen haben im FFH-Gebiet zu unterbleiben: die Weiterführung der unsäglichen Mittelwaldumwandlung im wertvollsten Bereich des

Auwaldes, die sogenannten Femelungen, sowie die massiven Altdurchforstungen und Sanitärhiebe, bei denen intakte Waldstrukturen systematisch ausgedünnt und schwer geschädigt werden. Für die Artenvielfalt müssen die hydrologischen Bedingungen wiederhergestellt werden – und das so schnell wie möglich! Außerdem ist eine unabhängige, deutlich umfassendere Erforschung des Auwaldes unter Beachtung der komplexen waldökologischen Zusammenhänge unabdingbar.

Angesichts des dramatischen Klimawandels bedarf es zwingend eines generellen Umdenkens im Umgang mit unseren kostbarsten Waldökosystemen. Moderne Erkenntnisse der Waldökologie müssen endlich zur Kenntnis genommen und umgesetzt werden. Der Managementplan für das FFH-Gebiet Leipziger Auwald muss überarbeitet werden und verbindliche Vorgaben im vorgenannten Sinn machen. Priorität muss die Wiederherstellung einer naturnahen Auendynamik sein. Darüber hinaus bedarf es der Ausweisung weiterer Prozessschutzbereiche sowie einer sanften Waldbehandlung.

Erfreulicherweise stehen derzeit die Zeichen für ein zukünftiges Naturschutzgroßprojekt zur Auendynamisierung der Leipziger Auenflüsse gar nicht so schlecht – die langjährigen Bemühungen könnten endlich Früchte tragen. Der sächsische Umweltminister Wolfram Günther (Bündnis 90/Die Grünen) bewirbt ein solches Mammutprojekt auf Grundlage eines von vielen Akteuren erarbeiteten Thesenpapiers und initiierte erste Strategiegespräche. Vielleicht wird Leipzig doch noch zu einer Vorzeigestadt für erfolgreichen Auenschutz, und man wird mit Blick auf den Zustand der deutschen Forstwirtschaft dann hoffentlich mit Freude sagen können:

Leipzig wird Vorbild für überall!

»In der Harmonie aller im Walde wirkenden Kräfte liegt das Rätsel der Produktion.«
Karl Gayer, *Der gemischte Wald*

Alfred Möller – Wegweiser in die Waldzukunft

Von Gerhard Hofmann[1]

Möllers Bildungsweg

Nach einer humanistischen Ausbildung fasste der junge Möller den Entschluss, sein berufliches Leben dem Wald und der Naturwissenschaft zu widmen und studierte an der Eberswalder Forstakademie. Alfred Möller erlernte wissenschaftliche Arbeitsmethoden, entwickelte den Blick für das Wesentliche und gewann damit später internationales Ansehen in der botanischen und zoologischen Forschung. Sein Studium führte ihn mit Eifer zur Botanik, wo er sich im Laboratorium intensiv mit wissenschaftlichen Arbeitsmethoden vertraut machte. Das wurde bestimmend für seinen späteren Werdegang als Botaniker. Bereits seine Dissertation, mit der er in Münster zum Doktor der Philosophie promovierte, sicherte ihm einen Namen in der Geschichte der Botanik. Er löste ein grundlegendes Problem der Flechtenkunde, indem er den symbiotischen Doppelcharakter der Flechten experimentell nachwies. Ein anschließender mehrjähriger Studienaufenthalt im brasilianischen Urwald erweiterte seine naturwissenschaftlichen, insbesondere experimentellen botanischen und pilzkundlichen Kenntnisse. Durch den wissenschaftlichen Nachweis der Existenz von Pilzgärten bei den Blattschneideameisen wurde er in zoologischen Fachkreisen schnell bekannt.

Sein Lehrmeister im Urwald Brasiliens war sein Onkel Fritz Müller, der mit Charles Darwin und Ernst Haeckel als »glänzendes Dreigestirn« die Entwicklung der Biologie der damaligen Zeit bereichert und vorangebracht hat.

Alfred Möller hat das Lebenswerk Fritz Müllers später in einem fünfbändigen Werk in mühevoller Sammelarbeit zusammengestellt, aus dem Portugiesischen übersetzt und veröffentlicht. Er hat sich damit das Verdienst erworben, das Lebenswerk »des größten biologischen Beobachters« – wie Darwin ihn nannte – der wissenschaftlichen Welt der Botanik und Zoologie zu erhalten und zugänglich zu machen.

Nach seiner Rückkehr in die Heimat wurde Möller zunächst Oberförster im Taunus und danach in Eberswalde. In Eberswalde beginnt seine zweite produktive Schaffensperiode, die von einer Synthese aus Naturwissenschaft, Forstwirtschaft und akademischer Lehre geprägt wurde. In der forstlichen Praxis lernte Möller alle gängigen Bewirtschaftungsweisen seiner Zeit kennen. Die überall im Land durchgeführten Aufforstungen führten zu weitverbreiteten, großflächigen Nadelbaumkulturen. Das von den erst noch jungen forstlichen Forschungsstätten entwickelte Modell des schlagweisen Hochwaldes wurde als Erfolgsmodell angesehen, welches dem Wald in Mitteleuropa nach der mittelalterlichen Devastierung und der dadurch ausgelösten Holznot wieder eine Chance, ja eine Zukunft, zu geben schien. Möller setzte in Eberswalde zunächst seine mykologischen Arbeiten mit starkem Bezug auf die praktischen Belange der Waldwirtschaft fort. Wissenschaftlich wie forstbetrieblich von Bedeutung waren seine Erkenntnisse zum Kiefernbaumschwamm, zum Kienzopf, zur Mykorrhiza, aber auch zum Hausschwamm. Zur Waldhumusforschung leistete Möller einen bedeutenden Beitrag, indem er die Bedeutung des Humus für die Stickstoffernährung der Bäume herausarbeitete und belegte. Damit hat er, wie Emil Ramann, der Begründer der Bodenkunde, später konstatierte, die wichtigste Frage des Waldbaus, die Humusfrage, in neue Bahnen gelenkt. Das Bemühen, die wissenschaftliche Basis der Waldbewirtschaftung zu stärken, äußerte sich auch in den von ihm gehaltenen Vorlesungen über die Bedeutung der Pilze für das Leben des Waldes.

Möller als Hochschullehrer

Alfred Möller wurde 1906 Direktor der Forstakademie Eberswalde und übernahm die Waldbauvorlesung. Aus der Forschungstätigkeit und seinen forstpraktischen Erfahrungen wurde Möller bewusst, dass der damalige Umgang mit dem Wald zu schematisch und mechanistisch betrieben wurde. Von Roßmäßler, dessen Buch *Der Wald* ihn in seiner Berufswahl bestärkt hatte, hatte er früh erlernt, dass »der Wald ein tausendfach zusammengesetztes Ganzes ist, in dem jedes Glied seine bestimmte Stelle einnimmt«. Aber das reichte ihm nicht, um den Kern dessen zu beschreiben: Möller war auf der Suche nach dem Wesen des Waldes. Nur die Antwort auf diese Frage und Kenntnisse zu diesem Problem konnten seiner Meinung nach garantieren, bei der Bewirtschaftung des Waldes die richtigen und zukunftssicheren Wege zu gehen.

Einen kompetenten Gesprächspartner zu diesem Problem fand er im Bodenkundler Emil Ramann, der zeitweise dem Lehrkörper der Forstakademie Eberswalde angehörte.

Alfred Möller erkannte das Wesen eines Waldes in seinem Ökosystemcharakter, seinen Strukturen und Funktionen. Ausgehend von den Ergebnissen seiner bisherigen Untersuchungen, von der lebendigen Anschauung und wissenschaftlichen Auseinandersetzung sowie insbesondere den Anregungen Roßmäßlers, von Alexander v. Humboldts, Karl Geyers und Christoph Wagners kam er über sein naturwissenschaftliches Erfahrungswissen und sein abstraktes Denken zum Schluss, dass der Wald nicht nur eine Anhäufung von Bäumen ist, sondern ein lebendiges Wesen, ein »Lebewesen von ewiger Dauer«. In heute gebräuchlichen Worten ausgedrückt, sah Alfred Möller den Wald als ein Beziehungs- und Wirkungsgefüge, in dem jedes mit jedem auf alles einwirkt. Die bestimmenden Elemente, oder »Organe«, wie er sagte, sind die Bäume, das Edaphon, vor allem die Pilze und der Boden mit seiner Nährkraft und die Bodenfeuchte. Aber auch Sekundärproduzenten wie die Tiere des Waldes spielten in seinen Augen eine wichtige Rolle. Er erkannte, dass Prozesse der Selbstorganisation, Selbstregulierung, Selbstregeneration, der dynamischen Eigenstabilisierung durch die Beziehungen zwischen den einzelnen Elementen sowohl für fließende Gleichgewichte als auch für die Kontinuität des Ganzen sorgen. Als unabdingbare Gesetzmäßigkeit hob er die stete Wechselwirkung zwischen Bestandstruktur, Bodenvegetation und belebten Boden durch den kontinuierlichen Stoffkreislauf hervor.

Mit dieser charakterisierenden Sicht auf den »Waldorganismus« als Raum-Zeit-Einheit von Bio- und Geosystem, oder forstlich ausgedrückt, von Bestand und Standort, hat Möller schon 1912 das beschrieben, was später als »Vegetationseinheit als organisches Wesen«, »ecosystem«, »Holocön«, »Lebenseinheit oder Organismus höherer Ordnung« und »Biogeozönose« beschrieben wurde.

Emil Ramann bewertete später aus naturwissenschaftlicher Sicht als das Wesentliche in seiner Lehre »die Erkenntnis der biologischen Einheit des Waldes in seinen gesamten Beziehungen zum Standort und seiner Organismenwelt«. Damit hat Möller in der Wissenschaft vom Wald die ökosystemare Betrachtungsweise eingeleitet und dadurch enorme theoretische Potenziale eröffnet, die bis heute in Teilen noch der wissenschaftlichen Bearbeitung harren. Erst seit ihm kann man von Waldökosystemforschung sprechen.

Der Dauerwaldgedanke

Alfred Möller erkannte in den Schwächen der flächendeckenden Nadelbaum-Reinbestandswirtschaft einen Widerspruch von Waldnatur und Forstkultur. Für die vorherrschenden Nadelbaumbestände, die durch großflächige Aufforstung mit nicht standortheimischen Baumarten entstanden, prägte Möller den Begriff des »künstlichen Waldwesens«. Er erkannte, dass diesem »die harmonisch-organische Konstitution, die biologische Einheit aller den örtlichen Lebensverhältnissen entsprechenden Organe« fehlt. Diese fehlende Harmonie lag nach seiner Auffassung in allen künstlichen Beständen in der stets gestörten Beziehung von Bestand und Boden, ihrer Diskontinuität sowie dem Fehlen jeglicher Fähigkeit zur Selbstregeneration begründet. Anfang und Ende dieser Bestände sind deshalb zwangsläufig am Kahlschlag bzw. der Endnutzung orientiert. Über die totale Öffnung des Stoffkreislaufes wird das Waldwesen wieder zerstört und damit wertvolles Naturgut, zum Beispiel der akkumulierte Waldhumus sowie die Grundwasserqualität, vernichtet. Des Weiteren musste in seinen Augen für die Stabilität der Kunstbestände in beträchtlichem Maß ständig Fremdenergie in Form von Dickungs- und Jungwuchspflege, Durchforstung, Forstschutz usw. eingesetzt werden, weil ihnen die Fähigkeit zur natürlichen Selbstregulierung fehlt. Schließlich ist die Feststellung Möllers herauszuheben, dass dem »künstlichen Waldwesen« vor allem das fehlt, was ihn gegen Gefahren abschirmt bzw. sie besser verkraften lässt, und heute unter dem wissenschaftlichen Begriff der *Resilienz* zusammengefasst wird. Das Gewicht dieser Warnung bestätigt sich besonders durch die Probleme, die die Kunstforste durch Standortveränderungen und Fremdstoffeinträge heute zu ertragen haben.

Damit wurde von Alfred Möller der gravierende Gegensatz von Waldnatur und Forstkultur, zwischen »gesundem« und »künstlichem Waldwesen« charakterisiert. Die seitdem gewonnenen Erkenntnisse der Wissenschaft haben die den Oberboden degradierende Wirkung der künstlichen Nadelholzreinbestände, ihre erhöhte Anfälligkeit gegen Schaderreger, Sturm, Brand und Luftverunreinigungen sowie die negativen Auswirkungen des Kahlschlages auf den Kohlenstoffvorrat und die wasserwirtschaftlichen Leistungen des Waldes hinreichend bewiesen und quantifiziert.

Auf Grundlage seiner organisch-dynamischen Betrachtung des Waldes entwickelte Möller angesichts der damals vorherrschenden forstlichen Bewirtschaftungspraxis seine Vorstellungen einer alternativen Wirtschaftsführung, der Dauerwaldwirtschaft, in der der Wald fortdauernd genutzt werden soll. »Waldwirtschaft, wenn sie unseren Zwecken am besten dienen soll, kann nur Dauerwaldwirtschaft sein.« Und weiter: »Diesen Gedanken als Leitgedanken für allen Waldbau«, so sagte Möller, »halte ich für neu, seine Weiterentwicklung für nützlich […] und wenn er Allgemeingut aller Forstleute würde, von diesem Augenblick an allerdings eine neue Epoche waldwirtschaftlicher Arbeit gerechnet werden dürfte«.[2] Aus diesem Dauerwaldgedanken leitete er das Modell des Dauerwaldes als einen *dauernd* nutzbaren Wald ab.

Das Modell des Dauerwaldes zielt auf die Einheit von Stabilität, Produktivität, Vielfalt und Kontinuität des Waldes. Ganz bewusst und vorausschauend stellte Alfred Möller die Stabilität des Waldes mit der immer wieder betonten Forderung nach der »Stetigkeit des Waldwesens« in den Mittelpunkt seiner Überlegungen. Er umschreibt damit den ökologischen Schlüsselprozess eines Waldes, nämlich seine im natürlichen Ausleseprozess zwischen Standort und Waldvegetation kontinuierlich erworbene Fähigkeit zur Selbstregeneration, Selbstregulierung und Kontinuität aller seiner Elemente. Der Dauerwald sollte ein allen Forderungen der Wirklichkeit entsprechendes, sich allen gegenwärtigen Waldzuständen anpassendes, leitendes Wirtschaftsprinzip werden. Konkrete Merkmale eines gesunden, nachhaltigen Waldwesens benannte Möller jedoch nur modellhaft:

- In Bezug auf den Holzbestand: genügend Vorrat;
- Mischwald;
- Ungleichaltrigkeit;
- in Bezug auf den Boden: seine Gesundheit und Tätigkeit;
- in Bezug auf alle anderen mehr oder weniger in ihrer Bedeutung erkannten Organe des Waldwesens: einen Gleichgewichtszustand, der nichts ausschließt oder vernichtet.

Der Übergang aus dem bisherigen Waldzustand hin zum Dauerwald, die sogenannte Überführung, sollte sich aller geeigneten Waldstrukturen bedienen, aber Schablonen vermeiden. Natürliche Verjüngung sollte überall genutzt werden, aber der Grundgedanke der Dauerwaldwirtschaft unabhängig von der Frage der natürlichen oder künstlichen Verjüngung bleiben, denn erst dann, wenn »das gesunde Waldwesen in erwünschter Mannigfaltigkeit seiner Arten vorhanden« ist, würde die natürliche Verjüngung zur alleinigen Lebensäußerung des Waldes.

Möller beschreibt damit in einem allgemeinen Modell die Fahrrinne einer ökologischen Waldwirtschaft der Zukunft. Ihm war klar, dass dazu noch viel zu leisten ist, vor allem »die örtlichen Lebensverhältnisse« – wie er sagte –, also unter anderem den biologisch gelebten Standort und seine Ausgangssituation zu erfassen. Der vollendete Dauerwald war für ihn eine noch »von der Zukunft zu lösende Aufgabe«.

Dass Dauerwaldwirtschaft menschlichen Zielen dienen soll, wird von Möller immer wieder betont. Für ihn ist die Nutzung des Holzes ein integraler Bestandteil, der aber keine bestimmte Art der Nutzung umschließt. Das Holz soll als Frucht des Waldes geerntet werden – das bleibt seine generalisierende Forderung.

So begründet Alfred Möller mit dem Dauerwaldgedanken einen neuen Entwicklungsabschnitt im Waldbau und der Waldbewirtschaftung, der sich fortan in ökologischer Waldbewirtschaftung als einer Einheit von Waldbestand und belebtem Boden, Waldökologie und forstlicher Langzeitökonomie entwickelt.

Alfred Möller wird damit auch zum Vorreiter und Fürsprecher der Erhaltung und Schutz der Artenvielfalt in unseren Wäldern. Zu grundsätzlichen Verstößen gegen die Dauerwaldwirtschaft rechnete er, wenn unter der Überschrift »Aushieb des verdämmenden Weichholzes« noch vielerorts ein planloser Vernichtungskrieg gegen alles geführt wird, was nicht Fichte, Eiche oder sonst zum Reinanbau geeignet ist. Im Gegenteil, die Erhaltung und Mehrung des Vorhandenen und der Anbau des Verlorengegangenen sei erforderlich, und er nennt in diesem Zusammenhang als Beispiele den wilden Obstbaum, Elsbeere, Pfaffenhütchen, Schwarz- und Weißdorn. Darüber hinaus forderte er, forstästhetischen Belangen stärker Rechnung zu tragen, dass mit dem Waldaufbau auch die Schönheit des Waldes ihren Platz findet. Möller erinnert den Forstmann, dass »die Mischung verschiedener Holzarten, die wechselvolle Gruppierung der Altersklassen, die Herausbildung mächtiger Baumgestalten« in seinen Händen liegen.

Dauerwald im Sinne von Alfred Möller bedeutet nicht *Zurück zur Natur*, nicht *gegen* die Natur, sondern *mit* der Natur. Ausdrücklich wendete er sich dagegen, den Urwald zu kopieren, sondern wollte natürlich vorkommende

Baumarten stärker gefördert wissen. Er wandte sich ganz entschieden gegen jede weitere Zurückdrängung der Buche und nannte den damaligen Buchenpessimismus »eines der schlimmsten Dogmen«. Er empfahl im Gegensatz dazu die besondere Berücksichtigung dieser Baumart, die unter natürlichen Verhältnissen über 90 Prozent der grundwasserfreien Fläche von Deutschland einnehmen würde, bei der Überführung des Waldes besonders im deutschen Tiefland.

Möllers Sicht auf den Forstberuf

Alfred Möller sah den Forstberuf in der Pflicht, den Wald als Naturreichtum pfleglich zu bewirtschaften, zu schützen und zu erhalten. Dauerwaldwirtschaft, so erklärte er auf der 19. Hauptversammlung des Deutschen Forstvereins 1922 in Dessau, soll sich grundsätzlich von der Auffassung der bisherigen Forstwirtschaft unterscheiden, mit der sie als wirtschaftender Mensch dem Arbeitsobjekt gegenübertritt. Sie sieht im Wald einen lebenden Naturreichtum mit unendlich vielen nützlichen Organen, die den Schutz des Menschen bedürfen. Diese letzte Rede, wenige Wochen vor seinem Tod, war ein Weckruf an die Forstwissenschaft und Forstwirtschaft zugleich.

Er sah den Aufbau des Dauerwaldes deshalb auch eng mit der Stetigkeit eines gesunden Forstbeamtenkörpers (der Organisation und des Revierprinzips) verbunden, ohne den im heutigen Wirtschaftswald Dauerwaldwirtschaft nicht zu gewährleisten ist. Er forderte vom Forstmann bei der Berufsausübung hohe fachliche und moralische Qualitäten. Neben der immer besseren Beherrschung seines Faches sei auch »das Gefühl der Ehrfurcht vor den unerforschlich hohen Werken der Natur und vor ihrer unendlichen Schönheit«

unabdingbar. Den »alten Geist der grünen Farbe mit seiner Waldliebe, Treue, Opferwilligkeit, Gradheit und Zuverlässigkeit in allen ihren Gliedern« sah er als unverzichtbar auf dem Weg in diese Waldzukunft. Er empfahl auch, den Stolz auf das grüne Ehrenkleid dem jungen Nachwuchs zu überliefern und lebendig zu erhalten.

Gedanken und Wirken von Alfred Möller in der Kritik

Einen zentralen Raum in der Auseinandersetzung mit dem Dauerwaldgedanken nahmen die Untersuchungen zum sogenannten Dauerwaldrevier Bärenthoren ein, der Sache nach eigentlich ein Nebenschauplatz, von dem Möller selbst sagte, Bärenthoren sei nicht *der* Dauerwald, sondern nur *ein* Dauerwald. Dieses Revier entsprach seiner Meinung nach in der damaligen Entwicklungsphase nach Ackeraufforstung und Streunutzung, tatsächlich einem Etappenziel auf dem Weg zum Dauerwald, aber nicht dem angestrebten Wesen, dem Endzustand, den er mit Dauerwald bezeichnete. Bärenthoren war und ist noch heute ein »künstliches Waldwesen« im Sinne Möllers. Das Revier befand sich bereits zu Möllers Zeiten in einer tiefgreifenden Übergangsdynamik, die bis heute anhält. Baumbestand und Bodenvegetation begannen damals, ihren Standort zu regenerieren, also sich auch in Richtung höherer Ertragskraft hin zu verändern. Dabei öffnete sich durch einen moosreichen Übergangstyp der Bodenvegetation ein begrenztes Zeitfenster, in dem es sogar zur Naturverjüngung der Kiefer unter dem Schirm des Kiefernbestandes kam. Diese spezielle und nur auf wenige Standorte beschränkte Möglichkeit war damals noch unbekannt. So konnten die in Bärenthoren erhobenen ertragskundlichen Ergebnisse über den Dauerwald seine schlussendliche Über-

Alfred Möller
als Direktor der
Forstakademie Eberswalde
(um 1910).

legenheit im fortentwickelten Endzustand nicht beweisen, aber auch in später vergleichenden Wiederholungen nicht widerlegen.

Nach dem Tod Alfred Möllers 1922 bildete sich um seinen Dauerwaldgedanken eine eigene Dauerwaldschule heraus, deren Anhänger das ursprüngliche Gedankengebäude zum Teil entstellten, dogmatisierten und, was am schädlichsten war, mit Vermutungen, unhaltbaren Versprechungen über Zuwachsleistungen und unreifen Untersuchungsergebnissen belasteten und zudem noch einer falschen Interpretation der Auffassung Möllers von der Rolle des Standorts anstatt des belebten Bodens nachhingen.

In der Nachkriegszeit wurden sogar Unterstellungen populär, die seine Waldbauauffassung in ein politisches Zwielicht stellten und geeignet sind, ihn posthum herabzuwürdigen. So wurde etwa in wissenschaftlichen Arbeiten gemutmaßt, der Dauerwaldgedanke sei Wegbereiter der verbrecherischen Blut-und-Boden-Ideologie des Dritten

Alfred Möller nach seiner Ablösung als Leiter der zur Hochschule gewandelten Forstakademie kurz vor seinem Tod 1922 (bisher unveröffentlichtes Foto im Besitz der Familie).

Reiches gewesen. Sein Bemühen um wissenschaftlichen und forstpraktischen Fortschritt wird von manchen Forstleuten durch einseitige und verkürzende Interpretationen verzerrt. Der Gebrauch der Begriffe wie »deutscher Wald«, »Heimat«, »Waldwesen« wird mit Rückschrittlichkeit, ja Rechtsradikalismus und Demokratiefeindlichkeit verbunden. Alfred Möller jedoch ist mit seinen Gedanken zum zukunftsorientierten, ökologischen Waldbau weit über die Grenzen des Landes bekannt geworden. Einige Forstleute, vor allem im Privatwald, sind seinen Weg mitgegangen und haben ihn mit eigenen Ideen und Mitteln fortgesetzt, wie es Möller wollte. Es sind daraus beeindruckende Wälder hervorgegangen, die die Richtigkeit seines Weges belegen. Die Wissenschaft hat sich inzwischen weltweit der Waldökosystemforschung angenommen und die intensivierte Verbindung von Forst- und Naturwissenschaft hat die Kenntnisse über den Wald und die Natur enorm bereichert.

Aus der Möller'schen Gedankenquelle hat sich ein zunehmend breiter und tiefer werdender Strom von Wissen und praktischen Aktivitäten entwickelt. In der Fahrrinne der Dauerwaldwirtschaft ist längst der Kurs der Waldzukunft zu erkennen.

»Aus der Natur des Waldes musste entnommen werden
die gesetzliche Forderung der Stetigkeit,
einer strengen Kontinuität.«
Karl Gayer, *Der gemischte Wald*

Alfred Möllers Dauerwaldidee

Versuch einer Interpretation[1]

Von Orazio Ciancio[2]

Der Ursprung der Waldbaulehre und -wissenschaft in Deutschland

Hans Carl von Carlowitz (1645–1714) prägte in seiner *Sylvicultura Oeconomica* (1713) erstmals den Begriff der Nachhaltigkeit. Giuseppe Pignatti schreibt dazu: »Der Begriff der nachhaltigen Nutzung, also der Nachhaltigkeit, zielte auf die im Dienste des Merkantilismus begründete Notwendigkeit, die Wälder Sachsens dauerhaft einerseits für den Bergbau und andererseits für den Staat nutzbar zu erhalten«.[3]

Diesen Gedanken aufgreifend gründeten sich vom Ende des 18. Jahrhunderts im gesamten deutschen Kulturkreis Forstschulen, so unter anderem 1763 die erste technische Forstschule in Wernigerode, gegründet von Hans Christian von Zanthier, später umgesiedelt nach Ilsenberg und dort nach dem Tod ihres Gründers wieder geschlossen. 1770 eröffnete die erste Forstakademie Berlins, der 1772 die Forstschule im Stuttgarter Schloss Solitude folgte. 1780 wurde in Göttingen der Forstunterricht aufgenommen.[4]

1821 wurde auf Betreiben von Ludwig Hartig in Zusammenarbeit mit der Universität Berlin die erste preußische Forstakademie in Berlin gegründet und von dort 1830 nach Eberswalde verlegt, wo sie heute als Hochschule für nachhaltige Entwicklung (HNEE) weiter existiert. 1898 gründete sich dort die IUFRO. Am selben Standort befindet sich heute auch das Kompetenzzentrum Forst des Landesbetriebs Forst Brandenburg.

Die zweite bedeutende Forstschule wurde 1795 von Johann Heinrich Cotta in Zillbach/Sachsen-Weimar (heute Thüringen) gegründet. Diese Schule wurde 1811 nach Tharandt/Sachsen verlegt und dort als Forstlehranstalt weitergeführt, dem heutigen forstwissenschaftlichen Lehrbereich der Fakultät für Umweltwissenschaften der Universität Dresden. Diese Schule wurde bereits 1816 zur Königlichen Forstakademie Sachsens erhoben und Cotta blieb bis zu seinem Tod ihr Direktor. Diese Forstakademie beschrieb – dank des Einflusses von Cotta auf die frühe Forstwissenschaft – Frans Heske (1892–1963) später treffend als »Geburtsort der wissenschaftlichen Waldforschung« schlechthin.

In jener Zeit wurden in Deutschland weitere öffentliche und private Forstschulen begründet, die bald als Zentren für Studium, Forschung und Ausbildung wesentlich zur Entwicklung der jungen Forstwissenschaften beitrugen. Zu den bedeutenden Forstmännern jener Zeit zählen ohne Anspruch auf Vollständigkeit: Johann Christian Hundeshagen (1783–1834), der ab 1817 an der Universität Tübingen und ab 1825 in Gießen lehrte; Carl J. Heyer (1797–1856), der 1835 Waldbau an der Universität Gießen unterrichtete, wie später Adam Schwappach (1851–1932); Gottlieb König (1776–1849), dessen Ausbildung stark von Cotta beeinflusst wurde, gründete eine Forstschule in Eisenach. Darüber hinaus ist zu nennen Johann Friedrich Judeich (1828–1894), Professor und Direktor der Waldakademie in Tharandt; Gustav Heyer (1826–1883) – Sohn von Carl J. Heyer – war der erste Direktor der 1868 gegründeten Waldakademie Münden.[5] Insbesondere Carl J. Heyer, der 1885 zum Professor für Forstwissenschaften in Aschaffenburg und ab 1878 an die Universität München berufen wurde, verkörperte eine erste bedeutende Wende in der sich entwickelnden Waldbaulehre des 19. Jahrhunderts. Als sein Nachfolger lehrte dort auch Heinrich Mayr. Diese herausragenden Persönlichkeiten sind nur wenige all derjenigen, die zur Kenntnis und Entwicklung der forstwissenschaftlichen Forschung und Lehre in Deutschland beitrugen. Die genannten Ausbildungsstätten und ihre Begründer bildeten und bilden weiterhin die Deutsche Forstschule mit ihrem »wissenschaftlich begründeten« Waldbau. Eine Schule, die in Europa und der Welt ein Vorbild war und noch immer ist und die Waldbaulehre bis zum heutigen Tag maßgeblich beeinflusst.

Forstwissenschaft, Nadelholzmanie und der geordnete Wald

Als unmittelbare Folge dieser bahnbrechenden Initiativen in der forstlichen Wissenschaft und Lehre vollzog sich in den ersten Jahrzehnten des 19. Jahrhunderts zunächst in Deutschland ein radikaler Wandel der Landschaft, nicht nur in der Siedlungsstruktur, sondern auch und ganz besonders in der Waldzusammensetzung. Die massive Ausbreitung von Fichten- und Kiefernmonokulturen ist gerade mit der Entstehung dieser Waldschulen verbunden. Die Eichen- und Buchenmischwälder wurden durch Nadelbäume ersetzt, die überwiegend auf Laubholzstandorte gepflanzt wurden; auf fruchtbareren Böden wurde die Fichte eingebracht; auf den trockeneren Sandböden, vor allem in der norddeutschen Tiefebene, die gemeine Waldkiefer. Die forstliche Nutzung erfolgte im Kahlschlag mit nachfolgend künstlicher Verjüngung durch Pflanzung auf der Freifläche mit einer Wiederkehr nach ca. 80–120 Jahren. Die noch vorhandenen Laubmischwälder, die bis dahin noch vorwiegend mit natürlicher Verjüngung bewirtschaftet wurden, verschwanden fast vollständig. Die Einschätzung von Cotta, dass Fichtenholz mehr als der natürliche Wald produziere und eine höhere Grundrente erbringe, bestimmte ab etwa 1810 die Geburt dessen, was von deutschen Förstern schon bald als »Fichtenmanie« bezeichnet wurde. Der mit zunehmender Industrialisierung verbundene Holzbedarf führte zu einer raschen Verbreitung dieses waldbaulichen Typs, dem sogenannten schlagweisen Altersklassenwald.

1952 behauptete Josef Pockenberger (1896–1965) Cotta, Hartig und Hundeshagen, allesamt Männer der klassischen deutschen Schule, seien als forstliche Pioniere zu bezeichnen, ohne deren Arbeit der Wald inzwischen über weite Strecken hinweg verschwunden wäre.[6] Aber sie ebneten eben auch den Weg für die Monokulturen von heute. Diese erfuhren in der zweiten Hälfte des 19. Jahrhunderts durch die theoretische Betrachtung unter rein ökonomischem Gesichtspunkt von Pressler ihre höchste ideologische Weihe.

Max Robert Pressler (1815–1886) berechnete den idealen periodischen Nutzungszeitpunkt eines Waldes mithilfe der Verzinsung des Bodenkapitals und des im aufstockenden Bestand festgelegten Waldkapitals.[7] Die maximale Grundrente markiert ihm zufolge den Zeitpunkt, an dem der Wald gegebenenfalls abzunutzen ist und dem sich die waldbauliche Praxis zu unterwerfen hat. Diese kapitalistische Sicht auf den Wald, übersetzt in Begriffe der Waldökonomie, sah in ihm eine reine Kapitalinvestition, die sich nicht von solchen in der Landwirtschaft und Industrie unterscheidet. Der biologische Boden wird zu einem ökonomischen Produktionsfaktor, der als investiertes Kapital zu bewerten ist. Der Boden allerdings reagiert darauf und lässt die Biozönose verarmen und verkommt – so wie in der Landwirtschaft – zum reinen mineralischen »Substrat«. Ab 1820 verbreitete sich diese schlagweise Wirtschaftsform im gesamten deutschen Kulturkreis mit Ausnahme der Schweiz und in Teilen des Schwarzwaldes. Die Forstwirtschaft wurde der Landwirtschaft in vielerlei Hinsicht immer ähnlicher und begann deren Methoden zu kopieren. Es wurden Pflanz-, Anbau-, Verwertungs- und Walderneuerungszyklen eingeführt, die sogenannten Umtriebszeiten. Die Waldnatur wurde dadurch in ein periodisches Zeit-Raum-Konzept, ein Auf und Ab des Forstes, gezwängt.[8]

Dieses rein ökonomische Verständnis erlangte eine unglaubliche Verbreitung: In nur wenigen Jahrzehnten verbreiteten sich Nadelholzmonokulturen auf mehrere Millionen Hektar. In Deutschland bedeckten reine Fichtenwälder aus Pflanzung anstelle der vorherigen Laubwälder zwischen 1891 und 1903 bereits mehr als 900.000 Hektar. Entsprechend verringerte sich die Produktionsfläche derjenigen Baumarten allmählich, die von Natur aus außerhalb des sehr kleinen natürlichen Verbreitungsgebiets der *Picea Abies* wuchsen. Vielerorts litten die Böden unter Podsolierung –extremer Bodenverarmung – und die Schäden durch Wind, Schnee und Massenwechsel von Insekten nahmen dramatisch zu. In wenigen Jahren wurden dadurch schon damals in Europa mehr als 150.000 Hektar Fichte vernichtet.[9] Ab der zweiten Hälfte des 19. Jahrhunderts orientierten sich die noch jungen Forstverwaltungen der anderen europäischen Länder an diesen Leitlinien der sogenannten Deutschen Schule, aber nicht nur dort. James (1912–1993) schrieb in einer posthumen Veröffentlichung von 1996: »Mitte des neunzehnten Jahrhunderts wurde die Bedeutung der Forstwirtschaft in vielen Ländern anerkannt. Es überrascht nicht, dass damit die Kenntnisse und Fähigkeiten der deutschen Förster sehr gefragt waren.

Die indische Regierung erkannte die Notwendigkeit einer Forstpolitik und richtete 1847 ein kleines Forstamt ein, das in den nächsten fünfzehn Jahren erheblich wuchs. Der erste Generalinspekteur der indischen Wälder, der 1864 ernannt wurde, war Dietrich Brandis (1824–1907), geboren und ausgebildet in Deutschland und später Superintendent der Wälder in Birma. Er legte den Grundstein für den Forstdienst in Indien und war maßgeblich am Aufbau der Kaiserlichen Forstakademie in Dehra Dun im Jahr 1878 beteiligt.«[10]

Henry Lowood bemerkt: »Im späten neunzehnten Jahrhundert haben die deutschen Reformer der Forstwirtschaft und der Waldbewirtschaftung in anderen Ländern – zum Beispiel in Frankreich, in England (durch den Indian Forest Service unter der Leitung von Sir Dietrich Brandis) und in den Vereinigten Staaten gewirkt – denn sie beanspruchten entdeckt zu haben, Wälder auf der Grundlage professioneller Ausbildung und wissenschaftlicher Grundsätze zu erhalten und zu bewirtschaften. Inspiration und Vorbild in jedem dieser Länder wurde die junge deutsche Forstwissenschaft, beginnend mit Frankreich im Jahr 1820 und endend mit der amerikanischen Naturschutzbewegung [...]. Der Deutsche Dietrich Brandis, später Sir Dietrich Brandis, führte die deutsche Forstwissenschaft ins britische Empire ein und inspirierte die amerikanische Forstbewegung.«[11]

Nach Robert P. Harrison »wurde mit dieser Schule der Nutzen eines Waldes auf die quantifizierbare Rohholzmasse bezogen und gemessen. Sein maximaler Holzertrag und seine ständige Nutzung sowie seine stetige (künstliche) Erneuerung wurden das Hauptinteresse dieser neuen Forstwissenschaft«.[12] Intensiver, schlagweiser Waldbau ersetzte den extensiven, sporadischen. Die neuen mathematischen Methoden verlangten die aufstockende, lebende Holzmasse einer Fläche zu berechnen, deren zukünftigen Flächenzuwachs vorherzusagen und daraus den idealen Nutzungszeitpunkt abzuleiten.

Harrison fährt fort: »Algebra, Geometrie, Stereometrie und Xylologie brachten erst die Forstwissenschaft hervor, die eine konstante Leistungsfähigkeit der Wälder sicherstellen sollte. Förster wurden zu Wissenschaftlern im Dienste des Staates und eine neue Kategorie von Fachleuten wurde geboren: die Forstgeometer oder die Experten für Waldgeometrie, die die Grenzen einzelner Waldflächen, die sog. Planungseinheiten maßen und nummerierten, Karten zeichneten und grundlegende Daten für jede einzelne Fläche sammelten. Die heldenhaften Pioniere der neuen Waldmathematik – Namen wie Hartig, Cotta, Beckmann und viele andere – haben den deutschen Waldbau in eine vermeintlich ›exakte‹ Wissenschaft verwandelt, die primär auf Messung und Quantifizierung der Holzmasse basiert.«[13]

Die Tatsache, dass Wälder zum Gegenstand mathematischer Analysen wurden, war retrospektiv ein Triumph des deutschen Waldbaus, der ihm bis ins 20. Jahrhundert den Spitzenrang unter allen anderen Nationen sicherte. Noch 1938 konnte Heske vor amerikanischen Förstern erklären: »Dieses Jahrhundert [das XX.], das in Deutschland das Vorbild für eine systematische Forstbewirtschaftung erkennt, in dem verwüstete Wälder in gut bewirtschaftete Wälder mit konstantem Ertrag und Wachstum umgewandelt wurden, es wird für immer ein leuchtendes Beispiel für den Waldbau der ganzen Welt bleiben.«[14] Und dann bemerkte er: »Die natürlichen Wälder mit ihren Bäumen unterschiedlichen Alters und verschiedener Arten wurden nach und nach durch Wälder ersetzt, die durch das Vorhandensein einer einzigen Baumart mit festgelegten Pflanzzeiten gekennzeichnet sind. Die neuen Monokulturwälder wurden nach dem abstrakten

Konzept des ›Normalwaldes‹ errichtet: Ein Idealwald, in dem alle zufälligen und natürlichen Variablen in der Theorie minimiert wurden.«[15]

Lowood beschreibt in seiner Untersuchung zur Geburtsstunde der Forstökonometrie in Deutschland die Ergebnisse wie folgt: »Der deutsche Wald wurde zum ersten Beispiel dafür, wie eine ideelle, geordnete Konstruktion der Wissenschaft die Unordnung der Natur überwinden kann. Cotta demonstrierte damit die Gültigkeit seiner neuen Waldbau-›Wissenschaft‹, die innerhalb weniger Jahrzehnte nach seinem Plan ein zuvor heterogenes Ganzes in ein perfektes Schachbrett verwandelte. ... Die praktischen Ziele hatten einen ökonometrischen Utilitarismus begünstigt, der wiederum die geometrische Perfektion als äußeres Kennzeichen guter Forstbewirtschaftung zu begünstigen schien. Darüber hinaus bot die rationelle Ordnung der Bäume völlig neue Möglichkeiten, die Natur restlos kontrollieren zu können.«[16]

Hockenjos erklärte: »Diese ›Rationalisierung‹ des Waldes begann in [...] einer Zeit, als Caspar David Friedrich, die Gebrüder Grimm oder Wilhelm Heinrich Riehl den ›alten deutschen Wald‹, ›die reine Schönheit des deutschen Urwaldes‹ zu preisen begannen und ihn in einen Schutzraum des angeblich ›deutschen Geistes‹ zu verwandeln. Unterdessen war der ›aufgeklärte‹ Forstmann dabei, die Überreste des Märchenwaldes auf möglichst radikale Weise zu verfälschen.«[17]

Unter dem Druck der Ideen, die in den Forstschulen vertreten wurden, und der daraus resultierenden Kultivierungstrends wurde der Wald in Mitteleuropa so umstrukturiert und bestellt, dass vor allem eine hohe Holzproduktion erzielt wurde und wird. Vom extensiven Waldbau, basierend auf der selektiven Nutzung einzelner Bäume auf großer Fläche, ging er zum schlagweisen Intensivwaldbau über, basierend auf der Hiebsfront und ihrem jährlichen Voranschreiten auf der Kahlfläche.

Diese Form des Waldbaus, von einigen als ökonomisch und von anderen als rational definiert, führte dazu, dass der traditionelle, empirische Waldbau, der sich im Laufe einer langen Zeit vorher kulturell verdichtete und einer jahrhundertealten Familienökonomie der ländlichen Bevölkerung entsprach, die sogenannte Plenter- bzw. Blenderwirtschaft, aufgegeben wurde und weitgehend verdrängte. Sie lehnte es ab, mit dem neuen, im Vergleich dazu eher primitiven und schematischen Vorgehen ohne natürliche Konditionierung und Begrenzung zu arbeiten – eine Behandlung, die von diesem Moment an eigentlich angezeigt gewesen wäre, aber auf abwertende Weise als »Blender« , ja sogar »Plünderwirtschaft« bezeichnet wurde, was unter den Verwaltern, Förstern und in den noch jungen forstakademischen Kreisen gleichbedeutend mit illegalem und planlosem Raubbau übersetzt wurde und ihnen nicht geeignet erschien, die Kontinuität der Holzproduktion und damit der gesamten Waldnutzung zu gewährleisten.

Die Debatte zwischen Anhängern des extensiven und denen des intensiven Waldbaus dauert bis in unsere Zeit. Und wie immer kam es in solchen Fällen zu unversöhnlichen Konflikten. Es wurde nicht nur gestritten, sondern geschimpft und verleumdet, ohne zu versuchen, die Sicht des anderen zu verstehen. Wissenschaftliche und kulturelle Vorurteile verfestigten sich so zu regelrechten Ideologien. Friedrich Wilhelm Leopold Pfeil (1783–1859) war der Forstakademiker, der erstmals die Notwendigkeit formulierte, den Waldbau vom dogmatischen Gepäck insoweit zu befreien, dass er auf eine gründliche Einschätzung der jeweiligen Örtlichkeit einer Baumart pochte.[18] Diesem Grundsatz folgte Eilhard Wiedemann (1891–1950), der fast 100 Jahre später sein Nachfolger als Direktor der Forstakademie Eberswalde war. Er lehnte damit aber 1925 die generelle Gültigkeit von Alfred Möllers Dauerwaldidee fundamental ab. Und Möller selbst war zuvor ebenfalls, nämlich von 1906 bis 1921, Direktor der Eberswalder Forstakademie.

Die Dauerwaldidee Möllers kann als Reaktion auf die oben dargestellten Exzesse im Waldbau bis zur Jahrhundertwende verstanden werden. Nach ihr soll eine kontinuierliche Waldentwicklung in bewirtschafteten Mischwäldern bei natürlicher Erneuerung mehr produzieren als in reinen Nadelholzmonokulturen. Ihre kontinuierliche Erneuerung durch natürliche Verjüngung, der Abbau des Rohhumus, die Ausdifferenzierung und Astreinigung ihrer Bäume sowie viele andere Indizes einer allmählich wachsenden ökologischen Stabilität sollten vor allem durch die grundsätzliche Beachtung der »Stetigkeit« im Wirtschaftswald beschleunigt werden, also durch einen ausschließlich einzelbaumweisen, das heißt kahlschlagfreien jährlichen Holzeinschlag auf möglichst ganzer Fläche.

Die Dauerwaldidee Möllers

In allen Bereichen der Wissenschaft erfolgt die Akzeptanz oder Ablehnung einer neuen Theorie durch einen Diskurs, der häufig die Grenze eines Meinungsaustausches überschreitet. Solche kulturellen Auseinandersetzungen werden mit der Absicht geführt, einerseits die Gültigkeit der neuen Theorie zu bekräftigen und andererseits die Vorurteile abzubauen, die mitunter im Gefühl begründet sind. So geschah es in Deutschland mit dem Dauerwaldgedanken – dem visionären Blick Möllers auf den Waldbau. Möller war zunächst Professor und späterer Direktor der preußischen Forstakademie Eberswalde.

Nur auf den ersten Blick erscheint seltsam, was tatsächlich gar nicht so selten ist, wenn man die bis heute hitzigen Debatten bewertet, die sich im Laufe der Zeit vertieften und alle Bereiche der Forstwissenschaft – inzwischen sogar international – beleben. Es ist die unwiderlegbar notwendige und dringliche Idee Möllers von einem dauerhaft produzierenden Wald, also die eines »Dauerwaldes«. Ausgerechnet das rief nämlich den heftigsten Widerspruch in Eberswalde, der Institution, in der die Dauerwaldidee geboren wurde, hervor. Wenn wir jedoch die Entwicklung von Wissenschaft und Waldbautechnik, die sich mit der Geburt der Waldschulen und der sich daraus entwickelnden und auf ihr aufbauenden Industrie verstehen wollen, sollten wir das als Ergebnis einer sich stetig verändernden Gesellschaft erkennen, die ihren Anfang mit der Kultur des Waldes begann und sich laufend, ja unaufhaltsam, weiterentwickelt. Auch der Waldbau als Wissenschaft ist keine Ausnahme dieser sich stets wandelnden Anschauungen, die inzwischen den gesamten Sektor der Forst- und Holzwirtschaft, den Wald selbst und nicht zuletzt die Forstwissenschaft betreffen.

Die sich im Laufe der Zeit herausbildende und der Dauerwaldidee bis heute widersprechende Variante des Waldbaus hingegen wird als klassischer oder konventioneller Waldbau bezeichnet. Er verfolgt das Ziel, ein hohes Zinseinkommen aus den aufstockenden Waldbeständen zu erzielen, den Waldreinertrag. Alfred Möller entwickelte davon unabhängig ab 1913 seinen Dauerwaldgedanken und veröffentlichte die gleichnamigen Schriften 1920 und 1921. Er sah die dringende Notwendigkeit, die in Deutschland vorherrschende Forstwirtschaft grundlegend zu verändern. 1922 veröffentlichte er seine gleichnamige Monografie[19] zum Dauerwaldgedanken und löste damit eine bis heute anhaltende Kontroverse aus, den Dauerwaldstreit.

Möller sah drei Voraussetzungen:

1. Der Wald hat den Boden stetig (permanent) zu bedecken.
2. Der Wald ist im übertragenen Sinn als Organismus zu betrachten. Er besteht aus biologisch selbstständigen, aber voneinander unmittelbar abhängigen Individuen, unter anderem den Bäumen, die zusammen aber einen eigenen »Organismus« bilden, nämlich den Wald.
3. Die schwierige Aufgabe bei der gesamten Waldbewirtschaftung bestehe deswegen darin, die Bedürfnisse des Waldes als die eines Organismus zu betrachten und zu fördern, um seine Gesundheit und Stabilität anzustreben und zu gewährleisten.

Er argumentierte, dass gerade die Forstwirtschaft, die von der deutschen Forstwissenschaft in ihren Instituten und Schulen seiner Zeit betrieben und gelehrt wurde, diese zentrale Sichtweise des Waldbaus im Altersklassenwald vernachlässigt. Die von ihr verfolgten schematischen Anbaumethoden entsprächen regelmäßig nicht den Bedürfnissen des lebenden Waldorganismus, sondern dienten vor allem ihrer Kopfgeburt eines Anbauprinzips zur Holzproduktion. Der Dauerwald schlösse darum grundsätzlich eine Hiebsmethode *ausnahmslos* aus, nämlich den Kahlschlag. Ansonsten sei es bei der Bewirtschaftung möglich, mit allen denkbaren Methoden zu arbeiten, die sowohl einen ungleichaltrigen, gemischten Waldaufbau fördern sowie seine kontinuierliche, natürliche Verjüngung.

Möllers Theorie des Dauerwaldes wurde von vielen mitteleuropäischen Förstern euphorisch begrüßt, von anderen jedoch heftig bekämpft. Trotzdem steht ihm das Verdienst zu, die Sicht auf den Wirtschaftswald im 20. Jahrhundert tiefgreifend geprägt und das Grundprinzip konstatiert zu haben, dass der Nutzungswille des Försters sich den

Regeln des Ökosystems Wald anzupassen hat – und nicht umgekehrt, wie es im klassischen Waldbau noch immer der Fall ist. Das heißt, die Nutzungsbedürfnisse des Menschen dürfen die des gesunden Waldes nicht beeinträchtigen und aus eben diesem Grund dürfen ihre Produktionsmethoden seine Kultur nicht dominieren.

Für Möller hat jeder Förster die Pflicht, den Wald als natürliche Ressource zu bewirtschaften, ihn sorgfältig zu schützen und zu erhalten. Gerhard Hofmann[20] berichtet, dass Möller 1922 auf der Generalversammlung des Deutschen Forstvereins in Dessau argumentierte, dass die Forstwirtschaft ausnahmslos auf diesem Dauerwaldgedanken zu beruhen habe – ein Weckruf für die Forstwirtschaft und -wissenschaft der Zwanzigerjahre.

Das eigene Tun zu reflektieren, ist eine stetige Herausforderung; so wie das Wetter wechselhaft ist, sind es auch die Weltanschauungen. Mit anderen Worten, Möller veränderte die Art und Weise, wie wir den Wirtschaftswald sehen und bewirtschaften. Beides bewegt heute auch die Befürworter eines Respekts vor der Natur, die inzwischen eine wachsende gesellschaftliche und politische Akzeptanz erfahren

Zusammenfassend lässt sich sagen, dass der Dauerwaldgedanke weder mit einer genau festgelegten Behandlungsform noch mit einem konkreten technischen Kanon übersetzt werden kann, sondern eine kulturelle Absichtserklärung ist, die darauf zielt, die ökologische Effizienz des Waldökosystems zu bewahren und seine ökologischen Bedürfnisse zu gewährleisten. Konkret fordert Möller lediglich dazu auf, Kahlschläge und ihre nachfolgend künstliche Erneuerung ausnahmslos zu unterbinden. Möller unterstreicht gegenüber den Befürwortern einer künstlichen Ordnung, dass es ausreicht, »die Gesundheit des Waldes auf seiner Fläche zu erhalten, um seine jährliche Bodenrente zu erhöhen«.

Einige Jahre zuvor hatte Frederic E. Clements (1874–1945) in den Vereinigten Staaten die von ihm als organismisch betrachteten Natureinheiten als ein dem menschlichen Körper ähnliches Zusammenspiel von biologischen Abläufen definiert.[21] In ihrer Vegetationsabfolge bewies er, dass sich Pflanzengemeinschaften wie ein komplexer Organismus verhalten können. Mit anderen Worten, die Natur muss in ihnen als interaktives, sich gegenseitig beeinflussendes System verstanden werden. Das organismische Konzept führte dazu, die Aufmerksamkeit auf das Ganze des Waldes zu lenken und das wissenschaftliche Konzept seiner Analyse auf den Kopf zu stellen. Möller fasste seine Gedanken dahingehend so zusammen: »Ich glaube, ich habe das richtige Wort gefunden. Der Wald ist wirklich ein lebender Organismus und als solcher sollte er gesehen und bewirtschaftet werden.«[22]

Er ergänzte, was seine Vision vom Wald meint: »Der Wald besteht nicht nur aus Bäumen. In dem Zwischenraum zwischen den Enden der Zweige und der Wurzeln bewegt sich alles, was darin zu finden ist, er lebt, alles ist Holz. Die Welt der Vögel, des Wildes, der restlichen Fauna, Flora und Pilze sind allesamt Elemente des Waldes. Unter letzterem muss auch der Boden verstanden werden, der kein inertes Substrat ist, sondern ein Lebewesen. Im Wald gibt es keinen toten Boden, sondern er ist ein lebendiger Teil des Waldes und repräsentiert ein wesentliches Organ seines gesamten Organismus.«

Mit der Idee des dauerhaft nutzbaren und produzierenden Waldes formulierte er eine gänzlich neue Sicht auf den Wirtschaftswald, und erst seine (öko)systemische Bewirtschaftung wird zum »Waldsystembau« und determiniert seine wirtschaftliche Nutzbarkeit in der Zukunft. Möllers

Denken war immer auf der Suche nach der Grenze des Wissens.[23] Er suchte das Neue, das auf Dauer Nachhaltige und dessen praktische Anwendungsformen. Gleichwohl führte diese ganzheitliche Sicht auf den Wald, nämlich die Naturkräfte im wirtschaftlichen und forstwirtschaftlichen Prozess gemeinsam ins Zentrum der Forstwissenschaft zu stellen, zu heftiger Kritik. Sie betraf vor allem seine Auffassung vom Wald als Organismus.[24] Heute akzeptiert die Naturwissenschaft das komplexe Waldökosystem längst als unbedingt gleichzeitig zu betrachtendes Forschungsobjekt und beginnt die Forstwirtschaft eben daran zu messen, nämlich ob sie der Waldnatur insgesamt zugutekommt.

Wenn der Wald ein komplexes Ökosystem ist, muss die Philosophie einer ökologisch orientierten Forstwirtschaft zwangsläufig ganzheitlich sein und daher Methoden der Systemwissenschaft anwenden, die sowohl die Naturkräfte als auch ihre ökologischen Rahmenbedingungen berücksichtigen, um die Hauptfunktionen des Wirtschaftswaldes, nämlich Produktion, Schutz und Erholung, zu gewährleisten. Thomasius führt dazu aus, dass in einem ganzheitlich zu betrachtenden System, nämlich dem Waldökosystem, das mechanistisch-reduktionistische Paradigma keine Verwendung mehr finden *kann*. Das heißt keineswegs, dass mitunter nicht noch linear-kausale Zusammenhänge erforscht werden müssen, um Erkenntnisse über einzelne Teile und Teilchen dieses komplexen Systems zu erlangen. Um jedoch die ökologische Komplexität eines Ökosystems wie die des Waldes zu verstehen, muss anstelle des induktiven ein neues, deduktives Paradigma entwickelt werden, welches sich aus seinem verwickelten Gesamtsystem ableitet.[25]

Valerio Giacomini (1914–1981) schrieb über das Konzept des Waldorganismus: »Eine [...] organismische Vision wird immer nützlicher und nähert sich der bewundernswert komplexen und geordneten Realität der uns umgebenden Lebenswelt an. Ihre Negation, d. h. ihr Leugnen, zwingt entweder zum Verzicht auf Nutzung oder führt eben zum Agnostizismus, nämlich dem Respekt vor einer erschöpfenden Erkenntnis des Waldökosystems – selbst dann, wenn sie wissenschaftlicher Strenge widerspricht, weil sie sich damit einer linear/kausalen Forschung entzieht.«[26]

Die Analyse von Möllers Gedanken führt zu einer doppelten Schlussfolgerung. Die erste bezieht sich auf die Leitidee, mit der die notwendigen Veränderungen in der Waldbewirtschaftung zu beschreiben sind, nämlich den Wald nicht länger als Instrument, sondern als organismische Einheit zu betrachten, die mit Respekt zu kultivieren und zu nutzen ist.[27] Dies impliziert auch, den Naturbegriff nicht länger mechanistisch anzusehen und den Menschen »als bloßes Mitglied und Bürger einer biotischen Gemeinschaft«[28] einzubeziehen. Und zweitens liefert es auch die indirekte, aber erschöpfende Antwort auf die grundlegende Frage, die Naturforscher und Umweltschützer an die Förster richten: Hat ihre anthropozentrische Vision vom Wald, der zufolge die Natur beherrscht und genutzt wird, überhaupt noch eine Zukunft? Die zweite Konsequenz betrifft die Idee des Dauerwaldes, der mithilfe unseres heutigen ökologischen Wissens durchdacht werden muss, um eine gänzlich neue Forschungsrichtung einzuschlagen, nämlich einen Prozess radikal neuer Sichtweisen der Waldbauwissenschaft auf den »komplexen« Wald. »Mit dem Dauerwald werden alle tradierten Konstruktionen und Dogmen der Forstwissenschaft auf den Kopf gestellt: Nur dann verändert sich ihr Produkt, der Wirtschaftswald, nämlich indem die Wertschätzung gegenüber ihren vermeintlichen Produktionsfaktoren vorher umgedreht wird.«[29]

In der Ökologie wurde das ganzheitliche Konzept des »Superorganismus« oder Organismus 1935 von Arthur Tansley durch den Begriff des Ökosystems ersetzt. Und es ist seitdem berechtigt, von der »Gesundheit« eines Ökosystems zu sprechen. Wie J. Baird Callicot feststellt, »ist der [...] Gesundheitsbegriff gleichzeitig beschreibend und normativ und definiert eine objektive Bedingung, die unbestreitbar richtig ist, soweit die wissenschaftliche Ökologie ihre Indizes erfolgreich spezifizieren kann. Wenn die Gesundheit von Ökosystemen so eindeutig ist, wie es die Medizin für Organismen i. e. S. tut, kann sie auch Kriterien für die Bewertung der vom Menschen hervorgerufenen Veränderungen in der Natur festlegen.«[30] Menschliche Aktivitäten in einem natürlichen Ökosystem können zu einer anderen, neuen Art von Ökosystemen, sogenannten Kulturökosystemen, führen. Änderungen sind entweder positiv oder negativ. »[P]ositive Veränderungen sind solche, die die Gesundheit eines Ökosystems nicht beeinträchtigen. Die negativen haben den gegenteiligen Effekt, sie verursachen pathologische Zustände im Ökosystem.«[31]

All das sollte berücksichtigt werden, wenn im komplexen Waldökosystem gearbeitet wird. Ökologie und Experimente sollten zur Identifizierung und Definition dieser Indikatoren eines *gesunden* Ökosystems beitragen, um Kriterien für einen Eingriff zu definieren, der die Funktionalität des Systems nicht wesentlich beeinträchtigt. Die Realität ist, dass zum Zeitpunkt vor einem Eingriff fast nur eine einzige Komponente des Waldökosystems tatsächlich berücksichtigt wird: der aufzustockende Bestand und sein Zuwachs. Leider ist das immer noch der herrschende forstliche Zeitgeist der Altersklassenforstwirtschaft.

Das Dauerwaldmanagement

Alfred Möller stellte das agroökonomische Prinzip, den sogenannten Holzackerbau, seiner Zeit infrage sowie dessen Bodenrente als Bezugsgröße der Forstwissenschaft, die vor allem auf Kosten der Bodengesundheit erwirtschaftet würde. Während im Landbau der Bauer versucht, den Boden an die Pflanzen anzupassen, sollte im Waldbau der Wald selbst den Boden zu höherer Fruchtbarkeit entwickeln. Heimische Baumarten und Mischwälder fördern diese Fähigkeit am besten. Aus diesem Bewusstsein seiner Sicht auf die Bodengesundheit ist der Begriff des Dauerwaldes[32] entstanden. Denn es sei allein der Boden, der als sich selbst regenerierende Produktionskraft Waldernährung »dauerhaft« zur Verfügung stellt.[33] Waldbau sollte darum zu gesunden, stabilen Wäldern führen, die in der Lage sind, die Kontinuität des Systems über Zeit und Raum[34] trotz Nutzung dauerhaft aufrechtzuerhalten.

Dennoch hat sich das Prinzip des wirtschaftlichen Kurzfristdenkens bis heute, 100 Jahre nach Möller, durchgesetzt und begründet weiterhin den klassischen Waldbau. Zwar haben sich von 1922 bis heute sehr viele Rahmenbedingungen ökologisch deutlich verschlechtert, jedoch offenbar noch nicht genug, um die Überlegenheit des Dauerwaldprinzips in der Forstwissenschaft allgemein zu akzeptieren. Der Dauerwald wird immer noch als unwissenschaftlicher Beitrag in der tradierten Waldbewirtschaftung angesehen und darum ideologisch abgelehnt – nämlich vor allem sein prinzipielles Verbot von Kahlschlägen, der Verzicht auf konkrete Produktionsziele (Bestockungsziel und Umtriebszeit) und künstliche Walderneuerung sowie sein Streben nach ganzflächiger Ungleichaltrigkeit. Der Dauerwald konzentriert seine selektive Nutzung auf die Einzelbaumpflege. Er eliminiert nur denjenigen, der den gesunden und besseren

Baum in der herrschenden Schicht behindert und der deswegen einen höheren Wertzuwachs erwarten lässt. Diese stetigen Eingriffe in die herrschende Baumschicht fördern seine Mehrschichtigkeit, erhöhen die Bestandsstabilität und sind selbst im kleinen Waldbesitz ideal, weil sie immer auch risikostreuend wirken.

Der Dauerwald in Bärenthoren

Möller erfuhr in einem Gespräch mit einem seiner Schüler – einem Enkel des Kammerherrn Friedrich von Kalitsch (1858–1938) – von dessen Waldbesitz in Bärenthoren und wie dieser dort wirtschaftete. Er erkannte, dass die Bewirtschaftung der verarmten Kiefernwälder von Bärenthoren durch von Kalitsch weitgehend seiner noch nicht publizierten Dauerwaldidee entsprach.

Möller besuchte von Kalitsch und war nach einer sorgfältigen Analyse der vorgelegten Hiebs- und Ertragsdaten von einer wesentlichen Übereinstimmung der Wirtschaftsweise mit seiner Dauerwaldtheorie überzeugt. Er bat von Kalitsch um Erlaubnis, die in Bärenthoren praktizierte Betriebsführung in einer gesonderten Darstellung publizieren zu dürfen.

Der Wald von Bärenthoren liegt in der Nähe von Zerbst in Anhalt auf einer Höhe von 130 Metern über dem Meeresspiegel, in einem flachhügeligen Gebiet mit trockenem Klima und durchschnittlichen Jahresniederschlägen von nur etwa 560 Millimeter. Eigentümer und Verwalter dieses Waldbesitzes war Herr von Kalitsch, der 1884 das väterliche Eigentum erlangte, zu dem 1650 Hektar Wald gehörten, davon unter anderem 1250 Hektar verwilderte Kiefernbestände unter 40 Jahren und nur circa 165 Morgen über 60-jährige Kiefern. Die Betriebsdaten zeigten die Ergebnisse seit dem frühen 19. Jahrhundert und belegten die mangelnde Ertragskraft der überwiegend schlechten Bestände aufgrund von Übernutzungen. Von Kalitsch änderte ab 1884 die bis dahin praktizierte Betriebsführung und begann mit der in ihren Grundzügen der Dauerwaldidee ähnlichen Bewirtschaftung.

Nach Troup sind die Hauptmerkmale der Bärenthorener Wirtschaft folgende:[35]

1. Mindestens 50 m³ Derbholz (Stammholz mit einem Durchmesser von sieben Zentimeter und mehr) werden im ersten Schritt je Hektar entnommen, ohne den Boden zu stark aufzulichten.
   Trotz des geringen Waldvorrats wird eine allmähliche Steigerung der Nutzung angestrebt;
2. Die Eingriffe bestehen aus Durchhieben, zwei- bis dreimalige Wiederholungen bis sie jährlich und mäßig auf die gesamte Waldbetriebsfläche ausgedehnt werden; kein Baum, wie dick er auch sein mag, wird gefällt, solange er noch kräftig wächst. Alle Bäume, die krank, missgebildet sowie auf andere Weise unerwünscht oder zuwachsschwach sind, werden ohne Rücksicht auf ihre Stellung im Bestand eliminiert.
3. Alles Nichtderbholz verbleibt im Bestand (u. a. zur Bodenverbesserung);
4. Die natürliche Verjüngung wird begrüßt, aber nicht gezielt gefördert;
5. Eine jährliche Nutzungsrate wird nicht streng eingehalten, aber es werden detaillierte Aufzeichnungen über die Nutzungen und Sortimente in jeder Bestandseinheit geführt, die alle zehn Jahre einer neuen Nutzungsplanung unterzogen werden. Die Maxime ist eine stetige Pflege des Bodens und des stehenden Bestandes ohne Unterbrechung bei regelmäßiger Wiederkehr; sowie
6. die stetige Pflege des Zwischen- und Unterstandes.

Sobald ein Bestand das 40. Lebensjahr überschreitet, wird er allmählich ausgedünnt, um das Kronendach zu öffnen, was automatisch die natürliche Ansamung begünstigt. Der Oberstand darf weiterwachsen, wodurch sich seine Mehrschichtigkeit erhält: Einerseits der Oberbestand mit kräftigen, gut entwickelten Kronen und andererseits eine Unterschicht, die sich im Zuge natürlicher Verjüngung automatisch einstellt. Nur ein sehr kleiner Teil des Oberstandes hingegen wird jährlich zur Erzielung eines kontinuierlichen Betriebseinkommens zur Nutzung freigegeben.

Dauerwald ist naturnahe Waldwirtschaft

Ganz besonders engagierte sich Möller gegen die Nadelholzmanie seiner Zeit, den daraus resultierenden Kahlschlag und die nachfolgende künstliche Verjüngung, und ganz allgemein gegen alle Bewirtschaftungsmaßnahmen, die nicht die Bodenfruchtbarkeit fördern, und damit gegen alles, was der Bodengesundheit und schlussendlich dem Waldorganismus schadet. Möller stellte die gesamte Waldbewirtschaftung unter die Maxime, die Stabilität des Waldes zu gewährleisten. Dieses Konzept stützte er durch seine naturphilosophischen Ausführungen, qualifizierte sie aber unter drei Aspekten:

- Um welchen Wald handelt es sich, den man vorfindet;
- welche Maßnahmen sind notwendig, um den Boden zu pflegen und zu verbessern;
- und welche Struktur soll der Wald entwickeln. Möller betont nachdrücklich, dass der Dauerwald weder mit dem Urwald noch (zwangsläufig) mit dem Plenterwald identisch ist.[36]

Die konventionelle Waldbauwissenschaft macht demgegenüber bis heute keinen Unterschied zwischen dem Dauerwald und jenem spezifischen Waldbausystem, das in einigen Teilen der Schweiz, des Oberrheintals und Frankreichs erhalten ist, dem sogenannten Plenterwald. Plenterwälder zeichnen sich durch eine gleichmäßige Dauerwaldstruktur aus, das heißt, die Bäume jedes Jahrgangs oder einer Durchmesserklasse sind im Idealfall auf jeder Waldfläche gleichmäßig vorhanden. Die jährliche Nutzung hat diese eigentümliche, nämlich unnatürliche Struktur des Bestandskollektivs möglichst aufrechtzuerhalten. Für die niederschlagsärmeren norddeutschen Wälder gelte dieses strenge System jedoch als ungeeignet.[37] Gamborg und Larson[38] heben darum hervor, dass Möller die (Wieder-)Einführung dieses bäuerlichen Plenterwaldsystems, das er als »einen Traum und nicht einmal einen schönen Traum« beschrieb, nicht kritiklos befürwortete.[39]

Für Möller erfüllt der Dauerwald hingegen das Bedürfnis nach Gesundheit und nach Stabilität des Waldes. Eine kontinuierliche Bodenrente ist seiner Meinung nach nur dann ausreichend gesichert, wenn im Zwischenstand andere Bäume jederzeit bereit sind, die zu fällenden Bäume im Waldgefüge zu ersetzen. Darum teilt er alle Waldbausysteme ein in solche, bei denen der Boden dauerhaft bedecken, und solche im Kahlschlagbetrieb, bei denen der Boden freigelegt wird, bevor der Wald wiederbegründet wird. Naturgemäße Waldwirtschaft bzw. die Anwendung des Dauerwaldprinzips lässt sich laut Möller an folgenden Kriterien prüfen:

1. alle biologischen Teile des Waldes befinden sich in einem Gleichgewichtszustand;[40]
2. eine Analyse des Bodens belegt seinen Gesundheitszustand;
3. der Kahlschlag ist abgeschafft;

4. die Gleichaltrigkeit aller Bestände ist in Auflösung begriffen;
5. stattdessen wachsen mehr und mehr (nach Baumart, Alter und Stärke) gemischte Bestände heran;
6. die Bodenrente basiert langfristig auf der Produktion von Wertholz;
7. die natürliche Verjüngung ist prinzipiell vorherrschend;
8. die zur Anreicherung einzubringenden Baumpflanzen sind sorgsam ausgewählt;
9. die Jungwuchspflege und Erstdurchforstungen setzen rechtzeitig ein;
10. ein sorgfältiger Schutz des Waldes aus sich selbst heraus ist gesichert; sowie
11. eine angemessene Walderschließung ist gegeben;
12. die Anwendung »sanfter Betriebstechniken« (bzw. konsequenter Ausschluss aller harten Betriebstechniken) auf dem Waldboden. Entsprechend sind in der Waldbewirtschaftung grundsätzlich die jeweils den Boden schonendsten Betriebstechniken anzuwenden.

Hans Leibundgut (1909–1993) stellte demgegenüber fest, dass der Waldbau nach der Auffassung vieler Förster Mitteleuropas durch eine Forstwirtschaft am besten verwirklicht würde, die sich den jeweiligen gesellschaftlichen Verhältnissen blind unterwerfe.[41] Auch Schütz unterstrich, dass der Dauerwald Möllers sich aus eben dieser Bindung löst und sich sogar von der einen oder anderen dogmatischen Vorgabe des Waldbaus abhebt.[42]

Das erlaubt ein Zwischenergebnis unserer Überlegungen: Wir können seiner Theorie zustimmen oder nicht, aber wir können das Vorurteil nicht bestätigen, das von seinen Gegnern zentral gegen ihn vorgetragen wird, nämlich dass er dogmatisch sei.[43] Das ist ungerechtfertigt und widerspricht dem Geist, der Alfred Möllers Dauerwaldgedanken trägt.

Zur Dauerwaldkritik

Der Dauerwald hat lebhafteste Diskussionen ausgelöst, die mitunter in hitzige Kontroversen umschlugen. Es erscheint deswegen sinnvoll, die maßgeblichen Autoren zu nennen, die sich in Deutschland und Italien für oder gegen den Dauerwald ausgesprochen haben.

Viele etablierte Vertreter der Forstwirtschaft, ob Waldbesitzer oder Förster, unterstellten Möller, er wolle das System der Forstwirtschaft gänzlich stürzen, indem er apodiktisch und um jeden Preis alle Wälder in Dauerwaldstrukturen überführen wolle. Tatsächlich erklärte er seinen Dauerwaldgedanken nur am konkreten Beispiel des Bärenthorener Waldes, der, wie er mehrfach betonte, die »Erblast einer künstlichen Waldbehandlung«[44] war. Auf der Suche nach dem *Waldwesen* war Möller visionär und wurde gerade auch deswegen weitgehend missverstanden. Zwar sei nach Ansicht von Carsten Wilke, dem heutigen Präsidenten des Deutschen Forstvereins, Kontinuität und Nachhaltigkeit keine mathematische Größe, sondern eine Frage der Einstellung und daher eine rein moralische Komponente[45] – und deshalb wohl außer Acht zu lassen. Gerhard Hofmann stellte aber demgegenüber fest, dass Möller einen Paradigmenwechsel in der waldbaulichen Behandlung forderte und damit seine Herangehensweise an den Wald das Denken über die Waldwirtschaft sehr konkret veränderte.[46] Stabilität, Produktivität, Vielfalt und Kontinuität des Waldes sind die Ziele, die er schon damals konkret benannte und vorzugeben wagte.

Möller starb 1922 kurz nach der Veröffentlichung seiner Dauerwaldidee und konnte damit seine Gedanken nicht weiter darlegen und auf diejenigen reagieren, die ihn beschuldigten, allerlei Fehler wissenschaftlicher und technischer Art zu begehen. Auch konnte er die entstehende

Bewegung seiner Befürworter nicht mehr selbst anführen. In dieser schwierigen Herausforderung ersetzten ihn Wiebecke, von Keudell, Krutzsch, Ortegel, Fürchtenicht und viele andere.

Wiebecke (1879–1959) bemerkte: »Wenn wir hiebsreife Kiefern sorgfältig einzeln entfernen, entstehen nur geringe Schäden durch das Fällen an der Verjüngung und im verbleibenden Bestand. Wenn aber alle auf einmal geerntet werden, wird der Nachwuchs zerstört; die Überreste sind der Sonne, der Trockenheit des Bodens und zahlreichen schädlichen Käfern ausgesetzt, die sie schließlich vollständig zerstören.«[47] Als überzeugter Befürworter des Dauerwaldes bekämpfte er den Kahlschlag und trat für eine intensive Pflege des Bodens ein. Die privaten Waldbesitzer Preußens fokussierte er auf die Nachteile von jährlich streifenweisen Kiefernhieben, was zumindest dort zeitweise dazu beitrug, Kahlschläge in der Kiefernwirtschaft zurückzudrängen.

Köstler stellte dazu eher humorvoll und auch ironisch fest:[48]

a) das System sei schon erfolgreich, wenn jeder Manager weiß, dass es in 30 Jahren möglich ist, die Bodenrente zu verdreifachen und den Bruttoertrag zu verdoppeln. Die Verjüngungskosten würden, nachdem die vorhandenen Schäden erst einmal beseitigt seien, auf einen minimalen Teil der vorherigen reduziert. Danach müsse alles unternommen werden, um diesen Lohn mit Sorgfalt dauerhaft zu erhalten.
b) Dadurch würden Kahlschläge dann gänzlich überflüssig; und
c) solcherart »Propaganda« spräche vollkommen für den ungleichaltrigen Wald – ohne jedoch die konkreten Techniken zur Umwandlung des vorhandenen, gleichaltrigen liefern zu müssen.

Gegen diese Lager aus Befürwortern und Gegnern erhoben sich einige wenige Waldbauwissenschaftler, die später sogar als Rationalisten bezeichnet wurden, namentlich Alfred Dengler und Eilhard Wiedemann in Deutschland sowie Amerigo Hofmann in Italien.

Möller widersprachen sie übereinstimmend dahingehend, dass

1. die Idee des Dauerwaldes an sich nicht neu sei;
2. so auch seine Aussage, der Wald sei ein Organismus;
3. der Dauerwald habe keine wissenschaftliche Grundlage;
4. als Waldbau- und Bewirtschaftungssystems sei er keinesfalls für alle Wälder und Standorte zu verallgemeinern;
5. es ihm an präzisen Regeln bei der Hiebskontrolle fehle; sowie
6. Möller in Wahrheit eine Rückkehr zur Natur wolle.

Konventioneller Waldbau und Dauerwald

Alfred Dengler, Professor in Eberswalde, schlug deshalb 1925 auf dem Kongress des Salzburger Forstvereins folgende Einteilung der waldbaulichen Betriebssysteme vor:

1. Dauerwald i. e. S., streng und grundsätzlich, ggf. mit wenigen gelegentlichen kleineren Kahlhieben;
2. Dauerwald i. w. S., also verwandte Systeme wie zum Beispiel der Blendersaumschlag von Wagner, der Femelschlag in der Schweiz und in Baden, sowie der zweihiebige Hochwald;
3. Systeme, die dem Dauerwald kaum entsprechen, zum Beispiel aufeinanderfolgende Streifenhiebe mit kurzer Verjüngungszeit; sowie
4. Kahlschlagbetriebe.

Dengler argumentierte sinngemäß: Die Idee eines permanenten Waldes basiere auf zwei grundlegenden Konzepten der Naturphilosophie. Das erste sähe im Wald ein Lebewesen (einen Organismus). Im übertragenen Sinne gäbe es nichts gegen dieses Wort einzuwenden; aber Möller verstehe es wörtlich und das sei falsch, und der Wald sei eben kein echter Organismus. Das zweite unterstelle dem Waldorganismus von Natur aus eine perfekte Harmonie, die durch menschliche Eingriffe nur gestört werde. Daraus schlösse Möller, dass sich alle Eingriffe dem Wald weitestgehend anzupassen hätten und möglichst nur begrenzt und auf besonders aufwendige Art und Weise vollzogen werden dürften.

Letztendlich stellte Dengler[49] damit nicht nur Möllers Idee vom Dauerwald im Kern infrage, sondern vor allem auch das Konzept eines Waldorganismus, dem er den gleichzeitig aufkommenden Begriff der Biozönose entgegenstellte. Er behauptete, der Organismus könne leben und sterben, währenddessen die Biozönose ein unsterbliches Lebewesen sei, das aus einer beliebigen Zahl von Individuen bestehe, von denen jedes einzelne seine eigene Rolle habe. Diese könnten aber einzeln oder in Gruppen sterben, obwohl die Biozönose selbst auf unbestimmte Zeit bestehen bliebe und weiterleben würde.

Und er kommentierte sinngemäß: Es sei übertrieben, den Wald als Organismus anzusehen, wie die Bewegung des Dauerwaldes es tut. Die Glieder des Waldes seien keine Organe im Sinne des Wortes (italienisch: *organa* = Instrumente), da sie an sich keine organische Funktion hätten und ihre eigene Lebens- und Funktionsfähigkeit nicht aus der Abhängigkeit von der Assoziation erhielten. Der Wald entwickele sich darum nicht als Organismus von innen nach außen, sondern seine Bestandteile kämen von außen zusammen aus einem primitiven »freien« Zustand, wie jeder bei der Bildung eines neuen Waldes beobachten könne. Die Verbindung zwischen einer Art und einer anderen sei im Allgemeinen immer viel weniger streng als die verschiedenen Organe eines echten Organismus. Selbst wenn die Bezeichnung eines Organismus mehr oder weniger grob verwendet würde, könne sie deshalb zu überzogenen Konsequenzen führen.

1937 wiederholte Dengler noch einmal, was er für den Fehler hielt, den Möller bei der Verwendung des Begriffs Organismus begangen habe. Er behauptete, der Wald sei kein Organismus, »zumindest nicht in dem Sinne, [...] dass wir diesem Wort in den Naturwissenschaften zuschreiben«.[50]

Kurz gesagt, Dengler forderte einen Holzanbau auf ökologischer Basis, also entsprechend seiner Sicht auf den Wald als gesteuerte Kultur-Biozönose, die durch schlagweise Hiebsführung genutzt werden dürfe, und deswegen ökologische und ökonomische Aspekte zur Produktivität gezielt kombiniert.

Hans Lemmel (1889–1975), Professor an der Universität Eberswalde, argumentierte 1939 in einer Kontroverse mit Dengler, dass Möller als erster die biologische Einheit des Waldes mit einem wissenschaftlichen Konzept, nämlich dem des Waldorganismus beschrieben und darüber hinaus es als erster verstanden habe, den Waldorganismus zum überwölbenden Gesichtspunkt jeder Waldbewirtschaftung zu machen. Gerade die Tatsache, dass Dengler vorweg den organismischen Charakter des Waldes formal bestreite und Möller die Verwendung des Organismusbegriffs vorwerfe, beweise aber, dass Möllers Sicht auf den Wald wirklich neu sei. In Bezug auf den Begriff einer von der konkreten Bewirtschaftung unabhängigen *Biozönose,* den Dengler dem Organismusbegriff entgegenstellte, betonte Lemmel, dass dieser den von Möller beschriebenen Zusammenhang eben nicht vollständig abdecke und ihn einem eingeschränkten Kontext unterordne, nämlich dem eines kausal-mechanistischen, während Möller ihn in einem unlösbar organischen Kontext sähe.[51] Für den Wissenschaftler gäbe es also sowohl einen inhaltlichen als auch einen logischen Unterschied. Die mechanistische Vision Denglers sei auch dort zu erkennen, wo er argumentiere, dass bei der Biozönose die äußeren Phänomene, nämlich das Zusammenleben der Individuen ausschließlich durch Addition, offensichtlich sei. Demgegenüber käme es für Möller auf die *inneren* biologischen Beziehungen an, nämlich ihre wechselseitig funktionalen Beziehungen, die keineswegs immer offensichtlich oder gar nur ausgedacht seien. Das Organismuskonzept war also nach Ansicht des »Rationalisten« Dengler ungeeignet, im Wald Anwendung zu finden und damit inkongruent zur bestehenden waldbaulichen Nutzungstechnik. Denglers Kritik an der Organismusidee und ihr damit verbundener Vorwurf, wonach Möller obskure, ungenaue, waldbautechnische Ziele verfolge, war für Lemmel deswegen grundsätzlich unbegründet und inkonsistent.[52]

In Italien drückte sich Alessandro de Philippis in seinen »Special Forestry Lessons« (1957–58) in diesem Zusammenhang folgendermaßen aus: »Eine besondere Hiebstechnik, die in einigen deutschen Kiefernwäldern (Bärenthoren) angewandt wird, ist der sogenannte Dauerwald. Es handelt sich um sehr häufige, moderate Eingriffe, auch jährliche, bei denen reife Bäume bei Verteilung über die gesamte Waldfläche entfernt werden – ebenso wie fehlerhafte Bäume, die bessere bedrängen. Zweige und Laub verbleiben im Wald; ist der Auflagehorizont geringmächtig, wird ein künstlicher Buchenunterbau vorgenommen. [...] Die von Möller in Bärenthoren beschriebene Behandlung hatte Befürworter (Lemmel, Krutzsch usw.) und Gegner (Dengler), insbesondere mit Blick auf den Organismus-Begriff, der Möllers Idee trug. Aber abgesehen von der Vielfalt der Interpretationen – organismisch oder biozönotisch – ist sicher, dass die von Möller ausgelöste Bewegung dazu führte, dass in Nordwestdeutschland, in denen die Kiefer auf armen Sandböden wächst, naturnähere Behandlungsmethoden für sie eingeführt wurden.«[53]

Köstler stellte schließlich fest, dass der Wald eine natürliche Lebensgemeinschaft sei, die bestimmten Gesetzen unterliege, die nicht verletzt werden dürften. Im Wirtschaftswald sollten wir uns um Harmonie mit der Natur bemühen, also um solche Bedingungen, die denjenigen ökologischen und biologischen Gesetzen entsprächen, die einen Wald erst ausmachten.[54] Diese Betonung erübrige sich auch nicht bei der Ausscheidung konkreter forstlicher Betriebseinheiten, da in der Vergangenheit wie in der Gegenwart zwischen den festgelegten wirtschaftlichen Zielen Divergenzen zur Natur bestehen. »Wirtschaftswald« ist der zielführende Begriff, der Köstlers Sicht als herausragender und anerkannter Forstwissenschaftler verdeutlicht.[55] Das ist für ihn ein Wald, der durch naturnahen Waldbau wirtschaftliche Ziele im Einklang mit der Natur verwirklicht.

Einige Verfechter der Dauerwaldidee verwiesen auf ihre wesentliche Übereinstimmung mit den Theorien Gayers. Dieser sprach sich 1880 für den Mischwald aus, denn *aus der Natur des Waldes erwachse die natürliche Stabilität und enge Kontinuität.* Er brachte den Gedanken auf den Punkt, denn »in der Harmonie aller im Walde wirkenden Kräfte finden wir das Rätsel der Produktion«. Ein Aspekt, auf den Möller tatsächlich immer wieder zurückgriff.

Gayer ist damit sicherlich sein Vorläufer und Möller verwandelte seine Sicht später in konkretere Teilziele der Waldbautechnik. Es ist jedoch darauf hinzuweisen, dass für Möller der Mischwald und die Kontinuität des Waldes sich aus der Organismusidee begründet, für Gayer jedoch aus wirtschaftlichen Erfordernissen. Tatsächlich entspricht der Gayer'sche Kontinuitätsbegriff dem Nutzungserfordernis seiner Zeit, das ausschließlich auf die kontinuierliche Bodenrente zielte, während sich der von Möller aus seiner biologisch-organismischen Sicht auf die Waldnatur begründete. Ein wissenschaftlicher Unterschied, der alles andere als trivial ist. Denn eine nicht enden wollende Kritik an Möller lautet, er wolle »zurück zur Natur«, was von manchen Waldbaukollegen als Unterwerfung unter die Natur oder unter eine »naturgemäße« Waldwirtschaft gedeutet wird. Die im Dauerwald bedingte Behandlung, die natürlichen Systembedingungen eines Waldes konkret waldbaulich zu berücksichtigen, wurde folgendermaßen fehlinterpretiert:

- Sie fordere die Unterwerfung des Menschen unter die Natur;
- sie sei Abkehr vom wirtschaftlichen Erfordernis, auch in Zukunft Waldbewirtschaftung zu betreiben; sowie
- sie unterwirft die Waldbaulehre allein der eigenen Idee.

Nicht zuletzt glaubten Forstverwaltungen und Förster, dass mit dem Dauerwald die Rückkehr zum Urwald bezweckt werde – eine im Kern unbegründete Kritik. Möller entgegnete darauf, es könne in keiner Weise von einem »Zurück zur Natur« die Rede sein, oder gar einem Bemühen den Zustand des Urwaldes wiederherzustellen,[56] sondern allein darum, an den jeweiligen Standorten die Holzproduktion zu optimieren. Gerhard Hofmann[57] resümierte, dass der Dauerwald für Möller nicht die Rückkehr zur Natur bedeute, sondern eine Waldnutzung »mit« und nicht »gegen« die Natur.

Für den Dauerwald und gegen die an ihm geübte Kritik argumentierte Pockberger, begrifflich läge in den Augen der Kritiker dem Dauerwald die naive Waldvorstellung eines *Perpetuum mobile* zugrunde: natürliche Erneuerung, Nutzung auf der gesamten Waldfläche und maximaler Zuwachs bei maximaler Rendite – und das dauerhaft.[58] Vom Dauerwald zum naturnahen Wald sei es auch tatsächlich nur ein Schritt, da beide keine bestimmte Behandlungsform vorschreiben, keine Norm darstellen, sondern ein Programm formulieren, das alle Methoden und alle Regeln zulasse, sofern sie geeignet seien, die natürliche, systemische Produktion des Waldes zu unterstützen.[59] Mit einer von Fall zu Fall variierenden Waldbautechnik müssten am ehesten die besten wirtschaftlichen Ergebnisse bei konstanter Produktion zu erzielen sein, sowohl im Verhältnis zu den vorhandenen ökologischen Potenzialen als auch der Produktion, die sich im Wald gegenwärtig erzielen ließe. Die waldbauliche Intervention dürfe daher keinem festgelegten Programm folgen, sondern müsse vom Waldbauer von Fall zu Fall im Dauerwald frei gewählt werden, um die Erneuerung, die Vorratspflege, den Zuwachs und die Ausreifung des Bestandes im wirtschaftlichen Interesse jeweils optimal zu gewährleisten.[60]

Dazu eine Feststellung: Eine an der Natur orientierte Waldwirtschaft zur Ausnutzung natürlicher Prozesse[61] ist sicher eine im Waldbau allgemein akzeptierte und gern beanspruchte Herangehensweise, auch wenn sie nicht von allen Waldbesitzern in gleicher Weise verstanden wird.[62] Es gibt also vielfältige Interpretationen für einen an der Natur orientierten Waldbau, die sehr unterschiedlichen Definitionen folgen, auch wenn es letztlich immer um die ökonomische Herausforderung geht. Auf wissenschaftlicher Ebene stellt sich aber immer die Frage nach dem zugrundeliegenden Paradigma: Handelt es sich um die reduktionistisch induktive Methode, wenn es um die Suche nach einer konkreten Behandlungsregel geht, oder die an der Komplexität orientierte deduktive, wenn die natürlichen Kräfte des Waldes mobilisiert werden sollen?

Möller stellte sich mit der Dauerwaldtheorie gegen die Protagonisten des wissenschaftlichen Rationalismus, die sich auf Systeme und Anbaumethoden des akademischen, administrativen, technischen und politischen Establishments stützten. Zur praktischen Waldbautechnik im Sinne der Dauerwaldidee äußerte er sich sinngemäß, jeder könne, sofern sein Wald die notwendige Flächenausdehnung habe, jederzeit in Aktion treten, um seine Entscheidung für eine dauerhafte Waldverbesserung zu treffen und eine maximale Holzerzeugung anzustreben, wenn er sich den gesunden Waldorganismus zum Ziel nehme. Dazu dürfe man alle Waldbehandlungsmethoden nutzen, die dieses Ziel verwirklichen, nämlich konkret die Gesundheit des Waldorganismus zu fördern.

Ziel sollte also immer die Erhaltung und Schaffung des gesunden Waldorganismus sein. Das Problem läge darin, dass die Gesundheit des Waldorganismus eine Diagnose voraussetze, die nach unserem Kenntnisstand hinsichtlich der biologischen Funktionen und ihrer langfristigen Funktionsfähigkeit nicht immer hinreichend bekannt sei. Von Kalitsch habe in Bärenthoren in Übereinstimmung mit den vorhandenen Erkenntnissen geplant und sie methodisch erfolgreich umgesetzt. Köstler konstatierte in Bezug auf Produktivität und Bewirtschaftung des Bärenthorener-Waldes, nach Wiedemann habe sich die Produktivität in 50 Jahren von 1884 bis 1934 um die Hälfte erhöht; die Zunahme von 1913 bis 1934 schwanke jedoch nur innerhalb der Fehlergrenzen der Schwappacher-Ertragstafel für Kiefer von 1908. Aus waldbaulicher Sicht unterstreiche Wiedemann jedoch die Verbesserung der Stammformen und die der Kronen sowie überall eine zufriedenstellende Bodenflora und bewundernswerte Verjüngung.[63] Mit Wiedemanns Aussagen seien damit laut Köstler die Übertreibungen mancher Dauerwaldverfechter zweifellos in die richtige Richtung korrigiert worden.

Wiedemann (1925; 1926) argumentierte, dass die Holznutzung im Dauerwaldbetrieb mit hohen Verjüngungsschäden bei der Holzernte verbunden sei, zumal sie in enger zeitlicher Wiederkehr stattfände. Er verwies sowohl auf die Folgen für die Produktivität als auch den aufwendigeren Waldbau und widersprach Möllers diesbezüglichen Behauptungen. Er bezweifelte dessen Angaben zu den zu erwartenden Hauungsschäden und deren viel zu gering geschätzten Mehrkosten, die angeblich durch eine bessere Vermarktung am Rundholzmarkt überkompensiert würden. Nach Wiedemann müssten die Angaben Möllers insofern einer scharfen Prüfung unterzogen werden. Des Weiteren wirft er ihm vor, weder die großen regionalen Unterschiede im norddeutschen Kieferngebiet noch die räumliche Ordnung in seinen waldbaulichen Empfehlungen ausreichend zu berücksichtigen. Sein Dauerwaldkonzept dominiere alle technisch-waldbaulichen Maßnahmen, wie zum Beispiel die Erneuerung, das Mischungsgebot und die Nutzung.

Lemmel antwortete auf diese Kritik, Wiedemann habe das Wesen der Dauerwaldidee, den Wald als biologische Einheit, als Organismus, anzusehen und zu behandeln nicht verstanden, sondern er gründe seine Kritik auf konventionelle, formelle Kriterien, die sich aus einem konkreten Waldzustand (Altersklassenbestand) bei zuvor klassischer Bewirtschaftung ergäben. Er vergesse dabei, dass es um die Plenterung (also einzelstammweise Nutzung) im Mischwald mit stetiger, natürlicher Erneuerung ginge.[64] Was unter dem Ausdruck »Kontinuität des Waldorganismus« zu verstehen sei, habe sinngemäß Möller selbst erklärt: Mit Sicherheit könnten nur einige besondere Merkmale eines gesunden Waldorganismus identifiziert werden, die für den Zweck einer dauerhaften und gleichbleibenden Holzproduktion von Bedeutung seien, nämlich der jährliche Holzanfall zur Versorgung der Bevölkerung, der notwendige Geldertrag aus der jährlichen Produktion, die Sortimentspalette etc.; in Bezug auf den Standort: eine gute Bodenaktivität, um den Laubabfall in einem Jahr zu verrotten; in Bezug auf seine Organe, alles was aus waldbaulicher Erfahrung dazu bekannt sei: ein Gleichgewichtszustand, der nichts verhindere, was wir als typisch für einen Wald zu erkennen gewohnt sind; der andererseits kein Element auf Kosten eines anderen begünstige, oder der die Verwirklichung unseres Zieles zur maximalen Produktion von Holz auf *Dauer* verhindere.

Lemmel betonte, dass Wiedemanns Argumentation wissenschaftlicher Logik widerspreche. Er rühre alles zusammen, die Frage des gesunden Waldorganismus, dann die Erfordernisse des Mischwaldes, dann die der Diskontinuität der Nutzung etc., um schlussendlich das Konzept Möllers als wildes und ungeregeltes Bewirtschaftungssystem abzuwerten. Mit Bezug auf Michael Prodan (1912–2002) stellte er 1949 sinngemäß fest: Das Kollektiv eines Plenterbestandes erscheine als organische Einheit mit eigener Struktur und eigener Individualität. Diese Einheit könne intuitiv und emotional wahrgenommen und beschrieben werden. Dies sei ein Aspekt der Beobachtung und sei allein bereits großartig und erhaben. Allerdings müsse die Struktur und Qualität des Holzes als Folge der Plenterung noch genauer untersucht werden, und dies sei ein Aspekt, der zwar prosaisch, aber unerlässlich zu überprüfen und zu beobachten sei, da nur mithilfe einer genauen, zahlenmäßigen Dokumentation der Nutzen für die Gesellschaft belegt werden könne, ohne die Schönheit und Pracht der Dauerwälder letztendlich dann wieder zu gefährden.

Die Dauerwaldbewegung, so Köstler,[65] richte sich nicht nur auf Bärenthoren, sondern beziehe sich auf eine Vielzahl von Waldbehandlungsformen, die unter dem Sammelnamen Dauerwald vereint würden: Schweizer Plenterwälder, ungleichaltrige skandinavische Wälder, solche, die aus Stecklingen oder Durchforstungen resultieren, oder solche, die aus der natürlichen Sukzession hervorgegangen seien und so weiter. Darüber hinaus verteidigte er die Dauerwaldverfechter, denen übermäßige Sentimentalität vorgeworfen würde, denn auch wenn es sich mitunter um eine sentimentale Herangehensweise handelte, sei ihre Emotion vom Respekt vor der Natur des Waldes getragen.

Er betonte, insbesondere im Hohenlübbichower Wald von Walter von Keudell sei wie in Bärenthoren eine intensive Nutzung erforderlich gewesen, um das Defizit des landwirtschaftlichen Teils des Betriebes auszugleichen. Die trockenen Kiefernwälder am rechten Oderufer (heute Polen) wurden zunächst intensiv erschlossen. Anschließend wurden die im Unterholz vorher verwilderten Flächen vollständig mit Kiefer, Eiche, Linde, Birke, Pappel usw. bepflanzt bzw. ausgesät. Das geschah durch Unterbau des noch vorhandenen Oberstandes. Ob dieser gelungene, aber aufwendige Unterbau wirklich den Grundsätzen des Dauerwaldgedanken entsprach, bleibe Ansichtssache. Statistische Erhebungen über die Wirtschaftlichkeit lägen jedoch nicht vor.

Köstler schloss daraus, die Dauerwaldbewegung sei ein vorübergehendes Phänomen mit einer guten Grundidee gewesen, nämlich einen stabilen Wald in all seinen Teilen anzustreben. Möller sei sicherlich ein genialer Forstwissenschaftler, der seine Theorie der Welt allerdings voreilig vorgelegt hätte und sie leider auch nicht mehr selbst habe verteidigen, perfektionieren und in zweifelhaften Punkten korrigieren können. Sein größtes Verdienst sei, das Grundkonzept Gayers auf die norddeutschen Kiefernwälder übertragen zu haben. Deswegen werde Möller überall dort, wo man dem Normalwald kritisch gegenübertrete und einen daraus abgeleiteten, biologisch verarmten Wald bedaure, weiter hoch geschätzt.

In Italien war es Amerigo Hofmann, der den Dauerwald regelrecht anklagte.[66] Nicht mehr der vom Förster beabsichtigte Zweck, sondern das »Bedürfnis des Waldes selbst« solle nach Möller das Maß des menschlichen Eingreifens bestimmen. Auf dieser verzerrten Interessenlage baue Möller seine Theorie auf. Und seine Forderung ginge noch weiter, nämlich dass die Grenze menschlicher Eingriffe in das Leben des Waldes ausschließlich von dessen eigenen systemischen Bedürfnissen zu bestimmen sei. Das sei und bliebe sein zentraler Fehler. Auf dem Internationalen Forstkongress in Rom bekräftigt er seine Kritik am Dauerwald und Möllers angebliche Vernachlässigung der Waldnutzung unter drei wesentlichen Aspekten scharf: Die Verallgemeinerung der Dauerwaldidee sowie die Vernachlässigung von technischen und wirtschaftlichen Aspekten. Amerigo Hofmann erklärte: »Die Tendenz, nicht gegen die Natur zu arbeiten, sondern ihren Gesetzen abstrakt und streng zu folgen und ihn nicht zu zwingen, nach vorher festzulegenden Normen zu wachsen, hat ihre radikalste Synthese in der Dauerwaldidee Möllers gefunden.«[67] Der Dauerwald entspricht laut Amerigo Hofmann deshalb nicht dem Erfordernis nach Anpassungsfähigkeit im Forstmanagement und damit dem der Holzerzeugung, weil diese nun einmal immer Anpassung mit Blick auf Wirtschaftlichkeit erfordere. So kommt er zu dem Schluss, dass es unmöglich sei, die Dauerwaldidee zu verallgemeinern.[68]

In seiner Kritik der Anti-Rationalisten, darunter Möller, konstatierte Karl Philipp (1865–1937), in der deutschen Forstwissenschaft wäre ein so niedriges Maß an Verwirrung und Barbarei noch nie zuvor erreicht worden. In diesem unhöflichen Stil geht es mit Beleidigungen, die in der Waldbauliteratur sonst eher selten sind, sinngemäß weiter: Im furchterregenden Lärm der Schlacht um den nächsten schlagweisen Eingriff müssten die Vernunft, Konzepte und Systematik zurückgewonnen werden. Stattdessen ergösse sich eine Flut von Schriften, die von Absurdität und Sinnlosigkeit durchsetzt wären. Tatsächlich stünde damit die Ignoranz der Barbarei gegen die Wissenschaft.

Karl Rebel (1863–1939) schlussfolgerte dagegen, es sei kein Wunder, dass die forstlichen »Nachtwächter« der Meinung seien, dass sie im Wald vor allem für Regelmäßigkeit und Sauberkeit zu sorgen hätten, zu diesem Zweck nicht einmal den Besen aufgeben wollten, um alles sauber zu halten, womit sie aber nicht einmal die Weißtanne im Wald erhalten könnten. Sie hätten absolut keine Ahnung, wie die Realität in der Welt des Herrn dort oben aussähe, diese Waldphilosophen, mit ihrem »Schulklassen«-Bild des Normalwaldes.[69] Und nach Leibundgut ist zu berücksichtigen, »dass das Prinzip des maximalen Waldreinertrags so verwurzelt ist, dass es noch immer den waldbaulichen Fortschritt ausbremst und unbewusst das Denken der Förster dominiert, die daher zu rein wirtschaftlichen Kurzfristüberlegungen verleitet werden. Kurzfristig und so ähnlich wie bei industriellen Investitionen wird aber die Notwendigkeit vernachlässigt, einen Teil des Waldertrags für die Erhaltung und Erneuerung seiner Ertragskraft bereitzustellen. Der Kahlschlag verflüssigt zwar das gesamte Waldvermögen, unterbricht aber gefährlich den Produktionszyklus selbst und mobilisiert die Nährstoffe des Bodens zu einem Zeitpunkt, an dem der Wald sie nicht mehr nutzen kann, zum Nachteil aller nachfolgenden Waldgenerationen. Deswegen ist die Behauptung Möllers offensichtlich richtig, dass eine raffinierte Waldbautechnik der Zukunft den Kahlschlag nicht mehr kennt.«[70] Viele Rationalisten, die eine auf Monokulturen und Nadelholzmanie beruhende Waldbewirtschaftung unterstützten, hätten offenbar die Lehren von Karl Gayer nicht verstanden, wonach der Wald im Einklang mit der Natur immer ein Mischwald mit zahllosen Lebewesen sei und daher eine Hinwendung der Waldbewirtschaftung zu dieser »Kulturform« notwendig mache: »Wir haben den Weg der Tugend verloren. Wenn wir ihn wiederfinden wollen, müssen wir an der zurückliegenden Strecke arbeiten, um in den Wald von morgen zu gelangen.«[71]

Heinrich Mayr teilte dieses Auffassung und stellte sinngemäß fest: Der heutige mitteleuropäische Wald, allen voran der deutsche, sei ein 100-jähriges Experiment, im Zuge dessen er aus seinem ursprünglichen Zustand mit lichten Laubwäldern und reich an Pflanzenvielfalt, aber mit geringer Ertragskraft und geringer Nutzholzproduktion, durch einen solchen mit hoher Ertragskraft und hoher Nutzholzproduktion, bedroht von Stürmen, Feuer, Insekten, Pilzen, dafür aber reich an Gewinnen ersetzt worden sei. Die heutigen Ertragserwartungen aus den als Plantagen aufgebauten Wäldern sänken indessen stetig, während die Aufwendungen für die Wiederherstellung kontinuierlich stiegen.[72]

Dabei sei es auch nicht möglich, den Kahlschlag ohne ausdrückliche Verurteilung seiner verschiedenen Varianten abzuschaffen, die immer eine Folge des ersteren seien und auf dem starren Schema räumlicher Ordnung nach Altersklassen beruhten, oft mit einem kalten, geometrischen Schematismus und regelmäßig schwerem Opfer an unreifem Holz als sogenannter Vornutzung im Rahmen der dadurch notwendig werdenden Durchforstungen.[73] »Um das Ziel eines maximalen Holzertrags von bester Qualität und Dauer auf biologischem Wege zu erreichen, erscheinen alle Methoden, die auf dem Ziel räumlicher Ordnung nach Altersklassen beruhen, ungeeignet. Die dazu geeignete Methode ist daher die periodische Stichproben-Kontrolle, die von Gurnoud beschrieben, von Biollay implementiert und von Knuchel und Dannecker perfektioniert wurde.«[74]

Die erste Definition eines Waldbaus »gemäß« der Natur wird Krutzsch und Weck zugeschrieben.[75] Sie formulierten ein Jahrzehnt nach der erstmaligen Untersuchung des Bärenthorener Waldes[76] dessen Ziel, nämlich einen gemischten, natürlichen, gesunden und produktiven Wald aufzubauen und zu erhalten. Die Präsentation dieser Grundsätze fand keinen ungeteilten Anklang. In forstwissenschaftlichen Zeitschriften stellten viele Wissenschaftler diese grundlegende Definition infrage und argumentierten, dass ihr Ergebnis unrealistisch sei und auf falschen Annahmen und Berechnungen der Ertragskraft beruhten.[77] Nach dem Zweiten Weltkrieg verschärfte sich die forstliche Debatte in Deutschland. Die Dauerwaldidee wurde angeblich von vielen Forstleuten aufgrund ihrer vorgeblich ideologischen Nähe zum NS-Regime abgelehnt, da der Dauerwald kurzzeitig durch Erlass Walter von Keudells vorgeschrieben wurde.[78] Die Wälder wurden im Dritten Reich pro forma als wichtiges soziales Gut deklariert, das der Erholung des Volkes dienen solle, tatsächlich aber dienten sie primär der Kriegswirtschaft und Rohstoffversorgung.[79]

Die Frage ist heute, was ist in Bärenthoren, dem einstigen Besitz von Friedrich von Kalitsch, rund 120 Jahre nach dessen ersten Schritten zur Überführung zum Dauerwald nachweislich erreicht worden. Krutzsch [80] und Krutzsch und Weck[81] haben die Bewirtschaftungsergebnisse, das heißt alle Durchforstungen und die natürliche Verjüngung sowohl vier als auch 12 Jahre nach Möllers erster Veröffentlichung des Dauerwaldgedankens, ausführlich beschrieben.

Köstler beurteilte die Kiefernbestände in Bärenthoren 1949[82] – also 27 Jahre nach der Veröffentlichung Möllers und etwa 22 Jahre nach Troups[83] Einschätzung, der sie als »ausgezeichnet«, aber stark aufgelichtet mit reichlicher Verjüngung beschrieb. In diesem Zusammenhang muss darauf hingewiesen werden, dass von Kalitsch 1938 verstarb, und seine Nachfolger zumindest für einen gewissen Zeitraum die von Möller vorgeschlagene Behandlung fortsetzten. Köstler glaubte, dass die zukünftige Betriebsführung als eine allmähliche Hiebsfolge beschrieben werden könne, die auf einer Verjüngungsperiode von circa 30 bis 40 Jahren basiere. Tatsächlich hätte sich aber keine Durchmischung des Bestandskollektivs eingestellt. Darüber hinaus stellte Helliwell fest, dass Kuper, der Bärenthoren etwa 60 Jahre nach Troup besuchte, konstatiert habe, dass die Einstellung aller Maßnahmen der Unterholzbeseitigung zwar zu verbesserten Bodenbedingungen führten, gefolgt von einem kräftigen Wachstum der krautigen Schicht, sowie *Prunus serotina* (eine in einigen Teilen Europas sehr häufig vorkommende nordamerikanische Kirschart) stark zunahm. Infolgedessen habe sich bis heute nur eine spärliche natürliche Kieferverjüngung eingestellt.[84] Es stünde zu vermuten, dass nach dem Tod von von Kalitsch in Bärenthoren die späteren Verantwortlichen nicht nach dessen Planung und Behandlungsprogramm vorgegangen seien, was offensichtlich durch Kupers Ergebnisse bestätigt würde.

Eine Untersuchung des aktuellen Zustands des Bärenthorener Waldes wurde von Pigantti durchgeführt: »So faszinierend die Geschichte des Bärenthorener-Managements vor einem Jahrhundert auch ist, so enttäuscht mag man heute sein, wenn es an natürlicher Erneuerung überall mangelt, wenig Vielfalt in horizontaler Struktur und eine vertikale Durchmischung fast nicht vorhanden ist. Wie wir gesehen haben, sind die möglichen Erklärungen für den gegenwärtigen Zustand auf das komplexe Zusammenspiel vieler Faktoren zurückzuführen, die sich im Laufe der Zeit mit den spezifischen Bedingungen des Standorts überlappten.«[85] Und er schließt wie folgt: »Die Erinnerung an vergangene Erfahrungen zu bewahren, ist eine der Voraussetzungen, um […] mögliche Antworten auf zukünftige Herausforderungen zu finden. In diesem Sinne erscheint die jüngste Entscheidung, den zentralen Teil der Bärenthorener Kiefernwälder als Reservat von historischer Bedeutung auszuweisen, als weitsichtig. […] Das Ziel, die Bewirtschaftung nach den ursprünglichen Kriterien des Dauerwaldes durch Anpassung an die aktuellen Verhältnisse aufrechtzuerhalten, verschmilzt mit dem Ziel, die Erinnerung an eine Geschichte weiterzugeben, die einst die Waldzunft tief spaltete, heute aber Denkanstöße zur nachhaltigen Nutzung von Waldökosystemen und die Grundlage für die Arbeit von morgen bietet.«[86]

Nach der heftigen Kontroverse, die nach der Veröffentlichung des Dauerwaldes von Alfred Möller (1922) entstand, wurde der Bärenthorener Wald bald zu einem Anziehungspunkt sowohl für die, die ihn unterstützten, als auch für die, die ihn infrage stellten.

Möller betrachtete die Waldbaugrundlagen[87] als Wissenschaft und sah im Bärenthorener Wald das bestätigende Anwendungsobjekt, um den forstwissenschaftlichen Fortschritt in der Waldbaupraxis anzustoßen. Er bedachte jedoch nicht, dass die »reine Forschung sich zunehmend von den Bedürfnissen der Menschheit löst, während die angewandte Forschung zunehmend auf den unmittelbaren Profit ausgerichtet ist. […] Die ethischen Standards von Wissenschaftlern müssen sich ändern, da sich die wissenschaftlichen Perspektiven geändert haben. Langfristig ist, wie Haldane und Einstein feststellten, der ethische Fortschritt das einzige Gegenmittel gegen den durch wissenschaftlichen Fortschritt verursachten Schaden.«[88]

Der Vollständigkeit halber muss aber erwähnt werden, dass von Kalitsch später die Verallgemeinerung der Dauerwaldidee durch Möller kritisierte. Eine Kritik, die auch von den Rationalisten geteilt wurde, weil sie eben dem widersprach, was von Pfeil angeblich gefordert habe, nämlich den

Waldbau den jeweiligen standörtlichen Verhältnissen anzupassen.[89] Dort, wo sich Gemeinsamkeiten erkennen lassen, sollten sowohl Anhänger des naturgemäßen Waldbaus wie ihrer verwandten waldbaulichen Formen aufgerufen sein, sie auch zu nutzen, soweit das möglich und nützlich ist.

Zur Akzeptanz der Dauerwaldidee

Aldo Leopold und die »Holzfabriken«

Aldo Leopold (1887–1948) resümierte nach einer Studienreise nach Deutschland und Tschechien, dass aus den einstigen »Mischwäldern und ihrer natürlichen Erneuerung durch das Phänomen des Fichtenanbaus zu archaischen Relikten einer unbeachteten Vergangenheit wurden.«[90] Dies bedeutete, dass nach dem Dickungsschluss der Fichtenmonokulturen nicht mehr genügend Licht vorhanden ist, um die Entwicklung von Futterpflanzen, nämlich die Waldbodenflora, wachsen zu lassen: »Der Waldboden wird zur nackten ökologischen Wüste für jedes makroskopische Leben.« Inzwischen entdeckte die Bodenkunde, dass sogar seine mikroskopische Flora verarmt. Aber seiner Meinung nach änderten sich die Dinge: »Die Deutschen stellen jetzt fest, dass die Zunahme des Holzertrages auf Kosten der Bodengesundheit, der Landschaftsästhetik und des kümmernden Wildes erkauft wurde, und das sowohl eine schlechte Wirtschaft als auch eine miserable öffentliche Daseinsvorsorge ist.«

Ungefähr fünfzig Jahre nach dieser Beobachtung erkannten Wolfe und Berg jedoch, dass die Situation sich nicht wesentlich verändert hatte: »Die Picea und die Waldkiefer machen 40 bzw. 20 Prozent der gesamten Waldfläche Westdeutschlands [aus]. [...] Entgegen den Vorhersagen von Leopold ist die Fläche seit dem letzten Jahrhundert noch gewachsen, wenn auch langsam. Diese Entwicklung ist auf die hohe wirtschaftliche Attraktivität des Picea-Anbaus für private Eigentümer zurückzuführen (kurze Umtriebszeiten, geringe Wiederaufforstungskosten und leichtere Beschaffung von Baumschulpflanzen im Vergleich zu Laubbäumen).«[91]

Die von Leopold geschilderten Probleme bleiben bis heute im Wesentlichen dieselben. Der Dauerwald sieht einen Umbau von Nadelbäumen mit Laubbäumen in Mischwälder vor, die mit gelegentlichen Kleinhieben und natürlicher Erneuerung genutzt werden sollen. Wolf und Berg zufolge sei die Überführung in Dauerwald Anfang der Dreißigerjahre im Dritten Reich zwar obligatorisch gewesen, aber spätestens mit dem Ende der Ära von Keudell erschöpft.[92]

Die wesentlichen Elemente einer Rückkehr zum natürlichen Waldbau sind mit der Gründung der ANW 1949 wieder aufgetaucht. »Das grundlegende Ziel dieser Organisation besteht darin, den Wald als Ökosystem und nicht als rein produktionsmechanische Einheit zu bewirtschaften [...]. Obwohl die Holzproduktion als Hauptfunktion der Forstwirtschaft anerkannt ist, unterstützt die Organisation die Wahrung der Waldvielfalt, um die innere Widerstandsfähigkeit gegen natürliche Störungen wie Wind- und Schneeschäden, Trockenperioden und sonstige Gefahren, wie z. B. Insektenkalamitäten, zu erhalten oder zu erhöhen. Ein solches Waldbausystem umfasst verschiedene Aspekte, einschließlich der Tendenz zu Misch- und ungleichaltrigen Beständen, von solchen Arten, die den vorherrschenden klimatischen und lokalen Bedingungen entsprechen und eine dauerhafte Produktion ermöglichen, sowie das Fällen einzelner Bäume anstelle von periodischen Flächenschlägen. Die Akzeptanz der Vorschriften des natürlichen Waldbaus ist bei den älteren Förstergenerationen gering, aber bei den jüngeren Forstpraktikern nimmt sie zu.«[93] Wolf und Berg prognostizierten am Ende ihrer Untersuchung, dass der Druck der Öffentlichkeit letztendlich dazu führen wird, durch gesetzgeberische Maßnahmen die Einführung eines naturgemäßen Forstsystems zu ermöglichen.[94] Diese Prognose scheint sich nun zu erfüllen.

Auch Schabel versuchte zu überprüfen, ob es im letzten Jahrzehnt Fortschritte bei dem Versuch gegeben hat, Hirsch und Waldbau miteinander in Einklang zu bringen. »Die Ernüchterung für die neuen ›Holzfabriken‹ – wie Leopold[95] die Nadelholzanpflanzungen als erster titulierte – wurde bereits 1824 von von der Borch und 1849 auch von König moniert, die bereits die Folgen für die Landschaftsschönheit und Waldgesundheit beklagten.«[96] Nach einer Analyse der Geschichte des Dauerwalds und der Waldkrise in Deutschland gelangt er zu dem Schluss, dass es für Leopold bei einem erneuten Besuch in Deutschland wahrscheinlich heute erfreulich wäre, zu sehen, dass die öffentlichen Verwaltungen beginnen, mehr naturnahe Waldbewirtschaftungssysteme einzuführen – insofern deren öffentliche Wortbekundungen ernst gemeint sind.

Die »neue« Ausrichtung in der deutschen Forstwirtschaft

In den Neunzigerjahren des 20. Jahrhunderts stellt sich die Situation in Deutschland laut Bundesministerium für Ernährung, Land- und Forstwirtschaft im Waldbericht der Bundesregierung wie folgt dar:[97] Betriebs- und Altersklassen sind das dominierende waldbauliche System in Deutschland auf 97 Prozent der Waldfläche. Ungefähr 2 Prozent aller Wälder sind ungleichaltrige (Plenterwald), während nur ein Prozent als Nieder- oder Mittelwald bewirtschaftet werden, dem einst vorherrschenden System früherer Jahrhunderte. Der Wald besteht aus 46 Prozent Privatwald, 34 Prozent Staatswald und 20 Prozent Kommunalwald.[98]

Schraml und Winkel begründen gleichwohl, dass das System der Betriebs- und Altersklassen eine große Vielfalt aufweise. Einerseits gebe es reine Nadelwälder (insbesondere mit *Picea abies* und *Pinus sylvestris*), die mit Kahlschlag oder in Streifenschlägen bewirtschaftet würden. Auf der anderen Seite erzeugten Hiebe mit unterschiedlichen Zielrichtungen, zum Beispiel mit langen Verjüngungsperioden oder Femelschlägen, Mischwälder mit einer reichen vertikalen und horizontalen Struktur. Das Plenterwaldsystem sei auf schattentolerante Arten und besonders geeignete Standorte beschränkt, was für die bäuerlichen Wälder des Schwarzwaldes charakteristisch sei, aber gelegentlich auch in anderen Teilen Deutschlands Anwendung fände. Die Vielfalt der waldbaulichen Systeme, die die deutschen Wälder charakterisierten, hätten ihren Ursprung in unterschiedlichen historischen Ursachen und in einer Vielzahl unterschiedlicher Standorte, Baumarten und Betriebskonzepten im Umgang mit der Waldnatur.[99]

Trotz der Tatsache, dass die natürliche Erneuerung von den deutschen Forstverwaltungen allgemein akzeptiert wird, werden allerdings nur 40 Prozent aller Verjüngungsmaßnahmen auf natürlichem Wege durchgeführt (Tendenz steigend). Außerdem gibt es auch Mischsysteme, in denen sowohl natürliche als auch künstliche Verjüngung genutzt würde. Aufgrund des historischen und rechtlichen Hintergrunds und des Ziels, Rundholz mit großen Durchmessern nutzen zu können, sind in den meisten Nadelwäldern Deutschlands eher lange Umtriebszeiten von 100 bis 140 Jahren und in Eichenwäldern von bis zu 200 Jahren und darüber hinaus zu verzeichnen. Das Abtriebsalter wird dabei zum größten Teil noch immer vom Nutzungsziel (Durchmesser und Qualität) bestimmt.

Trotz vieler guter Initiativen zeigt sich, dass die mit den Dogmen der Deutschen Schule verbundenen Prozesse –

Kahlschlag und künstliche Erneuerung, Altersklassenstruktur und geometrische Waldeinteilung – nur in langer, wenn nicht sehr langer Zeit, überwunden werden können. Es hat jedoch ein Prozess eingesetzt, der als unaufhaltsam anzusehen ist, nämlich hin zu Bewirtschaftungsformen und einer Bewirtschaftung, bei der das Waldökosystem und daraus folgend allmählich ein ökologisch orientierter und waldschonender Waldbau als komplexer biologischer Systemansatz berücksichtigt und ein besonderes Augenmerk auf naturbewusstes Handeln gelegt wird.

Die wissenschaftliche Revolution der Dauerwaldidee

Es besteht kein Zweifel, dass die Dauerwaldidee eine echte wissenschaftliche, technische und kulturelle Revolution war. Die Idee des Dauerwaldes wurde in einer Zeit geboren und entwickelt, in der sich Nadelbäume nach den strengen Regeln geometrischer Methoden ausbreiteten mit dem Ziel, sowohl einen Normalwald in Altersklassen als auch ein hohe Rendite zu erzielen. Dies beinhaltete die Einführung von kurzen Umtrieben, Kahlschlägen und von künstlicher Verjüngung. Diese Sicht wurde über lange Zeit von den meisten Forstakademikern, -administratoren und -bediensteten vertreten.

Mit dem Dauerwaldgedanken wurden die Vorstellungen der forstwissenschaftlichen Welt grundlegend verändert, die im Wesentlichen die Einteilung des Waldes in geometrische Abschnitte, die Quantifizierung von Produktion und Verwertungsmöglichkeiten und damit die Verzahnung von Management und Waldbau beinhalteten. Das ist eine erhebliche Herausforderung für den Waldbau und die Führungsebene. Wir dürfen nicht vergessen, dass die politische Welt, die Forstwissenschaft und die Forstverwaltungen die Anbaumethoden der ländlichen Bevölkerung wie den Femel- und Plenterschlag im Laufe der Zeit nicht angemessen berücksichtigt haben. Das auffälligste Beispiel ist der Schwarzwald, wo man trotz allem auch heute noch den Plenterwald bewundern kann.

Die Rücksichtslosigkeit, mit der Mathematik und Geometrie um jeden Preis auf den Wald angewendet werden, hat nicht nur seine Ästhetik verändert, sondern vor allem auch die Waldgesinnung beeinflusst, die Deutschland angeblich mit dem Wald verbindet. Dieses Phänomen einer allgemeinen Waldgesinnung, das den Waldbesitzer natürlich vor Schwierigkeiten stellt, eine treffende wirtschaftliche Antwort zu finden, fand in der kulturellen und betriebswirtschaftlichen Vision Möllers ihre Antwort. Sie löst sich von der waldbaulichen und administrativen Interpretation des Waldes, die sich letztendlich auf einer agroökonomischen Sicht gründet.

Der enorme Widerstand der technisch-wissenschaftlichen Vertreter gegen seine Dauerwaldidee war für Möller nicht vorhersehbar. Sie wollten nicht aufgeben, was in den Kiefernwäldern der nördlichen Regionen mit wirtschaftlichem und finanziellem Erfolg erreicht wurde. Ihre erste Krise erlebte die Dauerwaldidee darum 1925 in Salzburg auf der Tagung des Deutschen Forstvereins. Es war die Phase der Nadelholzmanie als Folge eines akademischen Konsenses. Die nächste Krise löste der Nationalsozialismus im Jahr 1933 aus, der den Dauerwald für propagandistische Zwecke nach außen missbrauchte, ohne ihn jedoch im praktischen Waldbau ernsthaft anzuwenden.

Die dritte Krise ereignete sich in der Nachkriegszeit, als man den Dauerwald deswegen beschuldigte, mit der nationalsozialistischen Ideologie verbunden zu sein. Es wurde verkannt, dass Forstwissenschaft und Forsttechnologie schon über lange Zeit zuvor mit politischer Ideologie *aufgeladen* wurden.[100] Ein Fehler, der zum Glück heute verstanden worden zu sein scheint und zunehmend beleuchtet wird.

Trotzdem hat die Dauerwaldidee eine neue Waldanschauung in Gang gesetzt, deren Reflexe mit einem Abstand von über hundert Jahren überall zu spüren sind. Viele Einstellungen gegenüber dem Wald haben sich geändert. Man kann sagen, dass zumindest kulturell die Nadelholzmanie kein Dogma des Waldbaus und des Forstmanagements mehr ist. Tatsache ist jedoch nach wie vor: In der Waldbaupraxis herrscht weiterhin Konsens, dass der Wald in Altersklassen, auch wenn sie nicht mehr so augenfällig sind wie zuvor, eingeteilt werden soll, und in denen wie zuvor die Artenvielfalt wie das natürliche Waldökosystem keine Rolle spielen.

Der Dauerwald – ein Vorläufer des systemischen Waldbaus?

Einige Institutionen des europäischen Forstsektors mit Gewicht leisten einen wichtigen Beitrag zur Information über die Entwicklung der Forstwirtschaft, so etwa der Vorschlag der Kommission für eine Europäische Forstpolitik. Sie verdeutlicht, dass der Waldbau unter Berücksichtigung der wirtschaftlichen und finanziellen Aspekte Systeme und Methoden anwenden soll, die den tatsächlichen Bedingungen entsprechen, in denen sich ein Wald befindet. Sie betrachtet den Dauerwald insofern sogar als Vorläufer einer »naturnahen Forstwirtschaft«.

Aus europäischer Sicht ist das sicher richtig. Andererseits hat sich aus Gayers Überlegungen, auf deren Grundlage Möller die Idee des Dauerwalds und Leibundgut und Köstler später den freien Stil des Waldbaus definierten, eine andere waldbauliche Sicht, ja ein neuer forstlicher Geist, entwickelt.

Die wissenschaftliche, technische und kulturelle Revolution, die vom Dauerwald angetrieben wurde, besteht in drei Axiomen, die sich wie folgt zusammenfassen lassen:

1. Die Sicht auf den Organismus »Wald« erkennt ihn als komplexes Ökosystem;

2. jeder Waldbewirtschafter hat diese Komplexität des Waldes zu beachten und zu respektieren; und nicht wie im konventionellen Waldbau als operatives Objekt nach eigenem Willen zu formen; sowie
3. alle im und mit Wald Wirtschaftenden haben sich an der Gesundheit und dynamischen Stabilität des Waldes auszurichten.

Wenn sich das erste Axiom in Übereinstimmung mit Thomasius, Gamborg und Larsen, Gerhard Hofman, Engel und anderen von einer organismischen Vision zu einer Sicht auf das Ökosystem Wald verwandelt und wir uns in der waldbaulichen Arbeit an das zweite und dritte Axiom halten, erhält die wissenschaftliche Revolution von Möllers Dauerwaldidee den Charakter eines neuen Narrativs. Dieser Paradigmenwechsel ist im wissenschaftlichen und kulturellen und vor allem im politischen Bereich zu vermitteln.

Es ist jetzt der richtige Zeitpunkt für den Übergang vom kapitalintensiven zu einem kapitalextensiven und ökologisch nachhaltigen Waldbau im Einklang mit der Natur. Es dauerte viele Jahre, um die Überzeugung zu entwickeln, dass der Dauerwald nicht nur in der Theorie funktioniert, sondern von großem ökonomischen wie ökologischen Nutzen ist. Er ist zugleich ein Menetekel dafür, dass die Uhren in der Forstwirtschaft langsamer laufen als andernorts. Dies gilt nicht zuletzt für die mit dem Namen Alfred Möllers verbundene Idee eines systemischen Waldbaus. Denn sein Ansatz entspricht der aktuellen naturwissenschaftlichen Sicht auf den Wald als hoch vernetztes Ökosystem, das als autopoietisches, adaptives und dynamisch stabiles System angesehen werden muss, welches lernt und sich weiterentwickelt.[101] Deshalb muss der Dauerwald als erster Schritt zum »systemischen« Waldbau angesehen werden.

»It's the economy, stupid!«
Wahlspruch von Bill Clinton

Alfred Möllers Dauerwald

Eine Kurzdarstellung seines waldbaulichen Konzepts

Von Wilhelm Bode

Alfred Möller suchte eine Waldbetriebsform, die *dauernd* nutzbares Holz produzieren kann. Jeder Quadratmeter eines Waldbetriebs soll mit einem lebenden Vorrat nutzbarer, möglichst wertvoller Bäume bestockt sein und muss trotz jährlicher Nutzung waldbaulich ständig in diesem Zustand gehalten werden, damit sein jährlicher Wertzuwachs und stehender Vorrat dem ökonomischen und ökologischen Optimum zustreben. Das abstrakte und generelle, das heißt für den gesamten Betrieb geltende Produktionsziel, lautet deshalb, Holz nach bester Güte und höchster Masse zu erzeugen. Ein Dauerwaldbetrieb teilt sich entsprechend nicht mehr in Bestände verschiedener Baumarten oder Altersklassen ein, sondern bildet nach Beginn der Überführung nur noch eine einzige Bestandsklasse, nämlich die des Dauerwaldes bzw. des Überführungswaldes. Dieser Überführungswald, der noch wenige Jahre die ursprüngliche Bestandsgliederung erkennen lässt, geht allmählich in einen heterogen nach Höhe, Alter, Stärke und Baumart gemischten Dauerwald über, der – je nach Ausgangssituation – nach etwa 45 Jahren seinem optimalen Vorrat und Wertzuwachs nahekommt. Um dieses Ziel erfolgreich anzusteuern, sollen nach Möller fünf waldbautechnische Teilziele ganzflächig verwirklicht werden, um den Wald in seinem systemischen Optimum zu halten:

Zentrales Teilziel ist die *Stetigkeit,* modern ausgedrückt meinte er damit das natürliche *Kontinuum aus Raum und Zeit* eines jedes Waldes, seine *Harmonie* (so auch Alexander von Humboldt). Erst die ununterbrochene Kontinuität einer Waldbestockung erzeugt die vernetzten Biostrukturen, die einen ökologisch und systemisch tief vernetzten Wald ausmachen. Sie sind die Voraussetzung für ihre dynamische Stabilität und hohe Resilienz, auf die jeder Wald als extrem langlebiges Ökosystem besonders angwiesen ist. Durch dieses Kontinuum prägt er seinen eigenen Standort und verbessert ihn kontinuierlich. Er macht ihn sich damit selbst immer waldtauglicher und leistungsfähiger.

Der Weg dahin wird durch die sogenannte Plenterung waldbaulich verwirklicht und gefördert, das heißt, der Holzeinschlag erfolgt ausschließlich durch selektive Eingriffe in die herrschende Baumschicht bei regelmäßiger Wiederkehr und mit ausschließlich sanften Betriebstechniken. Wesentliches biologisches Element seines Kontinuums ist der belebte Oberboden mit seinem sogenannten *Edaphon.* Dieser ist durch die waldbauliche Steuerung in einem biologisch hochaktiven Zustand, um seine Nährstoffe möglichst weitgehend Pflanzen verfügbar zu halten. Das ist wiederum die *biologische* Voraussetzung dafür, den verfügbaren Wasserhaushalt, die sogenannte *Feldkapazität* des durchwurzelten Oberbodens (seine *kapilare Wasserhaltekraft*) zu optimieren. Entsprechend sind Fremdstoffeinträge wie alle forstbetrieblichen Stressoren, insbesondere harte Betriebstechniken, ausgeschlossen. Eine bedeutsame Einflussgröße für den biologischen Aktivitätszustand jedes Waldbodens ist eine gemischte Bodenstreu. Sie setzt ganzflächige Mischbestockungen voraus und schließt langfristig Nadelholzbeimischungen mit einem Anteil von mehr als 30 Prozent je Teilfläche aus. Laubstreu (gegebenenfalls gemischt mit Nadelstreu) sichert die physikalische Oberflächenstruktur des Auflagehumus, damit die winterlichen Niederschläge nahezu vollständig in den Boden infiltrieren und als Grundwasser wirksam werden können. Durch stetige Nutzungseingriffe nach dem Ausleseprinzip in die herrschende Baumschicht, das heißt durch Selektion der jeweils schlechteren Bäume, wird eine möglichst ganzflächige Ungleichaltrigkeit gefördert, das natürliche *Mehrgenerationenhaus* jedes Waldes. Infolge der vertikalen Lichtökologie des Mehrschichtwaldes wird der ansonsten leere Waldinnenraum fast vollständig mit Blattmasse (Chlorophyll) ausgefüllt. Das erzeugt ein eigenes, sogenanntes *Waldbinnenklima,* das von ewiger Windruhe, hoher Luftfeuchte, geringen Temperaturextremen, einer deutlich niedrigeren Durchschnittstemperatur in der Vegetationszeit, geringer Interzeption (Verdunstung) und durch sehr geringe Niederschlagsverluste (geringerer *Hangwasserzug* in die Vorfluter) gekennzeichnet ist.

Nach etwa 45 Jahren konsequenter Ansteuerung der ersten vier Teilziele wird der Zustand einer allmählich ausreifenden Dauerwaldstruktur erreicht. Er wird ab dann ausschließlich nach den Regeln der Vorratspflege einzelstammweise genutzt (»Der Gute ist des Besseren Feind«), sodass

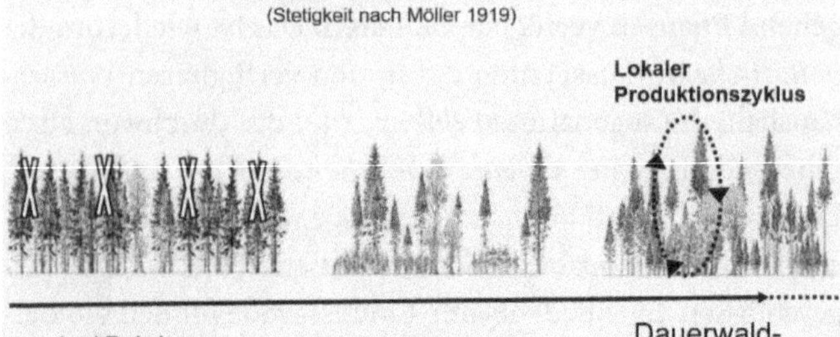

Ein Dauerwald strebt einen natürlichen, lokalen Produktionszyklus an. Er lässt sich bei konsequenter Überführung aus dem Altersklassenwald nach 45 Jahren erreichen. Die wesentlichen morphologischen Vorteile eines Überführungsbetriebes werden aber bereits nach 15 Jahren erreicht.

schlussendlich der gesamte Waldbetrieb seinen jährlichen Zuwachs als Jahrring an den wertvollen Stämmen der herrschenden Baumschicht und in nutzbarer Stärkeklasse anlegt (= *Vorratswirtschaft,* das heißt, sein jährlicher Zuwachs wird maximal auf die Wertholzträger konzentriert). Die Nutzung dieser besten Zuwachsträger, der sogenannten *Zielstärken,* erfolgt ausschließlich nach Marktbewertung, also erst dann, wenn der Markt den vom Waldbesitzer angestrebten (hohen) Preis (*Zielstärkennutzung*) zu zahlen bereit ist. Solange ist der Waldbesitzer unabhängig von der stark oszillierenden Marktnachfrage, und seine Zuwachsträger, die Zielstärken, wachsen von Jahr zu Jahr weiter zu, werden also wertvoller und verzinsen sich im stehenden Vorratskapital durch ihren Jahreszuwachs.

Die Überführung eines Altersklassenwaldes erfolgt ohne Nutzungsverzicht in drei waldbaulichen Stufen (siehe vorstehende Abbildung). In der ersten, der sogenannten Initialphase, schlägt der Waldbesitzer deutlich stärker ein als vorher im gleichaltrigen Wald gewohnt (ca. 150 Prozent

Mehreinschlag). Er entnimmt in allen Jungwäldern grundsätzlich schlechteres Holz der herrschenden Baumschicht (*Hochdurchforstung nach Ausleseprinzip)* und schont alle Zwischen- und Unterständigen sowie alle heimischen Restbaumarten, um die Struktur- und Baumartenvielfalt zu erhöhen. Das ist Voraussetzung dafür, dass sich der Anteil noch vorhandener Restmischungen allmählich erhöht und sich fehlende Baumarten von Natur aus ansamen können. Nach spätestens drei ganzflächigen Nutzungseingriffen im Verlauf der *Initialphase* ist die Strukturvielfalt im notwendigen Umfang vorhanden, sodass sich im Halbschatten des Oberstandes Naturverjüngungen ansamen und allmählich zu einem Mehrgenerationenhaus heranwachsen können (*Überführungsphase*). Das gelingt indessen nur bei scharfer Kontrolle der Schalenwildbestände, insbesondere des Rehwildes (Abschussdevise: *Zahl vor Wahl*). Nutzungen erfolgen in dieser Phase (ab Baumholzstärke) ausschließlich durch die Vorratspflege mit mäßiger Eingriffsstärke, das heißt dem selektiven Einschlag der jeweils schlechteren Bäume des Oberstands, um 45 Jahre nach Beginn der Umstellung in die nicht endende Dauerwaldphase eintreten zu können. Von diesem Zeitpunkt an erfolgen alle Nutzungen in lokal geschlossenen Produktionszyklen, um die erreichte Dauerwaldstruktur zu erhalten und auszubauen und zukünftig in einem ganzflächigen und kleinstandörtlichen Wechsel von Holzernte und geschütztem Heranwachsen der nächsten Baumgenerationen Holz *dauernd* ernten zu können.

Die ersten Früchte einer Überführung kann jeder Waldbesitzer schnell genießen. Von Beginn an fallen die hohen Aufwendungen zur Wiederaufforstung der kalamitätsbedingten Freiflächen oder abgetriebener Forste weg (*Kulturkosten*). Schon nach wenigen Jahren bedarf es auch keines künstlichen Forstschutzes und keiner Jungwuchspflege mehr. Danach fallen alsbald die Risikokosten gegen abiotische Schäden (wetterbedingte Kalamitäten wie Waldbrand, Sturmwurf, Schneebruch etc.) des Forstbetriebs weg, da seine Struktur zunehmend stabiler wird. Danach entfallen alsbald die Risiken biotischer Gefahren, wie zum Beispiel die eines Massenwechsels des Borkenkäfers. Die in den ersten zehn Jahren verstärkten Einschläge ins schwache Holz beginnen sich danach allmählich umzukehren mit der Folge eines immer günstigeren Stück/Masse-Verhältnisses im jährlichen Einschlag. Die sogenannten Dauerwaldaltbetriebe, also solche, die bereits seit mehr als 45 Jahren auf diese Weise wirtschaften, erzeugen nachweislich mehr nutzbares und vor allem deutlich wertvolleres Holz als die krisengeschüttelten Altersklassenbetriebe. Haben Letztere in ihrer Nutzungsstatistik höchstens ein Verhältnis von 30/70 Prozent hochbezahltes Nutzholz (vor allem Stammholz) zu billigem Industrieholz (Papier-, Span-, Faser- und Brennholz), streben Dauerwaldbetriebe schon nach 15 bis 30 Jahren ein Nutzungsverhältnis von 70/30 Prozent an. Allein das – und vieles mehr, wie etwa der Wegfall der immensen Risikokosten im Altersklassenforstbetrieb – erklärt die ökonomische Überlegenheit der Dauerwaldwirtschaft. Ihre ökologische ist inzwischen, nicht zuletzt angesichts der Wirkung des Klimawandels auf unsere Wälder, wissenschaftlich unbestritten.

»Den Tieren gehört der Raum, den Bäumen die Zeit.«
Der Botaniker Francis Hill in Luc Jacquets Film
Das Geheimnis der Bäume (2013)

Dauerwald – und kein Ende

Von Wilhelm Bode (1992)[1]

Sollte das 20. Jahrhundert doch noch das Jahrhundert des Dauerwaldes werden? Bis jetzt sah es jedenfalls nicht danach aus. Glaubt man den Zynikern unter den Forstkollegen, dann hat Alfred Möller sein wirtschaftliches Modell *Dauerwald* benannt, weil er geahnt hätte, dass es noch länger *dauern* werde, bis das öffentliche Forstwesen seine Ideen verstanden und tatsächlich in den praktischen Waldbau umgesetzt habe.

Möller war von der Richtigkeit seiner Idee überzeugt. Im Vorwort seiner hiermit wieder aufgelegten Schrift aus dem Jahre 1922 endete er aber im Konjunktiv: »Diesen Gedanken als Leitgedanken für allen Waldbau halte ich für neu, seine Weiterentwicklung für nützlich, und ich glaube, dass, wenn er Allgemeingut aller Forstleute würde, von diesem Augenblick an allerdings eine neue Epoche waldwirtschaftlicher Arbeit gerechnet werden dürfte.«[2]

Er tat gut daran, im Konjunktiv zu schreiben, denn spätestens seit den Sechzigerjahren ist Möller in Vergessenheit geraten. Seine Idee und die in den Zwanziger- und Dreißigerjahren herrschende Diskussion darüber wurde in der Waldbauvorlesung totgeschwiegen und sogar mit Häme bedacht. Die Frage eines Göttinger Studenten in den Siebzigerjahren, was es denn mit dem Dauerwaldgedanken auf sich habe, wurde vom Professor spöttisch in den Bereich einer naturschwärmerischen Ideologie verwiesen, die sich im Ergebnis nicht habe beweisen lassen.

Vor dem Hintergrund der mechanistischen Ausbildung an den forstlichen Universitäten und Fachhochschulen wirkt die Lektüre von Möllers *Dauerwaldidee* heute auch faszinierend einfach – und damit eher verdächtig. Die Praxis der Forstausbildung in Deutschland ist – mehr noch als zu Möllers Zeiten – mechanistisch und sektoral den technischen Fragestellungen und der biologischen Zelle statt dem natürlichen *Produktionssystem Wald* gewidmet. Die durch die Entwicklung der Naturwissenschaften bedingte zunehmende Spezialisierung der Ausbildung und das durch die Waldsterbensforschung explodierende Sektoralwissen über Teile und Teilchen des Waldlebens sind für den Durchschnittsstudenten unfassbar geworden. Er ist überfordert, das bruchstückhafte Detailwissen zu einer systemischen Gesamtschau zusammenzuziehen. Dahinter verbirgt sich seit sechs Jahrzehnten der Nährboden der etablierten Forstwissenschaft und -wirtschaft. Beide geben in einem Akt der Selbsttäuschung seit Alfred Dengler vor, *Waldbau auf ökologischer Grundlage* zu betreiben. Die Richtung beschreibt Dengler 1930 im Vorwort seines gleichnamigen Buches selbst am treffendsten: »Aber erst die volle Beherrschung der ökologischen Grundlagen ermöglicht ein richtiges Verständnis der verwickelten Beziehungen im Leben des Waldes und damit auch eine wissenschaftliche Begründung aller waldbaulichen Maßregeln. Ohne diesen Untergrund würde der Waldbau mehr oder minder auf der Stufe des Handwerks stecken bleiben«. Schuster bleib bei deinen Leisten, würde ein Möller im Jahr 1992 dagegenhalten angesichts der Wunden der Orkane von 1984 und 1990 (und später), die jedem Bundesbürger beim Waldspaziergang das Ergebnis dieser Denkungsweise vor Augen führen. Der bisherige Versuch der Naturverwissenschaftlichung des Waldbauhandwerks, nämlich der auf Teilergebnissen beruhende Glaube, das nicht fassbare, komplizierte Zusammenspiel des Waldökosystems als Förster final steuern oder lenken zu können, hat weder dem Waldbesitz noch dem Wald zu mehr Stabilität verholfen. Sowohl die Natürlichkeit der Wälder als auch manche empirische Handwerksregel der Altvorderen sind dabei auf der Strecke geblieben.

Das Ergebnis ist das bekannte waldbauliche Desaster – und zwar trotz einer Forstwirtschaft, die bereits seit Jahrzehnten den Wald auf *ökologischer* bzw. *standortgemäßer* Grundlage aufzubauen glaubt oder vorgibt. Hat sie ganz nach Dengler auf der Suche nach den naturwissenschaftlichen Zusammenhängen ihre Zunftregeln verlernt, ohne das erstrebte *letzte Wissen* gewonnen zu haben?

Die praktische und so einfache Gesamtschau Möllers muss darum auf tiefsitzende Skepsis stoßen und erklärt vielleicht den emotionalen Vorwurf »naturschwärmerischer Ideologie«. Liegt darin die Erklärung für die Emotionalität, mit der die Gegner des *Dauerwaldgedankens* Stellung nehmen und häufig über die Befürworter herziehen, obgleich die Fakten im Wald den Streit entschieden haben?

Die Organismusidee

Als Möller im Jahre 1911 von einem seiner studentischen Hörer auf die Waldbewirtschaftung des Kammerherrn Friedrich von Kalitsch in Bärenthoren bei Dobritz aufmerksam gemacht wurde, hatte er den Grundgedanken des Dauerwaldes bereits im Rahmen seiner Vorlesung entwickelt und öffentlich geäußert. Bei einem Besuch in Bärenthoren befand er den Wald des Kammerherrn als seinen waldbaulichen Vorstellungen in besonderer Weise entsprechend. Möller erkannte ihn als den Wald, der als konkretes Anwendungsbeispiel – also erlebbar – seine Waldauffassung darzustellen vermochte. Er sah die Chance, im Bärenthorener Wald durch intensive ertragskundliche Aufnahmen und im Vergleich zur Ausgangssituation 1884 sogar die wirtschaftliche Überlegenheit seiner Auffassung belegen zu können. Aus diesem Grund schickte er 1913 seinen Forstassistenten Semper in das Revier, der in seinem Auftrag und nach seinen Anweisungen eine gründliche Vorrats- und Standortaufnahme vorzunehmen hatte. Der Erste Weltkrieg und der frühe Tod Sempers verursachten jedoch eine Verzögerung der Bekanntgabe dieser Ergebnisse, die nach Möllers Auffassung sein Betriebsmodell zahlenmäßig begründeten. In seiner ersten Abhandlung »Kieferndauerwaldwirtschaft, Untersuchungen aus dem Forst des Kammerherrn von Kalitsch in Bärenthoren, Kreis Zerbst« veröffentlichte er im Januar 1920 in der *Zeitschrift für Forst- und Jagdwesen* die Ergebnisse der Semper'schen Aufnahmen. Möllers Auffassung und seine schlüssige waldbauliche Argumentationsweise schienen im betriebswirtschaftlichen Ergebnis ihren forstpraktischen Beweis zu erfahren. Dabei war Möller als Forstwissenschaftler und vor allem als Naturwissenschaftler eine angesehene Persönlichkeit. Für die Forstwissenschaft seiner Zeit war er eine Ausnahme. Als Forstmann mit außergewöhnlicher botanischer Bildung und der Spezialisierung auf dem Gebiet der Pilzkunde (Mykologie) kannte er nicht nur die europäischen Kunstwälder, sondern auch den Amazonasurwald und die nordamerikanischen Naturwälder aus mehrjähriger Erfahrung.

Gerade seine intensiven mykologischen Arbeiten vermittelten ihm in seiner Aufgabe als Forstmann die Einsicht, dass der Wald mechanistisch nicht zu fassen und deshalb auch nicht wie ein »Holzacker« zu bewirtschaften sei. Infolgedessen forderte er, die Waldbaulehre in ihre natürliche Stoffteilung zu zerlegen, nämlich in die wissenschaftlichen Grundlagen des Waldbaus einerseits und die darauf aufzubauenden technischen Regeln andererseits, also das empirisch gewonnene Handwerk. Den ersten Teil mit dem Titel »Pflanzenphysiologische Grundlagen des Waldbaus« pflegte er seinen Studenten als Sommervorlesung anzubieten.

Dieser ist später von Hausendorf, seinem Assistenten, in Buchform herausgegeben worden. In ihm versuchte Möller den Blick des Studierenden auf die komplexen Zusammenhänge des Waldlebens zu lenken, soweit wissenschaftliche Erkenntnisse vorlagen. Insbesondere widmete er sich der Bodenlebewelt, vor allem den Pilzen und ihrer Bedeutung für das Waldleben. Infolge der Komplexität dieser Lebensgemeinschaft war er sich des bleibend unvollständigen Teileinblicks in diesen »Organismus Wald« bewusst. Vor diesem Hintergrund entwickelte er seine mit der preußischen Forstwirtschaft des 19. Jahrhunderts nicht mehr zu vereinbarende Waldauffassung vom Dauerwald: »Allmählich mehr und mehr wurde von hier aus die praktische Waldbauvorlesung beeinflusst, der Kritik an den herrschenden Anschauungen und dem vorher genau geschilderten Wirtschaftsverfahren ein stetig wachsender Raum zugewiesen.«[3]

Möller suchte also ein Wirtschaftsmodell »[f]ür alle Waldwirtschaften, alle Betriebsarten, die unter den gemeinsamen Grundgedanken, Stetigkeit des gesunden Waldwesens, ihr Handeln stellen, brauchte ich einen neuen Ausdruck, ich nannte solche Wirtschaften Dauerwaldbetriebe und stellte sie ausdrücklich allen anderen gegenüber, die jenen Leitgedanken nicht anerkennen, und die besondere Wirtschaftsart des Herrn von Kalitsch beschrieb ich unter der Überschrift Kieferndauerwaldwirtschaft«.

Grundlage seines Wirtschaftsmodells war seine *organismische* Auffassung von der Lebensgemeinschaft des Waldes. Vor dem Hintergrund zunehmender Katastrophenanfälligkeit der künstlich wiederaufgebauten Wälder in der zweiten

Hälfte des 19. Jahrhunderts hatten vor ihm bereits andere Waldbauwissenschaftler die mechanistische Produktionsweise des »Holzackerbaues« – zumal des preußischen – kritisiert. Namentlich Karl Gayer hatte sich in seinem Buch *Der gemischte Wald* (1886) mit der schlagweisen Altersklassenwirtschaft auseinandergesetzt und vor allem die Rückkehr zum Mischwald gefordert. Als Vorreiter im Sinne des Möller'schen Organismusgedankens können darüber hinaus auch Borggrewe, Gwinner, Roßmäßler, Morosow, Mayr, Eberbach gelten.

Im Gegensatz zu diesen in Ursache-Wirkungs-Ketten denkenden Autoren fordert Möller aber, das Holz des eingeschlagenen Baumes als die »Frucht« des Waldes und damit den Wald selbst als den eigentlich produzierenden Organismus anzusehen. Ganzheitlich soll darum der Wald als Ganzes in seinem biologischen Optimum gehalten werden. In der Sprache des Försters von heute fordert er: *Waldpflege statt Baumsorge!*

Sein Organismusbegriff basiert auf dem naturphilosophischen Ganzheitsbegriff. Danach liegt eine *gegliederte Ganzheit* vor, wenn sich die Teilglieder wechselseitig in ihrem Dasein bedingen und zweckhaft aufeinander beziehen – wie eben im Wald. Bei nach wie vor nur unvollkommener Kenntnis der biologischen Zusammenhänge und Wirkungsmechanismen des Waldökosystems entspricht diese Auffassung im Goethe'schen Sinn einer »Naturanschauung« und nicht einer »Naturerklärung«. Vor diesem Hintergrund fordert Möller: »Ein Organismus kann seine Lebensfunktion kräftig nur erfüllen, wenn er vollkommen in allen Teilen gesund ist. Eine Funktion des Waldorganismus, die für uns praktisch wichtigste, ist die Erzeugung von Holzringen. Soll diese nachhaltig, dauernd also, ungestört in größter Menge und Güte ausgeübt werden – und das ist ja wohl das Ziel waldbaulichen Strebens, so muss der Organismus gesund sein, der Wald muss auf den unbedingt in allen Teilen gesunden Zustand gebracht werden, und wenn er in diesem Zustand sich befindet, ihn dauernd erhalten werden, die Stetigkeit des Waldwesens muss erhalten werden, das also wurde die grundlegende allgemeine Forderung des Waldbaues.« Oder später verstärkend: »[E]s müssen allgemeingültige naturgesetzliche Grundlagen maßgebend sein für jeden Waldbau.« Mit dieser fast laienhaften Formulierung befindet er sich bereits auf der Ebene der *organismischen Auffassung* Bertalanffys, die später alle Naturwissenschaften beeinflusst hat. »Es muss eine einheitliche Grundauffassung vom biologischen Geschehen gefunden werden, wir nennen sie die ›organismische‹, womit wir nicht nur eine möglichst weit in die Tiefe gehende Analyse der biologischen Erscheinungen erfassen wollen, sondern daneben die Ordnungsgesetzlichkeiten zu erkennen versuchen, welche Teile und Teilprozesse zusammenfügt.«[4] In diesem Sinn erkannte Möller die »Stetigkeit« als die entscheidende Grundgesetzlichkeit des Waldökosystems. Aus heutiger Sicht dürfen wir diesen Begriff mit *Kontinuum aus Raum und Zeit* des Waldes übersetzen. Die moderne Lehre von den Lebensgemeinschaften (= Biozönotik) erkennt darin ein Grundprinzip: »Je kontinuierlicher sich Milieubedingungen in einem Lebensraum entwickeln, je länger er gleichartige Umweltbedingungen aufweist, um so artenreicher, ausgeglichener, stabiler kann seine Lebensgemeinschaft sein«.[5] Infolgedessen fordert Möller, alles zu unterlassen, was diese Stetigkeit beeinträchtigt. Er teilt darum alle Wirtschaftsformen im Wald ein in:

- Dauerwaldbetriebe
- oder alle anderen, die diese Stetigkeit nicht anstreben, insbesondere die Kahlschlagbetriebe.

Alle Teilziele sind nach Möllers Auffassung nur durch kahlschlagfreie Bewirtschaftung der Wälder zu erreichen. Er verzichtet gleichzeitig auf naturwissenschaftliche Reduktion, das heißt auf chemisch und physikalisch bekannte Wirkungsketten des Wissenschaftsstandes seiner Zeit. Seine Idee ist damit zeitlos und überfordert die nach mechanistischen Gesetzmäßigkeiten und experimentellen Erkenntnissen suchende Forstwissenschaft. Vor allem Dengler hat sich zeitlebens nicht mit der naturphilosophischen Begriffswahl Möllers abfinden können. In Salzburg formulierte er 1925 vor dem Deutschen Forstverein: »Ein Organismus in diesem Sinne aber ist der Wald nicht. Seine Glieder: Boden, Pflanzen und Tiere sind nicht bloße Organe (Organa = Werkzeuge), die nur dem Organismus zu dienen bestimmt sind und von ihm losgelöst, Lebensfähigkeit und Funktion einbüßen. Sie dienen vielmehr in erster Reihe ein jedes sich selbst und können auch außerhalb des Waldganzen leben, wenn auch oft nur in veränderter Form und in weniger vollkommener Weise. Die Pflanzengeographie hat bereits einen treffenderen und richtigeren Ausdruck für diesen jenen Gedanken Roßmäßlers gefunden: Lebensgemeinschaft oder Biozönose. Das ist nicht Wortklauberei oder Engherzigkeit. Denn die daraus entspringende Folgerung ist schwerwiegend: Der Zusammenhang der Teile ist viel loser und nicht untrennbar, die gegenseitige Abhängigkeit wohl vorhanden, aber lange nicht so stark und so unbedingt wie beim Organismus.«

Genauso wenig vermochte er nachzuvollziehen, dass sich Möller mit zwei der fünf technischen Waldbauziele anders als bei den drei ersten nicht an belegbare naturwissenschaftliche Erkenntnisse zum Beispiel der Naturwalddynamik hielt. Auch hier zeigte sich Denglers biologistische Denkweise überfordert. Die ersten drei technischen Teilziele (siehe Grafik auf S. 164) entsprechen naturwissenschaftlich belegbaren Grundgesetzlichkeiten natürlicher Waldökosysteme unserer Breiten. Mit den beiden letzten hingegen verbindet Möller diese naturgesetzliche Stetigkeit des »gesunden Waldes« mit dem kulturellen Produktionssystem Wald. Er verbindet also das biologische Kontinuum mit dem Ziel eines *dauernd* Holz erzeugenden Produktionssystems.

Er formuliert damit eine neue Denkungsebene, die später von Bavink als die Ebene der menschlichen Kultur bezeichnet wurde; nämlich eine menschliche Erkenntnisstufe mit Gesetzlichkeiten eigener Qualität oberhalb organischer und anorganischer Gesetzmäßigkeiten. Doch gerade damit überforderte Möller die Fachwelt seiner Zeit und überfordert sie teilweise noch heute. Die allseits gewünschte globale Sicherung der natürlichen Ressourcen ist längst nicht mehr eine Frage der perfekten Erkenntnis anorganischer und organischer Gesetzmäßigkeiten. Die Zukunft der Menschheit fordert die Synthese von Natur und Mensch – also die Natur nicht mehr schädigende, sondern konsistente Nutzungssysteme. Doch mit diesem Ansatz konnte Möller vor 70 Jahren noch nicht verstanden werden. Das häufige Missverständnis, er wolle zurück zur Natur, sicherte ihm zwar zunächst eine breite emotionale Begeisterung, diese konnte aber zu einer Zeit einer im Großen und Ganzen heilen Natur nicht von Dauer sein.

Die Geschichte der Dauerwalddiskussion

Die Faszination, die von Möllers Darlegungen ausging, verursachte eine Fachdiskussion, wie man sie weder vorher noch später kannte. Die nach der Veröffentlichung 1920 spontan einsetzende Kontroverse wurde durch eine zweite Veröffentlichung Möllers in Heft 2 des Jahres 1921 der *Zeitschrift für Forst- und Jagdwesen* weiter angefeuert. Beide Veröffentlichungen (Nr. 1, 1920 und Nr. 2, 1921) wurden als Sonderdruck bereits im Jahr 1921 wieder herausgegeben. Die Veröffentlichung der nachfolgenden Schrift *Der Dauerwaldgedanke – Sein Sinn und seine Bedeutung* (1922) erfolgte vor dem Hintergrund von 71 Fachveröffentlichungen der forstlichen Lehre und Praxis in nur 20 Monaten. Sein *Dauerwaldgedanke* ist eine brillante Antwort auf eine von Missverständnissen geprägte Diskussion.

Die zunächst große Begeisterung der forstlichen Praxis schien ihn auf einer Welle der Zustimmung zu tragen, die auf der Dessauer Forstvereinstagung 1922 ihren Höhepunkt erreichte. Noch im Jahr 1922 besuchten mehr als 1000 Forstakademiker die Privatforste des Kammerherrn von Kalitsch. Wohl ohne Übertreibung lässt sich heute sagen, dass nahezu sämtliche Forstpraktiker deutscher Sprache in den Zwanzigerjahren den Bärenthorener Wald besuchten und sich von der Faszination der Waldbilder beeindrucken ließen.[6] Ein Stück dieser Faszination lässt sich noch heute einfangen, obgleich diese Wälder zwischenzeitlich – vor allem in den letzten Jahrzehnten – eine nachlassende Vorratspflege und sogar Kahlschläge erlitten haben.

In der breiten Anfangszustimmung erwiesen viele Begeisterte – namentlich Wiebecke – der revolutionären Waldauffassung Möllers einen Bärendienst. In einer unzulässigen Verallgemeinerung der Bärenthorener Zahleninterpretation Möllers auf alle Kiefernforste Norddeutschlands schrieb Prof. Wiebecke als Eberswalder Hochschullehrer in seiner Schrift »Der Dauerwald in 16 Fragen und Antworten für den Gebrauch im Walde«: »Die Zuwachsergebnisse sind nach den Bärenthorener, Eberswalder usw. Erfahrungen so glänzend, daß man die höchsten Anforderungen an die eigene und die Tätigkeit des Revierbeamten stellen darf. Wenn jedem Verwalter oder Besitzer eines Waldes der Erfolg winkt:

- Verdreifachung seines Holzvorrates und
- Verdoppelung seines jährlichen Holzeinschlags ist in 30 Jahren zu erreichen!
- Die Kulturkosten werden nach Ausheilung vorhandener Schäden auf einen kleinen Teil der bisher verausgabten Summe zurücksinken!

Dann muss alles angewandt werden, um mit überlegsamem Fleiße diesen Preis zu erreichen. Der Erfolg ist sicher!«

Gerade diese Form unreflektierter Zustimmung und ertragskundlicher Verallgemeinerung ermöglichten den Gegnern der Möller'schen Waldauffassung diese letztendlich erfolgreich zu verhindern. Die spätere Diskussion war entsprechend mehr von der zahlenmäßigen Auseinandersetzung über seinen Versuch der Belegführung am Beispiel Bärenthorens als von der notwendigen Diskussion der naturphilosophischen und waldbautheoretischen Grundidee geprägt.

Doch heute gilt, was schon damals galt: Der Versuch eines zahlenmäßigen Vergleichsexperiments waldwirtschaftlicher Betriebsmodelle stößt aufgrund der waldtypischen Produktionsdauer und bedingt durch die Kürze des menschlichen Lebens an die Grenzen der Beweisbarkeit. Zahlenmäßige Dokumentationen oder auch nur die Sicherstellung standardisierter Erhebungsverfahren über Menschengenerationen oder Jahrzehnte hinweg sind im Wald mit menschlich und wissenschaftlich nicht leistbaren Unwägbarkeiten verbunden wie zum Beispiel Betriebsrisiken, Umweltveränderungen, Nutzungsgeschichte und -änderungen. Diese Tatsache schützt vor allem das mechanistische und sektorale Denken im Waldbau und bildet im Grunde bis heute das Fundament für ein in der waldbaulichen Praxis sichtbar erfolgloses Betriebsmodell des schlagweisen und baumartenarmen Altersklassenwaldes. Diese Tatsache bedingt auch das Problem häufiger Verständigungsschwierigkeiten zwischen den naturgemäß arbeitenden Waldbauern – vornehmlich im Privatwald einerseits, die häufig als Autodidakten ihre naturgemäße Betriebsweise gefunden haben – und den auf das herrschende Altersklassenmodell geprägten Planstellen-Akademikern der öffentlichen Waldbetriebe andererseits.

Möller beabsichtigte im Jahr 1923 die Semper'schen Vorratsaufnahmen von 1913 zu wiederholen und seine Belegführung damit zu vertiefen. Sein plötzlicher Tod 1922 verhinderte indessen diesen Wunsch und bedingte, dass rückblickend weniger überzeugende Vertreter seines Gedankens die beginnende Kontroverse federführend austragen mussten. Dem damaligen sächsischen Landforstmeister Bernhard ist es zu verdanken, dass auf Wunsch des Kammerherrn von Kalitsch das begonnene Werk Möllers durch eine Neuaufnahme der Bestände fortgesetzt wurde. Er beauftragte das sächsische staatliche Forsteinrichtungsamt, eine Inventur und Leistungsprüfung in Bärenthoren zu wiederholen und den späteren Professor Hermann Krutzsch mit der Leitung dieser Aufgabe. Nach eigenem – späterem – Bekunden ging Krutzsch eher skeptisch und als Anhänger einer *rationellen* Forstwirtschaft an das Problem heran, um sich von vornherein auf eine rein ertragskundliche Seite einzulassen.[7] Die parallel eingeleitete Untersuchung des Standorts übernahm der spätere Professor Eilhard Wiedemann, der bei dieser Gelegenheit ertragskundliche Daten erfasste. Er legte sein Ergebnis in einer ablehnenden und erkennbar voreingenommenen Schrift *Die praktischen Erfolge des Kieferndauerwaldes* bereits im Jahre 1925 vor. Krutzsch indessen war es erst im Jahre 1926 möglich, das Möller bestätigende Ergebnis in seinem Buch *Bärenthoren 1924* der Öffentlichkeit vorzustellen. Die sich daran anschließende Diskussion zwischen ihm einerseits und dem größten Teil der forstlichen Fachwelt unter Führung von Wiedemann und Dengler andererseits veranlassten ihn, nach den »nicht gerade ermutigenden Erfahrungen mit damaligen Vertretern der deutschen Forstwissenschaft«[8] den Rückzug in den praktischen Versuch seines sächsischen Versuchsreviers Bärenfels anzutreten. Seiner Meinung nach war jetzt der Beweis im Wald und nicht mehr mit dem Rechenstab zu erbringen.

1934 erhielt Krutzsch mit Unterstützung des damaligen Oberförsters und späteren Professors Dr. Weck erneut Gelegenheit, Bärenthoren aufnehmen zu lassen. In dieser Schrift umgeht Krutzsch den von Möller gewählten Begriff *Dauerwald*, vermutlich um die sehr emotionale Diskussion der Zwanzigerjahre über seine Bedeutung nicht erneut zu entfachen. Krutzsch spricht stattdessen von »naturgemäßer Waldwirtschaft« und definiert diese *als terminus technicus* einer Wirtschaftsweise ohne Anspruch auf naturphilosophisches Fundament. Rückblickend schreibt er 1952 dazu: »Meine wissenschaftlichen Gegner haben damals alles versucht, mich bei der Neubearbeitung von Bärenthoren auszuschalten, in dem sie unterstellten, das Urteil würde dann nicht objektiv ausfallen. Die oberste Forstbehörde hat dem Wunsch meiner Gegner nicht entsprochen, wohl aber habe ich eine persönliche Beteiligung bei den Aufnahmearbeiten abgelehnt. Auf meine Anregung hin wurden von allen Interessenten Wünsche hinsichtlich der Bearbeitung eingeholt, worauf H. Weck und ich einen Arbeitsplan aufstellten, der alle diese Wünsche berücksichtigte. Die Aufnahmearbeiten selbst hat das sächsische Forsteinrichtungsamt durch H. Weck im Sommer 1934 ausführen lassen.«

Auch diese Untersuchungen bestätigten Möllers Darlegungen. Unter dem Einfluss des preußischen und später nationalsozialistischen Forstchefs Walter von Keudell wurde daraufhin ab 1934 der Dauerwaldgedanke entgegen der herrschenden Skepsis und Gegnerschaft der etablierten Forstbürokratie zum Leitmotiv der deutschen Forstwirtschaft erhoben und politisch missbraucht. Infolge des Personalwechsels in der Spitze der preußischen Forstverwaltung von v. Keudell zu Alpers – einem forstlichen Laien – im Herbst 1937 vollzog sich bereits wieder der waldbauliche Umschwung zurück zum nach wie vor beliebten Altersklassenwald. Insofern trafen sich die kontraproduktiven jagdfeudalen Ziele des damaligen Reichsforst- und Reichsjägermeisters Hermann Göring und die Autarkieauflagen zur Kriegsvorbereitung (jährliches Einschlagssoll von 150 Prozent des Hiebsatzes) mit der ja noch nicht beseitigten Skepsis der grünen Beamtenschaft.

In der Forstwissenschaft versuchte zwar Prof. Dr. Hans Lemmel noch einmal im Jahr 1939 mit seinem Buch *Die Organismus-Idee in Möllers Dauerwaldgedanken* die Fachdiskussion auf die naturphilosophische Grundidee zurückzulenken. Der Krieg und die durch Not geprägte Nachkriegswirtschaft ließen jedoch die Dauerwalddiskussion zunächst auch wissenschaftlich untergehen. Im Februar 1950 gründete sich in der Bundesrepublik eine Arbeitsgemeinschaft naturgemäßer Waldwirtschaft (ANW) unter Führung von Dannecker, Weck, Krutzsch und Wobst. Der ANW schlossen sich schon bald eine Reihe von größeren Privatwaldbetrieben der Bundesrepublik an, die neben wenigen öffentlichen Forstbetrieben seit dieser Zeit vorbildlich in ihren Wäldern naturgemäß wirtschaften. In Anlehnung an die von Krutzsch und Weck in ihrem Buch *Bärenthoren 1934* gegebene Definition des naturgemäßen Wirtschaftswaldes definierte aber auch die ANW den Begriff ohne naturphilosophischen Bezug. Diese Tatsache hat die ANW indessen nicht davor geschützt, sich in den wiederkehrenden Diskussionen mit Vertretern der konventionellen Waldwirtschaft dem Vorwurf naturphilosophischer Mystik auszusetzen. In Anlehnung an Krutzsch definiert die ANW auch heute noch den naturgemäßen Wirtschaftswald als einen horst-, gruppen-, trupp- und stammweise ungleichaltrig aufgebauten und gemischten Wald aus standortgemäßen Baumarten und -rassen, dessen Vorrat sich in gütemäßig bester Verfassung und auf günstigster Höhe befindet.

Anfang der Fünfzigerjahre versuchte die DDR-Forstwirtschaft an die von Krutzsch und Weck entwickelte Definition unter dem Stichwort *Vorratspflege* eine naturgemäße Waldwirtschaft zum flächenhaften Betriebsmodell zu erheben. Doch auch dieser Versuch scheiterte am kontraproduktiven Autarkiestreben der sozialistischen Planwirtschaft und einer anhaltenden Skepsis der sozialistischen Forstbürokratie auf preußischen Wurzeln. Zwar wurde Bärenthoren nach 1945 als privater Großgrundbesitz konfisziert, die von der sowjetischen Besatzungsmacht respektierte Sonderstellung bewahrte es aber vor der Landverteilung und ermöglichte die weitere ertragskundliche Beobachtung des Reviers. 1947 wurde es von Walter und 1960 von Erteld erneut untersucht. 1954, 1964 und 1975 wurden – wenn auch mit veränderten Zielsetzungen und teilweise verkleinerten Flächen – die Forsteinrichtungen erneuert. Insgesamt ist damit das ehemals private Forstrevier Bärenthoren vermutlich das langfristig und zahlenmäßig bestuntersuchte der deutschen Forstgeschichte. Dieses gilt unabhängig von der Tatsache, dass im bestehenden ideologischen Grabenkampf die Untersuchungen wechselseitig von der Gegenseite als vorurteilsbehaftet angesehen werden. Zusammenfassend liegen also folgende Untersuchungen vor:[9]

- Die nach den angreifbaren Methoden ihrer Zeit nur bedingt interpretationsfähigen Ausgangstaxen von 1872 und 1884, die Möller 1913 zum Ergebnisvergleich heranzog.
- Die als unkritisch und euphorisch angesehenen Untersuchungen von Möller (1913), Krutzsch (1925) und Krutzsch und Weck (1934),
- die eher skeptischen oder sogar ablehnenden Untersuchungen von Wiedemann (1925), Walter (1947), Erteld (1960) sowie die späteren DDR-Forsteinrichtungen (1954, 1964 und 1975), also von Vertretern der konventionellen schlagweisen Altersklassenwirtschaft.

Dennoch lässt sich auf Grundlage dieser Untersuchungen ein ertragskundliches Endergebnis festhalten. Geschehen ist das aus Anlass der 100-jährigen Wiederkehr der Wirtschaftsumstellung in Bärenthoren (1884–1984) im Rahmen einer Fachtagung der agrarwissenschaftlichen Gesellschaft (Bezirks-Fachkommission Forstwirtschaft) der DDR. Bis zum Jahr 1960 trat eine Verbesserung der Ertragsklasse um mehr als eine ganze Stufe ein, wobei nach Ergebnissen von Erteld und Mitarbeitern Kiefernbestände auf guten Standorten in diesem Gebiet mit dem Alter in der Ertragsklasse sogar abfallen, während sie sich auf mittleren Standorten ziemlich ertragstafeltreu entwickeln.[10] In einer ebenfalls eher skeptischen Beurteilung wird von G. Pietschmann in der gleichen Schrift nach der Aufnahme 1955 die augenfällige Qualitätsüberlegenheit der Gütestruktur des Vorrates gegenüber allen Nachbarrevieren unterstrichen. Bärenthoren hat sich also sehr gut gerechnet.

Die mathematisch geführte ertragskundliche und experimentelle Bestätigung der Möller'schen Waldauffassung ist indessen immer noch nicht erbracht. Die Tatsache der objektiven Unmöglichkeit des Modellvergleichs des Dauerwaldes mit dem nach wie vor herrschenden schlagweisen Altersklassenwald lässt sich infolge mangelnder Identität notwendiger Vergleichsobjekte nicht auf dem Gebiet des zahlenmäßigen Waldbauexperiments erbringen. Diese objektive Unmöglichkeit bleibt auch zukünftig wegen unterschiedlicher naturaler Ausgangssituationen, einer menschlich nicht leistbaren Garantie der Versuchsbedingungen über Menschengenerationen hinweg und der sich im Laufe des Waldlebens ändernden Nutzungsansprüche der Gesellschaft bestehen. Immerhin lässt sich aus der fast 100-jährigen ertragskundlichen Beobachtung von Bärenthoren sagen, dass das Betriebsmodell des Dauerwaldes den wirtschaftlichen Vergleich zur Altersklassenwirtschaft nicht scheuen muss, ja es sehr wahrscheinlich übertrifft, wie die Ergebnisse im Privatwald der Bundesrepublik, den sogenannten Dauerwaldaltbetrieben, vorwiegend bestätigen. Diese immerhin etwa 40-malige Wiederholung des »Minimalbeweises«, nämlich dass der Dauerwaldgedanke dem ökonomischen Ziel mindestens nicht widerspricht, hat seiner flächenhaften Ausbreitung auf den öffentlichen Waldbesitz der Bundesrepublik indessen kaum genutzt.

Die Auseinandersetzung mit der Grundidee der Möller'schen Waldauffassung bleibt aber der öffentlichen Forstwirtschaft der Bundesrepublik nicht länger erspart. Sie steht auf der Tagesordnung am Ende eines Jahrhunderts der Dauerwaldidee und sie wird von dem, gerade vom Forstwesen so wenig geschätzten, Zeitgeist einer naturbedürftigen Gesellschaft entschieden.

Deutsche Waldrealität im letzten Quartal des Jahrhunderts

Möller entwickelte seine Auffassung im ersten Quartal des Jahrhunderts auf Grundlage der Erfahrungen mit den Ergebnissen der schlagweisen Bestandswirtschaft Preußens und Sachsens. Im Grunde bündelte er die seit Gayer[11] immer wieder auftretende Kritik aufmerksamer Fachkollegen an der zunehmenden Krisenanfälligkeit des schlagweisen und baumartenarmen Altersklassenwaldes des 19. Jahrhunderts. Wie würde Möller wohl 1992 einen Waldzustand beurteilen, der real so aussieht:

- Fast 70 Prozent der deutschen Waldstandorte tragen Nadelholz und vorwiegend in Mono- oder Bikulturen. Das natürliche Waldbild Deutschlands würde demgegenüber maximal 30 Prozent Nadelwald tragen, der dazu überwiegend aus Laubnadelmischwald bestehen würde.
- Infolgedessen sind seit 1945 in Deutschland (alte und neue Bundesländer) circa eine Million Hektar Wald

durch sogenannte Naturkatastrophen flächenhaft vernichtet worden. Naturkatastrophen, die sich in Wirklichkeit als Kulturkatastrophen des Altersklassenwaldes erweisen, denn ca. 70 Prozent dieser riesigen Waldfläche gehen vor allem auf das Konto der Fichtenmonokulturen. Eine Million Hektar Wald entsprechen etwa einem Zehntel der bundesdeutschen Waldfläche. Was lässt sich einem Naturschützer antworten, der daraus schließt, die konventionelle Forstwirtschaft sei damit selbst der größte flächenhafte Waldvernichter?

- Bis Mitte der Achtzigerjahre wurden mindestens 50 Prozent aller Waldbegründungen durch sogenannte Kulturen, das heißt durch Pflanzungen auf der Kahlfläche, baumartenarm, etabliert. Infolgedessen sind die ersten und zweiten Altersklassen des Altersklassenwaldes in Deutschland übermäßig mit Nadelholzbeständen besetzt, sodass von daher bereits eine schlechte Prognose besteht, den jetzt noch gegebenen Laubholzanteil zu halten. Ein solches Ziel würde ab sofort und auf lange Dauer riesige finanzielle Aufwendungen erfordern, um den nachwachsenden Trend der Verfichtung zu stoppen.
- Nach wie vor werden kommunale und private Waldbesitzer im Rahmen der Bund-Länder-Förderung (Gemeinschaftsaufgabengesetz) bei der Pflanzung von Nadelholzkulturen mit hohem Aufwand gefördert.
- Nach wie vor wird auch die Neuaufforstung von landwirtschaftlichen Grenzertragsböden vorwiegend mit Nadelholz im Rahmen dieses Gesetzes gefördert. Dabei wäre es für den aufforstenden Landwirt finanziell günstiger, man würde ihm den Förderungsbetrag grundlos aufs Sparkonto überweisen und zwar gegen die Zusage, auf der Brachfläche im Zaun eine natürliche Waldsukzession zuzulassen.
- Im deutschen Wald fressen heute mindestens zehnmal mehr Rehe als 1934, dem Zeitpunkt des Inkrafttretens

des Reichsjagdgesetzes. Die Waldflächen, in denen Rothirsche ihre Fährten ziehen, sogenannte Rotwildgebiete, haben sich seit dieser Zeit verdreifacht. Die Einstandsgebiete für fremdländliche Schalenwildarten, wie zum Beispiel Sikahirsche, Wildschafe und Damhirsche, haben sich gegenüber 1934 vervielfacht. In einer Reihe von Waldgebieten werden heute zehn- bis 20-mal höhere Schalenwilddichten (aller Arten) nachgewiesen als 1934. Schon wegen dieser unnatürlichen Schalenwilddichten wäre ein naturgemäßer Wirtschaftswald vielerorts – wenn überhaupt – nur im Zaun möglich.

- Trotz der seit Gayer und Möller politisch unstrittigen Mischwaldforderung haben sich die deutschen Wälder weiter entmischt. Mehr als 90 Prozent der deutschen Waldfläche sind mit Buchen, Eichen, Kiefern, Fichten oder Douglasien bestanden. Mischwald wächst auch wegen des selektierenden Wildverbisses kaum noch außerhalb eines Zauns.
- Annähernd 60 Prozent aller deutschen Waldstandorte wurden seit 1945 mit schweren Maschinen befahren. Eine zunehmende Staunässe geht auch auf diese durch Befahren bedingte Verdichtung des Oberbodens zurück.
- Nach den Waldsterbensmerkmalen unserer Bäume ist der *Rückeschaden* das häufigste Schadensmerkmal an älteren Bäumen. Diese Rindenverletzungen infolge des Vorbeiziehens eingeschlagener Stämme sind nicht nur die Einlasspforten für Schädlinge und Pilze, sondern vermindern auch den Verkaufswert der Stämme.
- Vorwiegend in den Sechziger- und Siebzigerjahren wurde der öffentliche Wald mit einem Netz von ganzjährig Lkw-befahrbaren Forstwirtschaftswegen überzogen und zerschnitten. Im Durchschnitt finden sich heute im öffentlichen Wald befestigte Wege im Ausmaß von 60 Laufmetern je Hektar.

- Ganz nach Wiedemann: »In der Landwirtschaft erlaubte erst der Ersatz von Hirse und Buchweizen durch die ausländischen Früchte der Kartoffel, des Weizens und des Roggens die Leistungssteigerung der letzten Jahrhunderte. Ebenso wenig kann die Forstwirtschaft heute eine Leistungssteigerung um die Hälfte und mehr aus irgendwelchen Gründen der Tradition und der Bequemlichkeit sich entgehen lassen«,[12] wurden in den vergangenen drei Jahrzehnten auch ausländische Baumarten angebaut. Noch in den Achtzigerjahren wurden etwa 10 Prozent der jährlichen Verjüngungsfläche mit Douglasie, einer nordamerikanischen Baumart, in Monokulturen bepflanzt. In den meisten Bundesländern bildet die Douglasie heute bereits die häufigste Baumart nach Buche, Eiche, Fichte und Kiefer. In Ländern wie Rheinland-Pfalz und dem Saarland besteht bereits jeder zwanzigste Wald aus Douglasien-Monokulturen.
- Verfichtung und Douglasien-Anbau haben seit 1950 in einigen westdeutschen Mittelgebirgen den Flächenanteil der unnatürlichen, standortfremden Nadelholzreinbestände bis heute verdoppelt.

Die Folgen dieses gravierenden Verstoßes gegen den Stetigkeitsbegriff Möllers werden durch eine Vielzahl von gesellschaftlichen Einflüssen und ökologischen Schädigungen verstärkt. Jeder zweite Baum in Westdeutschland zeigt sichtbare Schäden als Folge des Waldsterbens. Die durch den Klimawandel vorhergesagte Zunahme der Jahresdurchschnittstemperatur wird vor allem höhere Windgeschwindigkeiten in der von Natur aus winterkahlen Zeit verursachen. Die Orkane Vivian und Wiebke, die im Februar/März 1990 den bis damals größten Kahlschlag in den mitteleuropäischen Wäldern verursachten, sind vermutlich bereits Vorzeichen dieser Entwicklung. Als Ergebnis der bisherigen Forstwirtschaft treffen aber höhere Windgeschwindigkeiten zukünftig auf einen unnatürlich im Winter vollbegrünten Wald, der sich gegenüber diesen Orkanen als besonders anfällig zeigt. Sollten die Klimavorhersagen eintreffen, wird gerade die Fichte, in Mittelwestdeutschland ohnehin am Rand ihres natürlichen Areals, in ihrer ökologischen Leistungsfähigkeit überfordert und vermutlich als erste ausfallen. Seit Januar 1992 wissen wir, dass sich auch über der Nordhalbkugel ein Ozonloch auftut. Zum jetzigen Zeitpunkt wissen wir aber noch nicht, wie die UV-empfindliche Pflanzenwelt und hier insbesondere die vorgeschädigten Waldbäume auf diese neue ökologische Gefährdung reagieren. Ganz zu schweigen von den zahlreichen Zivilisationsbelastungen, die der Wald durch zunehmende Besiedlungsdichte, Erholungsbeanspruchung, Zerschneidung mit öffentlichen Versorgungstrassen und Straßen, Grundwasserentzug und -absenkung etc. zu ertragen hat. Der deutsche Wald ist am Ende einer 70-jährigen Dauerwalddiskussion so weit von der ökologischen Stetigkeit entfernt, dass Möller wohl verzweifeln würde. Der Wald ist schlecht gerüstet für eine Zukunft, die vor allem seine ökologische Leistungsfähigkeit herausfordert.

Die Waldwende ist jetzt erforderlich und nicht erst morgen!

Fraglos ist die Waldwende sofort erforderlich! Der Patient Wald sendet alle Signale, um Gesellschaft und Politik zum Umdenken zu veranlassen. Der Wald als Lebensgemeinschaft ursprünglicher Vielfalt in der in Mittelwestdeutschland herrschenden Buchenmischwaldzone ist schon jetzt nicht mehr rekonstruierbar. Es geht um Resterhaltung einer im Moment *noch* lebensfähigen Waldbiozönose, um dem Menschen in einer industriellen Erwerbsgesellschaft eine natürliche und lebenswerte Zukunft zu erhalten. Die Roten

Listen sind die Fieberkurven unserer Landschaft. Sie stehen für die Lebensgemeinschaft Wald im roten Bereich:[13]

- Die ca. 4000 Großpilzarten, die überwiegend an den Wald gebunden sind und als Symbionten für die Bäume eine existenzielle Bedeutung besitzen, sind zu annähernd 30 % vom Aussterben bedroht.
- Ca. 10 % der waldgebundenen Vogelarten sind bereits ausgestorben. Von den ca. 130 gefährdeten Vogelarten sind ca. 42 % an den Wald gebunden. Von den ca. 50 gefährdeten Säugetierarten gehören ca. 70 % zur Waldbiozönose.
- Von den ca. 600 gefährdeten Hautflüglern sind wiederum mehr als 50 % im Wald zu Hause. Auch Kriechtiere, Lurche und Fische sowie Großschmetterlinge sind im Umfang von 20–30 % ihrer gefährdeten Arten im Wald zu suchen.
- Insgesamt sind von den ca. 700 aussterbenden Farn- und Blütenpflanzen mehr als 300 und von ca. 1700 gefährdeten Tierarten ca. 800 auch durch die Forstwirtschaft gefährdet.

Es ist also nicht mehr lange Zeit für eine Waldwende. Dabei wären die Aussichten dafür auf großer Fläche des deutschen Waldes nicht schlecht. Etwa 55 Prozent aller Wälder stehen im Eigentum der öffentlichen Hand (Länder und Kommunen). Sie werden ganz überwiegend mit hohen Defiziten bewirtschaftet, d. h., ein Wandel zum ökonomischen Betriebsmodell Dauerwald könnte auch ein Beitrag zur Kostendämpfung der maroden öffentlichen Haushalte sein.

Möllers Dauerwaldidee lässt sich unverzüglich, das heißt sofort, auf der gesamten öffentlichen Waldfläche umsetzen, wenn man es wollte. Es wäre gleichzeitig eine wichtige Vorbildfunktion für den Erhalt der bedrohten Tropenwälder, und auch ein Glaubwürdigkeitsbeitrag der energiekonsumierenden Industriestaaten zur langfristigen und biologisch günstigen Festlegung von CO_2 in vorratsreicheren Wäldern. Fraglos ist die Gesellschaft diesmal reif, den

Dauerwaldgedanken aufzunehmen. Es wird darum allein auf das staatliche Forstwesen ankommen, jetzt die Notwendigkeit für eine Waldwende im Sinne Möllers zu erkennen. Doch diese Waldwende fordert vom Forstwesen mehr als nur einen neuen Begriff für das, was man bisher gemacht und für ökologisch gehalten oder vorgegeben hat. Sie erfordert eine *radikal*-ökologische Überarbeitung der bisherigen Waldbewirtschaftung mit dem Ziel, das Waldwesen wieder auf seine Wurzeln (= lat. *radix*) zu stellen, um zukünftig das Holzproduktionsziel systemisch *mit* der Natur zu verwirklichen.

St. Ingbert, den 20. April 1992
Wilhelm Bode

REPRINTS

Dauerwald heißt nicht, auf Nadelholz vollständig zu verzichten. Gerade die Douglasie eignet sich hervorragend als Mischbaumart im Laubholzdauerwald. (Foto: Rainer Kant)

Ein Buchen-Dauerwald mit bereits herausgepflegten Wertholzbäumen. Dauerwälder haben aufgrund ihrer Mehrschichtigkeit ein ausgeprägtes Waldinnenklima, welches sie wirksam gegen Sommertrockenheit schützt. (Foto: Rainer Kant)

Vorbemerkungen des Herausgebers zur forstgeschichtlichen Einordnung

Als Möller 1920/21 erstmals seine »Untersuchungen aus der Forst des Kammerherrn von Kalitsch in Bärenthoren, Kreis Zerbst« unter dem Titel »Kiefern-Dauerwaldwirtschaft« in der *Zeitschrift für Forst- und Jagdwesen* veröffentlichte, löste er eine bis dahin und bis heute nie wieder erreichte Fachdiskussion aus, die ihn auf einer Welle der Zustimmung vor allem der Praktiker in den Forstrevieren trug. Das führte bereits 1921 dazu, dass der Springer-Verlag die beiden Aufsätze als Sonderdruck unter dem Titel »Dauerwaldwirtschaft« herausgab, der wiederum schnell vergriffen war. Dieser Sonderdruck wird hier erstmals aus der Fraktur übertragen und in moderner Druckschrift im Wortlaut nachgedruckt.

Bis zur Veröffentlichung seiner Monografie 1922 *Der Dauerwaldgedanke – Sein Sinn und seine Bedeutung* erschienen bereits 75 Beiträge in Fachzeitschriften, die sich überwiegend zustimmend mit der Dauerwaldwirtschaft beschäftigten – also in nur circa 18 Monaten, einmalig in der Forstgeschichte und vermutlich auch in der deutschen Wissenschaftsgeschichte zuvor. Kurz vorher (1921) war Möller in einer (verabredet einstimmigen) klandestinen Aktion seiner akademischen Forstkollegen an der Forstakademie Eberswalde anlässlich deren Transformation zur Hochschule von seiner Funktion als Akademiedirektor abgelöst worden – ungeachtet seiner europaweit erworbenen Reputation. Noch im selben Jahr des Erscheinens dieser bis heute weltweit als revolutionär anerkannten Schrift verstarb er vermutlich am Gram dieses beruflichen Vernichtungsfeldzugs gegen ihn.[1] Seine Monografie ist als eine geschliffene

Antwort auf die in Teilen unseriöse und diffamierende Reaktion seiner Kollegen anzusehen. Sie war eine seine Gegner regelrecht entwaffnende Präzisierung seiner revolutionären Waldbauidee, die er während seiner dreijährigen Untersuchungen im Amazonasurwald um 1895 begonnen hatte zu entwickeln. Die Schrift hatte zugleich den Charakter seines waldbaulichen Vermächtnisses auf einem bis heute nicht wieder erreichten Niveau waldbauwissenschaftlicher Erörterung. Sie wurde seitdem mehrfach wiederaufgelegt oder als Faksimile neu herausgegeben, so erstmals in der Nachkriegszeit in einem kommentierten Reprint des Herausgebers 1991 im Degreif-Verlag. Mit Letzterer gelang es dem Herausgeber die Idee des Dauerwalds wieder ins breitere Bewusstsein der forstlichen Nachkriegsöffentlichkeit zu rufen. Sie war ein original Reprint in der inzwischen nicht mehr geläufigen Fraktur. Der hier abgedruckte Originaltext entspricht stattdessen vollständig der aus der Fraktur in moderne Druckschrift übertragenen Erstausgabe der Originalschrift von 1922.

Die bis heute forsthistorisch einmalige Aufmerksamkeit 1920–1922 führte aufgrund der extremen Nachfrage seiner Mitglieder aus der Forstpraxis dazu, dass der Deutsche Forstverein kurzfristig seine 19. Hauptversammlung vom 3. bis 8. September 1922 nach Dessau einberief. Für die in ungewöhnlich hoher Zahl anreisenden Waldpraktiker wurden etliche Wiederholungs- bzw. Simultan-Exkursionen am 3., 6. und 7. September angeboten, damit alle Teilnehmer die Erfolge der Wirtschaftsweise des Kammerherrn von Kalitsch vor Ort begutachten konnten. Sie wurden vom Waldbesitzer von Kalitsch als auch von Alfred Möller persönlich geführt. In der Vollversammlung am 5. September hielt Möller unter dem Titel »Welche Methoden waldbaulicher Behandlung des norddeutschen Kiefernwaldes haben sich bewährt?« den mit Spannung erwarteten zentralen Fachvortrag zur

Tagung, der laut Protokoll »mit stürmischen Beifall« quittiert wurde. Die hier übertragene Fassung entspricht vollständig der in Fraktur gedruckten Fassung im offiziellen Jahresbericht des deutschen Forstvereins. Er erschien 1923 und damit posthum nach seinem überraschenden Tod am 4. November 1922.

Von 1920, dem Jahr der Erstveröffentlichung von Möllers Dauerwaldidee, bis zu seinem Tod knapp zwei Jahre später hatten bereits etwa 3000 im Wald praktisch tätige Forstleute, vorwiegend Revierförster und Privatwaldbesitzer, aus dem In- und Ausland das forstlich unscheinbare Revier Bärenthoren besucht; eine ungeheure Zahl angesichts der seinerzeit nur beschränkt vorhandenen und umständlichen Reisemöglichkeiten im ländlichen Raum. Sie ist ein Beleg für die forstgeschichtlich einmalige Attraktivität des allein durch Möllers Dauerwaldtheorie bekannt gewordenen Allerweltreviers. Dieser außergewöhnliche Zuspruch ist aber gleichzeitig auch ein Indiz für die Qualität dessen, was vorgeführt wurde, denn es handelte sich ganz überwiegend um Waldpraktiker, die aus eigener Erfahrung wussten, was sich mit herkömmlichen Methoden des Waldbaus auf Sandstandorten erreichen ließ. Dass auch nur ein einziger Besucher von dem, was ihm vorgeführt wurde, enttäuscht war, wird nirgends berichtet. Denn es war ein Revier, das es in der an Nährstoffen verarmten Kiefern-*Streusandbüchse* Nordostdeutschlands hundertfach gibt und das in Bärenthoren in weniger als dreißig Jahren unter Beachtung einfachster ökologischer Regeln in stabile und strukturreiche Mischwälder überführt worden war. Dessen jährliche Holzerträge und stehende Waldvorräte in derselben Zeit verblüffend deutlich anwuchsen, was alle forstlich bis dahin bekannten Erfahrungen, Ergebnisse und Ertragsmodelle bei Weitem übertraf. Es entlarvte also schon damals die klassischen Zuwachsansätze der Altersklassenwirtschaft als unzutreffend.

Gleichwohl schrieb unter der Überschrift »Die Grüne Woche zu Dessau vom 3. bis 8. September 1922« der Geschäftsführer des Deutschen Forstvereins, Regierungsforstrat Küffner, in der Einführung zum Tagungsbericht über die Reaktionen auf den Fachvortrag des soeben erst verstorbenen Hauptredners in verräterischer Schlichtheit: »In der Vollversammlung am 5. September, einer sechsstündigen *Dauersitzung*, wurde die ›waldbauliche Behandlung des norddeutschen Kiefernwaldes‹ = die *Dauerwaldfrage* erörtert. Die Verhandlungen hierüber gestalteten sich *zu einem Triumph der Väter dieser Bewegung*. Der leider inzwischen so jäh mitten aus der Vollkraft seines Schaffens abberufene Oberforstmeister Professor Dr. Möller, als erster Berichterstatter *schon beim Betreten des Rednerpultes lebhaft begrüßt,* wurde am Schluss seiner Ausführungen mit einem Beifall bedankt, wie er in solcher Stärke in einer Vollversammlung des Deutschen Forstvereins kaum zuvor erschollen ist, und der *Vorsitzende verlieh nur der allgemeinen, begeisterten Stimmung Ausdruck,* als er unter allseitigem Beifall *dem Kammerherren von Kalitsch, der die Bärenthorener Wirtschaft schuf,* und Professor Dr. Möller, der sie wissenschaftlich durchdrang und *der Öffentlichkeit vermittelte,* für ihre Arbeit den herzlichen Dank der gesamten deutschen Forstwelt zum Ausdruck brachte.« Um dann geschäftsmäßig fortzufahren, um sich – man bemerke – der *Betriebsstatistik* und *Maßnormung* in der Forstwirtschaft zu widmen. Die kursiven Zitate markieren die sprachlich geschickt verpackten, aber gleichwohl ironisch distanzierenden Bemerkungen des Schriftführers über den zentralen Gegenstand der Tagung, die von Interessierten aus ganz Deutschland eben gerade deswegen förmlich überrannt worden war.

Die Ironie der gewählten Formulierung ließ die seitdem seitens der Forstakademikerschaft gepflegte Behauptung erahnen, der Dauerwaldgedanke erschöpfe sich in einer *netten,* aber praxisuntauglichen Naturschwärmerei. Eine semantische Analyse dieses Pflichtnachrufs lässt die sich abzeichnende Gegenbewegung bereits sprachlich erspüren. Der beschämend knappe Nachruf verweigerte Möller sogar die ihm zustehende Bezeichnung als Akademiedirektor a. D., der eben wegen seiner Dauerwaldtheorie in Europa zur bekanntesten Forsthochschule aufgestiegenen forstlichen Ausbildungsstätte Deutschlands. Die Ächtung seiner forstakademischen Kollegenschaft hatte sich bereits 1921 in seiner putschartigen Abberufung als Leiter der Forstakademie aus Anlass eines reinen Rechtsformwechsels angekündigt. Alfred Möller erhielt im Kreis seiner akademischen Forstkollegen nicht eine einzige Stimme, um in der neuen und alten Hochschule seine angestrebte Leitungsfunktion fortsetzen zu können. Er war damit in Preußen der einzige Akademiedirektor, der aus diesem hochschulrechtlichen Anlass seine Führungsposition verlor. Seine forstlichen Kollegen, die diesen forstlichen Putsch zur Rettung des Altersklassenwaldes und seines Anbauprinzips verabredeten, sind indessen im Gegensatz zu ihm längst in der forstwissenschaftlichen Erinnerung verblasst. Man kennt nicht einmal mehr ihre Namen. Und man darf unterstellen, dass es nicht nur der Dauerwaldgedanke war, der sich bis heute nicht mit dem Selbstverständnis der etablierten Forstwissenschaft vereinbaren lässt, sondern die nie zuvor erlebte und wieder erreichte Zustimmung zu Alfred Möllers Theorie in der Forstpraxis, also Neid und Missgunst. Über ein Waldbetriebsmodell, das ihre eigenen fachlichen Verdienste in den Schatten stellte – und zwar nicht auf dem Papier, sondern dort, wo es darauf ankam, im Wald! Und das mit einer Eindeutigkeit, die die damaligen Waldpraxis erfahrenen Besucher regelrecht sprachlos machte.

Im Nachhinein macht die dann folgende, sehr persönliche Auseinandersetzung den plötzlichen Tod Möllers im Zuge eines Routineeingriffs im Alter von nur 61 Jahren umso verständlicher. Sein letztes fotografisches Porträt (siehe S. 111), kurze Zeit vor seiner sonst kaum tödlich verlaufenden Erkrankung aufgenommen, zeigt die tiefe Verbitterung des mit Abstand angesehensten Forstprofessors seiner Zeit. In nur wenigen Monaten nach seiner Ablösung alterte er um Jahrzehnte und sein Dessauer Auftritt – nur wenige Tage vor seinem Tod – mit der emphatischen Zustimmung seiner Zuhörer kam einem letzten Aufbäumen gegen die stupide Ignoranz seiner akademischen Fachkollegen gleich. Der oben zitierte, überaus knappe Nachruf Küffners auf den soeben erst verstorbenen zentralen Protagonisten des populären Dauerwaldgedankens reduziert sich in entlarvender Weise auf einen einzigen Halbsatz: »Der leider inzwischen so jäh mitten aus der Vollkraft seines Schaffens abberufene Oberforstmeister Professor Dr. Möller, … «. Dieses wohl kaum vermeidbare Minimum eines ehrenden Nachrufs auf den seinerzeit höchstgeachteten, meistdiskutierten und bekanntesten Forstprofessor Europas spricht für sich.

Vor diesem Hintergrund verwundert es auch nicht, dass es seitens seiner Kollegen Forstprofessoren keinen einzigen wissenschaftlichen Nachruf gab. Dafür schrieben angesehene Naturwissenschaftler seiner Zeit umso emphatischere Nachrufe.[2] Die wohl hervorstechendsten waren die beiden Nachrufe des Münchner Zoologen Professor Dr. Max Wolff.[3] Seine Vorhersage bewahrheitet sich allerdings erst heute:

> Seine Lehre wird auch weiter jeden denkenden und arbeitenden Forstmann beschäftigen, er wird zu ihr gezwungen, er wird von ihr nicht loskommen. Generationen werden daran weiterbauen und neue Formen finden, in denen des Meisters Gedanken sich auswirken. […] Daß ein Mann, der einen solchen Reichtum an fruchtbaren Gedanken entwickelte, welches Arbeitsfeld er auch immer betreten mochte, als Akademiedirektor

Anregungen von heute noch nicht abzusehender Tragweite für die Ausgestaltung des forstlichen Hochschulunterrichts zu geben wusste, erscheint fast als Selbstverständlichkeit.

Wie recht Wolff hatte, allerdings mit einer Ausnahme, nämlich der Forstwissenschaft bis zum heutigen Tag.[4] In der von Alfred Möller begründeten Fachpublikation, den *Hausschwamm-Mitteilungen*, listete Professor Dr. Richard Falck[5] die naturwissenschaftlichen Leistungen Möllers auf, die ihn zu einem zentralen, nicht wegzudenkenden Vertreter der wissenschaftlichen Mykologie gemacht haben, und mit Bezug auf die Forstwissenschaft mit den Worten: »So viel scheint jetzt schon festzustehen, daß der Möller'sche Dauerwaldgedanke einen neuen Abschnitt in der Theorie und Praxis der Forstwirtschaft eingeleitet hat.«

Der Forstrevolutionär war tot und die versammelten Forstakademiker gingen möglichst zügig zur Tagesordnung über und hievten seinen bis dahin schweigenden, aber entschiedensten Gegner auf seinen Lehrstuhl. Es war Alfred Dengler, der spätere, im Dritten Reich hochgelobte Erfinder der Standortgerechtigkeit. Und da der erwünschte Erfolg des forstakademischen Totschweigens in den Folgejahren ausblieb, begann die forstakademische Zunft seinen Dauerwaldgedanken zu zerreden oder gezielt falsch zu deuten oder ganz zu unterschlagen. Es erschien seitdem kein einziges Waldbaulehrbuch, das sich mit der Dauerwaldtheorie Möllers ernsthaft beschäftigt hätte.

Alfred Dengler, der sich erst nach Antritt der Nachfolge als Möllers erbittertster Gegner offenbarte, schliff als erste seiner Amtshandlungen zunächst das bereits zu Weltruhm gelangte Möller'sche Pilzinstitut. Dengler wurde im Krieg schließlich sogar mit der Leitung der forstlichen Hochschule Eberswalde belohnt, weil er sich zuvor als loyaler, oberster

Waldbaufachberater des Dritten Reichs verdingt hatte. Von bleibenden wissenschaftlichen Erkenntnissen seiner Arbeit ist indessen nichts bekannt geworden. Solange er noch nicht auf den Lehrstuhl Möllers vorgerückt war, hatte er sich nicht ein einziges Mal zum Dauerwald geäußert. Danach aber mit einer Vielzahl von ablehnenden Veröffentlichungen umso intensiver, da die Diskussion an der forstlichen Basis einfach nicht zur Ruhe kommen wollte. Mit seiner Ausarbeitung der sogenannten *Standortgerechtigkeit* wurde der Wald in Deutschland ab den Dreißigerjahren systematisch zum Forst und zur Holzerzeugungsplantage umgebaut, mit dem heute zu beklagenden Erfolg mangelnder dynamischer Stabilität sowie vollständig fehlender Resilienz gegenüber biotischen und abiotischen Gefahren – für eine Zukunft im Klimawandel.

Bis heute sind indessen weltweit mindestens 700 Fachbeiträge zur Dauerwaldidee Möllers erschienen. Denn alle Versuche, den Dauerwaldgedanken zu diskreditieren, seine Anhänger zu schikanieren oder gar durch vorgeschobene Organisationsreformen abzulösen, blieben am Ende erfolglos angesichts der unbestreitbaren Erfolge der revolutionären Wirtschaftsidee vor Ort im Wald selbst. Sie ist damit auf forstakademischer Ebene der meist zerredete und gleichwohl am wenigsten verstandene Gegenstand der forstlichen Lehre und Wissenschaft schlechthin und findet gleichwohl in keinem einzigen Lehrbuch eine ausreichend tiefe Darstellung.

Zentrum der anhaltenden Blockade sind nach wie vor die öffentlichen Forstbetriebe unter Führung ihres akademischen Forstdienstes. Besonders schwerwiegend ist dabei die angeführte Behauptung, die Dauerwaldidee Möllers von 1920, also demselben Jahr, in dem Hitler in München erstmals in die politische Öffentlichkeit trat, entspräche der ab 1927 von Ricardo Darré entwickelten Blut-und-Boden-Ideologie, einem ideologischen Kernelement der Nazi-Ideologie.

Diese nachträgliche NS-Vereinnahmung des Dauerwaldgedankens und seines 1922 bereits verstorbenen Schöpfers wird daran festgemacht, dass Hermann Göring als preußischer Ministerpräsident 1933 den ehemaligen preußischen Innenminister der Deutschnationalen Partei Walter von Keudell zum preußischen Landforstmeister berief. Wenig später beförderte er ihn im Zuge der jagd- und forstlichen Gleichschaltung zum Generalforstmeister des Reichs und ließ ihn dessen Kernanliegen, die sogenannte Vorratswirtschaft, die in wesentlichen Teilen der Dauerwaldwirtschaft entsprach, reichsweit anordnen.

Von Keudell war ein intellektuell eher bescheidener, äußerst standesbewusster Deutschnationaler, der 1933 – vermutlich aus politischem Ehrgeiz – dem gezielt auf den Adel ausgerichteten Anwerben Görings einwilligte, das primär im Auftrag Hitlers darauf ausgerichtet war, konservative Akzeptanz der als proletenhaft angesehenen Nazibewegung zu schaffen. Von Keudell ist insofern ein besonders gutes Beispiel, wie sich erzkonservative Kreise, hier des großgrundbesitzenden Adels, von der sich anfangs sogar sozialistisch gebärdenden NSDAP vereinnahmen ließen. Der Jurist von Keudell war Eigentümer des Waldbesitzes Hohenlübbichow, gelegen auf dem rechten Oderufer und heute auf polnischem Territorium. Dort hatte er schon als junger Mann begonnen, ähnlich zu wirtschaften, wie es später Möller empfahl. Er stand deshalb mit Möller schon vor 1920 in persönlichem Kontakt, der in seinen Schriften die Hohenlübbichower Wirtschaft als ein Beispiel der Dauerwaldbewirtschaftung benannte.

In der Reichsforstverwaltung war von Keudell von Beginn an unter den tonangebenden Nazis wie zum Beispiel Willy Parchmann fachlich weitgehend isoliert. Die Landesforstverwaltungen blieben nämlich für die Umsetzung des Waldbaus auf Länderebene bestehen und die besonders auf waldbaulichen Widerstand gebürsteten Forstämter wurden von Göring als sogenannte Einheitsforstämter sogar noch organisatorisch gestärkt; was sie im Übrigen bis in unsere Zeit geblieben sind. Diese organisatorische Aufwertung zählt im öffentlichen Forstwesen heute als berufsständisches Tafelsilber ungeachtet seiner Wurzel in der Kriegsvorbereitung und Gleichschaltung des NS-Staats. Die beiden, nur nach dem Krieg als »Dauerwalderlasse« bezeichneten und nicht einmal amtlich veröffentlichten, Ministerialerlasse fanden deswegen im praktischen Waldbau keinen erkennbaren Niederschlag, auch weil ihre Zielrichtung den antagonistischen Zielen der Kriegsvorbereitung wie der Jagdpolitik Görings fundamental widersprachen. Als von Keudell 1937 den für den Privatwald angeordneten Mehreinschlägen zur Kriegsvorbereitung widersprach, kam es zum Zerwürfnis und er wurde auf den Posten eines Staatssekretärs ohne Portefeuille, also ehrenhalber wegbefördert, wo er fortan nichts mehr zu tun hatte. Zumal sich das Regime längst gefestigt hatte, und es auf den Anschein *seriöser* Verwaltungspolitik längst nicht mehr ankam.

Insbesondere im akademischen Forstdienst der Nachkriegszeit schämte man sich bis in die jüngste Zeit nicht, diese Historie zum vorgeschobenen Anknüpfungspunkt der Dauerwaldidee mit der Blut-und-Boden-Ideologie der Nazis zu machen. Das hatte den willkommenen Nebeneffekt, damit gleichzeitig die von ihr bevorzugte Standortgerechtigkeit politisch zu entlasten. Denn sie wurde von Möllers Hauptgegner Alfred Dengler, 1922 sein unmittelbarer Nachfolger auf dem Lehrstuhl wie später auch als Rektor, als zentrales Narrativ der Altersklassenwirtschaft installiert. Dengler selbst stand indessen dem Regime mehr als nur nahe. Er war nicht nur der bekannteste Forstprofessor, der die reichsweite Ergebenheitsadresse zahlreicher deutscher Professoren nach Hitlers Machtergreifung aus freien Stücken unterschrieben hatte, sondern er wurde auch unmittelbar nach der Ablösung von Keudells zum obersten waldbaulichen Berater berufen. Alpers, der Nachfolger von Keudells als Generalforstmeister, war indessen ein blutverschmierter Nazi der ersten Stunde, der wenig später ebenfalls als Nachfolger von Keudells zum Präsidenten des Deutschen Forstvereins gewählt wurde. Welche Vertrauensstellung Dengler insofern zum Dritten Reich innehatte, wird darin deutlich, dass er als einer der Letzten überhaupt, nämlich 1944, kurz vor seinem Freitod in Treue zum Regime, die Goethe-Medaille für besondere Leistungen in der Wissenschaft erhielt. Außer des wissenschaftlichen Begründungsversuchs der Standortgerechtigkeit in seinem Lehrbuch sind solche indessen nicht überliefert. Diese höchste Wissenschaftsauszeichnung wurde ausschließlich von der Reichkanzlei, also nur mit Hitlers persönlicher Zustimmung, verliehen. Im selben Jahr durfte sein äußerst missverständlich betiteltes Lehrbuch *Waldbau auf ökologischer Grundlage,* welches als zentrale theoretische Grundlage der Standortgerechtigkeit gilt, in seiner vierten Auflage erscheinen, obwohl Hitler mit Blick auf den Endkampf bereits angeordnet hatte, den Buchdruck ganz einzustellen. Man stelle sich vor, ein Waldbaulehrbuch als letzter gedruckter wissenschaftlicher Beitrag des Dritten Reichs zum Zeitpunkt seines sich abzeichnenden Untergangs in der blutigsten Phase des Krieges.

Das alles wäre sicher nicht ausreichend, die Standortgerechtigkeit im Nachhinein als NS-Gedankengut zu bezeichnen. Tatsächlich steht sie als Narrativ der Holzerzeugung in enger ideologischer Verbindung zur Blut-und-Boden-Ideologie Ricardo Darrés. Letztere basierte nämlich auf dem Theorem des Bodens, der »Scholle des nordischen Menschen«, als Bedingtheit von Wachsen und Gedeihen. Der Boden erhielt in ihr die Rolle des kulturellen Wurzelraums zugewiesen, womit vermutlich auch die Begriffsverwandtschaft der Standort*gerechtigkeit* mit der zeitgleich erfundenen Waid*gerechtigkeit* als Narrativ der NS-Jagdpolitik Görings erklärbar wird. Die forstliche Standortgerechtigkeit, wie sie später nach dem Krieg insbesondere vom akademischen Forstdienst fortentwickelt und zur Kerndisziplin der Holzerzeugung hochstilisiert wurde, entspricht tatsächlich vollständig dieser Bedingtheit des Wachsens und Gedeihens, die die Nazis zum theoretischen Kernanliegen ihrer rassistischen Ideologie und nicht zuletzt auch ihrer Expansion nach Osten im Zuge des sogenannten Generalplans Ost machten. Demgegenüber gibt es in der Dauerwaldidee Möllers keinerlei tragende Ideenbezüge mit der Nazi-Ideologie, geschweige denn historische oder auch nur waldbauliche.

Dass der Dauerwald heute überhaupt in sehr erfolgreichen Beispielen zu besichtigen ist, ist allein dem Privatwaldbesitz zu verdanken. Traurig aber wahr und dennoch einleuchtend, denn der öffentliche Forstdienst lebt nicht aus den Erträgen des öffentlichen Waldes, sondern aus dem Steueraufkommen der Bürger. Er braucht also auf die natürliche Produktionskraft seiner Wälder nicht zu bauen. Nicht zufällig feierte der Dauerwald in den vergangenen 100 Jahren seine ökonomischen wie ökologischen Erfolge ausschließlich in den wenigen Betrieben des Groß-Privatwaldes, die sich am wenigsten einen akademischen Streit darum leisten können. Sie folgten der Dauerwaldidee nicht, weil sie primär die Natur fördern wollten, sondern weil sie von den Walderträgen leben. Es ist also primär die Forstwissenschaft wie die von ihr ausgebildete kleine Führungsschicht der beamteten Forstakademiker im Höheren Dienst, die eine Bewirtschaftung der Wälder im Sinne des Dauerwaldgedankens bis heute konsequent verhindern und damit – bis auf wenige Ausnahmen – die fachliche Verantwortung für den anhaltend labilen Zustand unserer Wälder auf dem größten Teil der deutschen Waldfläche tragen – inklusive der beklagenswerten Schadflächen der Trockenjahre 2018/19. Dieser forstakademische Widerstand ist ungebrochen, auch wenn politisch landauf, landab inzwischen öffentlich behauptet wird, ab jetzt den Dauerwald machen zu wollen. Geht es nach ihnen, soll er aber *standortgerecht* (nach Alfred Dengler versteht sich) und durch *Neuanpflanzung* mit vermeintlich *klimaharten Fremdbaumarten* oder sogar *schlagweisem Baumartenwechsel,* also auf der *Freifläche,* aufgebaut werden – als *gepflanzter Altersklassenforst für noch einmal 100 Jahre,* respektive bis zur nächsten *hausgemachten Katastrophe.*

Um darum dem nach Heinrich Cotta und Georg Ludwig Hartig wohl bedeutendsten Forstmann der globalen forstlichen Wissenschaftsgeschichte, Alfred Möller, intellektuelle Gerechtigkeit widerfahren zu lassen, enthält dieses Buch zum 100. Geburtstag seiner Dauerwaldidee für jeden interessierten Leser alle drei seiner Originalschriften zum Dauerwald erstmals in einer Ausgabe vereint.

Dauerwaldwirtschaft[1]

Dr. A. Möller
Oberforstmeister und Professor

Die Waldbauvorlesung des Winterhalbjahres 1910/11 ging zu Ende. Ich hatte meine Zuhörer mit den Maßnahmen der Kiefernwirtschaft, wie sie in großen Betrieben üblich sind, bekannt gemacht und ihnen dann keinen Zweifel daran gelassen, daß unsere heutige Wirtschaft die mögliche Höhe der Vollendung noch durchaus nicht erreicht habe, daß wir mit einer vollkommeneren Wirtschaft dem Boden, auch dem armen, weit mehr Holz würden abgewinnen können, als die derzeitigen Ertragstafeln ahnen lassen. Dazu sei vor allem die Überwindung des Kahlschlagbetriebes erforderlich, die das Waldwesen (den Waldorganismus) auf mindestens ein Jahrzehnt zerstört, auf weit längerer Zeit schädigt und die höchstmöglichen Leistungen des Gesamtwaldes dadurch mindert. Das Waldwesen unversehrt auf allen uns zur Bewirtschaftung übergebenen Flächen stetig zu erhalten, oder in kurzem Ausdruck die »Stetigkeit des Waldwesens« (die »Kontinuität des Waldorganismus«), hat sich als die von der Zukunft zu lösende Aufgabe geschildert. Bei der Frage nach den Zwischenräumen der zeitlichen Aufeinanderfolge der Durchforstungen hatte ich am Schlusse der Besprechung der heut üblichen und gültigen Regeln und Vorschriften geäußert, daß vom Standpunkt der Waldpflege aus zur Erzielung höchstmöglicher Erträge am fortzunehmenden und am bleibenden Teile des Bestandes zweckdienliche Durchforstungen nicht oft genug wiederholt werden könnten und daß die heutige Ordnung der Dinge aus diesem Gebiet nur einen Vergleich darstelle zwischen dem waldbaulich besten und dem, was uns heute wirtschaftlich zulässig und nach Maßgabe der verfügbaren Kräfte und Mittel möglich erscheine.

Da kam einer meiner damaligen fleißigsten Zuhörer, Herr W. von Kalitsch zu mir mit der Bemerkung: »Ich glaube, mein Onkel in Bärenthoren wirtschaftet schon seit Jahrzehnten in seinem Walde im Sinne der Idealwirtschaft, welche sie uns geschildert haben.« Das wurde der Anlass zu einem Besuche, den ich im Herbst 1911 im Herrn Kammerherrn von Kalitsch auf Bärenthoren bei Dobritz (Kreis Zerbst) abstatten durfte. Herr von Kalitsch hatte die Güte, mir auf einem sehplanmäßig vorbereiteten Waldbegange seinen Wald und dessen eigenartige Bewirtschaftung zu zeigen, die in seinem Sinne seit 1883 und seit 1889 von ihm persönlich bis ins einzelne geführt und geleitet worden ist. Was ich sah, fesselte mich aufs höchste. Auf Kiefernboden von durchschnittlicher Beschaffenheit der IV. Klasse, hie und da etwas besser, anderwärts noch geringer, war einem Kiefernwalde, der Althölzer überhaupt nicht besaß, ein unglaublich klingender Ertrag abgewonnen, dabei der Bodenzustand sichtlich gehoben, der Vorrat wesentlich gemehrt; der Aufwand für Kulturkosten mit 1,69 M. je Jahr und Hektar in den ersten zehn Jahren 0,54 M. in dem nächsten Jahrzehnt und 0,51 M. in den letzten neun Jahren, darf wohl als verschwindend gering bezeichnet werden. Kämpe fehlten und ein Pflanzenbezug von außerhalb war auch nicht erfolgt. Und dem staunenden Besucher, der am Ende des Rundganges fragte: »Ja wie haben sie das nur gemacht?« Antwortete Herr von Kalitsch mit den einfachen Worten: »ich mache niemals Kahlschläge und durchforste meinen ganzen Wald jährlich und persönlich auszeichnend.«

Was mit diesem so einfach auszudrückenden und so einfach erscheinenden Grundsatz in nun mehr als 30-jähriger ununterbrochener Arbeit geleistet werden kann, davon gibt das Bärenthorener Revier sichtbar Kunde, von größtem Werte ist es aber, daß ein sachverständiges Forsteinrichtungswerk vom Jahre 1872 und eine Revision dieses Werkes vom Jahre 1884 vorliegt und dass eine geordnete Buchführung den Gang und Erfolg der Wirtschaft zuverlässig zu verfolgen erlaubt.

Unter diesen Umständen erschien es wünschenswert, einem größeren Kreise von Fachgenossen ein Bild der Bärenthorener-Dauerwaldwirtschaft und ihrer Erfolge aufgrund der vorliegenden Akten und genaue Aufnahmen an Ort und Stelle zu entwerfen. Hierdurch wurde auch einem Wunsche des Herrn von Kalitsch entsprochen, der unseres Erachtens mit vollem Rechte glaubt, durch seine Lebensarbeit ein Beispiel der Bewirtschaftung eines Kiefernwaldes auf armem Boden aufgestellt zu haben, dessen Nachahmung dem einzelnen Waldbesitzer ebensowohl wie der Gesamtheit von Nutzen sein würde und dass deshalb seine zur Erfüllung der hier gestellten Aufgabe unentbehrliche Mithilfe bereitwillig und tatkräftig zur Verfügung stellte.

Die Ausführung des Planes hatte ich meinem damaligen Assistenten, dem Oberförster Semper, zugedacht, der gar bald die große Bedeutung der schönen Aufgabe erfaßte und sich ihr mit freudigem Eifer widmete. In den Jahren 1913 und 1914 war er mehrmals längere Zeit in Bärenthoren und nahm eine vollständige Bestandesbeschreibung des Reviers selbstständig auf. Massenermittlungen, Zuwachsuntersuchungen und alle sonst erforderlichen Erhebungen wurden von ihm unter seiner Leitung bewirkt. Herr von Kalitsch unterstützte die Arbeiten in jeder Weise, die erforderlichen Auszüge aus den Akten wurden von ihm geprüft und alle Maßnahmen der Wirtschaft an Ort und Stelle im Walde eingehend und wiederholt erörtert. Im Sommer 1914 war die Arbeit im wesentlichen beendet, und Semper nun in jeder Beziehung in den Stand gesetzt, eine Niederschrift des Ganzen zu beginnen. Doch erst wenige Meter waren gefüllt, als der Ruf zu den Fahnen erging. Schon am 13. Oktober mussten wir auch Sempers Namen auf die Ehrentafel der Helden eintragen, die ihr Leben dem Vaterlande gaben.

So fällt mir nun die Aufgabe zu, die aufgewandte Arbeit nutzbar zu machen. Die grundlegenden Aufzeichnungen und Zusammenstellungen sind vollständig und übersichtlich. Meine Darstellung der Verhältnisse wird sich demgemäß auf das Jahr 1913 beziehen. Inzwischen ist die Wirtschaft im alten Sinne weitergeführt, und von Jahr zu Jahr in steigendem Maße hat sie auch während der Kriegszeit ihre Stärke und Richtigkeit in neuen Erfolgen bewährt. Allein, hierauf einzugehen, muss einer spätere Mitteilung vorbehalten bleiben, wenn zu neuen Messungen und Aufnahmen wieder Zeit und Arbeitskräfte zur Verfügung stehen werden.

Das Rittergut Polenzko-Bärenthoren, Fideikommiß der Familie von Kalitsch, wurde um das Jahr 1844 von dem Großvater des derzeitigen Eigentümers, dem Kammerherrn Friedrich von Kalitsch auf Dobritz käuflich erworben. Es umfasste damals insgesamt 1273 ha, wovon bei den Seperationen der Fünfzigerjahre 70 Hektar abgetreten wurden. Die Gesamt-Waldfläche des Gutes betrug damals 645 ha, davon etwa 500 Hektar Kiefernbestände; sie ist durch spätere Aufforstung wenig ertragreichen Ackerlandes vergrößert worden.

Das Rittergut liegt im rechtselbischen Teil des früheren Herzogtums Anhalt auf den südwestlichen Abhängen des Fläming, 15 km nordöstlich von Zerbst. Der Boden ist zum ganz überwiegenden Teil oberer Diluvialsand, an zwei Stellen durch Geschiebepackungen unterbrochen. Geschiebelehm ist teilweise im Untergrund festgestellt, doch geben Bohrungen ebensowohl wie der Befund der geologischen Karte jener Gegend Aufschluss darüber, daß er im allgemeinen fehlt oder doch nur in Tiefen von mehr als 5 m vorhanden ist. Der Wald stockt auf jung glazialen Hochflächensanden. Die höchste Erhebung am Weinberg, Jagen 33/43, ist 137,4 m Meereshöhe. Dieser Hochflächensand führt hiesige Bestandteile und kleine Geschiebe.*

Das leicht wellige Gelände flacht sich im allgemeinen nach Westen und Süden leicht ab. Von irgend welchen erheblichen, durch verschiedene geologische Entstehung oder verschiedene chemische Zusammensetzung des Bodens bedingten Unterschieden in der Bodengüte kann hier nicht die Rede sein. Die erheblichen Unterschiede in der Wüchsigkeit der Bestände sind ausschließlich auf deren Entstehung und Behandlung zurückzuführen.

Das Klima ist ausgesprochen trocken und niederschlagsarm, insbesondere ist die Zeit der Frühsommerdürre dort sehr empfindlich. Die Sommergewitter ziehen in der Regel an Bärenthoren vorbei. Benachbarte meteorologische Stationen zeigen Regenhöhen zwischen 550 und 600 mm, Zerbst 570 mm, Wiesenburg, am NW-Rande des Fläming, 590 mm. Genaue Beobachtungen für das Revier Bärenthoren liegen nicht vor, auf der Hellmannschen Regenkarte liegt es auf der Grenze von 550 mm, und das wird auch deshalb zutreffen, weil es regenärmer als das benachbarte Zerbst ist.

Die Forst Bärenthoren selbst ist zu drei Vierteln von anderen Waldungen umschlossen, den Oberförstereien Grimme und Serno und der Stadtforst Zerbst, Forstrevier Krakau. Die nächstgelegenen Bahnstationen sind Redlitz 12 km, an der Berlin-Wetzlarer Bahn, Zerbst 17 km und Roslau 18 km, an der Leipzig-Magdeburger Bahn.

Zuverlässige Nachrichten über den früheren Waldzustand in Bärenthoren, insbesondere über den Boden und über die Holzhaltigkeit und Wüchsigkeit der Bestände, lie-

* Erläuterungen zur geologischen Karte von Preußen. Lieferung 138. Blatt Nedlitz. Berlin 1908.

gen aus verschiedenen Zeiten vor. Aus allen diesen Nachrichten ergibt sich seit langer Zeit schon ein recht ungünstiger Bodenzustand und das Vorwiegen der jungen Altersklassen. Heide und Renntierflechte waren die fast ausschließlichen Bodenpflanzen, lückige, niedrige Kiefern mit frühzeitig abschließendem Höhenwuchs, in meist 80-jährigem Umtriebe genutzt, oft aber auch sehr viel früher geerntet, bildeten die Bestände.

Schon ein Gutachten eines ungenannten Verfassers vom Jahre 1833 enthält die bemerkenswerten Sätze: »Nachteilig für die schönen Ansaaten ist das Streuharken, wozu die Unterthanen berechtigt sein sollen; denn bei dem in den sämtlichen Kiefer-Beständen vorherrschenden schlechten Sandboden, mit brauner Heide überzogen, können nur dann kräftige Bestände erzogen werden, wenn man den Pflanzen nicht ihre natürlichen Nahrungsmittel entzieht.« Als Jahresertrag des damals 500 Hektar großen Kiefernhauptreviers, welches noch 200 Hektar 70- bis 90-jährige Bestände enthielt, werden 1000 Thaler veranschlagt. Die Berechnung legt die damaligen Holzpreise … zugrunde und nimmt vom Morgen 80-jährigen Holzes einen Ertrag von 50 Thalern an, woraus man schließen kann, dass kaum 180 fm Derbholz erwartet wurden. Dies stimmt durchaus überein mit einer Bemerkung aus der Taxation von 1844: »Durchschnittlich ist die IV. Bodenklasse anzunehmen«; ebenda ist auch von dem mangelhaften Wuchs die Rede.

In dem ausführlichen Abschätzungswerke von 1872 (gefertigt von Forstinspektor Püschel zu Dessau) heißt es: »Das Revier hat durchweg Sandboden, größtenteils von geringer Güte, meistentheils Kiefernboden von unter mittlerer Güte.« Auch eine Betriebsrevision von 1884 spricht von dem geringen Boden.«

Dem entsprechen denn auch die vorliegenden älteren Angaben über die Art der Bestockung. Im Jahre 1845 wurden 356 Morgen schlagbarer Kiefern erntekostenfrei für 2200 Thaler verkauft. Der Morgen brachte also 62 Thaler gegenüber den im Jahre 1833 (s. o.) veranschlagten 50 Thalern, und wir können wenigstens soviel daraus schließen, daß Erträge von mehr als 200 fm je Hektar auch in den 90- bis 100-jährigen schlagbaren Beständen wohl niemals vorgekommen sind.

Ein genaues Bild des Waldzustandes liefert das eben erwähnte Abschätzungswerk des Forstinspektors *Püschel* vom Jahre 1872/73; es enthält Angaben über Alter, Vollbestand, Bodengüte und mutmaßlichen Abtriebsertrag für alle Abteilungen. Püschel fand *für den geschlossenen Hauptteil* der Bärenthorener Forst ein außerordentlich ungünstiges Altersklassenverhältnis vor, denn es umfasste die Bestände im Alter

von 1–20 Jahren	235 ha
von 21–40 Jahren	208 ha
von 41–60 Jahren	170 ha
von 61–80 Jahren	22 ha
	635 ha

Trotz dieser ungünstigen Verhältnisse richtete er einen 80-jährigen Umtrieb ein oder versuchte viel mehr, durch seine Einrichtungsvorschriften einen solchen anzubahnen. … Ein sogenannter genereller Hauungsplan gab die im Jahrzehnt 1872–1881 zur Verfügung gestellten Jagen einzeln an. … Der durchschnittliche Abtriebsertrag aber belief sich nur auf 116 fm je Hektar. Als zulässigen Gesamtabnutzungssatz (Haupt- und Vornutzung) an Derbholz ermittelte Püschel für die I. Periode 1,5 fm. Er wollte alsdann in der II. und III. Periode etwas über 2 fm zugestehen und erst in der IV. Periode, also von 1932 an, sollte, wenn Überhiebe und Unglücksfälle ausblieben, der Derbholzabnutzungssatz 3 fm erreichen. So gewinnen wir aus den vorliegenden Mitteilungen das Bild eines überhauenen Privatwaldes auf Boden IV. Güte und noch geringer. Die starken Streu-, sowie die Raff- und Leseholzberechtigungen früherer Jahre hatten den Rückgang des Bodens vornehmlich verschuldet.* Seit 1853 waren freilich Raff- und Leseholzberechtigungen abgelöst, aber schon 1870 begann nun der Förster mit Streuverkäufen, um die arg abnehmenden Einnahmen aus Holz etwas zu heben. Die Wirtschaftsergebnisse aus den Jahren 1. Juli 1870 bis 1. Juli 1884 liegen vor. Es berechnet sich die durchschnittlich jährliche Einnahme während dieser 14 Jahre

für Holz auf	9.188 M.
für Streu auf	46 M.
für Pflanzen auf	159 M.
auf der Jagd	446 M.
im ganzen auf	10.339 M.

Dem stehen gegenüber die durchschnittlichen jährlichen Ausgaben:

an Gehalt und Deputat für den Förster	1.454 M.
an Dauerlöhnen	1.880 M.
für Kulturen	1.454 M.
für Wege	53 M.
für Zäune	159 M.
für Schussgeld	215 M.
im ganzen	5.215 M.

* Bis 1857 waren streuberechtigt: 2 Vollspänner, 2 Halbspänner, 10 Koßäthen, 7 Häusler vergünstigungsweise zugelassen 5 weitere Häusler. Es wurde gerechnet, dass jeder Anspänner jährlich mindestens 30 Fuhren Streu holte. 1850 wurden insgesamt ca. 300 Fuhren von etwa 100 ha streugenutzter Fläche geholt.

Die Reineinnahmen betragen demnach 10.339 – 5.215 = 5.124 M. jährlich oder für ein Hektar Holzbodenfläche (733) 7 M.

Im Jahre 1884 erfolgte eine Revision der Abschätzung von 1872, ausgeführt vom damaligen Kgl. Preußischen Forstassessor Scheidemantel. Er fand das Revier in dem trostlosesten Zustand, von welchem wir Kunde haben. Den Boden bedeckten Heide und Renntiermoos, Humus war fast nirgends mehr vorhanden, die Bestände fast ausnahmslos im Wuchse frühzeitig nachlassend, mit geringstem Höhenwuchs, zum größten Teil lückig, so dass sie zumeist nur als 0,7, oftmals noch weit geringer, vollbestanden angesprochen werden konnten, die Kronen zudem durch fortgesetzten Borkenkäferfraß ständig beschädigt. Auf anderen Flächen wieder dichte, im Wuchse stockende Saaten, die nach den Streunutzungen zu voll aufgelaufen waren und bis über das 30. Jahr hinaus noch kein Derbholz enthielten. Bei planmäßig 80-jährigem Umtriebe mußte in durchschnittlich höchstens 60-jährigem Holze gehauen werden. Massenerträge von 139 bis 140 fm je Hektar bildeten die Regel. Der Wald war so ziemlich am Ende seiner Leistungskraft, der Plan Scheidemantels ließ nur eine sehr langsame Besserung des Zustandes von der Zukunft erwarten. Um solche wenigstens anzubahnen, stellte er einige noch leidlich geschlossene Bestände aus der 1. Periode des 1872er Betriebswerkes zurück und schlug dafür die Abnutzung besonders räumiger Stangenhölzer vor, um an deren Stelle geschlossene Kulturen setzen zu können. So ergab sich für den 8 Jahre umfassenden Rest der 1. Periode ein Abnutzungssatz für ein Hektar jährlich von nur 1.55 fm in Haupt- und Vornutzung.

Im Jahre 1884 übernahm die Forstwirtschaft in diesem heruntergewirtschafteten Kiefernwalde der jetzige Besitzer, damalige Forstassessor Friedrich von Kalitsch. Er hatte, wie

Schreiber dieser Zeilen, von 1881/83 die Forstakademie Eberswalde besucht, bei Dankelmann Waldbau und Forsteinrichtung gehört und dort jedenfalls nicht die Anregung bekommen, zu der ganz eigenartigen, bewusst von allem Hergebrachten und Schulmäßigen abweichenden Wirtschaft, welche er alsbald einleitete und mit, man darf sagen, märchenhaften Erfolge seitdem durchgeführt hat. Mag immerhin der Zwang der Verhältnisse ihn zu dem Entschluß geführt haben: »Ich muß weit mehr, als die Taxe erlaubt, aus dem Walde ernten«, während vielleicht die forstlichen Studien den scheinbar mit dem vorigen unvereinbaren reiften: « Ich will den Wald nicht noch mehr verschlechtern, sondern erheblich verbessern«, so bleibt es doch eine bewundernswerte forstliche Tat aller Schulmeinung, allem Hergebrachten entgegen eine planmäßige gänzlich neue Wirtschaft begonnen und unbeirrt von Warnungen, Abmahnungen, ja selbst spöttischen und abfälligen Urteilen anderer folgerichtig fortgesetzt zu haben, bis nach langem geduldigen Warten von etwa 10 Jahren die ersten ermutigenden Erfolge sichtbar wurden, die sich dann von Jahr zu Jahr mehrend, die Ausdauer lohnten und den forstlichen Bahnbrecher glänzend rechtfertigten.

Es drängt sich hier schon der Vergleich auf mit dem zweiten lebenden forstlichen Bahnbrecher Christoph Wagner, der in vielfältiger Wirtschaft in Gaildorf in Württemberg die Wirtschaft des Blendersaumschlages ausarbeitete, die er alsdann in seinen allgemein bekannten Werken der forstlichen Welt dargestellt hat. Aber dem Süddeutschen war ein günstigeres Arbeitsfeld beschieden.

Der gemischte Wald mit Fichte, Tanne, Buche auf kräftigem Boden in mäßigen Höhen des Mittelgebirges, bei reichlichen Niederschlägen, dankte seinem Wirtschafter schneller und üppiger, als die trockene Kiefernheide von Bärenthoren ihrem Besitzer. Fern sei es darum, die Leistung eines der beiden Bahnbrecher der des anderen gegenüber verkleinern oder vergrößern zu wollen.

Als ein glückliches Zusammentreffen müssen wir es vielmehr preisen, dass zwei schöpferische Forstleute annähernd gleichzeitig in Süd und Nord unter fast gegensätzlichen Verhältnissen und jeder in erster Linie für eine unserer Hauptholzarten, Fichte und Kiefer, die gleiche, große, schwere und wichtige Aufgabe gelöst haben, durch die Tat nämlich den Weg zu weisen, wie man die Erzeugung des Waldbodens bei Verminderung des Kostenaufwandes aber bei erheblichen Mehraufwand an vornehmlich geistiger Arbeit weit über das Maß hinaus steigern kann, welches als höchstmögliches auf Grund der bisherigen in den Ertragstafeln niedergelegten Wirtschaftsergebnisse betrachtet zu werden pflegte. Mag nun auch die Blendersaumschlagwirtschaft mit der Bärenthorener Wirtschaft auf den ersten Blick Ähnlichkeit aufweisen, im Grundgedanken, dem Gegensatz gegen die Kahlschlagwirtschaft, sind sie beide einander gleich, beide erfüllen die Forderung der Stetigkeit des Waldwesens auf der ganzen Wirtschaftsfläche und erreichen eben dadurch ihre Erfolge. Beide fallen unter den hier neu aufgestellten Begriff der Dauerwaldwirtschaft oder des Dauerwaldbetriebes, den ich in Gegensatz stelle zu jeder Art von Kahlschlagwirtschaft.

Die Betriebsarten werden zweckmäßig in zwei große Gruppen getrennt:

1. Die Dauerwaldbetriebe,
2. die Kahlschlagbetriebe.

Das Kennzeichen und eigentliche Wesen des ersteren ist darin gegeben, dass sie die Stetigkeit des Waldwesens auf der ganzen Wirtschaftsfläche erstreben, das der zweiten darin, daß sie dies grundsätzlich nicht tun. Aus naturgesetzlichen Gründen können nur die Dauerwaldbetriebe die höchstmögliche Holzwerterzeugung auf der ihnen unterworfenen Fläche verbürgen, die Kahlschlagbetriebe können dies grundsätzlich nicht. Darum gehört den Dauerwaldbetrieben die Zukunft, und wer überhaupt an eine Fortentwicklung der heut noch in den Kinderschuhen einhergehenden forstlichen Technik glaubt, wird von dem in der Zukunft mit zwingender Folgerichtigkeit sich durchsetzenden Siege der Dauerwaldbetriebe über die Kahlschlagbetriebe überzeugt sein. Dies gilt auch für die norddeutsche Kiefernwirtschaft, welche unter dem Zeichen des Kahlschlagbetriebes steht. Auch für sie erstrebt Wagner mit seinem Blendersaumbetriebe einen Dauerwaldbetrieb. Die Einführung des Blendersaumbetriebes in das große Gebiet der norddeutschen Kiefernwirtschaft ist nicht ohne weiteres möglich. Der Segen, den ihre Grundgedanken auch hier stiften können und werden, will erarbeitet sein. Zwischen Gebieten mit 700 mm Niederschlag und mehr – in solchen ist der Blendersaumbetrieb heimisch – und anderen mit weniger 600 ja 500 mm – und um solche handelt es sich zumeist bei der Kieferwirtschaft – besteht ein tiefgreifender waldbaulicher Unterschied, der mannigfache Anpassung jeweils verschiedener Art von dem Wirtschafter fordert.

Die Bärenthorener Wirtschaft lehrt einen gangbaren bewährten Weg zum Dauerwaldbetriebe im Kiefernwalde auf Sandboden mit geringen Niederschlägen. Ihre Ergebnisse müssen wir uns zunächst zu eigen machen, dann eröffnet sich für die Zukunft die Aussicht, dem Blendersaumbetriebe auch in unserem Arbeitsgebiete zu dem von seinem Schöpfer gewollten und geforderten Einfluß verhelfen zu können.

Unsere Aufgabe ist es nun, die Erfolge der Bärenthorener Wirtschaft während des 29-jährigen Zeitraumes von 1884 bis 1913 genauer zu verfolgen. Wir beschränken uns dabei auf den geschlossenen Hauptkomplex des Reviers, welches 666 Hektar umfasst, wovon zu Beginn der Wirtschaft Kiefer-Birkenmischbestände, 5 Hektar 90-jährige unwüchsige Buchen waren. Ganz überwiegend haben wir es mit altem Waldboden zu tun; 102 Hektar waren Ackeraufforstungen aus dem Anfange der 50er und 60er Jahre, 31 Hektar aus der Mitte der 70er Jahre.

Der neue Bärenthorener Betrieb von 1884 schloß wie gesagt jeden Kahlschlag grundsätzlich aus in der richtigen Erkenntnis, dass der ohnehin so verwahrloste Boden durch die Freilegung nur noch mehr leiden müsse. An Stelle der Kahlschläge führte er eine vorsichtige, stammweise ausgezeichnete, jedes Jahr auf jeder Fläche wiederkehrende Durchforstung ein. Diese Durchforstung wurde in den ersten Jahren nach genauen Anweisungen des damals von Hause abwesenden Besitzers, von 1889 ab von diesem meist und in älteren und den unregelmäßigen Beständen grundsätzlich stets selbst, sonst auch nach seinen Angaben durch den Förster ausgezeichnet. Die dabei befolgten Grundsätze lassen sich etwa folgendermaßen zusammenfassen. Der Beginn der Wirtschaft fand eine Reihe von übersäten im Wuchse stockenden jungen Beständen vor. Hier sind Durchreiserungen schon in 20-jährigen Orten derart ausgeführt, daß nahezu alles anfallende Material als Bodendeckung im Bestande blieb. Außerdem sind Durchforstungen, deren Holzertrag nicht mindestens die Werbungskosten deckte, nur in geringer Zahl während der ersten Jahrzehnte der Wirtschaft ausgeführt worden.

Auf den großen Flächen, welche mit strauchig verästelten Kusseln ohne Höhenwuchs unregelmäßig oft weiträumig bestockt, von Scheidemantel (s. o.) zum Abtrieb bestimmt waren, wurden allmählich in jährlicher Wiederkehr die schlechtesten Stammformen entfernt, doch stets nur soweit, als dadurch nicht Lücken entstanden, die zum Astigwerden der Randbäume führen oder an diesen Schneebruchgefahr steigern konnten. Erhaltung eines lockeren Kronenschlusses in den jüngeren Beständen bis wenigstens zum 50. Jahr ist stets angestrebt worden, unterdrückte, noch lebensfähige, wurden stets geerntet, in der Erwägung, dass etwaiger Bodenschutz durch solche schwachkronigen Stämme gegenüber der unnützen Verdunstung ihrer Kronen nichts besagen könne. Außerdem wurde der Bodenschutz durch die Reisigdeckung in viel wirksamerer Art besorgt. Auf Herausbildung herrschender Kronen in möglichst gleichmäßiger Verteilung ist von Anfang an bewusst Bedacht genommen. Jedoch ist eine wirkliche Freistellung solcher Kronen, etwa durch Entnahme benachbarter sie bedrängender kranker oder sehr schlechtformiger Stämme erst von dem Zeitpunkt ab für zulässig erachtet worden, wo unter der Krone ein nicht mehr lebende Zweige tragender Stamm von 12 bis 14 m Länge erreicht war. Erst von diesem Zeitpunkt ab tritt an Stelle der den Bestandesschluß unbedingt schonenden Durchforstung eine schwache und allmählich nach Bedarf vorsichtig zu steigernder Lichtung, welche schlechte Stamm- und Kronenformen soweit entfernt, als sie besser gearteten in der Entwicklung hinderlich sind. Möglichst alljährliche Wiederkehr des Hiebes und dabei jedes Mal nur schwacher und sozusagen unmerklicher Eingriff, das ist das Wesen der Bärenthorener Durchforstung.

Sobald der Eingriff in den Kronenschluss beginnt, ist Kiefernanflug, sowie Anflug und Aufschlag anderer Holzarten in den Beständen willkommen.

Von Anfang an blieb alles anfallende geringe Reisig als Bodendeckung an Ort und Stelle liegen.

Es sollte dadurch gewissermaßen dem Walde wiedergegeben werden, was ihm durch die widersinnige Streunutzung früherer Jahre entzogen worden war. Daß weitere Streunutzung ausgeschlossen blieb, war selbstverständlich. Aber würde dies sperrige, trocken knackende Reisig auf dem dürren Sande zwischen Heidebüscheln und Renntiermoos sich in Humus verwandeln? War es nicht viel mehr eine Brutstätte für Insekten und eine ständige Feuersgefahr? Mit solchen Fragen und bedenklichem Kopfschütteln alter erfahrener Forstwirte wurde die neue Wirtschaft reichlich bedacht. Allein in dem trockenen Reisig brüteten keine schädlichen Insekten, und die Feuersgefahr, welche über einem reinen Kiefernrevier auf trockenem Sandboden ohnehin immer schwebt, kann durch das Reisig am Boden nur wenig und nur solange vermehrt werden, bis der erste Winter über das Reisig hinweggegangen ist. Tatsächlich hat die starke, im ganzen Reviere erfolgende Reisigdeckung des Bodens zu keinerlei Waldbrandschäden geführt. So fest war das Vertrauen auf die gute Wirksamkeit dieser neuen Art Forstdüngung, dass der Besitzer sich nicht scheute, aus dichter Saat entstandene, im Wuchse stockende Dickungen stark durchreisern zu lassen und fast das gesamte anfallende Reisig im Bestande aufzuschichten, stellenweise bis zu über ½ m Höhe.

Im übrigen sprachen das eigene Bedürfnis der Wirtschaft und die Nachfrage von Käufern stets wesentlich mit bei Auswahl des zu erntenden Holzes. Aber alles was begehrt oder zurzeit gut bezahlt wurde, suchte der Besitzer bis in jeden Winkel mit ortskundiger Sorgfalt selbst aus, nicht dort, wo es am bequemsten zu erreichen war, sondern Stamm für Stamm da, wo es abkömmlich schien, ohne die Gesamtleistung des Waldes zu beeinträchtigen, womöglich und meistens so, dass die Fortnahme andern Wert erzeugenden Bäumen die Möglichkeit gesteigerter Entwicklung verschaffte.

Auf den am stärksten verwilderten Flächen, in hoher Heide und im Hungermoos wurden an vielen Stellen im Revier gleich während der ersten Jahre der neuen Wirtschaft Buchen als Bodenschutzholz eingebracht. Nicht die besten Stellen wurden dazu ausgesucht, sondern vielmehr des Bodenschutzes bedürftigsten. Zuerst nur langsam sich entwickelnd, zum Teil auch durch Mäusefraß geschädigt und danach auf den Stock gesetzt, haben sich diese Buchenunterbauflächen entgegen allen schlechten Prophezeiungen im Laufe der Jahre ausgezeichnet entwickelt. Die Buchen sind weit über mannshoch, erfrischende Oasen im einförmigen Kieferwalde. Im ganzen sind es etwa 18 ha, die regellos über die ganze Revierfläche verteilt liegen. Vielfältige Erfahrungen haben uns inzwischen belehrt, dass man mit dem Buchenunterbau in Kiefern auch auf geringen Böden gute Erfolge erzielen kann. Herr von Kalitsch brachte aber seinerzeit von der Akademie noch die Lehre mit, dass man mit dem Buchenunterbau nicht wesentlich unter die II. Bodenklasse sich wagen solle.* Umso höher ist auch hier seine der Zeit vorauseilende richtige Beurteilung der Verhältnisse anzuerkennen. Auch heut noch würde der fremde Forstmann, den man etwa mit verbundenen Augen an eine geeignete Stelle des Reviers führte und ihm dann die Binde abnähme, während er mit dem Rücken gegen eine der Unterbauflächen aufgestellt war, geneigt sein, den vor ihm liegenden Bestand und Boden als ganz unmöglich für Buchenunterbau anzusprechen, obwohl überall das Bild wesentlich günstiger sich darstellt, als vor 30 Jahren. Die Kehrtwendung würde ihn dann staunend erkennen lassen, wie sehr er im Irrtum war.

Stärkere über die Durchforstung hinausgehende Eingriffe erfolgten seit Anfang der 90er Jahre besonders in den Ackerkieferbeständen, welche dem alten Walde vorgelagert waren: Hier zeigten sich die bekannten Erscheinungen der Sterbelücken infolge des Wurzelschwammes. Nach zuerst frohem Gedeihen hörte im Stangenholzalter das Höhenwachstum nahezu auf, die Kronen flachten sich ab, horstweise trat das Absterben ein. Auf den Lücken fand sich allmählich Kiefernanflug ein, dem etwa vom 45. Jahre des Bestandesalters an vorsichtig, unter der Beobachtung des gleichen Grundsatzes jährlicher Wiederkehr, auf jeder Fläche nachgehauen wurde. Heute sind alle in Betracht kommenden etwa 100 Hektar im wesentlichen voll verjüngt, auf großen Teilen eine 15 bis 25-jährige frohwüchsige Dickung, in der bereits wieder durchforstet wird, auf anderen Teilen, mit noch erhaltenem stamm- oder gruppenweisem Schirm jetzt 65-jähriger Kiefern, die nach Jahrzehnte langem Stocken im Höhenwuchs eine völlig neue spitze Krone über der alten abgeflachten gebildet haben.

Im zweiten Jahrzehnt der Wirtschaft wurde in gleichem Sinne auf der ganzen Fläche weitergewirtschaftet. Die breitkronigen Stämme mit abgeschlossenem Höhenwuchs waren nun meist entfernt, die Durchforstung ging nach bewährter Erfahrung weiter und entnahm in den wieder wüchsiger werdenden Beständen etwas größere Massen, wenn auch die relative Stärke des Hiebes angesichts der wachsenden Holzvorräte geringer wurde. Nun endlich, seit 1894, begann die den Bodenzustand merklich beeinflussende wirkliche Zersetzung des jährlich liegen gelassenen Reisigs, der »Zacken«. Wahrlich, es gehörte Geduld und unbedingtes Zutrauen zu der Richtigkeit des eingeschlagenen Weges dazu, über 10 Jahre lang ohne erhebliche Erfolge eine Maßregel fortsetzend durchzuführen, deren Zweckdienlichkeit fast allgemein bezweifelt und angefochten wurde. Als erstes in die Augen fallendes Zeichen der Änderung des Bodenzustandes traten die Anfänge einer Moosvegetation auf, die

* Hier lag noch die alte Vorstellung zugrunde, dass auch auf dem Sandboden der norddeutschen Tiefebene die Boden- und Ertragsklasse in der mineralischen Zusammensetzung des Bodens, welche gegeben, und vom Forstmann nicht zu ändern wäre, begründet sei, während wir nun wissen, dass die Forstwirtschaft des 20. Jahrhunderts durch ihre Kahlschläge in unzähligen Fällen Boden II. Klasse in IV. Klasse verwandelte, und dass wir imstande sind, auch die IV. Klasse wieder zurück in die II. zu verwandeln, lehrt diese Abhandlung eindringlich. Vgl. auch Vogel von Falkenstein: *Int. Mitt. f. Bodenkunde*, Bd. I Heft 6, II Heft 2–3.

allmählich über Heide und Hungermoos (Renntierflechte) den Sieg gewinnen sollte. Überwiegend war freilich bis über die Jahrhundertwende hinaus immer noch die Bedeckung des Bodens mit der letztgenannten Flora des armen Sandes; noch bis 1902 wurden die Bienen aus Wühro und Dobritz zur Heideblüte in den Bärenthorener Wald gebracht.

Ein Nonnenfraß hat 1890–93 das Revier betroffen, ohne sonderlich nachhaltige Schäden zu hinterlassen; schlimmer war der Spannerfraß, der gleichzeitig mit dem in der Letzlinger Heide (1899–1901) hier herrschte. Die Winter 1900/01 und 1901/02 brachten infolgedessen stärkere Massen zum Einschlag, als unter regelrechten Verhältnissen gehauen worden wären, und einige stark durchfressene Bestände machten eine künstliche Deckung des Bodens durch Kiefernstreifensaaten unter Schirm erforderlich, die einzigen künstlichen Kiefernkulturen im Revier während der ganzen uns hier beschäftigenden 29-jährigen Bewirtschaftungszeit.

In allen älteren Beständen begann in dieser Periode von 1894–1903 natürlicher Kiefernanflug zu erscheinen, dem nun überall horstweise vorsichtig Jahr für Jahr nachgehauen wurde. Am besten entwickelte er sich natürlich in den Gattern, mit denen die Buchenunterbauflächen geschützt worden waren. Hier strebt jetzt vielfach unter dem lockeren Schirm alter Kiefern ein Kiefern-Buchenmischbestand in die Höhe, der die besten Erwartungen für seine Zukunft rechtfertigt. Aber auch außerhalb der Gatter ist aus dieser Zeit Kiefernanflug in den älteren Beständen überall vorhanden. So unscheinbar und wenig vertrauenerweckend er aussah, so groß erwies sich doch seine Widerstandskraft. Freilich musste der Wildstand in zulässigen Grenzen gehalten werden; der Jäger und Forstmann in der Person des Herrn Besitzers mussten den unvermeidlichen Kampf miteinander zu einem Ausgleich bringen; es galt vor allem die den ganzen Tag herumziehenden Rehe nicht zu zahlreich werden zu lassen. Aber einige gute Böcke brachte doch jedes Jahr, und Rotwild, im Sommer auch Damwild in mehreren Rudeln, waren immer vorhanden.

In die dritte neunjährige Wirtschaftsperiode von 1904–1913 fallen die beiden bösen Dürrejahre 1904 und 1911, dazu ein Nonnenfraß, der 1904 begann und nach siebenjähriger Dauer infolge des heißen Sommers 1911 im folgenden Jahre noch einmal aufflammte. Mit dem Nonnenfraß trat 1906–1908 wieder der Spanner auf; 1913 folgte ein recht erheblicher Eulenfraß.

Diese schweren Schäden sind nicht ohne Einfluß auf Zuwachs und Wirtschaft geblieben. Aber der inzwischen immer mehr erstarkte und gesundete Wald hat sie überwunden, und das Schlussergebnis, welches aus dem Vergleich des Waldzustandes1883 und 1913, unter Berücksichtigung der inzwischen erfolgten Erträge sich ergibt, und welches ohne jene Schäden noch sehr viel günstiger sich gestaltet haben würde, ist, wie wir sehen werden, trotz aller feindlicher Einflüsse über alle Erwartungen hinaus glänzend zu nennen.

Zum wesentlichen Teil ist dies der langsam, angebahnten, dann in stetig steigender Zunahme fortschreitenden Gesundung des Bodens infolge der Reisigdüngung zuzuschreiben. Die »Zackenzersetzung« erfolgte seit 1905 immer rascher, im allgemeinen ist jetzt binnen längstens drei Jahren, oftmals schon früher, das letzt gefallene Reisig völlig verwest. Inselweise zuerst fand sich auf alten Zackenzersetungsstellen Bürstenmoos, Polytrichum und Dicranum, ein, dann Astmoos, Hypnum, und dieses breitete sich bald durch den Bestand aus. Wo unter dem Tritt des Wanderers früher das trockene Hungermoos knirschend auf dem tennenartig harten Erdboden zerrieben wurde, federt jetzt eine stets Feuchtigkeit haltende Humusdecke. Die Astmoose nehmen den Kampf mit Heide und Renntierflechte auf; sie wachsen an den Stengeln der Heide in die Höhe, bis deren Lebensbedingungen so ungünstig werden, dass sie unterliegt, sie überziehen die bis 7 cm starken unteren Teile, der liegen gebliebenen Zöpfe im ersten Spätsommer nach dem Hiebe so dicht, dass diese schon im nächsten Winter verrottet sind. Es ist, so sagt Herr von Kalitsch, der diesen Vorgängen eingehende Beobachtung schenkte, als fräßen die Moose da Reisig auf. In Wirklichkeit schaffen sie Bedingungen, unter denen die holzzersetzenden Pilze des Waldbodens ihre Tätigkeit wirksam und schnell vollbringen. Alle diese Vorgänge aber sind einer eingehenden Untersuchung wert; sowohl die Rolle, welche die Moose dabei spielen, ist genau zu untersuchen, es ist aber dann auch festzustellen, welche Pilze es wesentlich sind, die für die schnelle Zersetzung infrage kommen.

Zweifellos werden sich sehr verschiedene Arten dabei ablösen, ganz bestimmte den ersten Angriff auf die frische Holzsubstanz unternehmen, andere in bestimmter Folge den weiteren Abbau bewirken. Seit 1911 sind auch hier in Eberswalde Versuche eingeleitet, die zur Klärung dieser Fragen das Beobachtungsmaterial liefern sollen. Allein in der Nähe der Stadt, deren Bevölkerung alles erreichbare Raff- und Leseholz aus dem Walde holt, hat nicht einmal ein hoher, kräftiger, mit Stacheldraht bewehrter Zaun die Versuchsflächen genügend schützen können, so dass noch einige Zeit wird vergehen müssen, ehe die auch hier vollständig gleichsinnig erfolgende Reisigzersetzung unter Moosüberzug, und hier im Kampf mit der Heidelbeere genügend umfangreiches Untersuchungsmaterial liefert. Es mag aber nicht überflüssig sein, nach diesen Erfahrungen darauf hinzuweisen, dass mit der Abgabe von Raff- und Leseholz die Bärenthorener Wirtschaft nicht vereinbar ist.

Mit und nach den Astmoosen zogen an Stelle der weichenden Heide die Gräser ein, nicht nur Schafschwingel und ähnliche anspruchslose, sondern auch Ruchgras, das sich jetzt auf weiten Flächen findet, und die Hainsimse, die sich überall verbreitet hat, sogar mitten im mehr und mehr weichenden Renntiermoose sich jetzt ansiedelt. Der Adlerfarn, noch 1900 kaum vorhanden, breitet sich aus, neuerdings treten daneben die lieber gesehenen Becherfarne auf. Seit 1907 finden sich Brombeeren und Weidenröschen in den übrigens jetzt meist ganz zerfallenen Gattern. Jetzt wird die Bodenflora immer mannigfaltiger, es fehlt nicht mehr an »Blumen im Revier«, und 1913 wurden Glockenblumen, Löwenmaul, Wolfsmilch, wilder Kümmel (Pimpanella), Gundermann, Fichtenspargel, Bärlapp und mehrere Ginstersorten als weit verbreitete Pflanzen bezeichnet.

So war in großen Zügen der Gang und Erfolg der Wirtschaft. Genutzt ist weit mehr, als das Abschätzungswerk von 1872 und 1884 gestatten konnte und wollte, und dennoch gibt schon ein Gang durchs Revier dem Leser des alten Abschätzungswerkes die sichere Überzeugung, dass der Holzvorrat erheblich gemehrt ist. Es war nun die Aufgabe, hierüber genauen zahlenmäßigen Aufschluss zu gewinnen. Als zu beantwortende Fragen wurden die folgenden aufgestellt: Welchen Derbholzvorrat hatte das Revier im Jahre 1884? Welche Nutzungen wären bei Befolgung der Vorschriften des durchaus nach den gültigen Regeln bearbeiteten Abschätzungswerkes, also bei regelrechter Kahlschlagwirtschaft und künstlicher Kultur der Schlagflächen zu erwarten gewesen, und welcher Holzvorrat hätte sich bestenfalls für das Jahr 1913 ergeben müssen? Wie ist der Derbholzvorrat im Jahre 1913 festgestellt worden? Zur Beantwortung dieser Fragen waren genügend sichere Grundlagen gegeben. Zunächst gibt die Taxe von 1872 für jede Abteilung, Größe, Holzart, Güteklasse und Vollbestandsfaktor an, berechnet außerdem das Abtriebsalter und den mutmaßlichen Ertrag je Hektar für die Mitte der Betriebsperiode. Es ist danach leicht festzustellen, welche Ertragstafelansätze der Taxator von 1872 benutzt hat…

Das kurze Ergebnis der sehr umfangreichen und mühevollen Aufnahmen und Arbeiten Sempers stellt sich folgendermaßen dar. ... Der Gesamtderbhholzvorrat des Reviers wurde zu 34.559 fm festgestellt. Der normale Derbholzvorrat bei Annahme der IV. Bodenklasse, 80-jährigem Umtrieb und durchweg vollbestandenen Flächen berechnet sich auf rund 65.000 fm. Auch hieraus ergibt sich, wie recht die Taxe mit der Forderung hatte, einen sehr geringen Abnutzungssatz (1,55 fm je Jahr und Hektar) festzuhalten, um allmählich den zum gewünschten und geplanten 80-jährigem Umtriebe erforderlichen Vorrat zu erreichen.

Wir sind nun auch in der Lage zu berechnen, inwieweit dies Ziel sich auf dem Wege der Kahlschlagwirtschaft in den bis 1913 verlaufenen 29 Jahren hätte erreichen lassen, und diese Feststellung muß uns von Wert sein, um die außerordentliche Überlegenheit der neuen Wirtschaftsweise im Vergleich dazu recht würdigen zu können. Es ist zu dem Zwecke wiederum eine vollständige Übersicht aller Jagen und Abteilungen gefertigt, in welchen die Flächen genau den Vorschriften der 1872er bzw. 1884er Taxe entsprechend mit dem Alter eingesetzt wurden, welches sie 1913 erreicht haben würden. Die Ertragsklassen sind unverändert, wie bei der früheren Berechnung zu Grunde gelegt, da unter der Herrschaft der alten Wirtschaft mit einer Hebung der Erzeugungsfähigkeit der einzelnen Flächen nicht zu rechnen gewesen wäre. Was den Vollbestandsfaktor angeht, so sind gutachtlich mit großer Vorsicht und Sorgfalt Änderungen, fast ausschließlich Erhöhungen gegen den Stand von 1872, da eingesetzt, wo die Beobachtung des tatsächlichen Zustandes von 1913 es wahrscheinlich machte, daß auch ohne die Wirkung der neuen Wirtschaft der Schlußgrad sich durch das Zusammenwachsen gebessert haben möchte. Das Schlußergebnis der Rechnung ergibt ... einen Gesamtderbholzvorrat von 47.614 fm.

Da nach der Taxe von 1884 eine Gesamtabnutzung von 1,55 fm zugestanden war, so hätte das Revier bis zum Jahre 1913 … eine Abnutzung von rund 30.000 fm ergeben, außerdem eine Vermehrung seines Derbholzvorrates von 13.055 fm zusammen also einen Zuwachs von 43 000 fm erzeugt, also für Jahr und Hektar im Durchschnitt 2,2 fm, wie es der IV. Ertragsklasse bei der erreichten Altersklassenzusammensetzung und mit Rücksicht auf die mangelhafte Holzhaltigkeit der Bestände etwa entspricht. Diese überschlägige Berechnung möge hier nur dazu dienen, die gewonnenen Ergebnisse der umfangreichen Einzelberechnung als zuverlässig erkennen zu lassen.

Wir kommen nun zu der durch Semper bewirkten Aufnahme von 1913. Sie gründet sich, wie schon erwähnt, auf eine für alle Abteilungen an Ort und Stelle entworfene Boden- und Bestandsbeschreibung mit Berücksichtigung der Bodenflora. Der Holzmassenermittlung wurde besondere Sorgfalt gewidmet. Von den 666 Hektar sind 380 Hektar entweder vollständig oder auf Probeflächen gekluppt, für jede Abteilung bzw. Probefläche sind mindestens 10 Höhen gemessen und in Täfelchen als Ordinaten bei den zugehörigen, auf der Abscissenaxe vermerkten Durchmesserstufen eingetragen. Es ließ sich nun die mittlere zu den einzelnen Durchmesserklassen gehörige Höhe aus den Täfelchen entnehmen, und es wurden mit diesen die Derbholzmassen für jede Durchmesserklasse nach den Grundner – Schwappach'schen Tafeln berechnet. Gekluppt ist im ganzen Revier jede Abteilung, welche Holz von 30 cm Brusthöhen-Durchmesser aufwärts enthielt, aber auch eine große Zahl von Probeflächen in schwächerem Holze. Für die nicht gekluppten Bestände wurden die Massen geschätzt, was mit großer Sicherheit geschehen konnte, nachdem für alle Altersstufen gemessene Vergleichsflächen zur Verfügung standen, die reiche örtliche Erfahrung des Herrn

Besitzers zu Hilfe kam. Herr von Kalitsch hatte vielfach die Massen nach seiner Schätzung so genau angegeben, daß die bestätigende genaue Messung und Berechnung als überflüssige Arbeit hätte erscheinen können. Die Ergebnisse der Arbeit sind wiederum in einer vollständigen Übersicht aller Jagen und Abteilungen zusammengestellt, in der selben Anordnung, wie es für den Zustand von 1884 und den bei Fortsetzung der früheren Wirtschaft wahrscheinlichen für 1913 geschehen war, und es ist auf diese Weise ein Werk entstanden, welches für jede Abteilung des Reviers den Zustand von 1884, den nach Taxvorschriften von 1872/84 für 1913 zu erwartenden und den 1913 unter der Wirkung der neuen Wirtschaft entstandenen vergleichsweise übersehen läßt.

Die mittlere Bonität für das Jahr 1884 berechnet sich zu 4,1 für 1913 zu 2,77, d. h. um 1,24 Stufen höher, und dies entspricht durchaus den veränderten Bodenzuständen, wie sie oben geschildert wurden. ... Geht man nun aber mit dem betreffenden Alter und der gefundenen Güteklasse in die Ertragstafeln (1908) hinein, so ergibt sich für den mittleren Durchmesser eine ganz allgemein auffallende Differenz zu Gunsten der Bärenthorener Bestände. Die mittleren Durchmesser entsprechen durchgängig den Angaben der Tafel für die nächst höhere, oftmals übertreffen sie die Angaben für die übernächst höhere Klasse. Diese Tatsache findet ihre natürliche Erklärung nicht nur in der überaus sorgfältigen Stamm-, Kronen- und Bodenpflege bei jährlicher Durchforstung, sondern (zumal bei den auffallenden Abweichungen nach oben) darin, daß wir es hier nicht mit geschlossenen Kiefernbeständen im Sinne der Ertragstafeln, sondern mit Naturverjüngungsflächen zu tun haben, die nun starken Lichtungszuwachs an ihren Schirmbäumen um so kräftiger erzeugen, als ihre Kronen in planmäßiger Pflege durch die jährlichen Durchforstungen der vergangenen Jahrzehnte allseitig kräftig entwickelt wurden. Den Kronenformen ist von Anfang der Wirtschaft an größte Aufmerksamkeit geschenkt worden; Kronen, welche ⅓ der gesamtem Schaftmenge einnehmen, sind angestrebt und zum großen Teil auch erreicht worden. Reichliche Samenerzeugung geht mit den vollen Kronen Hand in Hand. Anflug findet sich, wie schon erwähnt, fast im ganzen Revier aufs reichlichste, und der durch das verwesende Reisig mit Humus angereicherte Boden erhält die jungen Pflanzen am Leben und sichert ihnen auch weiteres Gedeihen bei Beschattungsgraden, die sonst tödlich wirken würden. Von einer Wurzelkonkurrenz der Mutterbäume ist nichts zu spüren.

Das wesentliche und wichtige Ergebnis der Untersuchung lässt sich etwa folgendermaßen zusammenfassen: Es lag 1884 ein Kiefernrevier von 667 Hektar vor, dessen Boden und Bestand man als durchschnittlich der IV. Güteklasse entsprechend bezeichnen musste, durch Übernutzungen und Streuharken stark heruntergewirtschaftet und in seiner Erzeugungsfähigkeit auch dadurch beeinträchtigt, daß längst nicht mehr der genügende, dem beabsichtigtem 80-jährigem Umtrieb entsprechende Vorrat vorhanden war. Es wurden als Derbholzvorrat 34.500 fm rund ermittelt, während der Normalvorrat des Reviers bei 80-jährigem Umtriebe nach den Ertragstafeln von 1896 sich auf rund 65.000 fm, beinahe das Doppelte berechnet.

Der durch die Buchführung sicher festgestellte Derbholzeinschlag des Reviers während der Jahre 1884/85 bis 1912/13 hat nun betragen 64.172 fm oder für ein Jahr und ein Hektar 3,32 fm. Außerdem ist der Derbholzvorrat des Reviers vermehrt um

  92.371
- 34.559

57.812 fm oder für 1 Jahr und Hektar um 2,99 fm.

Der Gesamt-Derbholzzuwachs während der 29 Jahre hat demnach 6,31 fm betragen und entspricht somit nahezu dem Maximum des durchschnittlichen Gesamt-Derbholzuwachses der II. Standortsklasse (Schwappach 1908 = 6,5 fm).

Und wodurch hat die Bärenthorener Wirtschaft dieses Staunen erregende Ergebnis zustande gebracht und die sorgsamen Bestimmungen des Betriebswerkes von 1884, dessen zulässiges Abnutzungssoll sie 29 Jahre lang um mehr als das Doppelte überschritt, zur Bedeutungslosigkeit verurteilt? Dadurch, dass sie die Stetigkeit des Waldwesens (die Kontinuität des Waldorganismus) vorsichtig wahrte, und unter diesem leitenden Gedanken die Erzeugungskräfte der Natur auf allen der Wirtschaft übergebenen Flächen zu möglichst voller, niemals unterbrochener Betätigung brachte. Während die Kiefernkahlschlagwirtschaft im 80-jährigen Umtriebe dauernd ¼ der Revierfläche zur völligen Unfruchtbarkeit hinsichtlich der Derbholzerzeugung verurteilt, ein weiteres Viertel aber dazu verwenden muß, Bäume heranzuziehen, deren Derbholz geringer Stärke erst die Unterlage abgeben soll, auf dem die dann folgenden Jahrgänge Wertholz erzeugen können, ist bei der Bärenthorener Wirtschaft stets auf der ganzen Fläche des Reviers stärkeres Holz verteilt, das die Standortskräfte zur Erzeugung von Wertholz ausnutzen kann, und die alljährlich wiederkehrende Auslese nur der besten Stämme, die durch Jahrzehnte fortgesetzte Kronenpflege, neuerdings auch Astung, sorgen dafür, daß das Wertholz immer vollkommener wird. Während die widersinnige Kahlschlagwirtschaft bei jedem Hiebe den armen Boden um eine halbe Standortsklasse mindestens herabsetzt und im besten Falle erlebt, daß nach 40 Jahren vielleicht die frühere Leistungsfähigkeit unter dem Einfluß des Bestandes wieder erreicht wird, wofern nicht Streunutzung oder Ungunst des Klimas die vorteilhafte Anreicherung der oberen Bodenschichte mit der verwesenden Streu verhindern, setzt die Bärenthorener Wirtschaft den Boden niemals der verwüstenden Freilage aus, sondern sie führt ihm stetig neben der Erhaltung seines Bestandsschirmes neue weitere Deckung zu durch das liegen bleibende Reisig. Daraus allein, dass es anfänglich 10 Jahre dauerte, ehe die Reisigdeckung verweste, während jetzt die Verwesung in zwei Jahren sich vollzieht, kann man ersehen, dass die Mikroflora des Bodens unter dem Einfluß der Wirtschaft sich völlig gewandelt hat in einem Sinne, der die Holzerzeugung aufs günstigste beeinflusst, und in dieser eigenartigen Bodenpflege müssen wir eine der wesentlichsten Eigentümlichkeiten der Bärenthorener Dauerwaldwirtschaft erblicken. Denn man glaube ja nicht, dass etwa ähnliche Erfolge wie hier, durch einfache Anwendung der neueren Hochdurchforstungsgrundsätze im Kahlschlagbetriebe hätten erzielt werden können oder anderwärts würden erzielt werden. Ohne wirksame Pflege des Bodens wird man auch bei sorgfältiger Hochdurchforstung meist vergebens darauf warten, dass im Wuchse stockende Stangen mit abgewölbter Krone sich zu neuem Leben entwickeln und gleichsam eine neue, spitze, kräftige Krone der alten aufpflanzen, wie man das in Bärenthoren zumal auf den alten Ackerbeständen überall beobachten kann. Ohne die Belebung des Bodens aber wird man vor allen Dingen keine allgemeine Kiefernnaturverjüngung erzielen, die weder durch Dürre noch durch Wurzelkonkurrenz zum Absterben gebracht wird. Solche ist aber in Bärenthoren allgemein, Kosten für Kämpe, für Samenbeschaffung und für Kulturen gibt es nicht, und dennoch gibt es nur verschwindend wenig Blößen im Revier. So werden nicht wie bei der Kahlschlagwirtschaft große Bruchteile der Revierfläche nur dazu gebraucht, die Nachhaltigkeit der Wirtschaft durch Heranziehung jüngster Altersklassen zu sichern, sondern diese Sicherung erfolgt nebenläufig von selbst im ganzen Revier neben und unter den Werte erzeugenden älteren Stämmen.

Ich weiß wohl, dass viele Fachgenossen, wenn die dies lesen sollten, mich mit Kopfschütteln einen Phantasten oder Märchenerzähler nennen möchten. Sie müssen eben selbst nach Bärenthoren gehen. Dort geht das Ideal des Waldbaus auf pflanzenphysiologischer Grundlage für Kiefernwirtschaft auf Sandboden – die Kiefern-Dauerwaldwirtschaft – ihrer Vollendung entgegen und beweist schlagend, dass unsere übliche Kahlschlagwirtschaft auch mit der vielfach verbesserten Kultur- und Durchforstungspraxis doch noch einen äußerst unvollkommenen Zustand forstlicher Technik darstellt, der um so rückständiger anmutet, wenn wir an die großen sprungweisen Fortschritte denken, deren sich unsere Landwirtschaft vor dem Kriege rühmen durfte, von Industrie und anderer Technik ganz zu schweigen. Ich darf hier vielleicht anführen, was ich bei der XXXX. Versammlung des Märkischen Forstvereins zu Frankfurt a. O. im Juni 1914 äußerte, als die anregende Besprechung der Naturverjüngung der Kiefer beendet wurde: »Die Tatsache allein, dass der Märkische Forstverein beschlossen hat, die Naturverjüngung der Kiefer erneut hier zu behandeln, ist meines Erachtens der Ausdruck dafür, dass jenes unbestimmte Sehnen nach etwas Vollkommeneren, als wir heut haben, nicht tot zu kriegen ist. ... Woher kommt das Sehnen nach der Naturverjüngung? Es ist wohl die Überzeugung, die unter der Oberfläche sich birgt, daß die heutige Wirtschaft mit den Kahlschlägen und der reinen Kiefernzucht auf den Abtriebflächen eine wahrhaft nachhaltige nicht sein kann. ... Ideal ist unsere heutige Wirtschaft noch nicht, unbedingt befriedigend nach jeder Richtung ist es noch nicht, was wir mit unseren besten Kräften heut machen.

Es gibt noch einen Aufstieg in der Zukunft, der uns den Boden ergiebiger macht und größere Werte nachhaltig erzeugt. ... Ich bin fest überzeugt, daß in dem Maße wie das Kiefernholz seltener und teurer wird, die Intensität unserer

Wirtschaft und die Anspannung unserer Kräfte im Walde gesteigert werden. Wenn einmal die Zeit kommt, wo der Durchschnittsfestmeter 100 M. kostet[2], dann wird es sich lohnen und erforderlich sein, eine noch viel größere Intensität an unsere Arbeit zu setzen, als wir heut zu tun in der Lage sind.«

Die Erfolge der Bärenthorener Dauerwaldwirtschaft sind das Verdienst persönlicher Arbeit des forstlich durchgebildeten Besitzers. Er hat einen Weg gezeigt zu nachhaltiger Steigerung der Holzerzeugung weit über das Maß hinaus, das heutzutage vielfach als das höchstmögliche betrachtet wird, Begegnet man doch gelegentlich der Vorstellung, als seien die höchsten in den Ertragstafeln verzeichneten Holzerträge durch die Naturgesetze selbst als nicht mehr zu überschreitende bestimmt, während doch die Ertragstafeln nur verzeichnen können und wollen, was bei Befolgung bestimmter heut gültiger oder zu gebender Wirtschaftsgrundsätze zu erwarten und höchstmöglich ist. Die Bärenthorener Wirtschaftsergebnisse, wie sie oben kurz mitgeteilt sind, beleuchten grell das Irrtümliche solcher Auffassungen und eröffnen einen Blick auf eine Forstwirtschaft, welche an Leistungsfähigkeit der heutigen in ähnlicher Weise gegenübersteht wie etwa die Landwirtschaft von 1914 derjenigen von 1870.

Wer nun mit uns der Meinung ist, dass die Arbeiten und Leistungen von Christoph Wagner und Friedrich von Kalitsch bahnbrechende, der gesamten Forstwirtschaft Richtung weisende sind, der möge sich dessen bewusst werden, daß beide aus dem fideikomissarisch gebundenen Privatwaldbesitze stammen. Nichts kann eindringlicher für dessen Daseinsberechtigung und für die Notwendigkeit seiner Erhaltung sprechen…

Wäre die Bärenthorener Wirtschaft bekannt und den Forstleuten geläufig, so würde niemand mehr auf den Gedanken kommen, daß es überhaupt möglich sei, ein Stangenholz im Grubenholzumtrieb kahl zu hauen, um hernach vielleicht noch Stöcke zu roden und eine künstliche Kultur mit sehr langen Nachbesserungen auf der waldbaulich verdorbenen Fläche auszuführen. Es wird eine Zeit kommen, da man auf die Kahlschlagwirtschaft als auf einen überwundenen Standpunkt primitiver Forstwirtschaft zurückblicken wird; bedauernd wird man dann feststellen müssen, daß zur Zeit, da die Not über Preußen hereinbrach, 1919, die Forstwirtschaft noch kein anderes Mittel erfunden hatte, ihr zu steuern, als die »Herabsetzung der Umtriebzeit«. Wäre die Bärenthorener Wirtschaft diesen Weg gegangen, als sie vor 29 Jahren gezwungen war, mehr zu nutzen, als das auf dem Boden der Kahlschlagerfahrungen aufgebaute Abschätzungswerk zu nutzen gestattete, so würde heut kein Baum von 1 fm Massengehalt und darüber im Walde zu finden sein, dessen Vorrat und Massenerzeugung wären ein Halb der heutigen, die Werterzeugung wohl kaum ein Drittel. Herabsetzung der Umtriebzeit bei Kahlschlagwirtschaft ist Beraubung der Zukunft, welcher nach von Hagens goldenem Worte die Staatsforstverwaltung »einen mindestens gleichen, womöglich einen gesteigerten Fruchtgenuß, wie sie selbst ihn aus dem Walde bezogen hat, sichern soll«. »Herabsetzung der Umtriebzeit vermindert unter Steigerung des derzeitigen Fruchtgenusses die Substanz, so daß diese fernerhin den höchsten Fruchtgenuß nicht mehr gewähren kann.«* In Bärenthoren wurde gesteigerte mit Steigerung des Vorrats und Erhöhung der Umtriebzeit verbunden und erreicht, aber durch zähe Durchführung von Maßregeln, die allen derzeit geltenden Vorschriften, zumal auf dem Gebiete der Forsteinrichtung, bewusst entgegen sind, aller derzeitigen Schulmeinung Hohn sprechen, vor allem mit einem Aufwand von persön-

* Borggreve, *Forstabschätzung*, S. ix.

licher Arbeit mit Kopf und Hand, wie sie im »einfachen Kiefernrevier« bis dahin niemand für erforderlich gehalten hat. Man bedenke, in 29 Jahren ist auf den 669 Hektar kein Stamm unausgezeichnet gefällt worden! Und wieviel werden sonst in einem Forstbezirk gleicher Größe in reinen Kiefern nach sorgsamem Überlegen ausgezeichnet? Oftmals keiner. Der Schlag wird abgesteckt, und die Durchforstung besorgen die Holzhauer, oder war's nicht so vieler Orten? In dieser Betrachtung liegt nicht einmal ein Vorwurf für irgend wen; ahnt doch niemand, welche Werte eine geschulte forstliche Kraft auch im einfachen Kiefernwalde durch eigene wirkliche Arbeit zu schaffen vermöchte.

Wem aber drängt sich in diesen Tagen angesichts der Bärenthorener Wirtschaft nicht schmerzliche Empfindung auf darüber, daß wir etwa notwendig werdende Mehr-Einschläge nicht auf dem Wege allgemeiner Durchforstung, des Aushiebes aller kranken aussichtslosen und solcher Stämme betreiben, die andere besser geartete an voller Entwicklung ihrer Leistung hindern? – daß wir die Not der Zeit nicht nutzen, unsren Wald durch solche Maßregeln an Wert, Gesundheit und Erzeugungskraft zu heben und ihn anstatt dessen auf weiten Flächen, die mit großen Kosten wieder aufgeforstet werden müssen, vernichten, indem wir im Kahlschlage Gutes und Schlechtes, Gesundes und Krankes, Zuwachskräftiges und Zuwachsloses planlos miteinander abtreiben, nur weil wir noch nicht auszuzeichnen gelernt haben?

Wo Bärenthorener Bestände an der Grenze des Reviers mit etwa gleichalten, gleichartigen Beständen der Stadtforst Zerbst zusammenstoßen, drängt sich der Vergleich der Wirkung verschiedener Behandlung sinnfällig auf. Jagen 6, Bärenthoren, ist 65 Jahre alt, der benachbarte Bestand des Jagen 35 der Zerbster Forst etwa 5 Jahre jünger. Zwei unmittelbar benachbarte, nur durch den Grenzweg getrennte

Probeflächen von je 35 ar Größe kamen zum Vergleich. Im Forstrevier Krakau geht man auf einer harten Tenne, die Bodenflora fehlt fast vollständig, in Bärenthoren betritt man einen federnden Teppich. Auf dem Boden fanden sich nur spärliche Reste von Heide, die vor 10 Jahren hier noch herrschte, in großer Verbreitung hat sich Astmoos angesiedelt, kleine, stark verbissene Buchen kommen an, Galium und Pimpinella, Ruchgras und Hainsimse, auch Schafschwingel bilden die sonstige ziemlich reichliche Bodenflora. Die Bestandsaufnahme gab in Bärenthoren 324 Stämme mit 78,11 fm (je Hektar 220 fm) in Zerbst 397 Stämme mit 50,26 fm (je Hektar 144 fm). Der Mittelstamm hat in Bärenthoren 0,24 fm, in Zerbst 0,126 fm.

Von Stämmen, welche beim Kluppen 4 (cm) in der Stufe 24 cm und darüber fielen, standen auf der Bärenthorener Fläche 105, auf der Zerbster 41.

Vergleichende Probeflächen sind ferner aufgenommen worden für das Bärenthorener Jagen 16 und das benachbarte 37 in der Försterei Krakau, Stadtforst Zerbst. Das Alter (56 und 59) ist nahezu gleich, wie auch die Entstehungsart (Streifensaat). Die beiden je 100 m langen und 40 m breiten Probeflächen liegen rechts und links des Grenzweges. Das Ergebnis der Aufnahme war folgendes: In Bärenthoren ist die gleiche Masse erreicht mit einer Stammzahl, welche nur 62 Prozent von der für die II. Ertragsklasse angegebenen ausmacht, aber mit einem Mittendurchmesser, der mit 129 Prozent den Tafelansatz übertrifft.

Diese Betrachtung zeigt deutlich, welche Folgerungen mit Einführung einer Dauerwald-Wirtschaft nach Bärenthorener Muster verbunden sind. Wer sich zum Dauerwaldbetrieb entschließt, die neuen Wege zur Forstwirtschaft der Zukunft zu beschreiten, wird gut tun, sich diese Folgerungen völlig klar zu machen. Sie bedingen vollständige Entwertung der bestehenden bisherigen Abschätzungs- und Ertragsregelungswerke, Aufhebung der Trennung von Haupt- und Vornutzung, Verzicht auf jede Art der Flächenkontrolle, Beseitigung des unheilvollen »Umtrieb-Begriffes«* Ein Massenabnutzungssatz stellt die einzige unbedingte Fessel für den wirtschaftenden Revierverwalter dar; wo und wie er ihn erfüllt, ist ganz in seine Hand gegeben. Den Massenabnutzungssatz richtig zu erfüllen, wird zur vornehmsten und wesentlichsten Aufgabe des Revierverwalters, welche an sein forsttechnisches Können die höchsten Anforderungen stellt. In der Vollendung wird diese Aufgabe erfüllt, wenn jeder Schlag der Art zugleich Waldpflege und -Kulturmaßregel geworden ist. Dazu ist Vorbedingung, daß die gesamte Holzernte jährlich stammweise ausgezeichnet wird. Für diese Auszeichnung trägt der Revierverwalter die Verantwortung. Er muß infolgedessen mit jedem seiner Beamten solange gemeinsam an den Auszeichnungen arbeiten, bis er die Sicherheit hat, daß der betreffende Beamte in seinem Sinne weiterzuarbeiten befähigt ist. So wird von dem Forstbeamtem der Zukunft ein bisher ganz unbekanntes Maß persönlicher Hand- und Kopfarbeit gefordert, an die auch nur zu denken, in der »einfachen Kiefernheide« bisher völlig außer dem Bereiche forstlicher Erwägungen lag. Eine solche Forderung kann nur gerechtfertigt werden, wenn ihre Erfüllung entsprechende Erfolge in sichere Aussicht stellt. Bärenthoren lehrt, dass in 30-jähriger Arbeit – einem Menschenalter freilich, aber einer kurzen Zeitspanne im Waldleben – schon die durchschnittliche jährliche Derbholzerzeugung auf einem Boden IV. Ertragsklasse im alten Sinne auf 6,31 fm gebracht werden konnte anstelle der 2,2 fm, welche die alte Wirtschaftsweise hätte erwarten lassen. Das sind für

* Vgl. die ausgezeichnete Studie von Ebersbach: *Die Ordnung der Holznutzungen*. Karlsruhe 1913. S. auch Franz, Novemberheft der Zeitschrift, S. 572 ff.

einen Försterbezirk von 800 Hektar 3200 fm jährlich und für einen Oberförsterbezirk von 4.000 Hektar 16.000 fm Derbholz jährlich. Das lohnt den Aufwand. Auch Wagners Blendersaumwirtschaft bedingt übrigens fast die gleichen eben aufgezählten Forderungen, auch durch sie werden die bisherigen Abschätzungswerke hinfällig, auch bei ihr gibt es keine Haupt- und Vornutzung mehr, und es tritt in diesem Umstande die geistige Verwandtschaft der Blendersaumwirtschaft und der Dauerwaldwirtschaft klar zu.

Die Dauerwaldwirtschaft erzeugt nicht nur gesteigerten Zuwachs und dementsprechend gesteigerte Holzmassenerträge, sie steigert auch den Einheitswert der Holzernte gegenüber demjenigen der Kahlschlagwirtschaft. Dies bedarf kaum eines Beweises; werden doch beim Kahlschlage ohne Unterschied alle auf der Fläche holzerzeugenden Stämme fortgenommen, die hiebsreifen nicht nur, sondern auch sehr viele Stämme, welche gesund und gut bekront im vollen Zuwachs stehen und noch auf Jahre hinaus wertvollste Masse erzeugt haben würden; gleichzeitig bleiben in allen andern nicht zum Hiebe stehenden Revierteilen zahllose Bäume stehen, die krank oder schlechtformig recht eigentlich hiebsreif zu nennen sind oder die andere besser geartete an voller Entfaltung ihrer werterzeugenden Kräfte hindern. Wenn die Dauerwaldwirtschaft in jährlich über die ganze Fläche gehenden Durchforstungshieben stets dort diese hiebsreifen oder hindernden Bestandesglieder entfernt, den zuwachskräftigen wertvollen aber durch stete Begünstigung zu immer gesteuerten Werterzeugung verhilft, so ist der Erfolg im angedeuteten Sinne selbstverständlich. Daß er auch in Bärenthoren nicht ausgeblieben ist, zahlenmäßig zu belegen, mag immerhin von Wert sein zur Abrundung und Ergänzung des Bildes, das wir von der Bärenthorener Dauerwaldwirtschaft zu entwerfen bemüht waren.

Gegen die mitgeteilten Tatsachen wird sich kaum etwas Wesentliches einwenden lassen. Wenn man aber aus ihnen nun die doch eigentlich selbstverständliche Folgerung ziehen und sagen wird, also Ihr Forstleute in Kiefern, nun gehet hin und tuet desgleichen, so wird es unzählige Einwände geben. Ich möchte diese Abhandlung, welche hoffentlich nicht die letzte derjenigen sein wird, die sich mit der Bärenthorener Dauerwaldwirtschaft beschäftigen, nicht zu einem Buche anschwellen, und will daher hier zum Schluß nur auf einige der nächstliegenden Einwände ganz kurz eingehen: Diese sind

1. Was Herr von Kalitsch in persönlicher Arbeit auf rund 700 Hektar geleistet hat, kann mit den verfügbaren Arbeitskräften im großen Betriebe, zumal der Staatswälder, nicht geleistet werden.
2. Die Bärenthorener Wirtschaft kann in der bisherigen Weise nicht weiter geführt werden, da die Fällungs- und Rückungsschäden bei zunehmender Stärke des Oberholzes den darunter herangezogenen Nachwuchs vernichten.
3. Die Wirtschaft ist unübersichtlich und schwer kontrollierbar.

Zu 1. ist zu sagen, daß die Arbeit geleistet werden muß und wird. Sobald erst einmal die Überzeugung von ihrer Einträglichkeit Platz gegriffen haben wird. Der selbstwirtschaftende Privatwaldbesitzer, der einen kleineren oder auch wenig größeren als den hier geschilderten Waldbesitz sein eigen nennt, wird gut tun, dem Beispiel des Herrn von Kalitsch zu folgen, und wenn er nicht selbst wirtschaftet, von seinen Forstbeamten eine Betätigung im Sinne der Dauerwaldwirtschaft zu fordern. Anleitung und Belehrung sind freilich dazu nötig, im übrigen aber wird keinerlei Gelehrsamkeit noch irgendetwas gefordert, was der ausgebildete Forstbetriebsbeamte mit Fleiß und gutem Willen nicht lernen oder leisten könnte. Wird ihm doch durch die Dauerwaldwirtschaft auch vieles abgenommen, was bisher seine Zeit in Anspruch nahm, nämlich alle Arbeit im Kamp und auf den Kulturen. Gefordert wird eine erhöhte eigene, mit Beobachten und Nachdenken verbundene, doch niemals schablonenmäßige Arbeit, und mit dieser Forderung werden sich wohl alle Forstleute abfinden müssen, wenn das Ziel erreicht werden soll, dem Waldboden mehr Erträge abzugewinnen, als bei der bisherigen Art der Wirtschaft möglich war.

Und im größeren Waldbesitz und im Staatswalde? Da wird freilich eine Dauerwaldwirtschaft nach Bärenthorener Muster nicht von heute auf morgen befohlen werden können. Aber es gibt ein sicheres Mittel, auch da voran zu kommen. Man halte nur Umschau nach Oberförstern, die aus freier Neigung sich bereit erklären, einen solchen Betrieb einzuführen, und gebe ihnen Erlaubnis dazu; aber solch Versuch, wenn er irgendetwas nutzen soll, darf nicht in kleinem Umfange in ein oder zwei Jahren vorgenommen werden. Nur wenn eine ganze Oberförsterei oder wenigstens einige ganze Förstereien planmäßig den neuen Wirtschaftsgrundsätzen unterstellt werden, nur dann kann man Ergebnisse erwarten, welche Wert haben, d. h. ein Urteil darüber gestatten, daß solche Wirtschaft auch im Großen sehr wohl durchzuführen ist. Im Rahmen der bestehenden Abschätzungswerke kann das freilich nicht geschehen.

Der Einwand zu 2. ist schwerwiegender. Als Herr von Kalitsch im Jahre 1884 seine Wirtschaft begann, hatte er keinen Stamm im Walde, dessen Gehalt einen vollen Festmeter erreichte, jetzt hat er viele von 2 fm und darüber. Daß damit die Fällungsschäden sich vergrößerten, ist ohne weiteres klar. Ein geübtes und sorgfältiges Holzhauerpersonal, welches jeden Stamm mit Sicherheit dorthin legt, wo er am wenigsten Schaden anrichtet, vermag indessen viel Fällungsschaden zu vermeiden. In gewissen Fällen kann Entästen und Entwipfeln am Stehenden notwendig werden. Das Ausrücken darf nie ohne Aufsicht oder aber nur durch im Dienste des Waldbesitzers und in seinem Interesse arbeitende Gespanne geschehen. Der fremde Holzfuhrmann dreht, wenn es ihm zeitsparend scheint, einen Stamm, so daß er auf mehreren Ar Fläche alle vorhandenen Jungwüchse zerstört oder beschädigt, der sorgsame führt den Stamm nur in Richtung seiner Längsachse mit leichter Kurve nach Bedarf hin und her und schließlich zum Abfuhrort, er rangiert ihn, wie einen Wagen auf den Schienen der Eisenbahn; so verursacht er sehr geringen Schaden, und hinterlässt eine zu neuem Anflug gut vorbereitete Furche. Sicher ist also, daß die Holzernte erschwert und verteuert wird und dass sie ebenfalls gegenüber der bisherigen vermehrten Aufwand von Nachdenken und Arbeit der Forstbeamten verlangt. Der Kostenaufwand rechtfertigt sich durch den gesteigerten Wert des Holzes, der Arbeitsaufwand der Forstbeamten ist notwendig, hier wie überall, zur Erreichung des Zieles: Erhöhung der Werterzeugung auf gegebener Fläche. Die hier berührte Frage der Fällungsschäden ist übrigens bei allen Erörterungen über Plenterwald genugsam behandelt, so daß es nicht notwendig scheint, an dieser Stelle näher darauf einzugehen. Es lässt sich ein umfangreicher Aufsatz darüber allein zusammenschreiben. Ist der Gedanke der Dauerwaldwirtschaft richtig, ihr Ertrag demjenigen der Kahlschlagwirtschaft so erheblich überlegen, wie unser Beispiel zeigt, so wird diese Wirtschaft an den Schwierigkeiten des Fällens und Rückens nicht scheitern dürfen, sondern sie überwinden müssen. Unwillkürlich gehen die Gedanken zur Blendersaumwirtschaft, die ja durch ihre planvolle Lösung des Problems der Fällungs- und Rückungsschädigungen gekennzeichnet ist. Man wird viel von ihr lernen, ihr[3] entlehnen dürfen. Wieweit eine Verbindung der Blendersaumschlagwirtschaft mit der Bärenthorener Wirtschaft möglich und empfehlenswert ist, das zu erörtern ist eine Aufgabe für sich, die gründlicher Bearbeitung bedarf. Sie wird erst brennend, wenn in größerem Umfange Dauerwaldwirtschaft nach Bärenthorener Muster betrieben wird, und wenn dann die Schwierigkeiten der Fällung dem Wirtschafter unüberwindliche Schwierigkeiten bereiten sollte.

Und nun der dritte Haupteinwurf: Die Wirtschaft ist unübersichtlich und unkontrollierbar. Wenn sie gut und einträglich ist, könnte ihr der Einwurf, selbst wenn er berechtigt wäre, nichts schaden; denn die Wirtschaft ist sicher nicht dazu da, eine leichte Kontrolle zu ermöglichen, sondern die Kontrolle muß sich der Wirtschaft anpassen. Mit dem Begriff der Perioden, der Flächenteilung, des Umtriebs, des Normalvorrats darf man allerdings nicht in Herrn von Kalitschs Wald treten. Daß seine Wirtschaft aber sehr wohl kontrollierbar ist, das zeigt die vorliegende Abhandlung. Man braucht nur in bestimmten Zwischenräumen den Vorrat des Waldes und die stattgehabten Nutzungen jagenweise festzustellen, so bekommt man von der Leistung des Waldes, von seinem wirklichen Zuwachs und von dessen Verwendung als Nutzung oder zur Mehrung des Vorrats einen genauen Bericht. Vor allem aber bringt uns eine solche Kontrolle der Wirtschaft, einem Ziele näher, das wir erstreben müssen, nämlich den durch die Wirtschaft anzustrebenden Normalvorrat des Waldes zu ermitteln. Wie groß dieser bei einer Dauerwirtschaft sein muß und sein kann, darüber wissen wir bisher nichts sicheres. Daß er größer sein muß als der unter Zugrundelegung einer Ertragstafel für einen bestimmten Umtrieb zu errechnende – selbst wenn wir den Umtrieb als maßgebend für die Hiebsreife unserer Bäume anerkennen –, das ist ohne weiteres klar; wie groß er aber sein kann, das lehrt unsere bisherige Forsteinrichtung nicht.

Treffend hat Eberbach in seiner ausgezeichneten Schrift: *Die Ordnung der Holznutzungen* (Karlsruhe 1913) gesagt: Möglichst hohes Zuwachsprozent bei möglichst hohem und wertvollem Vorrat stellt daher die höchste Leistung der Waldwirtschaft dar. Wer die Arbeit Eberbachs sorgfältig liest, wird erstaunt sein zu erkennen, wie genau die Bärenthorener Wirtschaft seit 29 Jahren den Richtlinien gefolgt ist, die Eberbach für die Waldbehandlung aufstellt, sicher ohne von der Bärenthorener Wirtschaft ein Kenntnis zu haben. Umso wertvoller und eindrucksvoller ist die praktische Bestätigung für die Richtigkeit der Eberbach'schen Grundsätze. Eberbach sagt: »wenn also ein Baum mit zunehmender Durchmesserstärke gleich breite oder sogar sich verbreiternde Jahrringe aufweist, so arbeitet es vom Standpunkte der Holzerzeugung aus gut oder sehr gut, sofern der ganze Baum nutzholztüchtig ist. Ein solcher Baum muß dem Walde erhalten bleiben, und er muß sich fortgesetzter Fürsorge der Wirtschaft erfreuen, damit seine guten Leistungen möglichst lange anhalten. Das wird nur dann der Fall sein, wenn der Baum immer den nötigen Raum hat zur Ausbreitung seiner Krone«. Und ferner: »die Holzerzeugung muß also nach ihrer praktischen Seite hin, in einer fortgesetzten Zuwachspflege der wertvollsten und zuwachskräftigsten Bäume bestehen. Wie lange man die bevorzugten Bäume dem Walde erhalten kann, wie alt sie also werden sollen, darüber auf der Grundlage einer Umtriebszeit Bestimmung zu treffen, ist zwecklos. Man erhält sie so lange als möglich.« – Diese Sätze sind bei der Bärenthorener Wirtschaft Leitstern gewesen und sind es noch heute. Wenn Eberbach die Aufgabe der Wirtschaft in der fortgesetzten Steigerung der Wertigkeit der Bestände erblickt und zur Erfüllung dieser Aufgabe fordert: »dem Schlechten zu Leibe gehen und das Gute und Wertige erhalten und fördern«, so hat Herr von Kalitsch diesem Grundsatz bewußt seit 1884 praktisch entsprochen, und sein Erfolg gibt ihm und Eberbach recht.

Ob demnach die Dauerwirtschaft schwer und mit dem bisherigen Rüstzeug gar nicht zu kontrollieren ist, soll uns hier zunächst wenig kümmern. Die Technik des Waldbaus ist das Höchste und Wichtigste in unserem Beruf. Forsteinrichtung und Waldwertrechnung müssen sich dem Waldzustande anpassen, den der Waldbau als besten erkannt und geschaffen hat. »Die Forsteinrichtung«, so sagt Eberbach treffend, »soll das Ergebnis der Waldwirtschaft und ihrer Entwicklung sein, nicht umgekehrt, wie bisher zumeist – die Waldwirtschaft das Ergebnis einer bestimmten Forsteinrichtungsform. Damit wird der Forsteinrichtung die Stelle zugewiesen, die ihr allein zukommen kann.« Die gänzlich falsche Bewertung der Forsteinrichtung erblickt Eberbach unseres Erachtens mit vollem Rechte in der von vielen Seiten befürworteten »Schaffung von Forsteinrichtungsanstalten, welche deren Arbeit als etwas von der Waldwirtschaft Losgelöstes, ganz Besonderes erscheinen lassen und die Gefahr heraufbeschwören, dass die Forsteinrichtung sich Selbstzweck werde. Die im Grunde recht einfachen Arbeiten der Forsteinrichtung werden am einfachsten, besten und billigsten erreicht, wenn man sie grundsätzlich der Stelle überlässt, die die Bewirtschaftung in der Hand hat.« So ist es zurzeit im preußischen Staatswald glücklicherweise. Bleibt es so, dann wird auch für die Dauerwaldwirtschaft aus der Praxis heraus gar leicht die einfachste Form gefunden werden, mit deren Hilfe man die Ergebnisse der Wirtschaft darstellen kann, »um zu prüfen, was bisher im Walde geschah, und einen Wegweiser zu finden, was künftig darin zu geschehen hat.«

Die Dauerwaldwirtschaft von Herr Kalitsch in Bärenthoren weist dem Waldbau neue, aussichtsreiche Wege. Sie tut das nicht durch wissenschaftliche Erörterung und literarische Darstellung, sondern durch die Tat während eines nun mehr als 30-jährigen Zeitraums.

Sie betätigt durch ihre Ergebnisse vieles, was von vielen Forstleuten schon im Schrifttum mehr oder weniger eingehend und systematisch bearbeitet und empfohlen wurde. Die Dauerwaldwirtschaft der Zukunft wird von der bisherigen Wirtschaft sich grundsätzlich unterscheiden, ihre obersten Gebote werden sein:

1. *Die Stetigkeit des Waldwesens auf der gesamten Holzobenfläche zu wahren*; deshalb darf sie niemals Kahlschläge führen, welche das Waldwesen von Grund aus zerstören.
2. *Die natürliche Verjüngung überall zu benutzen, zu fördern, hervorzurufen.* Deshalb wird sie den Holzanbau aus der Hand nur noch gebrauchen, um Holzarten dorthin zu bringen, wo sie bisher nicht waren, oder um Böden, die durch frühere Behandlung verdorben sind, der Holzerzeugung wieder zuzuführen.
3. *Die gesamte Holzernte jährlich stammweise auszuzeichnen,* und dies richtig zu erlernen und dauernd zu üben wird eine wesentliche Aufgabe des Forstmannes der Zukunft sein. Das Können auf diesem Gebiete wird ihn zum Meister seines Handwerks machen. Wenn der Holzhauereibetrieb beginnt, muß die Auszeichnung, des Forstmanns eigenstes Werk, schon fertig sein. Wenn heutzutage Bereisungen mit Vorliebe bei Kämpen und jungen Kulturen halt machen, so werden sie künftighin die Stangenorte in erster Linie aufsuchen, und die Auszeichnungen prüfen und besprechen, nicht die fertig gehauenen Durchforstungen, in denen die Kritik nur ungenügende Anhaltspunkte findet.
4. *Möglichst hohes Zuwachsprozent bei möglichst hohem und wertvollem Vorrat und damit die höchste Leistung der Waldwirtschaft anzustreben.* (Eberbach, a. a. O., S. 13)

Die Dauerwaldwirtschaft erstrebt, so sage ich, die Stetigkeit des Waldwesens auf der ganzen Fläche. Eine nähere und eingehende Ausführung zu dem neu aufgestellten Begriffe gab ich nicht, um jenen Aufsatz, der an dem Bärenthorener Beispiel die Erfolge einer im Sinne des Dauerwaldbetriebes geführten Wirtschaft vorführen sollte, nicht allzu sehr anschwellen zu lassen. Daß ich aber richtig verstanden werden konnte, zeigt mir der Aufsatz des Herrn Oberförster Müller (Uszballen): »Gedanken über die Bärenthorener Wirtschaft« (Maiheft, S. 296). Müller nimmt richtig an, daß unter dem Begriff des Waldwesens = Waldorganismus weder einseitig der Bestand, noch der arbeitende Waldboden zu verstehen ist, sondern die Gesamtheit der Lebensäußerungen, die sich nur aus der Verbindung beider an diesem und jenem ergeben. Selbstverständlich wird dabei nur an einen vollkommen gesunden und deshalb leistungsfähigen Organismus gedacht. Ein solcher soll auf allen uns zur Bewirtschaftung übergebenen Flächen stetig sein. Er allein verbürgt die nach Lage der unabänderlichen Bedingungen des Klimas und der uns zur Verfügung stehenden Holzarten höchstmögliche Holzwertproduktion, wertvolle Holzproduktion ist nur möglich, wo ein Vorrat von Stämmen steht, der wertvolles Holz in seinen Jahrringen anlegt; oder wie Eberbach es eindringlich und überzeugend ausdrückt (*Silva* 1920, Nr. 11); »Der Vorrat einzig und allein ist unsere Maschine, mit der wir die Kräfte der Natur zwingen können, uns Holz zu liefern, und in je bessere Verfassung für die Holzerzeugung er sich *über den ganzen Wald hin* befindet, d. h. je größer, wertvoller und zuwachskräftiger er ist, desto bedeutender werden die Erfolge der Wirtschaft in der nächsten Zeit sein.« Dies ist unzweifelhaft richtig, aber es kann sich nur erfüllen, wenn diesem Vorrat die Nährstoffe, aus denen er sich mehren soll, stetig zur Verfügung stehen. Diese Nährstoffe sind – wie wir alle wissen –, zunächst die Mineralien, welche aus dem Boden stammen. Wir haben keinen Waldboden, in dem sie bei richtiger Holzartenwahl nicht sämtlich in genügender Menge vorhanden wären. Auch die diluvialen Sandböden unsere Kieferngebietes, und um diese handelte es sich ja bei meinen Ausführungen zunächst, liefern die notwendigen Mineralstoffe für einen Kiefernwuchs erster Ertragsklasse. … Abhängig aber im höchsten Maße ist die Holzproduktion von dem stetigen Vorhandensein genügender Stickstoffnahrung. Fehlt es an dieser, so ist der Waldorganismus nicht gesund. … Es handelt sich nur darum, die organischen Abfallstoffe des Waldes so zu behandeln und zu lagern, dass sie frisch erhalten, durchlüftet, mit dem Mineralboden gemischt, vor Extremen der Hitze und Kälte, der Nässe und Trockenheit nach Möglichkeit geschützt bleiben. Dann arbeitet das wichtige Organ unseres Waldorganismus, welches der obere Boden darstellt, als eine Stickstoffdüngefabrik, und erzeugt aus dem Abbau der organischen Substanz durch die Tätigkeit der Mikroorganismen, aufnehmbaren, also Nitratstickstoff. … Die überall zur Verfügung stehende Quelle aufnehmbarer Stickstoffnahrung, welche in den atmosphärischen Niederschlägen gegeben ist, genügt nicht für die übrigens mögliche Höchstleistung der Holzerzeugung.

Die oberste Bodenschicht, einschließlich der Streu, hat aber wahrscheinlich auch als Kohlensäurequelle organische Funktionen für das Waldleben zu erfüllen. … In dem Abbauprozess gesunden Waldbodens wird Kohlensäure produziert, und es ist die Vermutung nicht von der Hand zu weisen, daß der erhöhte Kohlensäuregehalt der unteren Luftschichten dem Jungwuchs unserer Holzpflanzen fördernd zugute kommt.

Hiernach ist also vollständig klar, dass die Sorge für einen gesunden, in unserem Sinne leistungsfähigen Bodenzustand für die richtige Anreicherung des Bodens durch verwesliche Abfallstoffe des Waldes mit dem Dauerwaldbetriebe unlöslich verbunden ist. Die Abstellung der Streu- und Leseholznutzung, die Reisigdüngung und der Buchenunterbau bei der Bärenthorener Wirtschaft sind also nach meiner Auffassung recht eigentlich Charakteristika des Dauerwaldbetriebes, und diese Maßnahmen haben, darüber kann nach meinen eingehenden Mitteilungen wohl kein Zweifel sein, jede an ihrem Teile zur Erreichung der bisher erzielten Ergebnisse wesentlich beigetragen.

Gerade gegenüber diesen Erwägungen scheint es mir geboten, meinen Begriff der Dauerwaldwirtschaft noch schärfer, als es bisher geschehen konnte zu bestimmen. Der Grundgedanke der Dauerwaldwirtschaft ist gänzlich unabhängig von der Frage der natürlichen oder künstlichen Verjüngung. Dauerwaldwirtschaft ist nach meiner Auffassung und nach derjenigen Erklärung, mit welcher ich diesen Begriff in die forstliche Literatur eingeführt habe, jede Wirtschaft, welche die Stetigkeit des Waldwesens auf der ganzen ihr übergebenen Fläche anstrebt bzw. erhält. Die Bärenthorener Wirtschaft des Herrn von Kalitsch ist nicht *die*, sondern *eine* Kieferndauerwaldwirtschaft, und sie ist in ihren Besonderheiten gleich jeder einzelnen Wirtschaft bedingt und beeinflusst durch den Zustand, in welchem sie das ihr zur Behandlung übergebene besondere Waldwesen vorfand und übernahm. Hätte Herr von Kalitsch andere Altersklassen- und Bodenverhältnisse vorgefunden, als sie vor 30 Jahren in Bärenthoren tatsächlich vorhanden waren, so hätte er andere Maßnahmen der Bewirtschaftung anwenden müssen, als die sind, welche zu schildern mir vergönnt gewesen ist; aber eine Dauerwaldwirtschaft hätte er darum dennoch führen können und wahrscheinlich auch geführt.*)

* Ich weiß nicht, ob Herr von Kalitsch mit dem Kopfe schütteln wird, wenn er dies liest und ob es zutreffend ist, kann niemand mit Bestimmtheit sagen. Wenn der Bärenthorener Wald vor 30 Jahren mit seinen 600 ha 200 oder mehr mit geschlossenen 80- bis 120-jährigen Kiefern bedeckt gehabt hätte, so hätte seinem

Wenn ich ein Revier übernehme und es im Dauerwaldbetriebe bewirtschaften will, wenn dies Revier aber x Hektar abgeholzte Kahlfläche aufweist, so werde ich meine Tätigkeit selbstverständlich mit Aufforstung dieser Kahlflächen beginnen, weil dies der einzig mögliche Weg ist, um auch hier so bald als möglich zu einer Dauerwaldwirtschaft zu kommen, welche selbstverständlich einen Wald voraussetzt, der im besonderen Falle erst geschaffen werden muß.[3] Und nur insofern werde ich als Dauerwaldwirtschafter von dem üblichen Gebrauche abweichen, als ich von vorneherein nicht mit einer, sondern mit mehreren Holzarten im Gemisch die Aufforstung bewirken werde, weil von wenigen, ganz besonderen Ausnahmen (Weidenheger, Erlenbruch, Schälwald) abgesehen, ein gesunder Waldorganismus, welcher

Besitzer in der Fülle des Genusses ein Antrieb zur Dauerwaldwirtschaft jedenfalls gefehlt. Die Not – hier die Not des Waldes – ist allzeit eine erfolgreiche Lehrmeisterin gewesen, und was unseren deutschen Wald und seine Zukunft angeht, so ist die einzige Hoffnung in dieser hoffnungslosen Zeit eben auf deren Not zu gründen. Möge sie die Forstleute zur Dauerwaldwirtschaft erziehen! Stangenhölzer kahl abzutreiben, um Grubenholz zu schaffen, ist vom Standpunkt der Dauerwaldwirtschaft eine so ungeheuerliche Versündigung am Walde, daß diese Forderung, einmal ausgesprochen, einen einzigen Schrei der Entrüstung auslösen müsste, wenn der Gedanke der Dauerwaldwirtschaft der Mehrzahl der Forstleute schon vertraut wäre. Auch ein unpfleglich, ja zu stark durchforstetes Stangen-Holz ist noch lange nicht so schlimm, wie ein Stangenholzkahlschlag. Es bleibt doch noch holzproduzierender Wald, freilich kein gesunder Waldorganismus, aber ein noch lebender heilbarer. Wen freilich der Kollege Müller in seiner bitteren Satire »Erbarmung Mannchen« die Sache anders auffasst, – er weiß ja wohl, wie es in der Welt aussieht und zugeht, nämlich als erstes Stückchen des gänzlich abzuhackenden Hundeschwanzes, und wenn er damit in der Tat das richtige träfe, dann kann man nur sagen *lasciate ogni speranza!* (italienisch: Lasst uns alle Hoffnung aufgeben!) Übrigens wird wahrscheinlich in der trüben Wirklichkeit die ins Ungemessene gestiegene Höhe der Kulturkosten ein besseres Mittel gegen Kahlschläge sein, als das Verständnis für den Gedanken der Dauerwaldwirtschaft.

Stetigkeit verbürgt, überall nur im Mischbestande gegeben ist.

Hat andererseits mein angenommenes Revier 120-jährige verlichtete Kiefernbestände, die überwiegend Schwammholz aufweisen und keine gesunden Einzelstämme, welche bei normaler Kronenausbildung durch Weiterwachsen noch ihren fm-Einheitswert zu steigern im Stande sind, so werde ich auch als Dauerwaldwirtschafter den Bestand schleunigst abnutzen und eine Kultur an seine Stelle bringen. Sind aber solche Einzelstämme vorhanden, wie die oben bezeichneten, dann werde ich sie unter allen Umständen hier wie überall stehen lassen und nicht nutzen und mich freuen, dass mit ihrer Hilfe nun doch die betreffende Fläche, auf der ich einen Wald wieder herzustellen habe, wenigsten etwas Holzwert weiter erzeugt während der Jahre, die vergehen müssen, ehe hier wieder Wald geschaffen ist, der eine Wirtschaft ermöglicht. Hat mein Revier weiterhin Baumholzbestände, welche, vom Alter ganz abgesehen, noch zahlreiche Stämme aufweisen, die bei weiterem Zuwachs ihren Einheitswert mehren, sind ihrer aber zu wenige, als dass die natürlichen Holzerzeugungsgrundlagen (Produktionsfaktoren) der Fläche voll ausgenutzt sind, ist es also möglich, daß neben und unter ihnen junge Holzpflanzen sich entwickeln können, dann werde ich, wofern natürlicher Anflug oder Aufschlag nicht vorhanden und nach Maßgabe unserer Erfahrungen nicht zu erzielen oder zu erwarten ist, schleunigst zwischen und unter den stehenden Stämmen künstlich kultivieren, um so ein gesundes Waldwesen baldmöglichst zu schaffen, und ich würde damit ganz im Sinne meiner Dauerwaldwirtschaft handeln (wie Herr von Keudell es tut, vgl. Bericht über die Tagung des Märkischen Forstvereins in Königsberg in der Neumark, S. 577 d. Zeitschrift). Künstliche Kultur steht somit durchaus und gar nicht im Gegensatz zur Dauerwaldwirtschaft und wird niemals ganz entbehrt werden können. Daß wir natürliche Verjüngung überall als Regel anzustreben haben, das ist eine Sache für sich, und wie man die natürliche Verjüngung der Kiefer fördern, pflegen und benutzen könne, das erfordert eine Abhandlung für sich. Bärenthoren hat nur *ein* Beispiel nach dieser Richtung gegeben, und keinesfalls bildete ich mir ein, »hier tatsächlich den Weg gezeigt zu haben, wie man Kiefernbestände, auch selbst solche höheren Alters, auf großer Fläche natürlich verjüngen kann«.

»Wie denkt sich nun Möller die Ertragsregelung im Dauerwalde?« Auf diese Frage beabsichtigte mein Aufsatz über Kieferndauerwaldwirschaft nicht, eine erschöpfende Antwort zu geben. Soll ich sie aber geben, so kann es wohl geschehen, vollständig und erstaunlich kurz, denn es handelt sich um eine höchst einfache Sache. Wenn man die Ertragsregelung eines Reviers vornehmen will, so stelle man vor allen Dingen den jeweiligen Derbholzvorrat des Reviers fest.

Alsdann verpflichte man den Revierverwalter zur Innehaltung eines bestimmten Derbholzabnutzungssatzes und buche genau Jahr für Jahr die Derbholzabnutzungsmasse. Nach Ablauf einer Reihe von 5 Jahren oder auch mehr, wenn keine Besorgnis wegen Verletzung der Nachhaltigkeit vorliegt, stelle man abermals den Derbholzvorrat des Reviers fest. Ergibt sich nun, daß der Vorrat vermindert ist, so war der Abnutzungssatz zu hoch und muß herabgesetzt werden; hat sich der Vorrat gemehrt und hat die Praxis der Wirtschaft ergeben, dass der geltende Abnutzungssatz nicht ausreicht, um den Wald zweckentsprechend pflegen zu können, so darf man den Abnutzungssatz erhöhen. So denke ich mir die Ertragsregelung im Dauerwalde. Man braucht keine Formel dazu und sehr wenig Gelehrsamkeit, was man aber braucht und dabei endlich nutzbringend und arbeitsparend zur Anwendung bringt, das ist die Erfahrung eines Jahrhunderts, niedergelegt in unseren dickleibigen, unförmlichen

Abschätzungswerken, die bisher jedenfalls nicht der Mühe und den Kosten ihrer Herstellung entsprechend ausgenutzt worden sind.*

Ich sehe das bedenkliche Schütteln des Kopfes und höre eine Menge von Fragen: »wie soll denn die Masse, wie der Abnutzungssatz ermittelt werden? Warum soll der Vorrat durchaus vermehrt, warum nicht auch vermindert werden? Was soll der Oberförster mit solchen allgemeinen Redensarten anfangen, wie kann er danach einen Hauungsplan aufstellen?« und viele andere. Durchgedacht – so kann ich versichern – habe ich all diese Fragen; sie ganz ausführlich zu beantworten, das gäbe ein Lehrbuch der Forsteinrichtung für Dauerwaldbetrieb und wäre zuviel für einen Zeitschriftaufsatz. Dennoch will ich wenigstens ganz kurze Antwort geben, wenn ich mich dabei auch bewusst der Gefahr heftiger Angriffe und mancher vielleicht unvermeidlicher Mißverständnisse aussetze. Ich habe zuviel freudige und ermutigende Zustimmung zu meinem Dauerwaldaufsatze von alten und jungen Fachgenossen dankbar erhalten, als daß ich die

* Sehr entschieden verwahren muß ich mich aber bei dieser Gelegenheit gegen eine Bemerkung, welche in der *Deutschen Volkszeitung* (*Forstl. Rundschau* 1920, S. 61) bei Gelegenheit einer auszugsweisen Wiedergabe des Eberhard'schen Aufsatzes: »Die Technik der Naturverjüngung« folgendermaßen einsetzt: »Bezüglich der Bährenthorener Wirtschaft des Herrn von Kalitsch enthält sich Eberhard mangels persönlicher Kenntnis eines Urteils. Er sagt aber, daß die Forderungen Möllers, der sofort alle bisherigen Abschätzungswerke für wertlos erklärt« usw. Dies ist meine Meinung nicht. Gute alte Abschätzungswerke sind nicht wertlos, sondern behalten als wichtigste Quellen für die Bestandesgeschichte und für die Leistungen der Vergangenheit selbstverständlich ihren Wert. Sie werden aber vollständig entwertet, wie ich (Jahrgang 1920, S. 33) sagte, als Grundlagen und Leitfaden für die weitere Wirtschaft, wenn diese im Sinne des Dauerwaldes geführt werden soll. Sie müssen dann durch ganz anderweitig hergestellte neue Abschätzungswerke ersetzt werden.

Hoffnung aufgeben müsste, daß ich von gar manchem richtig verstanden werde.

Jeder Oberförster, der einige Erfahrung besitzt, muß die Derbholzmasse, welche sein Revier enthält, also auf allen Beständen, die überhaupt schon Derbholz haben, mit verhältnismäßig geringem Aufwande von Zeit und Kosten so genau feststellen können, wie es für unsere Zwecke notwendig ist.

Als Dauerwaldwirtschafter muß er die Derbholzmasse jeder Wirtschaftsfigur als wichtigste Grundlage zur Kontrolle seiner Tätigkeit kennen.

Jeder erfahrene Forstmann, also jeder ältere Revierverwalter und ganz gewiss jeder Inspektionsbeamte und Oberforstmeister, muß den Abnutzungssatz für ein Staatsrevier in wenigen Tagen feststellen können, vorausgesetzt, dass ihm, wie es ja wohl für beinahe alle unsere Oberförstereien zutrifft, alte Abschätzungswerke, Kontrollbücher, gute Karten und außerdem Pferde zur Verfügung stehen, um durch eine Bereisung einen Überblick über das ganze Revier zu gewinnen.

Geht's im Gebirge nicht mit Pferden, nun, so dauerts ein paar Tage länger. Ich glaube, daß der so festgestellte Abnutzungssatz mindestens dieselbe Gewähr der Richtigkeit bietet, wie die durch Monate, manchmal Jahre hindurch fortgesetzte Arbeit eines forsteinrichtenden Beamten als Endergebnis aller Aufnahmen und Berechnungen sich ergebende. Diesen skeptischen Gedanken hat mir schon meine Referendarzeit eingegeben. Ich hatte mich mit dem Eifer der Jugend an einer Taxation beteiligt, bei der zwei Forstassessoren tätig waren – sie leben beide noch und mögen der Zeit freundlich gedenken, wenn sie dies lesen sollten, wir hatten alle drei mit aller uns möglichen Sorgfalt gearbeitet und Liebe für unsere Arbeit gewonnen, die uns natürlich sehr vollkommen schien. Als der Oberforstmeister kam, wurden wir auch besonders belobt. Aber dieser Herr

Taxationskomissar bereiste das Revier zwei Tage lang und setzte dann den von uns errechneten Abnutzungssatz um ½ fm herunter. Ich war sprachlos vor Staunen und habe nie den Eindruck vergessen, den dies Ereignis mir machte. Sah ich doch in dem festgesetzten Abnutzungssatz, die Krone, das Wichtigste, das Hauptziel unserer Arbeit, welche ausdrücklich als gut und gewissenhaft gemacht anerkannt war. Da tauchte naturgemäß – damals noch schüchtern, weil zum ersten Male – der skeptische Gedanke in mir auf, »ja, hätte der Herr nicht zu Beginn unserer Arbeit kommen und dasselbe sagen können, dann hätten wir doch viel Zeit und der Staat viel Geld gespart«.

Wer übrigens noch schneller zu einem brauchbaren Abnutzungssatz kommen will, der kann sich sagen, dass in unseren, seit langer Zeit gut eingerichteten und bezüglich der Abnutzung kontrollierten Staatsrevieren nirgends großer Schaden geschehen kann, wenn man für die nächsten 10 Jahre sich an den Durchschnitt der wirklichen Derbholznutzung (natürlich Haupt- und Vornutzung) der letztvergangenen 10 Jahre hält, wofern nicht gerade große Brand- oder Insektenkalamitäten ganz regelwidrige Zustände geschaffen haben.

Warum dann der Vorrat vermehrt werden muß? Weil wir kaum ein Staatsrevier haben dürften, welches im Sinne der Dauerwaldwirtschaft einen genügenden Vorrat aufwiese. Da wir im Dauerwalde nicht ein Fünftel oder Sechstel unserer Fläche zur Erzeugung zunächst wertlosen Reisigs zu verschwenden brauchen, so muß der Normalvorrat des Dauerwaldes unzweifelhaft erheblich höher sein, als der Normalvorrat des schlagweise bewirtschafteten, gleichaltrigen Hochwaldes. Letzterer stellt die untere, keinesfalls ausreichende Grenze für die Bemessung des Normalvorrats eines Dauerwaldbetriebes dar. Welches seine obere Grenze sei, festzustellen, dürfen wir vorläufig ruhig der Zukunft überlassen. Bemerkt sei hierzu nur folgendes: Die höchstmögliche Holzwertproduktion würde in einem Walde stattfinden, wenn auf der ganzen Fläche in gleichmäßiger Verteilung mit genügendem Abstand für gute Kronenausbildung lauter gut gewachsene, gesunde Bäume derjenigen Stärke ständen, welche durch den Zuwachsring Holz höchsten Gebrauchswertes anlegt. Ein solcher Zustand kann nicht erstrebt werden, weil einmal bei ihm eine genügende Bodenpflege unmöglich und zweitens kein Platz da sein würde für die jüngeren Generationen, welche wir nicht entbehren können. Wir hätten in jenem Zustand die obere, jedenfalls zu weit gesteckte Grenze für den Normalvorrat im Dauerwalde, dessen richtige Größe, zwischen den beiden Grenzen liegend, im Laufe der Wirtschaft von selbst sich ergeben muß.

Und was der Oberförster mit diesen Vorschriften anfangen soll? Nun, er braucht ganz gewiß nicht jeden Stamm anzubohren, bevor er ihn zum Hiebe bringt. Wenn er nicht zu seiner Belehrung das vortreffliche Werkzeug hie und da benutzen will, so braucht er es ebenso wenig oder so viel, wie die meisten Oberförster es bisher gebrauchten. Er muß seinen Hauungsplan so einrichten, daß er dem Ideal der Dauerwaldwirtschaft so nahe kommt, als es praktisch möglich ist. Das Maß der Annäherung wird nach Personen- und Revierverhältnissen sehr verschieden sein. Das Ideal fordert, daß die Art der Auszeichnung folgend alljährlich durch das ganze Revier ginge, daß also der Hieb wie die Gegner des Dauerwaldes sagen würden, so weit wie möglich verzettelt werde, oder wie die Freunde es lieber ausdrücken möchten, der Eingriff der Art so stetig und so unmerklich für das Waldwesen gestaltet werde wie möglich. Man kann das, was ich meine, so ausdrücken: Der Waldorganismus, (das Waldwesen) muß es gar nicht merken, wenn die pflegende Art hindurchgegangen ist. Jeder heftige und plötzliche Eingriff ist dem Waldwesen schädlich. Der Anflug oder Aufschlag, der im Laufe von 10 Jahren allmählich freigestellt, kräftig aufwachsen würde, geht unter Umständen zugrunde, wenn ich die Stellung des Schirmbestandes auf einmal bewirke, welche ihm aufs beste bekommen würde, wenn sie durch zehnmaligen Hieb nach 10 Jahren erreicht worden wäre.

Als Vermittlung zwischen dem Ideal und dem vorläufig wirtschaftlichen Möglichen ergibt sich, wie Oberförster Müller treffend sagt, eine etwa drei bis fünfjährige Wiederkehr der Art in demselben Bestand. Ich möchte drei Jahre für das vom waldbaulichen Standpunkt aus äußerst zulässige und dabei doch für guten Willen durchführbare erachten. Dann hätte der Oberförster in seinen Hauungsplan je ⅓ seiner Revierfläche, ⅓ jeder Försterei einzusetzen, und dies Drittel müsste derbholztragende Flächen aller Altersklassen in annähernd gleicher Verteilung umfassen. Auf ihnen erfüllt er mit den Beamten auszeichnend den Abnutzungssatz.

Und was wird ausgezeichnet? Zuerst alles Kranke, dann solche Stämme, welche andern, besser gearteten, hinderlich oder schädlich sind, endlich auch erntereife, gesunde Stämme, und das sind solche, welche beim Stärkerwerden ihren Festmetereinheitswert nicht mehr vergrößern. Bedingung ist, daß die Axt die ganze vorgesehene Fläche (hier also ⅓) durcharbeitet. Stellt sich dabei heraus, dass der Abnutzungssatz nicht genügt, um auf der ganzen Fläche alles waldbaulich Hiebsnotwendige zu nehmen, so muß der Begriff des Hiebsnotwendigen eben enger gefasst werden, es darf aber nicht etwa ein Teil der Fläche wegen Erfüllung des Abnutzungssatzes (im stärksten Holze) unbearbeitet bleiben. Bei der nächsten, jederzeit möglichen Zwischenprüfung wird sich dann die Notwendigkeit der Erhöhung des Abnutzungssatzes von selbst ergeben.

Auf diesem Wege nähern wir uns dem Dauerwaldbetriebe und demjenigen von mir allerdings als notwendig erachteten Zustande des Staatswaldes, in welchem dieser die höchste Holzwerterzeugung aufweist; doch nicht ohne jede Rücksicht auf die Kosten. Ich meine, daß wir mehr wie je Veranlassung haben, an Kosten bei der Waldwirtschaft zu sparen, insbesondere an allen Kosten, welche nicht unserem Ziele zugute kommen – und in erster Linie hätte ich von meinem Standpunkte die Kosten für die Forsteinrichtungsanstalten gespart; sparen müssen wir auch mit der Arbeitskraft aller Forstbeamten, insofern wir sie der produktiven Tätigkeit im Waldbau zu-, und der zwar nötigen, aber unproduktiven Schreibarbeit durch möglichste Vereinfachung unseres gesamten Schreibwerks abkehren; nicht aber sparen dürfen wir an all den Ausgaben, die nötig sind, um auf der uns noch gebliebenen Staatswaldfläche so viel des unentbehrlichen kostbaren Holzes zu erzeugen, als dort wachsen kann. Um dies Ziel zu erreichen, brauchen wir einen hohen Holzvorrat, einen höheren, als wir jetzt haben. Wenn man diesen allmählich anzusammeln für fehlerhaft erklärt, und auch Teile des noch vorhandenen Vorrats lieber versilbern (oder nach Müller »papierisieren«) will, weil die angebliche höhere Verzinsung dieses augenblicklichen Gelderlöses für wichtiger und dem Gesamtwohle Deutschlands zuträglicher gehalten wird als die nachhaltig absolut höhere Holzwerterzeugung im Staatswalde, so steht man auf dem Grunde der Reinertragslehre, kann aber damit nie zum Dauerwaldbetrieb und zu einem gesunden Waldwesen in unserem Sinne gelangen. Hier scheiden sich die Wege. Welcher von beiden für das Gesamtwohl des Staates der richtige sei, klar und bestimmt zu entscheiden, das ist die große verantwortungsschwere Aufgabe der höchsten Instanz. Möge ihr beschieden sein, stets den rechten Weg zu finden und ihm zu folgen. Der weiland Oberlandforstmeister von Hagen hat seinen Standpunkt seinerzeit in festen, klaren Worten mit guten und sicheren Gründen dargelegt, und lange Zeit ist Preußen wahrlich nicht zu seinem Schaden ihm gefolgt. Mag aber eine andere Zeit und neuere Erkenntnis zum Verlassen des Weges zwingen, so möchten wir ein ebenso innerlich überzeugendes, klar umschriebenes und mit guten, klaren Gründen gestütztes Bekenntnis unserer Staatsforstverwaltung uns wünschen. Und niemals sollte bei ihr irgendwelche Geltung haben, was bis zum Überdruß in der forstlichen Literatur ausgerufen wird, es seien die Mehrzahl der berufenen Vertreter des Faches oder die Mehrzahl der Forstverwaltungen zu der oder jener Überzeugung gekommen. Durch derartige Behauptungen wird eine solche Frage nicht entschieden; denn ich traue weder den staatlichen Forstverwaltungen noch den Professoren allein, dieweil am Tage liegt, daß sie oftmals geirrt und sich selbst widersprochen haben, sondern allein hellen und klaren Gründen.

Wer den Gedanken von der Stetigkeit des Waldwesens als einer Notwendigkeit für die Forstwirtschaft der Zukunft einmal in sich aufgenommen und Dauerwaldbetriebe als allen Kahlschlagbetrieben durchaus überlegen anerkannt hat, der muß sich klar werden über Zweck und Ziel der Forstwirtschaft und er muß sich eine eigene Überzeugung bilden gegenüber dem Kampf der Meinungen über Bodenreinertrag oder Waldreinertrag. Als im Jahr 1906 auf der Hauptversammlung des Märkischen Forstvereins dies Thema durch die beiden Redner Martin und Fricke eingehend erörtert worden war, faßte der Verein einstimmig den Beschluß, sich gegen das Wirtschaftsprinzip der höchsten Bodenrente und für das vom Oberlandforstmeister von Hagen proklamierte (damalige) Wirtschaftsprinzip der Preußischen Staatsforstverwaltung durch eine von Fricke verfaßte Resolution auszusprechen. Wer durchaus nach Autoritäten sucht, mag sich auch hieran erinnern. Wer sich klar werden will über die Frage, der mag die Verhandlungen nachlesen. Er wird da auch eine Stelle finden, die dem Andenken unseres unvergeßlichen Fricke zu Ehren in der heutigen Zeit ganz besonders zum Nachdenken anregt (S. 108 des Berichts). »Es ist gefährlich«, so sagte Fricke, »die Umtriebszeit unter die Herrschaft des vom landesüblichen Zinsfuße abhängigen Waldzinsfußes zu stellen. Vielleicht meinen die deutschen, forstlichen Schriftsteller, daß das gute Deutsche Reich infolge der Gediegenheit unserer Staatseinrichtungen für immer vor einem derartigen wirtschaftlichen Niedergange, wie wir ihn jetzt in Russland erleben, geschützt sei. Solche Optimisten dürften für das tatsächliche Auf- und Abwogen der Völkergeschicke, auch der deutschen Geschichte, wenig Verständnis haben. Ich für meine Person muß leider bekennen, daß ich heftige Störungen unserer gegenwärtigen wirtschaftlichen und sozialen Ordnung in der Zukunft nicht für ausgeschlossen halte. Derartige Störungen üben einen gewaltigen Einfluß auf den Geldmarkt und damit auch auf den Zinsfuß aus. Beherrscht letzterer die Umtriebszeit resp. die Höhe des Holzvorrats, so müssen notwendig alle inneren und äußeren Unglücksfälle eines Volkes auf den Waldbestand, welcher ein wichtiger Teil des nationalen Reichtums ist, einen unheilvollen Einfluß ausüben. Da das Wohl eines Volkes in erster Linie von dem Gedeihen der Bodenproduktion in seinem eigenen Vaterlande abhängig ist, muß sie möglichst von dem Einfluß derjenigen Wirtschaftsfaktoren freigemacht werden, welche im besonderen Maße durch einen Niedergang der wirtschaftlichen Verhältnisse in Mitleidenschaft gezogen werden. Dahin gehören vor allem Geldkapital und Geldzinsfuß. Was ist überhaupt der Geldzinsfuß? Er ist der Preis für das Leihen eines Geldkapitals. Dieser Preis hängt mit dem Verhältnis, in welchem der Wert des Produktionskapitals im Walde zu dem jährlichen Waldreinertrag steht, d. h. mit dem Waldzinsfuß gar nicht zusammen.«

Der Schlußsatz des Trebeljahr'schen Aufsatzes[4] erfüllt mich mit Freude, erweckt aber andererseits auch Besorgnisse. »Ich würde es«, so heißt es dort, »mit Freuden begrüßen, wenn die Kieferndauerwaldwirtschaft nach

Möller'schem Ideal durchführbar wäre; die Forsteinrichtung wird weit davon entfernt sein, ihr Hindernisse in den Weg zu legen; sie wird Wege suchen und Wege finden, um auch unter der Herrschaft der Dauerwaldwirtschaft die Ertragsregelung zweckmäßig durchzuführen. Ich fürchte aber, es wird noch viel Zeit vergehen, ehe die Forsteinrichtung vor diese neuen Aufgaben gestellt werden wird.« Hiernach darf ich mit Sicherheit annehmen, daß auch Herr Landesforstmeister Trebeljahr Bestrebungen nicht hindern wird, welche jenes Dauerwaldideal in die Wirklichkeit überzuführen beabsichtigen. Daß dies nicht auf dem Verordnungswege für den ganzen Staat mit einem Schlage zu erreichen ist, dürfte ohne weiteres klar sein.[5] Das einzige, was zu fordern ist, wäre nur, daß tüchtige und strebsame Fachgenossen, welche ihren Willen zur Einführung einer solchen Wirtschaft bekunden und durch ihre Persönlichkeit die Gewähr dafür bieten, daß sie ihrer Aufgabe gewachsen sind, nicht daran gehindert werden. Je mehr auch im Staatswalde solche Erfahrungen gesammelt werden, wie sie Herr von Kalitsch in Bährenthoren erwarb, um so schneller wird der Siegeslauf der Dauerwaldwirtschaft vor sich gehen. Daß die Forsteinrichtung sich dann der Sachlage anzupassen haben wird, ist selbstverständliche Folge. Soll der Versuch auch nur in einem Revier gemacht werden, so steht die Forsteinrichtung sofort vor der neuen Aufgabe, d. h. sie muß dann ein Werk schaffen, welches von den bisherigen sehr erheblich abweicht. Will man also mit der Dauerwaldwirtschaft einen Versuch wagen, dann wird nicht viel Zeit vergehen, ehe die neuen Aufgaben der Forsteinrichtung entgegentreten. Nimmt man aber an, daß noch viel Zeit vergehen wird bis dahin, so nimmt man auch keinen Versuch in nahe Aussicht.

Der Dauerwaldgedanke

Sein Sinn und seine Bedeutung

von

Prof. Dr. Alfred Möller
Preuß. Oberforstmeister und Direktor der Forstakademie
zu Eberswalde

Berlin
Verlag von Julius Springer
1922

Der Dauerwaldgedanke

Sein Sinn und seine Bedeutung

von Prof. Dr. Alfred Möller

Inhalt

Forstwirtschaft und Landwirtschaft

Jeder praktische Forstwirt, jeder Waldbesitzer,
jeder Lehrer und Erzieher der forstlichen Jugend und
nicht zuletzt unsere ganze Volkswirtschaft
ist an dieser Sache in höchstem Maße interessiert.
Eberbach (4)[1]

Forstwirtschaft, so sagt man wohl, Landwirtschaft und Gärtnerei sind Schwestern, Töchter der gemeinsamen Mutter Bodenwirtschaft; und gewiß liegt dieser Betrachtungsweise eine Wahrheit zugrunde, sie kann daher nützlich wirken. Sie kann zum Beispiel den fruchtbaren Gedanken einer »Hochschule für Bodenkultur« fördern und stützen.

Derartige allgemeine Wendungen können aber, gleich Schlagworten, ebenso auch schädlich werden – es kommt ganz auf ihre Verwertung an; sie sind daher, wie die Schlagworte, nicht ungefährlich, und sie werden um so leichter gefährlich, je einleuchtender und bestechender sie dem unbefangenen Hörer sich aufdrängen. Am schlimmsten ist es, wenn sie vom großen Publikum wie feststehende Wahrheiten betrachtet werden, Grundlagen, auf denen man ohne weiteres Folgerungen aufbauen könnte.

So liegt es mit der Schwesternschaft von Landwirtschaft und Forstwirtschaft. Jedermann weiß zwar, wie verschieden voneinander Schwestern sein können; wenn die älteste mit ausgesprochener musikalischer Begabung ihre Ausbildung mit Vorteil auf einem Konservatorium erhält, was für eine Torheit würde es sein, die jüngere, rein hauswirtschaftlich veranlagte, auf das Konservatorium, anstatt in eine Haushaltsschule zu schicken! Ähnliches ist aber in unserem Falle schon öfter versucht worden. Da die ältere erfahrene Schwester Landwirtschaft durch gründlich erforschte und erprobte Anwendung künstlicher Düngemittel großartige Erfolge erzielt hatte, so wurde sie der jüngeren Schwester Forstwirtschaft zum Muster aufgestellt: Wie rückständig bist du, lerne von deiner älteren Schwester! Und doch weiß man, daß dieselbe Gabe von Chilesalpeter, die dem Acker wohltut, die Fichtenkultur rettungslos zum Absterben bringt. Weil Fruchtfolge wohlerwogener Art der älteren Schwester Segen bringt, sollte die jüngere auch damit beglückt werden. Auf diesen Gedanken konnte wahrlich nur kommen, wer sich mit dem Dogma der Schwesternschaft in seinem Verständnis begnügte, die tiefe Wesensverschiedenheit der Geschwister aber nie begriffen hatte. Die Landwirtschaft ist die erheblich ältere Schwester, unendlich viel mehr Köpfe und Hände standen und stehen und müssen stehen in ihrem Dienste. So ist es freilich nicht zu verwundern, daß landwirtschaftliche Grundgedanken und Auffassungen bewußt und unbewußt Paten standen, als die kleine Forstwirtschaft geboren ward. Gar oft ist land- und forstwirtschaftliche Tätigkeit in einer Hand vereint, aber da war die ältere Schwester das Lieblingskind und die jüngere mußte sich oftmals mit der Rolle des Aschenbrödels begnügen. Man achtete es nicht groß, was ihr treuer Fleiß beschaffte, Brennholz und Schirrholz für die Wirtschaft, nach Bedarf auch mal etwas Bauholz für einen Um- oder Neubau.

Aschenbrödel hat sich herausgemacht, ist gewachsen trotz schlechter Behandlung, stolz stellt sie ihre Erträgnisse neben diejenigen der großen Schwester; man behandelt sie nun freundlicher, lobt sie und sagt: brav, brav, nun schaffe nur tüchtig so weiter. Ihres inneren Wertes aber nun bewußt, reckt Aschenbrödel sich in ganzer Höhe und sagt: ja, das will ich wohl tun, aber dann verlange ich auch, daß ihr nun endlich mich als mündig erklärt und Rücksicht auf meine mir angeborene Eigenart nehmt, und mich schaffen laßt nach meinen eigenen Gesetzen. Freundlich wollen wir Schwestern zwar nach wie vor zueinander halten und uns gegenseitig unterstützen, aber gestehet, daß landwirtschaftliches vom forstwirtschaftlichen Denken verschieden und jedes für sich berechtigt ist, und meßt nicht mit zweierlei Maß. Was sagt der Landwirt, wenn die Zeit der Kartoffelernte naht und es ihm schwer fällt, die nötigen Arbeitskräfte zu gewinnen? Stellt er sich resigniert hin und spricht: leider müssen die Kartoffeln erfrieren oder verfaulen, denn ich kann keine Leute zum Buddeln bekommen? Nein er sagt, ich muß Leute beschaffen, auf alle Fälle, denn die Kartoffeln dürfen nicht verderben. Wieviel aber unterbleibt an forstlicher Kultur- und Pflegearbeit, weil »keine Leute zu bekommen sind«, oder die Leute nicht kommen, da der Verdienst sie nicht lockt? Und warum dies? Daß die Kartoffeln der Nutzung verloren gehen, wenn sie nicht geerntet werden, sieht jeder, daß durch unterlassene Kultur- und Pflegearbeit Holz uns verloren geht, macht man sich nicht klar, auch wenn man zugibt, daß wir ohne genügend Holz ebensowenig leben können, wie ohne genügend Kartoffeln. Und den tieferen Grund für solches Geschehen finde ich eben darin, daß der Wald bei uns ganz allgemein mit landwirtschaftlichen Grundanschauungen betrachtet wird. Die Landwirtschaft zieht einjährige oder kurzlebige, die Forstwirtschaft langlebige Kulturpflanzen; das ist der ganze Unterschied, der vor aller Augen liegt. Tausendmal ist der Unterschied beider Bodenwirtschaftsformen dahin ausgesprochen, daß bei der unseren Saat und Ernte durch so lange Zeiträume getrennt sind, während sie bei der Landwirtschaft verhältnismäßig schnell aufeinander folgen. Wie oft wird deklamiert: wir ernten, was wir nicht gesät haben und säen, was wir nicht ernten werden oder im schönen dichterischen Ausdruck:

Es ist nicht schwer und nicht verdienstlich eben,
Wenn sicher uns der Lohn und das Gelingen,
Bereit zu sein zu nützlichem Bestreben; –
Verdienst ist nur das unbelohnte Ringen.
Solch Ringen ist des grünen Manns Gewerbe;
Was er gesät, was er gepflegt mit Liebe;
Des Lohns dafür ist meist ein andrer Erbe –
Was blieb ihm, wenn die Waldluft ihm nicht bliebe?

Sehr schön, aber falsch, grundfalsch, möchte ich dagegen sagen. Das ist der Erfolg landwirtschaftlichen Denkens über den Wald, das darin gipfelt, dem Forstmann eine nahezu übermenschliche Resignation als seinem Berufe eigentümlich aufzudrängen. Nein, auch ihm kann beschieden sein, »daß er im innern Herzen spüret, was er erschafft mit seiner Hand« und sich daran erfreut und aus dieser Freude am Erfolg Ansporn zu neuer Tat empfange. Aber er muß erst völlig umdenken lernen. Jetzt geht die allgemeine Vorstellung dahin, daß der Acker in Schläge, die Forst in Jagden oder Distrikte oder Abteilungen zerlegt ist, daß auf den Schlägen Roggen, Weizen, Rüben, Kartoffeln usw., auf den forstlichen Abteilungen Kiefern, Fichten, Eichen, Eschen usw. angebaut werden. Auf beiden wachsen die Kulturpflanzen gleichaltrig in die Höhe bis zur Reife, die auf den Schlägen nach einigen Monaten, auf den forstlichen Abteilungen nach vielen Jahren eintritt, dann kommt die Ernte, welche den Boden kahl hinterläßt, und seine neue Bestellung, die einen neuen Pflanzenbesatz fordert. Auf solcher Vorstellung beruht unsere ganze Forsteinrichtung mit der Festsetzung einer Umtriebszeit, d. h. einer bestimmten zwischen Saat und Ernte festgesetzten Zeit für die Abteilung, nicht für den Baum; mit dem Flächenfachwerk, mit den Perioden, mit dem ganzen Ertragstafelwerk. Bei Waldwertrechnungen arbeitet man mit solchen Begriffen, prolongiert die Kultur- oder diskontiert die Ernteerträge auf den erforderlichen Zeitpunkt, alles in der Vorstellung, ob Feld, ob Wald, im wesentlichen ist es im Grunde gleich, nur daß man dort nach Tagen, hier nach Jahren rechnet. Indessen ergibt sich wenigstens eine Unstimmigkeit sehr bald, die auf eine wesentliche Verschiedenheit hinweist. Der Wald liefert oft erhebliche Nutzungen zwischen Saat und Ernte. Wenn alle angebauten Roggenpflanzen zur Ernte gelangen, so erreicht von den angebauten Bäumen nur ein sehr kleiner Teil das vorausbestimmte Alter der Ernte. Da erfand man den Ausdruck Zwischen- oder Vornutzung, weil man sich von dem Begriff der Haupt- oder Endnutzung nicht trennen konnte. Vergessen ist bei alledem nur eins: die Kulturpflanzen des Landwirts gehen im ersten oder im zweiten Lebensjahre ihrem natürlichen Tode entgegen, ihr Alter, ihre Erntezeit ist in ihrer Natur begründet. »Wenn man« aber »einen Baum als ein Aggregat von ebenso vielen verbundenen Individuen hält als er Knospen an seiner Oberfläche entwickelt hat, so kann man nicht darüber staunen, indem ohne Unterlaß neue Knospen auf die früheren folgen, daß das sich ergebende Aggregat keinen notwendigen Endpunkt seines Bestehens hat« (De Candolle). Und wie der Baum, so hat erst recht die Vegetationsform Wald keinen notwendigen Endpunkt ihres Bestehens. Der alten Vorstellung ist es willkommen, wenn die sogenannten Zwischennutzungen verhältnismäßig selten und in bestimmten Intervallen und in bestimmter Menge gewonnen wurden, damit sie als Da, Db usw. in die Formel gesetzt werden können, damit die Ertragstafel sie angeben kann. Fortgeschrittene Beobachtung des Waldwesens führt aber den praktischen Forstmann zu immer häufigeren pflegenden Eingriffen, schließlich zu jährlichem Durchgehen des Waldes mit der Axt, und das Maß des Eingriffs läßt er sich nicht vorschreiben durch eine Tabelle, sondern durch das Bedürfnis des Waldes selbst. Was er dabei an Holz entnahm, das wurde seine Ernte, nicht Vor- oder Zwischen-, sondern eigentliche Haupt-, freilich niemals Endnutzung, und es ergab sich, daß solche für unbegrenzte Zeit möglich wurde, ohne daß jemals eine Endnutzung auftrat. Der Wald wurde ein lebendiges Wesen ewiger Dauer und seine Bewirtschaftung eine Dauerwaldwirtschaft. Waldwirtschaft, wenn sie unseren Zwecken am besten dienen soll, kann nur Dauerwaldwirtschaft sein, eine andere wirklich rationelle Wirtschaft gibt es gar nicht.

Diesen Gedanken als Leitgedanken für allen Waldbau halte ich für neu, seine Weiterentwicklung für nützlich, und ich glaube, daß, wenn er Allgemeingut aller Forstleute würde, von diesem Augenblick an allerdings eine neue Epoche waldwirtschaftlicher Arbeit gerechnet werden dürfte.

Das ist es, was ich im Folgenden näher zu begründen versuchen möchte.

I.
Wie der Dauerwaldgedanke entstand

Es sei mir gestattet, darzustellen, durch welche Einflüsse ich auf den Gedanken des Dauerwaldes geführt worden bin. Eine solche Darstellung wird am besten geeignet sein, über den Sinn, den ich mit dem Worte verband, volle Klarheit zu schaffen. Bis heut ist aus den zahlreichen Aufsätzen zu dieser Frage deutlich zu ersehen, daß nur erst ein Teil meiner Fachgenossen richtig verstanden hat, was ich meine. Ein literarischer Kampf kann aber nur dann fruchtbar werden, wenn sein Gegenstand eindeutig und klar bestimmt ist. Die Frage, was ist Dauerwaldwirtschaft? muß also zunächst erschöpfend und derart beantwortet werden, daß Mißverständnisse, wie sie bisher den Meinungsaustausch darüber begleiteten, ausgeschlossen werden. Indem ich also versuche, so gewissenhaft als möglich den Quellen nachzugehen, welche mir im Laufe des Lebens zuströmten und mein forstliches Denken auf die Dauerwaldwirtschaft hinleiteten, werde ich nicht nur eine Pflicht der Dankbarkeit erfüllen, sondern es wird auf diese Art auch die beste Gelegenheit sich finden, die Grundlagen des Dauerwaldgedankens allseitig aufzudecken und klarzulegen; der Vorwurf, als hätte ich leichtfertig oder aus Neuerungssucht ein neues Schlagwort erfunden oder den Versuch gemacht, die forstlich-literarische Nomenklatur durch einen überflüssigen neuen Ausdruck zu verwirren, wird alsdann haltlos in sich selbst zusammenfallen.

Als ich im Jahre 1878, damals Primaner, meinem darob sehr erstaunten Vater den Wunsch vortrug, Forstmann zu werden, nicht weil die Jagd, von der ich als Stadtkind noch kaum etwas wußte, mir es angetan hätte, sondern weil ich einen Beruf mir wünschte, der praktische Tätigkeit auf Grund botanischer Studien erforderte, da sah mein Vater sich in den Buchhandlungen nach einem passenden Weihnachtsgeschenk um und legte mir Roßmäßler *Der Wald* auf den Gabentisch. Diese Wahl war vortrefflich und wurde vielleicht entscheidend für mein forstliches Leben. Roßmäßler spricht in der Vorrede seines prächtigen Werkes den Zweck desselben dahin aus, daß es helfen solle, »den Wald unter den Schutz des Wissens Aller zu stellen«; es solle dazu beitragen, »eine tiefere Einsicht in den Wald und seine Bewirtschaftung, in sein Leben und seine Bedeutung zu fördern«. Und an anderer Stelle: »Der Wald ist es wert und verdient es um uns jeden Augenblick, daß wir unter seiner schönen Außenseite auch die innerlichen Regungen seines Lebens aufsuchen.« Da war der Begriff, daß der Wald ein Leben habe, ein lebendes Wesen darstelle, schon klar angedeutet, und es hat mich oft gewundert, daß ich von diesem Leben des Waldes in meiner Studienzeit in den akademischen Vorträgen in Eberswalde kaum etwas gehört habe.

»Wir fühlen und wissen«, sagt Roßmäßler, »daß der Wald nicht bloß aus Bäumen besteht«, aber, »es fehlt unserer reichen Sprache ein Wort, um es damit kurz und rund auszudrücken, in welcher Weise der Wald ein formreicher Inbegriff von Körpern und Erscheinungen ist«. Ich glaube das Wort nun gefunden zu haben, der Wald ist eben ein Lebewesen (ein Organismus).

Auch Roßmäßler schwebt dieser Gedanke vor, wenn er nach Betrachtungen über den Waldboden schließt: »Wir haben den innigen Lebenszusammenhang zwischen ihm (dem Waldboden) und dem Walde oder vielmehr den Bäumen – denn ein Teil des Waldes ist er ja selbst – erkannt, und unsere Blicke, die wir aufwärts in die Wipfel richteten, wurden immer aufmerksamer und immer fragender.« Oder »Achte man bei seinen Waldgängen darauf, daß die Pflanzen, welche zwischen den Bäumen und Büschen den Waldboden bedecken, ganz andere sind, als welche draußen auf Wiesen und Feldern unter dem unmittelbar auffallenden Sonnenstrahl gedeihen. Es gewinnt dadurch unsere Auffassung des Waldbegriffs an Klarheit und Schärfe; wir erkennen in ihm ein tausendfach zusammengesetztes Ganzes, an welchem jedes Glied seine bestimmte Stelle einnimmt«. In diesem Satze ist auf das beste ausgedrückt, was man mit einem richtig verstandenen Worte als ein Lebewesen bezeichnen kann. War nun diese Auffassung richtig, so mußte sie bei der Behandlung des Waldes auch richtunggebend sich auswirken; davon aber sah und bemerkte ich nichts, und in den Waldbauvorträgen, die ich hörte, ward jener Gedanke niemals erwähnt. Nur allein Ramann, der Anfang der achtziger Jahre hier in Eberswalde die Grundlagen einer selbstständigen Wissenschaft Bodenkunde legte, und sich jedes lernbegierigen Studenten in aufopferungsvollster Weise annahm, lehrte mich den Roßmäßlerischen Gedanken besser verstehen. Hatten wir die Waldböden in allerlei Arten einzuteilen und zu charakterisieren gelernt, sodann erfahren, daß man für jede Holzart so und so viel Güteklassen des Standortes unterscheide, daß sie auf deren jeder eine bestimmte Leistung an Höhe und Masse in bestimmter Zeit zu erreichen befähigt wären, so machte es einen tiefen und nachhaltigen Eindruck auf mich, als Ramann uns den Bleichsand als unter dem Einfluß bestimmter Bodendecke in verhältnismäßig neuer Zeit entstanden erkennen ließ, als er die besondere Schichtung und Färbung usw. eines Bodeneinschlages als geworden unter dem Einfluß der Vegetation erklärte. Der Wald also veränderte den Boden, er schaffte sich seinen Boden, er beeinflußte ihn, aus dem er wieder seine Nahrung entnehmen sollte. So war also der Boden nicht das starre, unveränderliche, tote Postament, auf dem sich der Wald als etwas von ihm zu Trennendes erhob, beide waren miteinander verbunden und beeinflußten sich in lebendiger, dauernder Wirkung gegenseitig, wie die Organe eines Organismus.

Von allen Vorlesungen, welche die Forstakademie mir bot, machten den nachhaltigsten Eindruck die formvollendeten, glänzenden Vorträge Brefelds über allgemeine sowohl als systematische Botanik. Da ich diese eifrigst zu Hause nacharbeitete, empfand ich gar bald das Bedürfnis, jenes Werk, unter dessen gewaltigem Einfluß die gesamte Naturwissenschaft jener Tage sich befand, Darwins *Entstehung der Arten* gründlich zu studieren. Das berühmte 3. Kapitel dieses Werkes trägt die Überschrift »Struggle for existence«, was wir nach allgemeinem Brauche mit »Kampf ums Dasein« treffend übersetzen. Ist der Inhalt dieses Kapitels auch wohl Gemeingut der Naturforscher geworden, so leider nicht aller Forstleute, obwohl gerade diese viel daraus hätten lernen können. Sei es darum gestattet, hier einige Stellen daraus wiederzugeben, die für unsere Betrachtung besondere Bedeutung beanspruchen:

> Nichts ist leichter, als in Worten die Wahrheit des allgemeinen Wettkampfes ums Dasein zuzugestehen, aber auch nichts schwerer, als, wie ich wenigstens gefunden habe, dieselbe beständig im Sinne zu behalten. Bevor wir aber solche dem Sinne nicht fest eingeprägt haben, wird der ganze Haushalt der Natur, mit all den Tatsachen über die Verteilungsweise, die Seltenheit und den Reichtum, das Erlöschen und Abändern in derselben nur dunkel oder ganz unrichtig begriffen werden. Wir sehen das Antlitz der Natur in Heiterkeit strahlen, wir sehen oft Überfluß an Nahrung; aber wir sehen nicht oder vergessen, daß die Vögel, welche um uns her sorglos ihren Gesang erschallen lassen, meistens von Insekten oder Samen leben und mithin beständig Leben zerstören; oder wir vergessen, wie viele dieser Sänger oder ihre Eier oder ihrer Nestlinge unauf-

hörlich von Raubvögeln und Raubtieren zerstört werden; wir behalten nicht immer im Sinne, daß, wenn auch das Futter jetzt im Überfluß vorhanden sein mag, dies doch nicht zu allen Zeiten des umlaufenden Jahres der Fall ist.

Es scheint wenig Zweifel unterworfen zu sein, daß der Bestand an Feld- und Haselhühnern, Hasen usw. auf großen Gütern hauptsächlich von der Zerstörung der kleinen Raubtiere abhängig ist. Wenn in England in den nächsten zwanzig Jahren kein Stück Wildbret geschossen, aber auch keine solchen Raubtiere zerstört würden, so würde nach aller Wahrscheinlichkeit der Wildstand nachher geringer sein als jetzt, obwohl jetzt Hunderttausende von Stücken Wildes jährlich erlegt werden.

In Staffordshire auf dem Gute eines Verwandten, wo ich reichlich Gelegenheit zur Untersuchung hatte, befand sich eine große, äußerst unfruchtbare Heide, die nie von eines Menschen Hand berührt worden war. Doch waren einige hundert Acker derselben von genau gleicher Beschaffenheit mit den übrigen, fünfundzwanzig Jahre zuvor eingezäunt und mit Kiefern bepflanzt worden. Die Veränderung in der ursprünglichen Vegetation des bepflanzten Teiles war äußerst merkwürdig; mehr als man gewöhnlich zwischen zwei oder drei ganz verschiedenen Böden wahrnimmt. Nicht allein waren die Zahlenverhältnisse der Heidepflanzen gänzlich verändert, nein, es wuchsen auch in der Pflanzung zwölf Pflanzenarten (abgesehen von Gräsern und Carex), von welchen auf der Heide nichts zu finden war. Die Wirkung auf die Insekten muß noch viel größer gewesen sein, da in der Pflanzung sechs Spezies insektenfressender Vögel sehr gemein waren, von welchen in der Heide nichts zu sehen war, welche dagegen von zwei bis drei andern Arten solcher besucht wurde.

Wir bemerken hier, wie mächtig die Einführung einer einzelnen Baumart gewesen, indem sonst nichts geschehen war außer der Abhaltung des Viehes durch die Einfriedigung. Was für ein wichtiges Element aber die Einfriedung sei, habe ich deutlich in der Nähe von Farnham in Surrey gesehen. Hier waren ausgedehnte Heiden mit ein paar Gruppen alter Kiefern auf dem Rücken der entfernteren Hügel; in den letzten zehn Jahren waren ansehnliche Strecken eingefriedigt worden, und innerhalb dieser Einfriedigungen schoß infolge von Selbstaussaat eine Menge junger Kiefern auf, so dicht beisammen, daß nicht alle fortleben konnten. Nachdem ich mich vergewissert hatte, daß diese jungen Stämmchen nicht gesäet oder gepflanzt worden, war ich so erstaunt über deren Anzahl, daß ich mich sofort nach mehreren Aussichtspunkten wandte, um Hunderte von Ackern der nicht eingefriedigten Heide zu überblicken, wo ich jedoch außer den gepflanzten alten Gruppen buchstäblich genommen auch nicht eine einzige Kiefer zu finden vermochte. Als ich mich jedoch genauer zwischen den Pflanzen der freien Heide umsah, fand ich eine Menge Sämlinge und kleine Bäumchen, welche aber fortwährend von den Herden abgeweidet worden waren. Auf einem ein Yard im Quadrat messenden Fleck, mehrere hundert Yards von den alten Baumgruppen entfernt, zählte ich 32 solcher abgeweideten Bäumchen, wovon eines mit 26 Jahresringen viele Jahre hindurch versucht hatte, sich über die Heidepflanzen zu erheben, aber vergebens. Kein Wunder also, daß, sobald das Land eingefriedigt worden war, es dicht von kräftigen jungen Kiefern überzogen wurde. Und doch war die Heide so äußerst unfruchtbar und so ausgedehnt, daß niemand geglaubt hätte, daß das Vieh hier so dicht und so erfolgreich nach Futter gesucht haben würde.

Ich werde versucht, durch ein weiteres Beispiel nachzuweisen, wie solche Pflanzen und Tiere, welche auf der Stufenleiter der Natur am weitesten voneinander entfernt stehen, durch ein Gewebe von verwickelten Beziehungen miteinander verkettet werden. […] Ich habe gefunden, daß der Besuch der Bienen zur Befruchtung von mehreren unserer Kleearten notwendig ist. So lieferten mir zum Beispiel zwanzig Köpfe weißen Klees 2290 Samen, während zwanzig andere Köpfe dieser Art, welche den Bienen unzugänglich gemacht waren, nicht einen Samen zur Entwicklung brachten. Man darf daher wohl annehmen, daß, wenn die ganze Gattung der Hummeln in England sehr selten oder ganz vertilgt würde, auch der Klee sehr selten werden oder ganz verschwinden würde. Die Zahl der Hummeln in einem Distrikt hängt in einem beträchtlichen Maße von der Zahl der Feldmäuse ab, welche deren Nester und Waben zerstören. Nun hängt aber, wie jedermann weiß, die Zahl der Mäuse in großem Maße von der Zahl der Katzen ab, so daß Newman sagt, in der Nähe von Dörfern und Flecken habe er die Zahl der Hummelnester größer als irgendwo anders gefunden, was er der reichlicheren Zerstörung der Mäuse durch die Katzen zuschreibt. Daher ist es denn völlig glaublich, daß die Anwesenheit eines katzenartigen Tieres in größerer Zahl in irgendeinem Bezirke durch Verminderung zunächst von Mäusen und dann von Bienen auf die Menge gewisser Pflanzen daselbst von Einfluß sein kann. [Am Schluß heißt es nach Betrachtung zahlreicher Beispiele:] »Dies sollte uns die Überzeugung von unserer Unwissenheit über die Wechselbeziehungen zwischen allen organischen Wesen verschaffen; eine Überzeugung, welche ebenso notwendig, als schwer zu erlangen ist.

Wer aber, der von Darwin zu dieser Überzeugung geführt, sie durch Beobachtung gefestigt hat, sollte als Forstmann nicht die Grundlehre daraus ziehen: es ist uns keinerlei Eingriff in den Wald möglich, ohne daß wir damit neben den von uns unmittelbar verfolgten Zwecken zugleich zahllose andere Wirkungen auslösen, deren Folgen wir gar nicht übersehen, die wir nur mühsam und teilweise durch strenge Beobachtung allmählich kennen lernen können. Ist es nicht das gleiche bei einem Organismus? Muß nicht der Chirurg bei jedem Eingriff in den menschlichen Organismus außer dem von ihm im besonderen Falle erstrebten Ziel auf das umsichtigste und sorgsamste alle anderen Folgen bedenken, welche als Folgeerscheinungen an anderen als den zur Operation gelangenden Organen eintreten können? Darwins Darlegungen tragen sehr wesentlich dazu bei, uns die Auffassung des Waldes als eines Lebewesens verständlich und anschaulich zu machen.

Ist es schon schwer, wie Darwin sagt, eine deutliche, stets gegenwärtige Überzeugung davon zu gewinnen, daß zwischen allen Organismen Wechselbeziehungen bestehen, die uns nur erst zum Teil erkennbar sind, und den Wald besonders aus diesem Gesichtspunkte betrachten zu lernen, so wachsen die Schwierigkeiten, wenn es gilt, solche Einsicht sich auswirken zu lassen auf forstliches Handeln. Die ersten Anregungen in dieser Hinsicht gab mir Borggreve durch seine Vorträge und Lehrwanderungen zu der Zeit, da ich als Referendar mich in Hann. Münden aufhielt. Zuerst war es seine geistreiche Schrift: »Heide und Wald, Spezielle Studien und generelle Folgerungen über Bildung und Erhaltung der sogenannten natürlichen Vegetationsformen der Pflanzengemeinden«, welche einen nachhaltigen Eindruck auf mich machte, welche mich auf Alexander von Humboldt und die Pflanzengeographen hinwies und das erste dämmernde Verständnis eröffnete für das, was man heut unter ökologischer Pflanzengeographie versteht. Allgemein begegnen wir bei Borggreve dem Bestreben, die forstliche Tätigkeit über den Zustand des empirischen Handwerkes herauszuheben, ihre Maßnahmen, soweit immer möglich, auf naturwissenschaftliche Erkenntnis zu gründen, und der überragende, langnachhaltende Einfluß, welchen trotz aller Widerstände seine Schriften und sein Wirken ausgeübt haben, ist abgesehen von der originellen Schöpferkraft seines ideenreichen Geistes, eben auf jenen Umstand zurückzuführen. Jede Pflanzengemeinschaft, also auch den Wald, lehrte Borggreve zu verstehen als geworden, als bedingt durch die Umwelt und von den Wechselwirkungen der Organismen hatte er, wie man in seinen Schriften vielfach zwischen den Zeilen lesen kann, eine stets gegenwärtige Vorstellung. Die Eingriffe der Menschen, denen er, für die Kulturländer wenigstens, die wichtigste Rolle mit Recht zuschrieb bei der Gestaltung unserer Vegetationsformen machte er in ihrer Nach- und Auswirkung in vieler Richtung verständlich. Wenn er schon Anfang der 70er Jahre schrieb: »Die Heidevegetation auf Waldschlägen ist also stets das Resultat einer fehlerhaften Waldbehandlung, eine forstwirtschaftliche Mißgeburt, erzeugt aus der Paarung zweier waldfeindlicher Operationen: Ausraubung des Bodens durch Entführung seiner Decke resp. Krume und Freilegung desselben durch Kahlhiebe« (*Heide und Wald*, 2. Aufl., S. 42) oder ebenda (S. 29): »Die hier geschilderte Erscheinung (nämlich die Deckung des Waldbodens mit Beerkrautfilz und darauf folgender Heidewucherung) vollzieht sich jährlich und täglich auf vielen Hunderttausenden von Hektaren ... Die modernen – übrigens meines Erachtens auch aus vielen anderen Gründen durchaus verderblichen – Waldbewirtschaftungsmethoden mittelst plötzlicher Kahlhiebe oder starker resp. schnell sich folgender Auslichtungen des Altholzes, haben sie in sehr vielen, ja wohl den meisten deutschen Forsten leider zu einer ganz regulären gemacht« –, so brachte er damals in die forstliche Welt eine neue Betrachtungsweise und folgerte daraus Ansichten und Forderungen, welche vielfach als umstürzlerisch bezeichnet wurden. In seiner *Holzzucht* war Borggreve bestrebt, mehr als je ein Vorgänger, aus den Erkenntnissen der Naturwissenschaft, insbesondere auch der Pflanzenphysiologie »für die Holzzucht maßgebende allgemeine Wahrheiten« abzuleiten. Er folgert, daß unter sonst gleichen Verhältnissen eine möglichst große nachhaltige Holzerzeugung auf gegebener Fläche abhängig ist von möglichst ständiger Erhaltung der vollen Triebknospenzahl auf derselben (S. 13, 2. Aufl.) und sagt an anderer Stelle (S. 184):

> Eine richtige Behandlung der Verjüngungsschläge … soll die volle Wertzuwachsleistung der Fläche an Altholz nicht eher unmöglich machen, bis der Nachwuchs dieselbe schon bald wieder annähernd zu ersetzen vermag … Während der kahlhauende Oberförster bei beispielsweise 120-jährigem Umtriebe jedes Jahr etwa ein neues Hundertzwanzigstel seines Revieres dazu verurteilt, daß es auf Jahrzehnte hin wirkliche Werte nicht erzeugt, dafür aber Kulturgelder mit ihren Zinsen … verzehrt, erspart der in korrekten Schlagführungen natürlich verjüngende Oberförster einmal diese Kulturgelder mit ihren Zinsen und erhält ferner die ganze Fläche seines Revieres trotz des jährlichen Einschlags einer gleichen – beziehungsweise viel größeren – Holzmasse in ihrer vollen oder fast vollen Werterzeugung.

Erfüllt von den Gedanken, welche Roßmäßler anregte, als er dem Wald als solchem ein Leben zuschrieb, dessen Verständnis durch die von Darwin erläuterten Wechselbeziehungen der Organismen erst ermöglicht und dann vertieft wurde, erfüllt ferner von dem durch Borggreve geweckten

Interesse an der Beurteilung forstwirtschaftlicher Fragen auf dem Boden naturwissenschaftlicher Erkenntnisse, ward mir das Glück zuteil, drei Jahre meines Lebens im Urwalde Brasiliens zubringen zu können, und im Anschluß daran in mehrmonatiger Reise und Wanderung die Waldungen Nordamerikas von Kanada bis Nord-Karolina und vom Ozean bis zum Mississippi zu besuchen. Der Tropenwald mit seinen aufs höchste gesteigerten Wirkungen des Lichts und der Feuchtigkeit hat eben dadurch sinnfällige Wirkungen dieser Vegetationsfaktoren und Anpassungen an dieselben hervorgebracht, wie sie im Walde der gemäßigten Zone nicht auftreten. »Der Kampf ums Licht« zum Beispiel, sagt Schimper, »waltet im nordamerikanischen« und – fügen wir hinzu – im deutschen »Walde ebenso, wie im tropischen, und doch hat er nur in letzterem auffallende Anpassungen hervorgerufen.« Darum aber ist die vergleichende Betrachtung verschiedener Waldtypen auf der ganzen Erde, welche unser Arbeitsobjekt, den deutschen Wald nur als einen Sonderfall, einen kleinen Ausschnitt des Gesamtbegriffs Wald erscheinen läßt, so außerordentlich lehrreich. »Weil der Kampf um die Sonnenstrahlen im tropischen Walde mit Mitteln geführt wird, wie sie bei geringer Luftfeuchtigkeit und Temperatur des Waldes der gemäßigten Zone nicht angewendet werden, darum tritt er uns dort mit unmittelbar packender Deutlichkeit vor Augen. Die Fülle der epiphytischen Gewächse, welche die Äste der Bäume in dichtem Gewirr besiedeln, um näher der Quelle des Lichtes leben zu können, da zum Boden des Waldes das Licht nur noch spärlich durchdringt, stellt die auffallendste Äußerung dieses Kampfes dar. Eine andere erkennen wir in der ungeheuren Fülle des Laubes, vorzugsweise in der riesigen Größe der Blattspreiten, wie sie im heimischen kleinblättrigen Walde nie gefunden werden, wieder eine andere in der oft unschön sperrigen, schirmartigen Kronenausbildung mancher Bäume. Wenn nun solche Wirkungen des Kampfes in unserem Walde nicht in die Erscheinung treten, so sollten wir doch nie aus den Augen verlieren, daß der Kampf selbst dort mit derselben Hartnäckigkeit, wenn auch mit weniger Lärm geführt wird, und daß die Tätigkeit des Forstmannes zu einem wesentlichen Teile aufgefaßt werden kann, als die eines Leiters und Schiedsrichters in demselben. So erscheint jede Durchforstung (Durchforstung hier nicht im speziell technischen, sondern im denkbar weitesten Sinne verstanden) als ein Akt dieses Kampfrichters, und als Ziel jeder Durchforstung in dem angedeuteten Sinne stellt sich dar: möglichst viel Blätter der erwünschtesten Holzarten und Individuen in möglichst vorteilhafte Stellung zum Licht zu bringen.« Das Vorstehende habe ich von Brasilien aus in einem Aufsatze für Borggreves *Forstliche Blätter* im Jahre 1891 niedergeschrieben und hier wiederholt, um zu zeigen, wie Borggreves Lehren, die in den gesperrt gedruckten Worten sich äußern, unter den Eindrücken des Tropenwaldes schon damals mich zu Auffassungen von richtiger Waldbehandlung führten, wie sie nun der Dauerwald darstellt. Das Schiedsrichteramt im Kampfe der Pflanzen ums Licht richtig und stetig auszuüben, das wird schließlich zur wichtigsten, zur alles beherrschenden Aufgabe forstlicher Kunst, der gegenüber alles andere nebensächlich bleibt.

In einem Vortrage vor dem Verein Nassauischer Forstwirte (*Zeitschrift für Forst- und Jagdwesen*, Juni 1896) führte ich aus, wie Alexander v. Humboldt, das große Vorbild jedes, besonders aber des südamerikanischen Naturforschers, des alten Plinius Worte »Naturae vero rerum vis atque majestas in omnibus momentis fide caret, si quis modo partes eius ac non totam complectatur animo«[2] mit neuem Sinne belebt hat, wie wir von ihm lernen können, daß nur die vergleichende Beobachtung der gesamten Erscheinungswelt uns zu dem Standpunkt der Betrachtung zu führen vermag, welcher das Einzelne auf dem Hintergrund des Ganzen richtig anzuschauen und in seinem Werte zu schätzen erlaubt. So kann auch die vergleichende Betrachtung der verschiedenen Waldbilder der Erde uns die richtige Beurteilung des deutschen Waldes erleichtern, und wir dürfen hoffen, bei solcher Betrachtung die allgemeinen Gesetze verstehen zu lernen, welche für jede Waldvegetation gelten müssen und darum die Grundlage für forstwirtschaftliche Maßnahmen bilden sollen. Diesem Gedanken ist auch Heinrich Mayr gefolgt, der mir mit seinen *Waldungen Nordamerikas* ein unersetzlicher Führer war bei dem Besuche des östlichen nordamerikanischen Waldes, insbesondere in den Alleghanies. Ich sah den nordamerikanischen Wald im Staate Nord-Karolina überaus reich an Arten, verglichen mit dem deutschen, aber arm im Vergleich mit der unerschöpflichen Artmannigfaltigkeit der Tropen. Ich erkannte nun auch in ihm die Spuren des Kampfes der Pflanzen miteinander, und es festigte sich die Auffassung von des Forstmannes Tätigkeit als von einer lenkenden, auswählenden, schiedsrichterlichen Arbeit in diesem Kampfe, und schloß schon damals, »daß als Konsequenz jener Anschauung jeder Kahlschlag,[3] wo es auch immer sei, verworfen werden müßte, will ich nur andeuten, ohne Bereitwilligkeit oder Vermögen, diese These gegen die ihr drohenden Angriffe hier zu verteidigen«. Noch mußten mehr als 25 Jahre vergehen, ehe diese Bereitwilligkeit sich einstellte, dieses Vermögen erworben war. Ich sah als Oberförster-Anfänger die regelmäßigen Kahlschläge, welche herrliche Kiefern-Buchen-Mischbestände vernichteten und an ihre Stelle eine Öde setzten, auf der meist nach ein- oder mehrjähriger Pause der Waldpflug auch die letzten Reste des früheren Waldwesens zerstörte. Kiefernsaaten und -pflanzungen, oft kümmerlichster Art, wurden von Schütte und Rüsselkäfer mehr oder weniger vernichtet, in zehnjährigen, ja noch älteren Kulturen, wurde alljährlich nachgebessert, schließlich wurden im Schatten erwachsene Anflugkiefern aus Altbeständen als Ballenpflanzen in weitem Verbande in die entstandenen Seggehorste gesetzt, wo sie dann in abermals 10 bis 20 Jahren, langsam dem Lichtstande sich anpassend, zu krüppeligen Kusseln erwuchsen. Etwa vorhandene Anflüge aber wurden vor der Kultur schon als störende Vorwüchse beseitigt. Wo blieb das Leben des Waldes, das lebendige Waldwesen? Es war vernichtet. Das Gleichgewicht seiner zahllosen Organe war zerstört; war es nicht einleuchtend, daß die einseitige Vermehrung all jener Schädlinge aus dem Reiche der Insekten und Pilze, das Überhandnehmen einer Vegetation von Gräsern, Schlagunkräutern, von Beerkräutern und Heide, die den Waldpflanzen das Ankommen und Gedeihen erschwerten, auch nur eine Folge war jenes überall wirksamen Kampfes der Organismen miteinander und der Umwelt, den wir nur falsch geleitet, nicht zu unserem wahren Vorteil zu lenken verstanden hatten, Folge einer fehlerhaften Waldbehandlung, »forstwirtschaftliche Mißgeburt«, wie Borggreve gesagt hatte?

Im Jahre 1906 wurde mir als Oberforstmeister und Akademiedirektor die Oberleitung des technischen Wirtschaftsbetriebes in den Lehrrevieren Chorin, Biesenthal, Eberswalde und Freienwalde und die Abhaltung der akademischen Vorlesungen über Waldbau übertragen. So wurde es nun zur Pflicht, die gewonnenen Einsichten weiterzugeben, sie nach Kräften zu vertiefen, zusammenzufassen und einzufügen in die Darstellung des gesamten Wissensgebietes. Aber auch vorsichtige Beschränkung wurde zur Pflicht. Es galt sich abzufinden mit den gegebenen herrschenden Anschauungen und anzuknüpfen an die tatsächlich geübte Praxis des Waldbaues, Solche zuerst einmal kennen zu lernen, hatte die jugendliche Hörerschar nicht nur ein Recht, es war für sie auch notwendig, wenn sie ihre Examina bestehen wollte, auf deren Gestaltung und Art dem akademischen Lehrer keinerlei Einfluß gestattet war. So ergab sich alsbald eine natürliche Teilung des Stoffes, wie ich sie als empfehlenswert schon 1890 in den forstlichen Blättern und dann bei einem Vortrage im Märkischen Forstverein (Winterversammlung am 14. Februar 1910) zu Berlin bezeichnet hatte: »Die wissenschaftlichen Grundlagen des Waldbaues stellen eine Sammlung der wissenschaftlichen Ergebnisse dar, welche für den technischen Waldbau nützlich sind oder werden können, man behandle sie für sich. Den technischen Waldbau aber lehre man als das, was er ist, als eine Technik, gegründet auf erfahrungsmäßig gewonnene Regeln. Methodisch soll dies auf der Hochschule geschehen, wissenschaftlich-methodisch nur insofern, als hier die Erfahrungsregeln der Praxis systematisch geordnet und kritisch beleuchtet, in den Fällen, wo es möglich ist, auf ihre wissenschaftlichen Grundlagen zurückgeführt, oder auch als offenbar trügerisch verworfen werden.« Der ersten Forderung genügte ich in einer Sommervorlesung mit dem Titel »Pflanzenphysiologische Grundlagen des Waldbaues«, der anderen durch die übliche Wintervorlesung über Waldbau. In der Sommervorlesung vornehmlich suchte ich alljährlich von Jahr zu Jahr fortschreitend jene grundlegenden Gedanken weiter auszubauen, von denen im vorhergehenden die Rede war; die hier auftauchenden Fragen arbeitete ich mit meinen Assistenten durch und erörterte sie besonders im Anschluß an die Exkursionen mit Referendaren und älteren Fachgenossen, immer mit dem Ziele vor Augen, wie weit können und müssen sie Einfluß gewinnen auf die praktische Wirtschaft? Allmählich mehr und mehr wurde von hier aus die praktische Waldbauvorlesung beeinflußt, der Kritik an den herrschenden Anschauungen und dem vorher genau geschilderten Wirtschaftsverfahren ein stetig wachsender Raum zugewiesen.

Die Waldbauliteratur erhielt zu Anfang des neuen Jahrhunderts große Bereicherung, eine Fülle neuer Anregungen durch die kurz hintereinander erschienenen Werke: Wagner, *Die Grundlagen der räumlichen Ordnung im Walde*, Mayr, *Waldbau auf naturgesetzlicher Grundlage*, und Düesberg, *Der Wald als Erzieher*. So verschieden nach den Quellen ihrer persönlichen Erfahrungen und nach den Zielen ihres Strebens diese drei Schriftsteller auch waren, so durchaus unabhängig voneinander ein jeder ein durchaus eigenes neues Werk geliefert hatte, in allen lebten und wirkten dieselben Gedanken, welche wir erörterten: es müssen allgemeingültige naturgesetzliche Grundlagen maßgebend sein für jeden Waldbau. Und auf solchen aufbauend, gelangten sie jeder zu dem Idealbild einer bestimmten Waldform, einer bestimmten Betriebsart, deren Durchführung sie folgerichtigerweise forderten: Wagner den Blendersaumwald, Mayr den Kleinbestandswald, Düesberg den planmäßig aufgebauten Plenterwald. Einig waren sie alle in dem Sinne Gayers, des großen Vorläufers, in der grundsätzlichen Verwerfung des Kahlschlages, dieser Verwüstung des Waldwesens. Sollte der gewissenhafte Waldbaulehrer ihnen folgen? – allen? Das wäre nicht möglich gewesen, denn gar zu weit führten ihre Wege im praktischen Betriebe auseinander; einem? welchem?

Wagner zu folgen war am ehesten möglich; hatte er doch sein Ideal in vieljähriger praktischer Arbeit verwirklicht, und das Ergebnis vor aller Augen gestellt. Sein Weg war erprobt und als gangbar erwiesen. Mayrs Kleinbestandswald ließ den in der Praxis Erfahrenen nur zu deutlich erkennen, daß er aus der Praxis nicht geboren war und als allgemeine Wirtschaftsform keine Aussicht auf Verwirklichung bot. Düesbergs Plenterwald hatte seinen hohen Wert auf abstraktem Gebiet, als Endergebnis eines bis zum letzten Ende folgerichtig durchdachten Prinzips. Niemand wird seinen Ausführungen aufmerksam folgen, ohne reichen Gewinn für sein forstliches Denken davonzutragen, aber als Regel für die Waldwirtschaft im großen kann dieser Sechseckwald nicht dienen, den jede Kalamität irgendwelcher Art, ja jedes vorzeitige Trockenwerden eines einzelnen Stammes in seinem kunstvollen Aufbau zerstören muß.

War aber auch Wagner vielleicht zu weit gegangen, wenn er seinen Blendersaumwald als die einzig mögliche Lösung des großen Problems bezeichnete? Es war und ist eine Lösung, die beste, die bisher jemand gefunden, in der Praxis durchgeführt, in der Literatur eingehend nach allen Richtungen begründet hat. Muß es die einzige sein? Angesichts der Mannigfaltigkeit der Waldbilder in Nord und Süd, in Ost und West, fällt die Bejahung dieser Frage schwer.

Was aber schälte sich heraus aus all dem Ringen um die Wahrheit, was blieb all den Kämpfern auf dem Gebiete wirklich fördersamer Geistesarbeit in unserem Fache gemeinsam? Auf ein Wort kam ich stets zurück, das bei Gayer sich vielfach findet (*Der gemischte Wald*, S. 4 und 137): »Aus der Natur des Waldes mußte entnommen werden die gesetzliche Forderung der Stetigkeit, einer strengen Kontinuität.« Gayer gibt selbst a. a. O. eine Begründung für diese Forderung, »in der Harmonie aller im Walde wirkenden Kräfte liegt das Rätsel der Produktion«. So entstand der Begriff der Kontinuität des Waldorganismus oder, verdeutscht, der Stetigkeit des Waldwesens als der Grundlage jeder richtigen, wahrhaft zweckmäßigen Waldbehandlung. Ich habe ihn in meinen Vorlesungen zuerst entwickelt, und im Jahre 1912 in dem damals für meine Zuhörer herausgegebenen Führer zur Vorlesung auch drucken lassen. Bezeichnenderweise dient der Ausdruck dort bei Besprechung der Betriebsarten zur besonderen Charakteristik des Plenterwaldbetriebes. Der Plenterwaldbetrieb erschien mir unter allen herkömmlicherweise unterschiedenen Betriebsarten am allerbesten dadurch gekennzeichnet, daß er die Stetigkeit des Waldwesens am sichersten verbürgte.

Ein Organismus kann seine Lebensfunktionen kräftig nur erfüllen, wenn er vollkommen in allen Teilen gesund ist. Eine Funktion des Waldorganismus, die für uns praktisch wichtigste, ist die Erzeugung von Holzringen. Soll diese nachhaltig, dauernd also, ungestört in größter Menge und Güte ausgeübt werden – und das ist ja wohl das Ziel waldbaulichen Strebens –, so muß der Organismus gesund sein, der Wald muß auf den unbedingt in allen Teilen gesunden Zustand gebracht werden, und wenn er in diesem Zustand sich befindet, in ihm dauernd erhalten werden, die Stetigkeit des Waldwesens muß erhalten werden, das also wurde die grundlegende allgemeine Forderung des Waldbaues. In diesem richtig verstandenen Begriff war das allen Bestrebungen Gemeinsame ausgedrückt, zu ihm hätte ich Gayers Zustimmung sowohl wie diejenige Borggreves gefunden. Allgemein mußte solche Formel gehalten sein, ohne Bindung an irgendeine bestimmte Waldform. »Denn«, so sagt Gayer, »wir sollen« – und, fügen wir hinzu, wir müssen – »uns aller Waldformen zur Erreichung der waldbaulichen Ziele bedienen und keiner die Alleinherrschaft zugestehen; das Ziel jeder gesunden Wirtschaft muß aber darauf gerichtet sein, neben der Nutzbarmachung des Waldes die Produktionskräfte unverkürzt zu erhalten.« – Wie nun Gayer in seinem Waldbau jede einzelne »Waldform« (Betriebsart) in einem besonderen Abschnitt auf ihre bodenpflegende Kraft hin untersucht, so suchte ich sie daraufhin zu prüfen, inwieweit sie die Stetigkeit des Waldwesens zu sichern vermögen, und es zeigte sich, daß solche Sicherung durchaus nicht nur dem Plenterwaldbetriebe möglich ist. Das Maß der Sicherung ist bei den verschiedenen Betriebsarten verschieden, und nur eine mußte von vornherein als dem Sinne des Waldbaues zuwider ausgeschieden werden: die Kahlschlagbetriebsart.

Aber auch die Lehre von den Pflegehiebe oder Durchforstungen mußte von dem neuen Standpunkt der Betrachtung aus dargestellt werden. Stetigkeit ist das Gegenteil von Plötzlichkeit. Wenn, wie es vielfach geschah, gleichaltrige Bestände aufwuchsen bis zum 40. und oft bis zum 60. Jahre, ohne daß die Axt hineingetragen wurde, wenn dann eine Durchforstung einsetzte, welche in einem Gange so viel entnahm, daß man für zehn Jahre, oder bestenfalls auch nur für fünf Jahre damit auszureichen gedachte, andere Durchforstungen dann bis zum Abtriebsschlag mit fünf- bis zehnjährigen Pausen sich folgten, so war das jedenfalls das gerade Gegenteil der Stetigkeit. Ausgehend von den Erfahrungen, welche man in einem wohlgepflegten Park machen kann, erscheint das Ideal der Bestandespflege in ununterbrochener, täglicher, daher fast unmerklicher Arbeit gegeben, welche jeden Ast und Zweig im Auge behält, jeder wechselseitigen Störung der in Gesellschaft lebenden Pflanzen vorsichtig schiedsrichterlich, womöglich schon vorbeugend, entgegenarbeitet. Zwischen solchem praktisch im Walde unmöglichen Ideal und dem vorher geschilderten Extrem der gewaltsamen, in großen Zwischenräumen sich abspielenden Eingriffe gilt es den Mittelweg zu finden, der, einmal praktisch durchführbar, auf der andern Seite der Stetigkeit so viel als möglich entspricht. Wie oft der Wald die durchforstende Axt sehen soll, das ist die Frage, bei deren Beantwortung zunächst gesagt wird, es hängt von der Menge der zur Verfügung stehenden forstlichen Kenntnis und der Arbeitskräfte ab, man kann unmöglich Jahr für Jahr den ganzen Wald auszeichnend durchgehen. Das scheint sehr einleuchtend und ist doch grundfalsch, wie ich in der Einleitung schon angedeutet habe; man macht nicht grundsätzlich die Menge der auf einem Gute einzuerntenden Kartoffeln von der Zahl der zur Verfügung stehenden Arbeitskräfte abhängig, man sorgt vielmehr für die erforderlichen Arbeitskräfte, sobald die Erntearbeit notwendig wird. In Wirklichkeit hängt die Frage der Häufigkeit pflegender

Durchforstungshiebe ebenso wie fast aller Fortschritt forstlicher Technik vom Werte des Holzes ab. Ist dieser groß genug, um nachzuweisen, daß die vermehrte geistige und körperliche Arbeit im Walde zu vermehrter Produktion führt, welche die Arbeit mehr als bezahlt macht, so wird und muß sie geleistet werden.

In diesem Sinne hatte ich im Frühjahr 1911 meine Waldbauvorlesung des Wintersemesters beendet, als einer meiner damaligen fleißigsten Zuhörer, Herr W. v. Kalitsch, zu mir mit der Bemerkung kam: »Ich glaube, mein Onkel in Bärenthoren wirtschaftet schon seit Jahrzehnten in seinem Walde im Sinne der Idealwirtschaft, welche Sie uns geschildert haben.« Das wurde der Anlaß zu einem Besuche, den ich im Herbst 1911 dem Herrn Kammerherrn Friedrich von Kalitsch auf Bärenthoren bei Dobritz (Kreis Zerbst) abstatten durfte. Herr von Kalitsch hatte die Güte, mir auf einem sehr sorgsam vorbereiteten Waldbegange seinen Wald und dessen eigenartige Bewirtschaftung zu zeigen. Was ich sah, fesselte mich außerordentlich. Auf Kiefernboden von durchschnittlicher Beschaffenheit der IV. Klasse, hier und da etwas besser, anderwärts noch geringer, war einem Kiefernwalde, der Althölzer überhaupt nicht besaß, ein unglaublich klingender Ertrag abgewonnen, dabei der Bodenzustand sichtlich gehoben, der Vorrat wesentlich vermehrt. Der Aufwand für Kulturkosten war kaum nennenswert, Kämpe fehlten, und Pflanzenbezug von außerhalb war auch nicht erfolgt. Und dem staunenden Besucher, der am Ende des Rundganges fragte: »Ja, wie haben Sie das nur gemacht?« antwortete Herr von Kalitsch mit den einfachen Worten: »Ich mache niemals Kahlschläge und durchforste meinen ganzen Wald jährlich und persönlich auszeichnend.«

Damals faßte ich sofort den Entschluß, der den Wünschen des Herrn von Kalitsch auch entsprach, eine genaue Darstellung des Reviers, der hier angewandten Wirtschaftsweise und ihre Erfolge zu bearbeiten und den Fachgenossen durch Veröffentlichung mitzuteilen. Während ich mit dieser Arbeit beschäftigt war, deren Vollendung sich durch die Ungunst der Zeitverhältnisse lange verzögerte, machte sich immer dringender das Bedürfnis geltend, die besondere Bärenthorener Wirtschaftsart einem allgemeinen Begriff zu unterstellen, sie gewissermaßen in das System waldbaulicher Betriebsarten einzureihen. Die Untersuchung ergab, daß sie keinem der vorhandenen Begriffe ohne gewaltsamen Zwang zugerechnet werden konnte. Sie entsprach aber in allen ihren Merkmalen ganz genau dem, was ich als oberste Generalregel allen waldbaulichen Handelns im Lauf des Lebens, Studierens, Wanderns, Wirtschaftens und Lehrens erkannt hatte, sie erstrebte die Stetigkeit eines gesunden Waldwesens, sie verfolgte fast unbewußt dies Ziel unter Anpassung an die besonderen unmittelbar vorliegenden Verhältnisse des zu bewirtschaftenden Reviers. Das aber kann und sollte jede Waldwirtschaft tun. Sie würde zwar unter anderen Boden-, Klima- und Bestandsverhältnissen zu ganz anderen Waldformen gelangen, als die wir in Bärenthoren jetzt vor uns haben, sie würde in ihrem Vorgehen oft ganz andere Mittel anwenden müssen, als dort zur Verwendung kamen, aber derselbe leitende Gedanke würde für sie die Richtschnur bilden. Für alle Waldwirtschaften, alle Betriebsarten, die unter den gemeinsamen Grundgedanken »Stetigkeit des gesunden Waldwesens« ihr Handeln stellen, brauchte ich einen neuen Ausdruck, ich nannte solche Wirtschaften »Dauerwaldbetriebe« und stellte sie ausdrücklich allen anderen gegenüber, die jenen Leitgedanken nicht anerkennen, und die besondere Wirtschaftsart des Herrn von Kalitsch beschrieb ich unter der Überschrift »Kieferndauerwaldwirtschaft. Untersuchungen aus der Forst des Kammerherrn von Kalitsch in Bärenthoren« in jenem Aufsatze, der im Januar 1920 in der *Zeitschrift für Forst- und Jagdwesen* gedruckt wurde und einen über Erwarten großen Widerhall in der forstlichen Presse und, was noch besser ist, in der forstlichen Wirtschaft gefunden hat. So entstand der Begriff des Dauerwaldes.

II.
Wie der Dauerwaldgedanke aufgenommen und behandelt wurde

Als ich im Januar 1920 schrieb, mein Aufsatz über die Bärenthorener Wirtschaft werde hoffentlich nicht der letzte derjenigen sein, welche sich mit der Dauerwaldwirtschaft beschäftigten, dachte ich doch nicht im entferntesten an eine so weitgehende allgemeine Teilnahme der forstlichen Welt, wie sie in zustimmendem und gegnerischem Sinne tatsächlich eingetreten ist. In allen forstlichen und manchen anderen Zeitschriften, auf fast allen Forstversammlungen und überall, wo Forstleute zu fachlichem Meinungsaustausch sich trafen, war vom Dauerwald die Rede. Das Verzeichnis der Aufsätze usw., die im Anschluß an meine erste Dauerwaldveröffentlichung erschienen sind (siehe Anhang), umfaßt 71 Nummern und kann doch auf Vollständigkeit keinen Anspruch machen. Der neue Ausdruck »Dauerwald« fand bei Freund und Feind Aufnahme und Verbreitung, und König sagt wohl (57) mit Recht, er kenne in unserer forstlichen Wirtschaftsgeschichte kein Beispiel einer gleichen Sieghaftigkeit in allgemeiner Annahme und Verbreitung einer neuen Bezeichnung. Diese Tatsache liefert den Beweis dafür, daß es sich nicht um einen überflüssigen, daher verwirrungsstiftenden Ersatz für einen schon vorhandenen Begriff handelte, andererseits aber auch dafür, daß der Gedankeninhalt des neuen Ausdrucks bereits bei vielen Fachgenossen mehr oder weniger deutlich vorhanden war.

Die vielseitige Erörterung des Gegenstandes durch freudig zustimmende, nüchtern kritisierende, feindlich absprechende, ja sogar unfreundlich spöttische und höhnische, erfahrene und unerfahrene, mehr oder weniger berufene Federn kommt, alles in allem genommen, der Sache zu gut. Sie zeigt aber auch schonungslos die Schwächen und Mängel meiner bisherigen Darlegungen und fordert deren Beseitigung; sie enthüllt zahlreiche Mißverständnisse des unbefangenen Lesers, an deren Möglichkeit derjenige nicht denkt, der, was er zu sagen hat, jahrelang mit sich herumtrug, bis ihm eine Gedankenwelt selbstverständlich wurde, die dies nicht ohne weiteres für einen fernerstehenden Kreis sein konnte.

Indem ich versuche, auf all diese Erörterungen näher einzugehen, finde ich die beste Gelegenheit, den Begriff der Dauerwaldwirtschaft nach allen Richtungen zu vertiefen und schärfer herauszuarbeiten. Damit dies aber der Sache selbst, nämlich dem Fortschritt der Waldbautechnik, wirklich diene, scheint es mir notwendig, alles Persönliche bei diesen Erörterungen auszuschließen, obwohl ich gern bekenne, daß mir als einem warmblütigen Menschen es schwer fällt, denjenigen nicht mit gleicher Münze zu dienen, welche nicht mit ernsthaften, sachlichen Gründen, sondern mit persönlichen Wendungen und Seitenhieben ihre Besprechungen meiner Arbeit würzen zu müssen glaubten. Sie haben ihre Antwort zum Teil ja schon von andrer Seite in dankenswerter Form erhalten. Es wäre bei der Fülle des Stoffes nicht zweckmäßig und würde zu überflüssigen Wiederholungen führen, wollte ich alle Kritiken einzeln der Reihe nach behandeln, und alle Meinungsäußerungen mit dem Namen der betreffenden Herren Autoren zitieren. Es scheint mir vielmehr eine sachliche Disposition geboten, bei der es mein Bestreben sein wird, alle mir bekannt gewordenen Äußerungen zu dem jeweils erörterten Gegenstande zu berücksichtigen.

a) Dauerwald soll dasselbe wie Plenterwald bezeichnen. Diese Behauptung ist von den verschiedensten Seiten aufgestellt, und es ist daran die Forderung geknüpft worden, man solle den unglücklich gewählten, nur Verwirrung in der forstlichen Kunstsprache anrichtenden Ausdruck baldigst wieder zugunsten des alteingebürgerten Plenterwaldes verschwinden lassen. Andere wieder meinen, mit dem Plenterwald sei der Begriff des Räuberischen und Unpfleglichen verbunden nach vielfachen schlechten Erfahrungen; deshalb sei der neue Name ganz zweckmäßig (44). Zugegeben ist damit, daß eigentlich kein Unterschied zwischen Plenter- und Dauerwald sei. Endlich ist auch gesagt worden, die Bezeichnung »Dauerwaldwirtschaft« sei nicht glücklich gewählt; die Merkmale, welche ich der Dauerwaldwirtschaft zuschreibe, seien nichts anderes als die Merkmale rationeller Waldwirtschaft überhaupt (28). Das letztere deckt sich nun im Grunde vollständig mit meiner Anschauung; nur ziehe ich daraus den Schluß, daß Dauerwald nicht dasselbe wie Plenterwald sein kann, und daß »der Name uns gefehlt hat für einen längst vorhandenen Begriffe« (57).

Plenterwald* ist der Name einer waldbaulichen Betriebsart, welche unendlich oft besprochen und in ihrem Wesen charakterisiert worden ist. So sollte man meinen, die Begriffsbestimmung für Plenterwald müßte ganz unzweifelhaft feststehen und allgemein anerkannt sein. Dies ist nun so ganz

* Ich schreibe Plenterwald, weil diese Schreibung mir und meinen Landsleuten natürlich und vertraut ist.
Ich nehme als erwiesen an, daß Blenderwald etymologisch richtiger ist. Irrtum kann ja dadurch nicht entstehen, wird doch weich und hart von deutschen Stämmen in der Aussprache oftmals verschieden behandelt. Ich schreibe aber Blendersaumschlag, weil dieser Begriff durch Chr. Wagners Werke uns neu geschaffen ist, Wagner dafür also nach meiner Ansicht ein von jedem zu respektierendes Autorrecht zukommt.

doch nicht der Fall, wie man zum Beispiel sehr deutlich aus der Erörterung sehen kann, welche Fürst in seiner bekannten Schrift »Plänterwald oder schlagweiser Hochwald« hierzu gegeben hat. Immerhin läßt sich aus der Gesamtheit der Literatur doch eine Definition gewinnen, die der *communis opinio*[4] entspricht. Danckelmann, der solche Definitionen mit besonderer Vorliebe bearbeitete, und dem dabei wohl seine juristische Schulung zu Hilfe kam, faßte die Erklärung folgendermaßen: »Der Plenterwald ist ein Baum- und Samenwald mit stamm-, gruppen- oder horstweiser oder saumartiger Verteilung der Altersklassen und dadurch bedingter häufig wiederkehrender Hauptnutzung und ununterbrochener Verjüngung in jeder Wirtschaftsfigur.« Gayer bezeichnet als Plenter- oder Femelform jene Zusammensetzung eines Bestandes, in welcher alle möglichen Altersstufen, von der einjährigen Pflanze bis zum Starkholzbaum in einzelner oder horstweiser Mengung allzeit und dauernd vertreten sind. Hiernach ist sicher, daß der Begriff des Plenterwaldes durch einen bestimmten Aufbau des Waldes gekennzeichnet wird. Dieser kann schon vorhanden sein, oder er kann als Wirtschaftsziel aufgestellt und planmäßig erstrebt werden. Eine Wirtschaft, die dies Ziel zu ihrem leitenden Grundsatz für die waldbauliche Behandlung macht, würde man Plenterwaldwirtschaft nennen können, auch wenn der angestrebte Aufbau des Waldes durch sie erst nach längerer Zeit erreicht werden wird.

Die Abgrenzung der Plenterwaldwirtschaft gegen andere Betriebsarten erfolgt bei den verschiedenen Schriftstellern nicht immer in gleicher Weise. Meist wird die Plenterwirtschaft den Schlagwirtschaften gegenübergestellt und als Unterscheidungsmerkmal dann die Art der Nutzung herangezogen, indem bei der Plenterwirtschaft immer nur die ältesten Bäume unter Schonung der jüngeren genutzt werden, bei den Schlagwirtschaften dagegen alles fast auf einmal oder binnen weniger Jahre abgeerntet wird.

Wiederum vom Aufbau des Waldes wird der Einteilungsgrund hergenommen, wenn der ungleichaltrige Bestand des Plenterbetriebs den mehr oder weniger gleichaltrigen Beständen der Schlagbetriebe gegenübergestellt wird.

Oder aber die Zeitdauer der Verjüngung bildet das Kriterium. Dann sagt man in Anlehnung an Gayer: Die Verjüngung nimmt nur ein Jahr in Anspruch, sie folgt dem Abtrieb des ganzen Bestandes: Kahlschlagbetrieb.

Die Verjüngung nimmt einen kurzen, etwa ⅓ bis ¼ der Umtriebszeit beanspruchenden Zeitraum unter Benutzung eines Samenjahres in Anspruch: Schirmschlagbetrieb.

Die Verjüngung nimmt einen mehr oder weniger großen, jedenfalls beträchtlichen, bis zu ⅓ und mehr der Umtriebszeit betragenden Zeitraum unter Benutzung mehrerer Samenjahre in Anspruch: Femelschlagbetrieb.

Die Verjüngung erfolgt ununterbrochen während der ganzen Umtriebszeit: Plenterbetrieb.

Definitio fit per genus proximum et differentiam specificam.[5] Plenterwald sowohl wie Dauerwald können als Betriebsarten aufgefaßt werden. Wird der Plenterwald definiert durch das gleichzeitige Vorkommen aller Altersklassen in derselben Wirtschaftsfigur, also durch den Aufbau des Waldes, so ist Dauerwald kein Plenterwald, denn Dauerwald verlangt keinen bestimmten Aufbau des Waldes. Der Bärenthorener Betrieb ist das Muster eines Dauerwaldbetriebes, aber von gleichzeitigem Vorkommen aller Altersklassen ist bei ihm keine Rede. Haben doch verschiedene Kritiker den Bärenthorener Betrieb als Hochwald mit natürlicher Verjüngung oder als doppelhiebigen Hochwald bezeichnet. Ja, ein Kritiker schreibt sogar nach seinem Besuche in Bärenthoren: »Ich fand nur typische Hochwaldbilder« (9). Letzteres ist nun freilich schwer zu glauben. Denn wenn in Bärenthoren nur wirklich typische Hochwaldbilder zu sehen wären, so ist nicht einzusehen, warum ein so stetig fließender Strom von Besuchern sich seit meiner Veröffentlichung nach Bärenthoren sollte gewandt haben. Es hätte sich doch wohl bald herumgesprochen, daß dort nur typische, d. h. überall sonst auch vertretene Hochwaldbilder zu sehen wären.

Wird der Plenterwald durch die Art der Nutzung gegenüber den Schlagbetrieben definiert, so kann Dauerwald nicht gleich Plenterwald gesetzt werden, weil die Art der Nutzung mit dem Begriff des Dauerwaldes gar nichts zu tun hat, dessen Wesen vielmehr nur durch das Ziel gekennzeichnet wird, die Stetigkeit des Waldwesens zu sichern; die Maßregeln zur Erreichung dieses Zieles müssen in allerverschiedenster Art getroffen werden, jeweils bestimmt durch den Aufbau und Zustand des vorliegenden gesunden oder mehr oder weniger erkrankten Waldwesens. Dauerwald umschließt keine Vorschrift für die Art der Nutzung.

Wird endlich die Zeitdauer der Verjüngung als *differentia specifica*[6] für den Plenterwald in Anspruch genommen, so ist wiederum Dauerwald nicht Plenterwald, weil der Dauerwald den Begriff der Verjüngung, noch viel weniger den einer bestimmten Verjüngungszeit, gar nicht kennt. Unter Verjüngung versteht der Waldbau die Bestandsbegründung an Stelle eines zu erntenden oder geernteten Bestandes. Mit dem Begriff der Verjüngung ist der Begriff eines nach Ablauf einer bestimmten Zeit (Umtriebszeit) erntepflichtigen Bestandes unlösbar verbunden; diesen Begriff kennt der Dauerwald nicht, ihm ist der Wald ein ewiges Wesen, in dem nie ein Baum geschlagen wird, weil er ein bestimmtes Alter erreicht hat, nie auch um der Verjüngung willen.

Betriebsarten gibt es im Grunde so viele, als es nachdenkende, planmäßige Wirtschafter im Forstbetriebe gibt. Ein jeder hat seine eigene Betriebsart. Wenn wir Systeme der Betriebsarten und Benennungen aufstellen, so hat das nur den Zweck der gegenseitigen Verständigung, die zu didaktischen Zwecken ebenso unentbehrlich ist wie als Grundlage zu schriftstellerischem oder rednerischem, unsere Technik förderndem Gedankenaustausch. Die Art der Einteilung eines solchen Systems ist zunächst willkürlich, sie geht von einzelnen Bearbeitern als deren geistige Schöpfung aus und wird sich um so leichter Anerkennung verschaffen, je besser sie ihrem Zweck entspricht. Sie ist nichts dogmatisch für alle Zeit Feststehendes, sondern mit dem Fortschritt der Erkenntnis und Technik wird sie sich wandeln.

Alt und wohl allgemein anerkannt ist zum Beispiel die Teilung der Betriebsarten in Hochwald, Mittelwald und Niederwald, scharf und eindeutig bestimmt dadurch, daß als Hochwald ein Samenwald, als Niederwald ein Stockausschlagwald, als Mittelwald ein planmäßig aus beiden gemischter Betrieb bezeichnet wird. Bleibt man bei dieser grundlegenden Erklärung, so ist Plenterwald eine Unterabteilung des Hochwalds. Es hat wirklich keinen Zweck darüber zu streiten, ob dies an sich richtig sei, oder ob man den Plenterwald, wie manche Waldbauschriftsteller wollen, neben den Hochwald zu stellen habe, wo dann ein anderes Einteilungsprinzip angewendet werden müßte. Ganz abwegig scheint mir der Wunsch (35), der deutsche Forstverein solle über derartige Fragen Entscheidungen treffen und der technischen Forstsprache Leben und Anerkennung verschaffen. Welcher selbstständig arbeitende Mann würde sich durch eine derartige Festsetzung beeinflussen lassen, wenn sie seinem Ausdrucksbedürfnis nicht genügt? Wissenschaftliche Fortschritte werden bekanntlich ebenso wie alle anderen menschlichen Fortschritte immer nur von einzelnen Menschen, niemals von Kollegien oder gar von der Masse zustande gebracht, und jedem ist es unbenommen, seine Ausdrucksformen und seine Terminologie zu bilden nach seinem Bedürfnis. Ob bestimmte Ausdrucksformen, Systeme und technische Ausdrücke Bestand haben und wie lange, das wird nie von Vereinen irgendwelcher

Art, sondern im Laufe der Zeit von der Geschichte der betreffenden Wissenschaft oder Technik entschieden. Tun sich irgendwo mehrere Arbeiter freiwillig zu gemeinsamer Arbeit zusammen, so mag es zweckmäßig sein, daß sie sich über den von ihnen mit bestimmten Ausdrücken bei ihrer Arbeit zu verbindenden Begriff vorher freiwillig einigen. Das ist etwas anderes. Einen gewissermaßen behördlichen Zwang auf die Terminologie einer Wissenschaft oder Technik ausüben zu wollen, das ist ein vergebliches Unternehmen. Jeder Meister wird die Form zu rechter Zeit zerbrechen, und nicht der einzelne, sondern die Geschichte entscheidet, ob er Recht hatte. Wenn aber jemand einen neuen Ausdruck in die Literatur des Faches einführt und ihm eine Erklärung gibt, so entspricht es literarischer Übung ebenso wie dem natürlichen Empfinden für Recht und Billigkeit, daß man, wofern man den neuen Ausdruck benutzt, ihn auch mit demselben Sinne verbindet, den der Urheber ihm gegeben hat.

Als ich den Ausdruck »Dauerwaldbetrieb« im Januar 1920 in die forstliche Literatur einführte, da habe ich ihn dahin erläutert, daß Kennzeichen und eigentliches Wesen der Dauerwaldbetriebe darin gegeben sei, daß sie die Stetigkeit des Waldwesens auf der ganzen Wirtschaftsfläche erstrebten. An dieser Erklärung ist demnach festzuhalten, wenn man den Ausdruck benutzen will, und nach dieser Erklärung ist zweifellos Dauerwald nicht dasselbe wie Plenterwald. Die langjährige erfolgreiche Wirtschaft des Herrn von Kalitsch in Bärenthoren den Fachgenossen zu schildern, das war der Zweck jener Arbeit. Um diese Wirtschaft in ihrer grundsätzlichen Wesensart richtig zu charakterisieren, habe ich sie als Musterbeispiel eines Dauerwaldbetriebes bezeichnet. Gleichzeitig habe ich von Chr. Wagners Blendersaumwirtschaft gesprochen und darauf hingewiesen, daß sie der Bärenthorener im Grundgedanken verwandt sei, gleich jener die Stetigkeit des Waldwesens erziele, also eine Dauerwaldwirtschaft sei. Trotzdem wird vielfach Bärenthorener Wirtschaft mit Dauerwaldwirtschaft gleichgesetzt und damit Unklarheit und Mißverständnis hervorgerufen. Unklarheit kann es auch nur anrichten, wenn einer meiner Herren Kritiker (11) ausspricht, die in Bärenthoren durch Herrn von Kalitsch durchgeführte Abstellung der Streunutzung und die Reisigdeckung oder Reisigdüngung seien Maßnahmen, die mit der Dauerwaldwirtschaft an sich nichts zu tun hätten, denn man könne sie auch vorteilhaft im Kahlschlagbetriebe anwenden und habe das oftmals getan. Insoweit sei also Dauerwaldwirtschaft nichts Neues und nichts Besonderes. Da ich dem, der dies schrieb, Logik nicht absprechen darf noch will, so bleibt nur die Möglichkeit eines starken Mißverständnisses, das ich am besten durch ein Beispiel erhelle. Eine vorsichtige planmäßige Durchlichtung des Kronendaches, zum Beispiel in zu verjüngendem Buchenbestande mit der Absicht, durch Licht und Regeneinfall die Streuzersetzung zu fördern und die Bodengare herbeizuführen, ist sicher ein Charakteristikum des Schirmschlagbetriebes. Dieselbe Maßnahme wird im Femelschlagbetriebe, sie wird auch an den Blendersäumen des Wagner'schen Betriebes angewendet; somit wären diese Betriebsarten dem Schirmschlagbetriebe gegenüber insoweit nichts Neues und nichts Besonderes. Der Grund des Mißverständnisses wird klar durch die Beachtung der Worte »ein« und »insoweit«. Ich habe nicht gemeint, daß entweder die Streubelassung oder die Reisigdüngung oder auch beides zusammen das Charakteristikum der Dauerwaldwirtschaft sei, sondern *ein* Charakteristikum, und zwar insbesondere gerade der Bärenthorener Wirtschaft. Daß diese Wirtschaft als etwas Neues und Besonderes anzusprechen sei wegen irgendwelcher einzelnen, bisher unerhörten, noch von niemand im Walde angewendeten Maßnahmen, etwa wegen ganz neuer Geräte und Maschinen oder unbekannter

Holzarten oder dgl., das habe ich nicht behauptet. Wohl aber schien sie mir in ihrer Gesamtheit etwas Neues und Besonderes, unter einem neuen Begriff zu Stellendes zu sein, weil sie abweichend von allen bisherigen Betriebsarten zur obersten Richtschnur all ihrer Handlungen einen Gedanken macht, der diese Rolle sonst noch nirgends gespielt hat, und den ich den Dauerwaldgedanken genannt habe. Insoweit nun irgendwelche forstlichen Maßnahmen, mögen sie viel oder wenig von andern bereits angewendet worden sein, in den Dienst genommen wurden, um die Stetigkeit des Waldwesens zu sichern, insoweit dürfen sie als für den Dauerwaldbetrieb charakteristisch bezeichnet werden.

Im übrigen aber darf sich Dauerwaldwirtschaft jede Wirtschaft nennen, welche die Stetigkeit des Waldwesens zu erstreben als obersten Grundsatz anerkennt.

b) Was ist aber unter Stetigkeit des Waldwesens zu verstehen und warum muß diese als Ziel für den Waldbau aufgestellt werden? Es scheint der Einwand vollauf berechtigt, daß die Stetigkeit des Waldwesens zu erhalten, kein Zweck der Forstwirtschaft sein könne; deren Zweck sei die nachhaltig größtmögliche Holzwerterzeugung; und wenn diese ohne Stetigkeit des Waldwesens besser gesichert werden könne, so habe man wahrlich keine Veranlassung, Mühe und Arbeit auf die Stetigkeit des Waldwesens zu verwenden (33).

Die ganze Dauerwaldbewegung, so sagen andere, sei nichts weiter, als eine neue Fassung des alten Rufes »zurück zur Natur« (45). Sie haben recht, aber auch unrecht. Den Ruf »zurück zur Natur« hat unter den Waldbauschriftstellern niemand mehr als Gayer betont, und insofern als die Dauerwaldidee den Lehren und Anregungen Gayers folgt, entspricht sie auch seinem Rufe »zurück zur Natur«. Dieser Ruf ist nun aber ein Schlagwort geworden, von dem das in der Einleitung (S. 1) Gesagte gilt; es ist nicht ungefährlich. Man muß es gründlich betrachten und genau untersuchen, was an Wahrheit daran ist. Die Forderung »zurück zur Natur« kann ganz allgemein für keinerlei Bodenwirtschaft als oberste Norm gelten, wenn man ihr nicht eine ganz besondere Auslegung gibt. Was gibt es wohl Unnatürlicheres als einen wohlgepflegten, vom Unkraut durch tägliches Jäten freigehaltenen Garten, als viele Morgen große Getreide-, Rüben-, Kartoffelfelder, als gefüllte Blumen, kernlose Weintrauben, einen guten Kuhstall, um nur einige Beispiele zu nennen. Ließe sich gegen den gleichaltrigen und gleichartigen Hochwald nichts weiter sagen, als daß er unnatürlich sei, wir hätten wahrlich keinen Grund, ihn anders zu beurteilen als ein reines Roggenfeld, von dessen Nützlichkeit und Zweckmäßigkeit wir überzeugt sind.

Es kann also keineswegs der Sinn des wohlverstandenen »zurück zur Natur« der sein, daß wir uns bestreben sollen, den Zustand des Urwaldes zu erforschen, des Waldes also, den die von Menschenhand unberührte Natur auf unseren zur Holzzucht bestimmten Flächen schaffen würde, und daß wir diesen dann herzustellen als Ziel unserer Arbeit betrachten müßten. Das Ziel ist vielmehr die nachhaltig größtmögliche Holzwerterzeugung, und die Forderung der Stetigkeit des Waldwesens kann nur gerechtfertigt werden durch die Behauptung, daß ihre Erfüllung uns jenem Ziel am sichersten und vollkommensten zuführt. Insofern hat der oben (S. 24) erwähnte Einwand vollkommen recht. Es gilt also zu beweisen, daß derjenige Waldbau, der die Stetigkeit des Waldwesens zu seinem Leitgedanken macht, auch nachhaltig die größten und größere Erträge liefert als derjenige, der jene Forderung außer acht läßt.

Zu dem Zwecke ist es notwendig, den Begriff der Stetigkeit des Waldwesens zunächst näher zu erläutern. Wir müssen uns dazu über die im Walde wirkenden Naturgesetze so viel, als nach Lage unserer derzeitigen Kenntnisse möglich ist, klar werden, damit wir sie unsern Zwecken in richtiger Weise dienstbar machen und nur insofern, als wir dies tun und etwa nachweisen können, daß wir beim Kahlschlagbetriebe die uns zur Verfügung stehenden Naturkräfte nicht zweckentsprechend wirken lassen, im Dauerwalde sie zu wirksamer Entfaltung bringen, nur insofern ist es richtig zu sagen, die Dauerwaldbewegung sei nichts anderes als die Rückkehr zur Natur. Diese Erwägungen scheinen so selbstverständlich, daß es überflüssig sein möchte, sie darzulegen. Sie sind es nicht angesichts vieler Äußerungen in der reichen Dauerwaldliteratur der letzten zwei Jahre.

Wenn Erdmann (*Silva* 20, S. 201) Trockentorfauflagerungen in großem Umfange aus dem Walde entfernt, und auf den so freigelegten Flächen Vollsaaten ausführt, wenn Kautz (*Z. f. F. J. W.* 21, S. 370) die sorgfältig pflegende Durchreiserung junger Buchen eindringlich begründend fordert, wenn v. Keudell im durchlichteten Kiefernaltholz pflügen und eggen und Kiefern säen oder pflanzen läßt, wenn Wagner kleinen Wanderkämpen an geeigneten Stellen der Blendersäume das Wort redet und durch seine Kulturwärter Lücken der Verjüngung durch Ballenpflanzen von jenen Kämpen oder aus der Nachbarschaft füllen läßt, sind das alles Maßnahmen, die durch das Gebot »Rückkehr zur Natur« gefordert werden? Gewiß nicht. Aber sie dienen trefflich den Absichten der betreffenden Dauerwaldbetriebe.

Der Wald ist, wie Roßmäßler (s. o.) es ausdrückt, ein formreicher Inbegriff von Körpern und Erscheinungen oder auch ein tausendfach zusammengesetztes Ganzes, an welchem jedes Glied seine bestimmte Stelle einnimmt. Wenn schon ohne Bäume kein Wald zu denken ist, so besteht er doch sicher nicht aus Bäumen allein. Außer den Holzpflanzen gehören zum Walde alle Pflanzen der sogenannten Bodenflora. Der gesamte Raum, den die Kronen der Bäume von ihren äußersten Verzweigungen an umschließen, bis tief in den Boden hinein, soweit sich die äußersten Wurzelenden und Verzweigungen erstrecken, und alles was in diesem Raum sich befindet, lebt und webt, das gehört zum Walde. Unsere sinnliche Vorstellung dieses Ganzen ist erschwert dadurch, daß wir in den Boden nicht schauen können, daß noch niemand das vollständig freigelegte Wurzelsystem eines Baumes hat anschauen können, noch können wird. Unsere Phantasie muß uns da zu Hilfe kommen.

Zum Walde gehört die Vogelwelt. Die Vogelschutzbewegung ist ein erfreuliches Zeichen dafür, daß unsere Betrachtung des ganzen Waldes als eines einheitlichen Lebewesens in weiten Kreisen gefühlt wird. Der reine Bestand auf großen Flächen, der die schädlichen Insekten züchtet, vernichtet einen großen Teil der örtlich heimischen Vogelwelt. In den zahlreichen Schriften zum Vogelschutz ist dies nachdrücklich betont (s. *Forstwirt* 1922, Nr. 6). Der reine Bestand also sichert schon aus diesem Grunde nicht die Stetigkeit des Waldwesens, dessen Organisation er allzu einseitig übertreibend aus dem Gleichgewicht bringt.

Einseitige Pflege eines Wildbestandes in übergroßer Zahl hat waldbauliche Folgen, die jedem Forstmann bekannt sind. Das Gleichgewicht im Waldwesen wird dadurch gestört. Wäre uns auch waldbaulich gar kein Nutzen des Wildes bekannt, seine Bedeutung für die Volksernährung, die ja oft überschätzt wurde, ganz bedeutungslos, dennoch dürfte man nicht die völlige Ausrottung des Wildes zum Wohle des Waldwesens fordern, das wäre wiederum ein einseitiger schroffer Eingriff, dessen Folgen wir nicht vollständig übersehen können. Auch der ästhetische Wert des Wildes ist von hoher Bedeutung, nicht minder verlangen all jene ideelen, mit der Jagd verbundenen Werte gerechte Würdigung. Daß völlige Vernichtung des Raubzeuges ebensowenig richtig und erwünscht ist, wie Duldung allzu großer Vermehrung, wird nicht bestritten werden.

Zum Walde gehört nun einmal die Tierwelt, schon nach allgemeinster Vorstellung wenigstens insoweit, als es sich um Tiere handelt, die der Wanderer beobachtend spüren oder sehen kann. Mit dem Begriff des Waldes ist Wild, sind Schmetterlinge und Käfer ohne weiteres verbunden. Was wühlt nicht alles im Waldboden, von Sauen, Dachs, Fuchs, Kaninchen beginnend, über Maulwurf, Maus, Blindschleiche, Grille, Hummel, Ameisenlöwe, Ameise, Regenwurm und Käferlarve bis zu kleinstem Getier, das nur der Zoologe nach Namen und Lebensweise kennt. Wer an schönem Sommertage nur kurze Zeit ein kleines Stückchen Waldboden oder einen kleinen Kronenausschnitt einer Baumkrone ruhig beobachtet, der staunt ob der Fülle und Mannigfaltigkeit des Kleintierlebens, das sich ihm da zeigt. Und doch wie verschwindend an Zahl der Arten ist die Fauna und Flora, welche unser Auge wahrnimmt, verglichen mit derjenigen, die uns das Mikroskop kennen lehrt. In der kleinsten Probe des Waldbodens, die wir zwischen zwei Fingerspitzen halten, sind Millionen lebender Keime enthalten, die alle wachsen, sich vermehren, also Stoffe umsetzen, verändernd auf ihre nächste Umgebung wirken. Daß Edaphon, so hat man in Parallele zum Plankton im Wasser die Gesamtheit der mikroskopischen Flora und Fauna des Bodens genannt, daß diese Welt des Kleinen im Leben des Waldes eine unentbehrliche, wichtige Rolle spielt, davon dürfen wir heute überzeugt sein; welche, das wissen wir nur erst unvollständig. Nur so viel ist gewiß, daß eine Hauptrolle den Pilzen zufällt, die alle Abfallstoffe und Leichen der Tier- und höheren Pflanzenwelt in ihrem Lebensprozeß abbauen und die komplizierten Verbindungen der Lebewelt, wieder in einfache zurückführen, die neuen Generationen zur Nahrung werden können. Dient uns jetzt schon mit Vorteil zur Beurteilung eines Waldbodens die makroskopische Bodenflora, wie sicher würden wir seine waldbaulichen Eigenschaften beurteilen, wenn wir die Mikroflora nach Arten und Individuenzahl feststellen und in ihrer biologischen Bedeutung die einzelnen Arten unterscheiden könnten. Zukünftige Forschung wird dies einst ermöglichen.

So mannigfaltig ist das Waldwesen zusammengesetzt, jedes Glied aber hat seine bestimmte Stelle und Bedeutung, und alle stehen zueinander in den mannigfachsten uns nur zum Teil erkennbaren Beziehungen. Es herrscht ein labiles Gleichgewicht unter all den Gliedern, die den Waldorganismus zusammensetzen. Wird es durch Eingriffe von außen gestört, so stellt sich ein neues Gleichgewicht allmählich her, das Waldwesen verändert sich. Wir wissen von mancherlei Wirkungen solcher Eingriffe, die uns zum Nachdenken anregen und zur Vorsicht mahnen. Einseitige Bevorzugung einer einzigen Holzart, der Kiefer oder der Fichte, dort wo eine größere Zahl verschiedener Arten ihr natürliches Vorkommen hat, hat uns die Schädlinge aus der Insektenwelt großgezogen, welche uns unter Umständen die Wirtschaft völlig aus der Hand nehmen. Jede Holzart, rein und unter Ausschluß aller anderen angebaut, beeinflusst den Boden, die makroskopische Bodenflora, wie wir sehen und wissen, die mikroskopische, wie wir sicher folgern dürfen, in jeweils bestimmter Art. Dort wo frühere Wirtschaft an Stelle des abgetriebenen Mischwaldes (gerade in den Lehrrevieren in Eberswalde) reine Horste von Eichen oder den verschiedensten ausländischen Laub- und Nadelhölzern anbaute und ringsum wieder reine Kiefern, wo man wechselweise Streifen reiner Eichen- und Buchenkultur nebeneinander anlegte, kann man nach wenigen Jahrzehnten auf den ersten Blick sich davon überzeugen, daß jede Holzart dem vorher gleichartigen Boden ein ganz besonderes und verschiedenes Gepräge gegeben hat; man vergleiche nur den Zustand unter einem 30-jährigen Fichten- und einem ebenso alten Akazienhorst, in jenem dringt nur spärliches Licht zum Boden, eine dichte Decke der abgefallenen Nadeln liegt auf dem Boden, dessen Oberschicht trocken geworden ist, hier dagegen ist es hell, und üppiger Graswuchs macht sich das Licht und die reichlichen Nährstoffe des leicht zersetzlichen Laubes zunutze; denn Niederschläge gelangen reichlich zum Boden.

Nun müssen wir zweifellos in das Waldwesen umgestaltend eingreifen, um diejenigen Holzarten zu begünstigen, die unser Leben vornehmlich fordert, und jene zurückzuhalten, die uns wenig nützen; aber in diesem Streben werden uns offenbar Grenzen gesetzt, deren Überschreitung das Gegenteil bewirkt von dem Erstrebten. Mit Anbau reiner Bestände und Ausrottung aller standörtlich vorkommenden Holzarten, mit Ausnahme der einen erwünschten, sind diese Grenzen überschritten, nur ausnahmsweise wird der reine Bestand den Boden dauernd auf waldbaulicher Höhe erhalten. Denn der Boden wird unter dem Einfluß des Waldes verändert.

Es ist mit gewisser Betonung gesagt worden: »Die Zuwachsleistung (im Walde) ist ein Faktor der Bodenkraft und nicht ein Faktor der Wirtschaft.« (13.) Abgesehen von der etwas ungewöhnlichen und sprachlich wohl kaum zu rechtfertigenden Anwendung des Wortes Faktor, so nehme ich an, daß der oben angeführte Satz den Sinn haben soll, die Zuwachsleistung sei abhängig von der gegebenen Bodenart und durch die Wirtschaft nicht zu beeinflussen. Dies scheint mir ein schwerer, leider noch weit verbreiteter forstlicher Irrtum, der durchaus beseitigt werden muß, wenn dem Dauerwald Bahn gebrochen werden soll. Jener Irrtum beruht auf Vorstellungen, wie sie im Laufe der Zeit sich bei vielen Forstleuten gleich einem Glaubenssatz herausgebildet haben. Der Blick war auf die Ertragstafeln und ihre Standortsklassen gerichtet, die Vorstellung des sogenannten Normalwaldes bildete dabei die einengende Grundlage aller Erwägungen, das starre Anschauen des durch Jahrzehnte immer mehr anschwellenden Ertragstafelmaterials mit seinen in unendlich mühsamer, langwieriger Arbeit gewonnenen Zahlenbergen, mit seiner Einteilung in Ertrags- oder Güteklassen wirkte gleichsam hypnotisierend und zwang die also eingeschläferten Beschauer in den Bann der Vorstellung, es gäbe von der Natur geschaffen dreierlei Bodenklassen für Eichen, fünferlei für Kiefer, ein Boden der dritten Ertragsklasse sei etwas Gegebenes und müsse mit Naturgesetzlichkeit einen Kiefernbestand tragen, dessen Entwicklungsgang so zu verlaufen habe, wie die Zahlen der benutzten Ertragstafel es für die betreffende Klasse angeben. Auf demselben Boden künstlich eingeengter Anschauung beruhen alle jene forstlichen Irrwege und Denkfehler, welche auf einer Vorstellung des Waldes als eines aus zwei Teilen, dem Boden und dem Holzbestande, bestehenden Ganzen aufbauen. Für den Unbefangenen ist die Unmöglichkeit solcher Teilung ohne weiteres klar, weil man sich zwar leicht den Boden ohne den Holzbestand, nimmer aber den Holzbestand ohne den Boden vorstellen kann. Das Waldwesen besteht aus Boden und Holzbestand in eigenartiger, unlöslicher Verbindung und außerdem, wie wir gesehen haben, noch aus manchem andern.

Zum Verständnis hat uns die Bodenkunde geführt. Wir haben in unserm norddeutschen Flachlande vielerorts vollkommen gleichartige, gleichentstandene Sandböden auf weiten Strecken. Ein gutes Beispiel bieten die von Vogel von Falckenstein für seine Untersuchungen benutzten Melchower Dünensande. »Diese Inlanddünen, deren Material diluviale Sande des Eberswalder Urstromtales geliefert haben, bestehen aus chemisch und physikalisch sehr gleichartigem Sandmaterial ... sie sind stark wasserdurchlässig und besitzen den gleichen, sehr geringen Mineralstoffgehalt. Auf den Dünenböden fehlt jede Beziehung zum Grundwasser. Wir haben es also mit ärmsten, zur Trockenheit neigenden Sandböden zu tun, die wohl als die unfruchtbarste, in großer Verbreitung auftretende Bodenart Norddeutschlands gelten können.« Auf diesem Boden findet man nebeneinander vorzügliche massenreiche Kiefern-Buchen-Mischbestände, welche der II. Ertragsklasse für Kiefern einzureihen sind, und an Stelle ebensolcher, durch verwüstenden Kahlschlag und Handkultur entstandene reine Kiefernbestände jüngeren Alters, welche die Ertragstafel als IV. Klasse bezeichnen läßt. Das Bodenprofil zeigt in einem Falle einen gut zersetzten mullartigen Humus, der, allmählich sich abschattierend, in den Sand überführt, im andern den Beginn der Trockentorfbildung mit scharf abgesetzter Bleichsandschicht, darunter diese wiederum scharf von dem unterliegenden gelben Sande in gerader Linie begrenzt. Zwei ganz verschiedene Bilder als Folge der Wirtschaft. Jener Zustand wird als gesunder Boden, dieser als kranker jetzt bezeichnet. Die Ausdrücke sind glücklich gewählt, sie passen gut zu der Vorstellung des Waldes als eines Lebewesens. Im ersten Fall, im gesunden Boden, haben wir Bodenkraft, im andern das Gegenteil. Hier haben wir den deutlichen, unangreifbaren Beweis, daß die »Bodenkraft«, von der allerdings, aber nicht allein, die Zuwachsleistung beeinflußt wird, eine Folge der Wirtschaft ist. Und ähnliche Beobachtungen der Verwandlung einer II. in eine IV. Bodenklasse, liegen aus zahllosen Kiefernrevieren Norddeutschlands vor, fehlen auch in Süddeutschland nicht, wo immer man Kahlschlagwirtschaft getrieben hat. Wir können uns nicht klar genug machen, daß der Boden, soweit er für die Holzerzeugung des Waldes in Betracht kommt, soweit er zum Waldwesen gehört, nichts unabänderlich Gegebenes, vom Walde Unabhängiges ist, sondern daß er ein Organ unseres Waldwesens ist, durch dieses beeinflußt und verändert wird, wie er seinerseits rückwirkend die Entwicklung der Holzpflanzen bestimmt. Für das ganze große norddeutsche Waldgebiet auf Sandboden spielt der größere oder geringere Gehalt des Bodens an mineralischen Nährstoffen nur eine sehr untergeordnete Rolle bei seiner Bewertung für die Holzproduktion. Wir haben keine Böden, die wegen Mangels an Mineralstoffen keinen Wald tragen könnten, die allergrößte Rolle spielt dagegen der Humusgehalt nebst den jeweiligen Bedingungen für die Zersetzung des Humus.

Wie alt diese Erkenntnis bei denkenden Forstleuten ist, mag ein Zitat aus Gwinners *Waldbau* vom Jahre 1834 (S. 185) beweisen: »Die geognostische Abstammung und chemische Zusammensetzung des Bodens kommen oft weit weniger in Betracht als die physischen Eigenschaften und der Humusgehalt desselben.« Je mehr die Extreme zwischen Hitze und Kälte, Nässe und Dürre ausgeschaltet, unmittelbare Sonnenbestrahlung, austrocknende Winde vermieden werden, um so besser ist die stetig mit dem Abfall der Streu Schritt haltende Zersetzung, um so besser der Humuszustand, um so besser die »Bodenkraft«. Alle diese Bedingungen für günstige Zersetzungsverhältnisse des Humus kann aber nur ein stetiges Waldwesen bieten, kann nur die Wirtschaft schaffen und erhalten, welche die Stetigkeit des Waldwesens pflegt.

So kann jener oben zitierte, wenig glücklich geformte Satz mit besserem Recht umgekehrt werden: Die Zuwachsleistung ist nicht durch die Bodenkraft, sondern durch die Wirtschaft bedingt, welche dem Boden erst Kraft verleiht oder entzieht. Daß schon die alten Forstleute dafür ein instinktives Verständnis hatten, geht aus den vielgebrauchten Ausdrücken bodenpflegend und bodenzehrend hervor, mit welchen Baumarten, Holz- und Bestandsarten bezeichnet wurden. Indessen auch so ist der Satz von unserm Standpunkt aus zu beanstanden. Die Bodenkraft nützt uns nichts für die Zuwachsleistung, wenn die Organe fehlen, welche jene Kraft verwerten sollen.

Mit weit besserem Recht und sehr viel tieferem Verständnis formte Borggreve seine Fundamentalsätze der Holzzucht: »Bei hinlänglichem Vorrat aller zur Vergrößerung der Bäume von denselben aufzunehmenden Stoffe in deren Medien und bei gleichen physikalischen Vorbedingungen für die organische Arbeit, insbesondere gleicher Sonnenwirkung, muß … die Holzerzeugung nach Trockengewicht in etwaigem geraden Verhältnis stehen zur Menge der arbeitenden Organe, insbesondere … der Blattoberfläche.« Und wenn er dann (S. 13, *Holzzucht*, 2. Aufl.) für die Holzzucht maßgebende allgemeine Wahrheiten dahin folgert, daß eine »möglichst große Holztrockengewichtserzeugung auf gegebener Fläche in gegebener Zeit bzw. der Ewigkeit (nachhaltig!) abhängig ist von möglichst ständiger Erhaltung der vollen … Triebknospenzahl auf derselben«, und »daß die wenigst ergiebige Holzwerterzeugung auf gegebener Fläche … diejenige sein muß, welche … durch plötzlichen Kahlhieb auf größeren Flächenanteilen sämtliche lebensfähigen Knospen auf einmal beseitigt, und ihnen in dem nachher durch Kultur begründeten Jungwuchs eine zunächst noch ganz ungenügende, erst nach ein bis drei Dezennien wieder bis zur vollen ergänzungsfähige Knospenzahl zurückgibt«, so bietet er hiermit der Dauerwaldidee die denkbar beste Stütze und Grundlage.

Aus seiner umständlichen Formulierung des oben wiedergegebenen Fundamentalsatzes aber ersehen wir, wie weit er entfernt war von einer so einseitigen und befangenen Auffassung, wie sie in dem Worte zum Ausdruck kommt: Die Zuwachsleistung sei ein Faktor (!) der Bodenkraft.

Zwar scheint es, als stünden dieser irrigen Auffassung sehr gewichtige Zeugnisse zur Seite. Schon in der vierten Auflage (1858) von Gwinners *Waldbau* (S. 27) findet sich die Bemerkung; »Wir wollen eine Generalregel aufs forstliche Panier schreiben: Trachtet am ersten nach Erhaltung der Bodenkraft, so wird Euch das übrige alles zufallen.« Wenn dann weiter die Klassiker unseres Faches, an ihrer Spitze Gayer, die Sorge für die Erhaltung der Bodenkraft den Forstleuten immer und immer wieder als wichtigste Aufgabe ans Herz legten, so taten sie es doch wohl nur in der Überzeugung, daß gerade diese

Aufgabe lange Zeit hindurch aufs sträflichste vernachlässigt worden war, nicht aber in der einseitigen Auffassung, daß der gesunde Boden für sich allein die Ziele des Waldbaues zu erreichen genüge. Die größtmögliche Holzwerterzeugung ist eine, für uns die wichtigste, Lebensäußerung des gesamten Waldwesens, und wie in jedem Organismus jedes einzelne Glied nur mit Höchstleistung arbeiten kann, wenn auch alle andern Glieder ihre Aufgaben verrichten und gesund sind, so kann auch nur ein in allen seinen Teilen gesundes Waldwesen die größtmögliche Holzerzeugung gewährleisten. Ein solches also, wo es fehlt, herzustellen, wo es gegeben ist, zu pflegen und zu erhalten, ist die Aufgabe der Dauerwaldwirtschaft, da unser Zweck die Holznutzung aus dem Walde ist, so müssen wir Bäume fällen und damit einen erheblichen Eingriff in das Waldwesen vornehmen. Soll dessen Stetigkeit gewahrt bleiben, so müssen an Stelle der geernteten Bäume schon andere vorhanden sein, die ihren Platz ausfüllen, niemals darf auf größerer zusammenhängender Fläche alles vorhandene Holz abgeräumt werden, denn damit ist das Waldwesen zerstört. *Das Holz muß geerntet werden als Frucht des Waldes, der Wald aber muß bleiben.*

Das Vorhandensein eines möglichst vollkommenen und in allen Teilen gesunden Waldwesens auf allen zur Holzzucht benutzten Flächen ist also die Grundvorbedingung für die möglichst hohe Holzwerterzeugung auf denselben. Bis zu gewissem Grade kann uns schon jeder Laie, jeder Naturfreund darüber aufklären, ob diese Bedingung erfüllt ist. Man führe ihn durch einen Bestand mittleren Alters zu einer vielleicht durch Blitzschlag verursachten kleinen Blöße, auf der unter dem Einfluß des einfallenden Lichtes reicher Gras- oder Kräuterwuchs den Boden bedeckt und frage ihn: »Bist Du noch im Walde?« Er wird ohne weiteres bejahen. Man wandle weiter mit ihm durch die anschließende, viele Hektar große, vorjährige Fichtenkultur, so wird er bei heißer

Sommerzeit sich leichtlich dahin vernehmen lassen: laß uns eilen, daß wir wieder in den Wald kommen, die Hitze hier ist unerträglich. Er anerkennt die Kulturfläche nicht als Wald, obschon sie nach dem Einrichtungswerk als Distr. X dazu gehört. Wo aber ist die Grenze, wo hört der Wald auf? Einfaches Nachdenken über die Gründe der natürlichen Empfindung führt zu der richtigen Erkenntnis: Der Wald hört da auf, wo Flächen nicht mehr unter dem Einfluß der Holzgewächse stehen, wo Flächen nicht mehr von Holzgewächsen durchwurzelt, vom Schatten der Bäume wenigstens stundenweise beschirmt werden. Da ist das Waldwesen vernichtet. So kommen wir leicht zu einer unbedingten Verurteilung jedes Kahlschlages. Wie aber steht es mit den anderen Hiebsarten? Stört das Einlegen eines Besamungsschlages die Stetigkeit des Waldwesens, stört es eine starke Hochdurchforstung, stört es ein Lichtungshieb mit Unterbau von Bodenschutzholz? Im Lichte unserer vorstehenden Betrachtungen kann die Antwort nicht schwer sein. Jeder einseitige Eingriff in das Waldwesen, sei es Züchtung eines starken Wildstandes, Eintreiben von Weidevieh, Streuentnahme, sei es Läuterung mit Aushieb der Weichhölzer, Hochdurchforstung oder Lichtschlag oder Blendersaumschlag oder irgendeine Form der Holzentnahme, jeder Eingriff also verändert das Waldwesen, indem er das Gleichgewicht der zahllosen miteinander in Wechselwirkung stehenden Faktoren oder Organe verschiebt. Da wir solche Verschiebungen zur Erfüllung unseres Hauptzweckes, der Holzernte, dauernd vornehmen müssen, so sollen sie jedesmal möglichst mäßig sein, denn Stetigkeit ist das Gegenteil von Plötzlichkeit. Da wir bestimmte Mengen Holz jährlich ernten sollen und müssen, so wird die Stetigkeit um so besser gewahrt, auf je größere Fläche wir die Nutzung verteilen, und das Ideal ist und bleibt die von von Kalitsch so einfach ausgesprochene, sich selbst gegebene und dann auch befolgte Vorschrift: Durchforste deinen ganzen Wald alljährlich, verteile die Holzernte auf die ganze Fläche deines Wirtschaftsgebietes. So wird die Stetigkeit des Waldwesens am besten gewahrt. Dem Laien bringt man den Gedanken am ehesten durch die Bemerkung nahe, der Wald darf es gar nicht merken. Führt man solche Idealwirtschaft (ideal vom Standpunkt des Waldbaues) in Gedanken zu Ende, so kann man aus ihr als Idealverfassung des Waldes einen plenterwaldartigen Aufbau ableiten. Der Dauerwaldgedanke aber fordert solche Konsequenz nicht, wie wir oben gesehen haben. Der Dauerwald soll ein allen Forderungen der Wirklichkeit entsprechendes, allen gegenwärtigen Waldzuständen sich anpassendes, leitendes Wirtschaftsprinzip sein. So viel verschiedene Arten und Formen des Waldzustandes es gibt, in denen denkende und arbeitende Forstleute sich zu betätigen haben, und so viel solche Männer der grünen Farbe hingebungsvoll am Werke sind, so viel verschiedene Dauerwaldwirtschaftsarten wird es geben von geringerer oder größerer Vollkommenheit, und ihre Vollkommenheit wird zu messen sein an dem Grade, mit welchem sie die jeweiligen Anforderungen an die Leistung ihres Waldes erfüllen, ohne die Stetigkeit des Waldwesens zu unterbrechen. Ein gesundes Waldwesen kann demnach sehr verschiedene Bilder gewähren. Man kann es nicht eindeutig in bezug auf Holzartenzusammensetzung oder Aufbau des Bestandes bestimmen, und die Prüfung, ob im besonderen Falle ein gesundes Waldwesen vorliege, wird oftmals nicht leicht sein. Ein Vergleich mag uns hier wieder erläuternd und verständigend zu Hilfe kommen.

Soll der Arzt die Gesundheit eines menschlichen Organismus (Wesens) prüfen, so kann er weder das Geschlecht noch das Alter, weder die Größe noch die Haar- oder Augenfarbe zur Begründung seines Urteils heranziehen, es kann ein Neger[7] oder eine Hindufrau, ein Neugeborenes oder eine Matrone, ein Mann in der Vollkraft der Jahre oder ein Greis seiner Prüfung unterstellt werden, und jedesmal kann er einen gesunden Organismus feststellen. Seine Untersuchung erstreckt sich in allen Fällen nicht auf die angeführten Merkmale, sondern auf die Prüfung der Organe und ihrer Funktion.

Sehr häufig wird aber nicht nur dieses allgemeine Urteil vom Arzte verlangt, sondern es wird in Verbindung mit der Prüfung auch Tauglichkeit zu einem bestimmten Zweck verlangt. So konnte jemand, wie wir wissen, für gesund und doch nur garnisondienstfähig erklärt werden.

In gleichem Sinne müssen wir die Prüfung des Waldwesens vornehmen, wenn wir feststellen wollen, ob ein gesundes Waldwesen vorliegt, und unsere Frage im Sinne des K. V.? ist naturgemäß auf diejenige von dem gesunden Organismus zu leistende Funktion gerichtet, welche uns die wichtigste ist, auf das Vermögen hoher Holzwerterzeugung. So werden wir dieses Vermögen, d. i. die laufende Zuwachsleistung zu allererst zu prüfen haben und die Organe, welche die Leistung vollbringen, auf ihre Geeignetheit zu dem Zwecke.

Und hier hat uns Eberbach schon 1913 (*Silva,* S. 35) die Augen geöffnet und ein Stethoskop – um in unserm Vergleich zu bleiben – geliefert: »Holz erzeugen können wir nur mittelst des Vorrats«. »Wir sind in derselben Lage, wie ein Werkbesitzer, der die Kraft des fallenden Wassers erst durch eine Maschine umsetzen kann in Elektrizität. Unsere Maschine ist der Vorrat. Ein Waldteil, der keinen Vorrat trägt, ist gleich einem Wasserfall, an dem keine Maschine zur Ausnutzung der Kraft steht.« – »Der Zuwachs ist nun unter sonst gleichen Umständen um so größer, je größer der Vorrat ist, und um so wertvoller, je wertvoller der Vorrat ist, an dem er erfolgt.« – »Wollen wir die Mittel der Holzerzeugung wirtschaftlich gut ausnutzen, so müssen wir uns allenthalben einen gut arbeitenden, wertvollen Vorrat halten oder, wo er noch nicht vorhanden ist, uns einen solchen heranziehen.«

»Daher stellt ein möglichst hohes Zuwachsprozent bei möglichst hohem und wertvollem Vorrat die höchste Leistung der Holzerzeugung dar.«

Mit diesem Rüstzeug müssen wir jeden Waldteil darauf prüfen, ob er ein gesundes, unserem Zwecke dienendes Waldwesen darstellt, und wenn die Frage verneint wird, Maßregeln treffen, den erwünschten Zustand herbeizuführen. Bei jedem einzelnen Waldbild, vor das wir gestellt werden, soll darum die Frage sein, stehen genügend viel Holzpflanzen auf der Fläche, um Licht und Nährstoffe zur sofortigen und nachhaltigen Holzwerterzeugung auszunutzen und diese Kräfte nicht nutzlos verpuffen zu lassen?

Hat der Arzt die Knochen- und Muskelbildung geprüft und für gesund und leistungsfähig befunden, so genügt ihm das nicht, um sein Urteil abzugeben, denn er weiß, daß jene allein die geforderten Dienste nicht leisten können, wenn etwa zum Beispiel das Herz einen Fehler hat, der nachhaltige Leistung ausschließt. So müssen auch wir nach jener ersten Prüfung den Bodenzustand prüfen nach allen Richtungen, insbesondere auf jene Funktion, die man treffend seit lange schon die Bodentätigkeit genannt hat.

Und hier gibt uns zunächst die Bodenflora ein Hilfsmittel der Beurteilung, sodann die Untersuchung darauf, ob die ganze Menge der unter dem Begriff der Streu zusammengefaßten Abfallstoffe des Waldes, welche in einem Jahre zum Boden gelangen, auch im Zeitraum eines Jahres zersetzt wird, ohne unzersetzte Reste zurückzulassen, die dann mit Notwendigkeit im Laufe der Zeit sich zu schädlichen Massen anhäufen müssen.

Unsere Prüfung wird sich weiter erstrecken müssen auf andere Teile des Waldwesens, soweit unsere derzeitigen Kenntnisse uns führen können. Der Unvollkommenheit unserer Einsicht in das Ganze des geheimnisvollen Wunderwerkes Wald (s. S. 9) sollten uns dabei immer bewußt bleiben.

Stockende Entwicklung, Krankheiten aller Art, übermäßige Vermehrung tierischer und pflanzlicher Schädlinge müssen uns als Symptome leiten zur Aufdeckung der organischen Fehler des Waldwesens, die zu Grunde liegen. Und nie sollten wir uns – gleich dem Arzte – mit der bloßen Symptomenbekämpfung innerlich genügen lassen, wennschon es Fälle geben mag, in denen wir vorläufig solche betreiben müssen. Schüttespritzen, Schwammaushiebe, Leimringe und Käfergräben, Entfernung dicker Rohhumusdecken, das sind einige unserer durchaus berechtigten ja notwendigen Symptombekämpfungsmittel; je näher wir dem Ziele der Stetigkeit des gesunden Waldwesens kommen, um so eher werden wir sie entbehren können. Denn einseitige Massenvermehrung des Rüsselkäfers oder des Schüttepilzes, um nur diese Beispiele zu nennen, zweier Wesen, die in unserem Waldorganismus Platz und Daseinsberechtigung haben, deuten mit Notwendigkeit auf schwere Störungen jenes Gleichgewichts, das im gesunden Waldwesen herrscht und es erhält.

Ein menschlicher Organismus kann gesund befunden werden aber doch schwächlich und weit verschieden von einem andern auch gesunden, aber sehr kräftigen. Ein gesunder kann schön, er kann auch häßlich sein. Es gibt Abstufungen und Grade, die nicht immer streng voneinander zu scheiden sind. So wird auch unsere Prüfung des gesunden Waldwesens sehr große Verschiedenheiten und Vollkommenheitsgrade antreffen, wie denn kaum ein Waldbild genau seinesgleichen hat; die Waldbilder weisen soviel Verschiedenheiten auf wie die Menschen, keines gleicht vollkommen dem anderen.

Und wie das Urteil des Arztes wohl niemals vollkommen sein wird, wenn dieser soeben erst sein Studium beendet hat, wie es höheren Wert und größere Treffsicherheit nach eines Menschenlebens ernster Berufsarbeit erlangen wird, so wird es auch bei uns nur dauernd strebendem Bemühen gelingen, zur Meisterschaft in der richtigen Beurteilung des Gesundheitszustandes und der Leistungsfähigkeit eines Waldwesens aufzusteigen. Und was Müller-Uszballen treffend sagt, daß nämlich nicht jeder ein Künstler wird, der Klavierstunde hatte, auch das können wir für uns, wie für den Arzt gelten lassen.

Ist aber das Streben und Ringen nach Wahrheit dem Menschen beglückender und wertvoller als die blendende Wahrheit selber, so dürfen wir nicht klagen darüber, daß es keine Schablone gibt und kein Formular, durch dessen Ausfüllung wir ein eindeutiges unfehlbares Urteil über die Gesundheit eines Waldwesens erlangen können. Diese Beschränkung unseres Könnens darf uns nicht abschrecken. Wir haben bei gewissenhafter Benutzung des gesicherten Besitzes unserer Wissenschaft ein wertvolles Werkzeug, unsere Aufgabe befriedigend zu lösen und dürfen hoffen, daß wir, je eifriger wir daran arbeiten, um so mehr unser Werkzeug vervollkommnen und unsere Nachkommen zu einer noch besseren Beurteilung in den Stand setzen werden.

An bestimmten Merkmalen eines gesunden, für unsere Zwecke nachhaltiger möglichst hoher Holzwerterzeugung geeigneten Waldwesens können wir schließlich nur wenige mit Sicherheit nennen. In bezug auf den Holzbestand etwa: genügenden Vorrat zur unmittelbaren Holzwerterzeugung, Mischwald, Ungleichaltrigkeit; in bezug auf den Boden: Gesundheit und Tätigkeit, welche die Abfallstoffe eines Jahres im Laufe eines Jahres verwesen läßt; in bezug auf alle anderen mehr oder weniger in ihrer Bedeutung erkannten Organe des Waldwesens: einen Gleichgewichtszustand, der nichts ausschließt oder vernichtet, was wir als dem Walde eigentümlich erkennen lernten, nichts aber andererseits einseitig so zur Vorherrschaft kommen läßt, daß es dem höchsten von uns erstrebten Zwecke, der Holzerzeugung, erheblich entgegenwirkt. Denn: »In der Harmonie aller im Walde wirkenden Kräfte liegt das Rätsel der Produktion.«

c) Ist der Begriff der Dauerwaldwirtschaft hiermit erläutert, so ist nun der Nachweis zu führen, daß Dauerwaldwirtschaft nachhaltig größere Holzernte liefert, als jede nicht Dauerwald-, insbesondere die Kahlschlagwirtschaft. Hier aber tritt uns ein ernsthaft vorgebrachter, oft gehörter, grundlegender Einwurf entgegen, den wir vorerst erledigen müssen, da ohne dies jeder weiteren Erörterung der Boden entzogen wäre. Er ist auch mir jetzt wieder gemacht, früher aber schon in schärfster Form also ausgesprochen: »Das eine scheint mir zweifellos sicher, daß es im Laufe der Zeit unmöglich sein wird, auch im besten Boden die Wälder wieder zu ergänzen, ohne daß dem Boden Nährstoffe wieder zugeführt werden.« Es »werden bei jeder Durchholzung, bei jedem Kahlschlag mit dem Holze so kolossale Mengen von Substanz fortgeführt, die nicht wieder ergänzt werden, daß selbst im reichsten Boden eine Verarmung eintreten muß«. »Das Ende der Produktionsfähigkeit ist selbst beim besten Boden abzusehen.« – »Die Forstwirtschaft muß eben gleich wie die Landwirtschaft zu der Erkenntnis kommen, daß die Masse, die als Ernte, in diesem Falle also als Holz fortgeführt wird, in Gestalt von Dünger oder Düngersalzen wieder zugeführt werden muß.« Träfe dieser Einwand das Richtige, so wäre die Dauerwaldidee verfehlt, oder ihre Verwirklichung wenigstens an die schwer zu erfüllende Bedingung einer regelmäßigen Zufuhr anorganischer Nährstoffe der Pflanzenwelt gebunden. Der Einwand hat für den Laien etwas außerordentlich Bestechendes durch die Einfachheit und scheinbare Unangreifbarkeit seines Gedankenganges. Dieser Gedankengang ist daher wohl niemand fremd geblieben, der über die naturgesetzlichen Grundlagen des Waldbaues sich ernsthafte Gedanken machte.

Eingehend hat Borggreve in seiner *Holzzucht* diese Frage näher untersucht, und er kommt (S. 23, 2. Aufl.) zu dem Schlusse, »daß die reine Holznutzung im Vergleiche zur Landwirtschaft sehr wenig Bodennährsalze entzieht, und zwar bei Entnahme gleicher Holzmassen destoweniger, je älter das Holz, also je höher der Umtrieb« und »daß reine Kernholzentnahme in bisheriger Höhe ohne Holzartenwechsel auf Jahrtausende möglich ist«. Es ist nicht ohne Interesse, daß Borggreve hier ausnahmsweise vollkommen mit Gustav Heyer übereinstimmt, der schon 1852 in seiner heut noch lesenswerten Abhandlung über »Das Verhalten der Waldbäume gegen Licht und Schatten« auf Grund sehr sorgsamer von ihm und Vonhausen ausgeführter Analysen und Berechnungen es durchaus verständlich findet, »daß die Buche Jahrtausende an einer und derselben Stelle vorkommt. Sie macht den Boden nicht verarmen, es ist im Gegenteil sehr wahrscheinlich, daß sie durch die Kohlensäure, welche sich aus dem verwesenden Laube entwickelt, mehr Mineralstoffe zum Aufschluß bringt, als sie verbraucht«, – »daß sie den Boden selbst bereichert«. Wir können uns dann weiter auf Ramann berufen (über die Mineralstoffaufnahme der Waldbäume. *Zeitschrift für Forst- und Jagdwesen*, Jahrgang 1883, S. 3 ff.), der auf Seite 319 der ersten Auflage seiner Bodenkunde zu dem Schlusse gelangt: »es ist nicht wahrscheinlich, daß durch Holznutzung, auch nicht durch Holz jüngeren Alters, jemals eine Beeinflussung der mineralischen Bodenkraft vorkommt«. Ich selbst habe (*Zeitschrift für Forst- und Jagdwesen* 1902, S. 689 ff.) errechnet, daß selbst der ärmste Heideboden, zum Beispiel an Kali, Phosphor, einen Vorrat birgt, der für 800 Jahre die vom Kiefernbestande jährlich erforderte Menge zu liefern vermag, daß in einem andern Falle der von einem Vertreter der Erschöpfungstheorie angegebene Kali-Vorrat der obersten 30 cm des Bodens mindestens für zehn 100-jährige Buchen-Umtriebe und für mindestens 50 hundertjährige Kiefern-Umtriebe ausreichen würde.

Was insbesondere die Bärenthorener Böden angeht, so sind wir durch die Untersuchungen Alberts, welche in Nr. 38 des Jahrgangs 21 der *Silva* eine eingehende Darstellung fanden über ihre Entstehung und Wesensart, ihre physikalische und chemische Zusammensetzung auf das genaueste unterrichtet, die Bärenthorener Wirtschaft und ihre Erfolge werden nach vieler Richtung dadurch vollkommen verständlich. Hier ist der unanfechtbare Beweis geliefert, daß Dauerwaldwirtschaft auf diesem weit verbreiteten Typus norddeutscher Diluvialsande, der weder in bezug auf stoffliche Zusammensetzung, noch auf physikalische Eigenschaften besonders günstig beschaffen ist, noch für viele 100-jährige Baumgenerationen ohne Erschöpfung der mineralischen Nährstoffe gesichert ist.

Allmählich fortschreitende Verwitterung des Erdbodens macht ständig neue mineralische Nährstoffe verfügbar, aus der Tiefe werden solche durch die Wurzeln, den Stamm, und die wieder zum Boden gelangenden Blätter der meist durchwurzelten Bodenschicht zugeführt, atmosphärischer Staub führt im Laufe der Jahrhunderte Stoffe hinzu, die von vegetationslosen Örtlichkeiten aufgenommen in vegetationsbedeckten abgelagert werden. Diese Faktoren wirken zusammen, um den Entzug auszugleichen, welcher durch die Holzernte herbeigeführt wird, und die Erfahrung bestätigt, daß ein genügender Ausgleich stattfindet. Wenn hiergegen neuerdings (11) eine Arbeit des Professor Dr. Lang in der *Allg. Forst-Jagd-Zeitung* 1920, S. 176 angeführt wird, in der in großem Umfange eine Kalkdüngung des Bodens empfohlen wird, so ist dagegen zu sagen, daß Beweise für die Notwendigkeit solch allgemeiner Düngung vollständig fehlen. Der Gegenbeweis aber ist überzeugend in der Albert'schen Studie geliefert. (37.) Zudem ist bekannt, daß wir hervorragenden Wuchs von Kiefer sowohl als Fichte (aber auch von Buche in Mischung mit jenen) auf unseren kalkärmsten Böden finden, wofern nur die sonstigen Bedingungen für das Gedeihen der Holzart gegeben sind. Wir haben die bisher seit vielen Jahren angestellten Kalkdüngungsversuche bei Kiefer und Fichte auf unserem kalkarmen Sandboden (über die ich erst später in besonderer Mitteilung näheres berichten werde) nicht die allergeringste Förderung des Wachstums dieser Holzarten ergeben; wird aber, wie in jenem Aufsatze von Lang, die Kalkdüngung zur Sanierung von Böden empfohlen, welche unter starker Rohhumusauflage bereits Bleichsand und Ortstein aufweisen, so ist dies eine Frage für sich, die mit der allgemeinen uns hier beschäftigenden nicht zusammengeworfen werden kann.

Wir dürfen somit gestützt auf die Erfahrung und den derzeitigen Stand unseres Wissens getrost behaupten, daß Dauerwaldwirtschaft verbunden mit Derbholzernte auf unseren Waldböden für unbegrenzte Zeit sehr wohl möglich ist und jedenfalls durch die mit Fortnahme des Holzes notwendig verbundene Entnahme verhältnismäßig sehr geringer Mengen mineralischer Nährstoffe nicht begrenzt wird.

d) »Ob die Massenproduktion im Dauerwalde größer ist als im schlagweisen Hochwalde, darüber gibt Bärenthoren einstweilen noch keine ausreichende Antwort« (11). Damit komme ich nun zu einem der am eifrigsten betonten Einwände meiner Gegner, deren Gedankengang in der oben wiedergegebenen Fassung am vollständigsten und bestverständlich ausgedrückt ist. Es wird bestritten, daß Dauerwaldwirtschaft mehr Holz nachhaltig liefere als Wirtschaft im schlagweisen Hochwalde, und es wird das Zugeständnis in dieser Hinsicht abhängig gemacht von dem Ergebnisse neu anzulegender vergleichsfähiger Versuchswirtschaften. Die in Bärenthoren von mir gemachten Feststellungen oder auch die daraus gezogenen Schlüsse werden in Zweifel gezogen. So wenigstens scheint mir, muß der oben zitierte gegnerische Satz gedeutet und zerlegt werden, um ihn mit Erfolg als verfehlt und unrichtig erweisen zu können.

Daß Dauerwaldwirtschaft nachhaltig mehr Holzwert erzeugen muß als Hochwaldkahlschlagwirtschaft, ist zunächst ohne jeden Versuch rein logisch zu beweisen. Ich möchte hier zunächst Eberbach das Wort geben (4): »Jede Wirtschaft, die sich zum Ziel setzt, die Nachhaltigkeit der Holzerzeugung durch Heranzucht gleichaltriger Bestände über größere Flächen hin zu sichern und die Holzerzeugung selbst in der daraus sich ergebenden Form des Ertragstafelwaldes zu betreiben, muß diesem Bestreben vom Standpunkt eben der Holzerzeugung aus Opfer bringen. Die Opfer sind durch folgende Tatsachen bedingt:

1. Die Begründung eines gleichaltrigen jungen Bestandes hat in geregelten forstlichen Nachhaltbetrieb die schonungslose Nutzung des alten Bestandes zur Voraussetzung, gleichgültig, ob die einzelnen Glieder dieses Bestandes für die Holzerzeugung noch Gutes leisten oder nicht. Die gleichaltrige Arbeitsweise zwingt also, gute und erhaltenswerte Bestandsglieder lediglich aus Gründen der räumlichen Ordnung im Wald fortzunehmen.
2. Infolge dieser wahllosen Abnutzung von abkömmlichen und erhaltenswerten Bäumen in den Verjüngungsschlägen bleiben, sofern man im strengen Nachhaltbetrieb zu wirtschaften hat, unwillkürlich und ganz von selbst in den übrigen Waldteilen Bäume erhalten, deren Entfernung wirtschaftlich notwendig oder nützlich wäre, weil sie selbst entweder nichts Erfreuliches mehr leisten, oder weil sie die Leistungen anderer Bestandsglieder beeinträchtigen. Die gleichaltrige Arbeitsform führt also dazu, Abkömmliches und Minderwertiges zu erhalten.
3. Die Wirtschaft nach der Fläche unterbricht, sofern sie sich die Nachhaltigkeit der Holzerzeugung durch kahlen Abtrieb und künstlichen Anbau sichert, die Stetigkeit dieser Holzerzeugung regelmäßig in einem namhaften Teil des Waldes. Bedient sie sich dabei der natürlichen Verjüngung, so vermeidet sie zwar jene Fehler, aber in beiden Fällen

werden eben doch in gleicher Weise »große Bruchteile der Revierfläche nur dazu gebraucht, die Nachhaltigkeit der Wirtschaft durch Heranziehung jüngster Altersklassen zu sichern« (Möller, Januarheft 1920, S. 22). Diese jüngsten Altersklassen sind häufig gekennzeichnet durch eine übertrieben große, für den beabsichtigten Zweck gar nicht nötige Stammzahl, und ihr Zuwachs ist meist nur zu einem Teil wirtschaftlich wertvoll, der andere Teil geht im Walde zugrunde oder seine wirtschaftliche Behandlung bringt nur Arbeit und Kosten und nur ausnahmsweise einen bescheidenen Ertrag. Die Wertholzerzeugung aber ruht in diesen Waldteilen lange Jahre vollständig. Es folgt daraus: Die gleichaltrige Arbeitsform bedingt bei Kahlschlagwirtschaft dauernde Verluste für die Holzerzeugung, und in jedem Falle beeinträchtigt sie die Derbholzerzeugung eines Waldes dadurch, daß sie diese auf einen verhältnismäßig zu kleinen Teil der Fläche beschränkt.

4. Die Tatsache, daß räumlich weit ausgedehnte Waldteile lediglich zur Sicherung der Nachhaltigkeit gebraucht werden, führt in der gleichaltrigen Form dazu, daß die Wertholz erzeugenden Bestandsglieder – mit Rücksicht auf die Schaffung und Erhaltung der nötigen Vorräte – auf der Restfläche in dichterem Zusammenstehen gehalten werden müssen. Daraus ergibt sich ohne weiteres: Die gleichaltrige Arbeitsform beeinträchtigt die Wertholzerzeugung dadurch, daß sie deren Trägern nicht die volle Entwicklungsmöglichkeit und damit höchste Leistung sichern kann.

Der auf den *einzelnen* Baum eingestellten Wirtschaft, die jedes einzelne Bestandesglied als Werkzeug der Holzerzeugung betrachtet und ihre wirtschaftlichen Maßnahmen einzig und allein aus dieser Auffassung heraus trifft, sind solche Opfer und Verluste fremd. Sie ist nicht gezwungen, leistungsfähige Bäume aus dem Wald wegzunehmen und minderwertige zu erhalten; sie wahrt die Holzerzeugung über den ganzen Wald in stetem, ununterbrochenen Gang; ihr bringt die Sicherung der Nachhaltigkeit der Holzerzeugung keine Verluste, denn sie betreibt diese immer nur im engsten und innersten Zusammenhange mit der Holzerzeugung selbst und nicht in räumlicher Trennung von ihr. Und das alles kann sie, weil sie kein bestimmtes Waldbild, keine bestimmte Vorratsverteilung im Walde anstrebt; ihr ist jede Art, in der Einzelbäume sich zu Beständen zusammenfinden, recht, wenn sich dabei nur die Aufgabe der Forstwirtschaft, die Holzerzeugung, mit gutem Erfolge lösen und sichern läßt und mit gutem Erfolge gelöst und gesichert wird. Die Vorratsanordnung, das Waldbild, ist bei ihr einzig und allein geschichtliche Entwicklung: eine Folge nämlich all der Maßnahmen, die vom Standpunkt der Holzerzeugung und ihrer Nachhaltigkeit sowie vom Standpunkt der Holzgewinnung und der berechtigten Ansprüche des Waldbesitzers an seinen Wald angezeigt und bedingt sind. Den nötigen Anhalt aber für all ihre Maßnahmen gibt der Wirtschaft nur das eine unverrückbare Ziel: sich einen möglichst hohen und einen möglichst wertvollen Vorrat heranzuziehen und zu erhalten, und mit seiner Hilfe die Holzerzeugung so vorteilhaft wie möglich zu betreiben.«

Soweit Eberbach. Ich kann diese vortreffliche Darlegung nicht verbessern. Diese Beweisführung ist schlüssig und unangreifbar. Es bedarf keiner Versuche, um ihr Ergebnis zu stützen. Daß der Dauerwaldbetrieb mehr Holz erzeugen muß als der Kahlschlagbetrieb, steht danach fest. Nur ergänzend möchte ich versuchen, von einer anderen Seite aus auch den Fernstehenden und etwaigen Nichtforstleuten, die dies lesen, den Gegenstand deutlich zu machen.

Geht man von dem Normalwaldbilde eines in 100-jährigem Umtriebe, im gleichaltrigen Hochwaldkahlschlagbetriebe stehenden 100 Hektar großen Kiefernwaldes aus, und denkt man sich diesen Wald in der üblichen Weise in fünf 20-jährige Perioden geteilt, so mögen beispielsweise stehen etwa auf

20 ha der 5. Periode	420.000
der 4. Periode	88.400
der 3. Periode	38.100
der 2. Periode	21.770
der 1. Periode	14.540
Im ganzen	582.800 Bäume

bei vollem Schluß. Lassen wir jetzt die 420.000 Stämmchen der 5. Periode, von denen wir annehmen wollen, daß sie noch kein Derbholz erzeugen, beiseite und denken wir uns die übrigen 162.800 Stämme, ohne sie zu vermischen, über die Fläche gleichmäßig auseinandergerückt, so daß ein jeder gleichen Wachsraum hat, so ist klar, daß jeder einzelne Stamm jetzt rings um seine Krone mit einem freien Luftring umgeben ist, dessen Größe ¼ des bisherigen Standraums beträgt. Im Durchschnitt kommen auf jeden Baum der 1. Periode 14 Quadratmeter Standraum. Jeder Stamm erhält jetzt einen Standraumzuwachs von $^{14}/_{4} = 3{,}50\ m^2$. Das entspricht bei kreisförmigem Standraum einem vollständig freien Luftring von 30 cm Breite. Bei der vierten Periode beträgt der Durchschnittsstandraum nur 2,5 Quadratmeter, der freie Luftring hat etwa 10 cm Breite. Der freie Raum zwischen allen Bäumen der I.–IV. Periode ist nun ebenso groß wie derjenige, den die 420.000 Bäume der fünften Periode bisher besaßen. Wir wollen uns diese jetzt eingerückt denken, die ältesten 16 bis 20-jährigen zwischen die Bäume der ersten Periode, usw. die jüngsten ein bis fünfjährigen zwischen diejenigen der vierten Periode, so ist klar, daß alle Stämme, welche Derbholz erzeugen, jetzt völlig ungehindert ihre Krone allseitig ausbilden können, da alle Reibungsflächen mit den Nachbarn verschwunden sind. Der Boden ist überall gedeckt und kann durch die Lichterstellung des Bestandes nicht leiden. Es ist aber auch bekannt, daß alle Holzwarten im Seitenschutz auf kleinen freien Lücken die besten Wuchsbedingungen finden. Es ist somit die natürliche Folge, daß ein Wald nach dieser Umordnung, welche die Ungleichaltrigkeit auf der Fläche nur erst in zwei Etagen verwirklicht, mehr Holz produzieren muß als in der früheren Form des Kahlschlagbetriebes.

Nun wissen wir, und Bärenthoren, um von anderen Waldbildern zu schweigen, hat in den letzten Jahren Tausenden von Besuchern den handgreiflichen Beweis geliefert, daß man die junge Generation nicht nur neben, sondern auch unter der ältern zur Entwicklung bringen kann. In je weiterem Umfange wir dies durchführen können, um so mehr Raum gewinnen wir für die obere Derbholz erzeugende Etage unseres Waldes. Wir können dann eine noch erheblich größere Zahl Derbholz erzeugender Stämme auf der Fläche unterbringen, da es gewiß nicht nötig ist, zwischen den Kronenkreisen der ersten Periode 2 x 30 oder 60 cm, zwischen denen der vierten 2 x 10 oder 20 cm Luftraum zu lassen, am wenigsten im Dauerwalde, der jede gegenseitige Kronenreibung sofort nach ihrem Eintritt oder sogar vorbeugend beseitigt.

Fügen wir jetzt in unsere Vorstellung die Forderung des Dauerwaldes nach Mischwald ein, setzen wir den Bestand aus Licht- und Schattenholzarten zusammen, welch letztere noch mit dem Lichtgenuß arbeiten können, den der Schirm der ersteren durchläßt, so wird die Möglichkeit der Holzerzeugung weiter erhöht; denn es kann nun mit dem Untereinanderschieben der Altersklassen noch erheblich weitergegangen werden als im reinen Bestandesaufbau einer Holzart. »Je mehr es uns gelingt, den Jungwuchs unter das Altholz gleichsam hinunterzuschieben, und auf der gleichen Fläche neben der Heranziehung eines Jungbestandes noch wertvollen Zuwachs am Altholz zu gewinnen, um so günstiger werden die Zuwachsverhältnisse des Waldes im ganzen sich gestalten« (7).

Es ist demnach völlig sicher, daß in einem Dauerwaldbetriebe mehr Holz auf der Flächeneinheit erzeugt wird als in einem Schlagbetriebe mit gleichaltrigen Beständen. Wenn dies immer wieder in Zweifel gezogen wird mit dem Hinweise darauf, daß sog. »exakte« Vergleichsversuche erst angestellt werden müßten, um die Tatsache festzustellen, so liegt dem die irrige Meinung zugrunde, als hätten die forstlichen Versuchsanstalten eine Art von Monopol für die Lösung forstwirtschaftlicher Fragen auf dem Wege der Anlage und Beobachtung von Probeflächen. Mit dem Hinweis darauf, daß die Versuchsanstalten erst Versuche durchführen müßten, kann die Entscheidung über jede unbequeme oder unerwünschte forstliche Wahrheit *ad calendas graecas*[8] hinausgeschoben werden. Man braucht hier nur an die Diskussion der Vererbungsfragen zu erinnern. Man vergißt und mißachtet dabei nur und sehr zu Unrecht, daß wir in unsern seit 100 Jahren mehr oder weniger ordnungs- und planmäßig bewirtschafteten Waldungen mit ihren Bestandsbeschreibungen früherer Zeit und ihren Abschätzungswerken ein Tatsachenmaterial zur Verfügung haben, welches bei kritischer und manchmal allerdings recht mühevoller Arbeit uns im Wege der bestandesgeschichtlichen und vergleichenden Forschung schon heute zu Erkenntnissen führen kann, die in ihrer Bedeutung jenen sicher nicht nachstehen, welche weit ausschauende neue Versuchsanlagen vielleicht den Nachkommen in Aussicht stellen.

Im Wege der bestandesgeschichtlichen Forschung habe ich die Wirtschaftsergebnisse des Herrn von Kalitsch als ein Beispiel dafür dargestellt, daß dessen Wirtschaftsweise, die ich als eine echte Dauerwaldwirtschaft bezeichnete, erheblich mehr an Holzproduktion geleistet hat, als in demselben Walde innerhalb derselben Zeit die Kahlschlagwirtschaft hätte leisten können. Dieser Beweis soll nun mißglückt sein. So wird es notwendig, die dagegen vorgebrachten Einwände näher zu prüfen, denn ich erachte jenen Beweis für erbracht, und diese Tatsache für viel zu wichtig, als daß ich die Widerlegung der Gegner der Zeit und Geschichte überlassen dürfte. Jenem gelungenen Beweise nämlich verdankt m. E. die Dauerwaldidee in erster Linie ihre so überraschend schnelle Verbreitung und freudige Aufnahme und die Tausende von Besuchern, welche nach Bärenthoren kamen, wollten vor allem sich durch den Augenschein davon überzeugen, daß ein solcher Beweis dort geführt worden sei.

Der Gang meiner Beweisführung ist folgender: Es ist von dem Bärenthorener Walde eine nach Jagen und Abteilungen getrennte Übersicht aufgestellt worden, welche für das Jahr 1884 auf Grund des alten Abschätzungswerkes den Derbholzvorrat verzeichnet. Es ist eine zweite vergleichende Übersicht angefertigt, welche genau nach den Vorschriften des 1884er Abschätzungswerkes (Kahlschlagwirtschaft) jede Fläche mit dem Alter einsetzt, welches sie 1913 erreicht haben würde. Unter Beibehaltung der für 1884 zugrunde gelegten Ertragstafelklassen sind die Massen für jede Abteilung berechnet, da unter der Herrschaft der damals vorgesehenen Wirtschaft eine Hebung der Erzeugungsfähigkeit der einzelnen Flächen nicht zu erwarten gewesen wäre. Der Vollbestandsfaktor ist gutachtlich gegen den früheren Stand dort erhöht worden, wo die Beobachtung des tatsächlichen Zustandes von 1913 es wahrscheinlich machte, daß auch ohne die Wirkung der neuen Wirtschaft der Schlußgrad sich gebessert haben würde. Es ist eine dritte Übersicht angefertigt, welche den unter der 29-jährigen von Kalitsch'schen Dauerwaldwirtschaft tatsächlich 1913 erreichten Zustand und Derbholzvorrat angibt. Die Summe des ganzen Werkes ist in folgender Zusammenstellung gezogen:

	Jagen	Größe ha	Bonitäten nach Schwappach 1896				
			I	II	III	IV	V
1884	1-63	666,9	–	–	71,8	443,4	151,7
Soll 1913	"	"	–	–	–	–	–
Ist 1913	"	"	43,1	120,0	445,0	58,8	–

	Derbholz-masse im ganzen	Altersklassenübersicht				
		Über 80	bis 80	41 bis 60	21 bis 40	1 bis 20
1884	34.559	5,0	62,1	100,2	319,5	180,1
Soll 1913	47.614	–	134,2	200,0	163,4	169,3
Ist 1913	92.371	112,6	148,3	190,8	130,7	84,5

Hieraus habe ich abgeleitet, daß die 29-jährige Wirtschaft in Bärenthoren einen Derbholzzuwachs von

$$\begin{array}{r} 92.371 \\ -\ 34.559 \\ \hline =\ 57.812 \\ 64.172 \end{array}$$

aufwies, und da sie buchmäßig festgestellt in derselben Zeit *64.172* fm nutzte, *im ganzen 121.984 Derbholz* oder

je Jahr und ha $\frac{121.984}{29 \times 667} = 6{,}31$ fm Derbholz erzeugt hat, daß sie aber in genauer Befolgung des alten Betriebsplanes, welcher einen jährlichen Gesamtabnutzungssatz von 1,55 fm vorsah, nur

$$\begin{array}{r} 47.614 \\ -\ 34.559 \\ \hline 13.055 \end{array} + (667 \times 29 \times 1{,}55 \text{ fm}) = \begin{array}{r} 13.055 \\ +\ 30.000 \\ \hline =\ 43.055 \end{array}$$

oder je Jahr und ha $\frac{43.055}{29 \times 667}$ = 2,2 fm Derbholz erzeugt haben würde.*

Die Einwände, welche hiergegen vorgebracht worden sind (24, 26, 1, 11, 54), und die Behauptungen, welche im Zusammenhang mit diesen Einwänden ausgesprochen wurden, lassen sich folgendermaßen zusammenfassen:

1. Infolge Einstellung des Kahlschlagbetriebes vom Jahre 1884 ab hätten etwa 230 Hektar an der Derbholzproduktion mitgearbeitet, die sonst ausgeschieden wären, holznutzung zurückzuführen sei, was alles mit dem Begriff der Dauerwaldwirtschaft nichts zu tun habe, und mit dem Hochwaldkahlschlagbetriebe auch verbunden werden könne, so glaube ich nun hier nachgewiesen zu haben, daß jene Maßregeln allerdings Eigentümlichkeiten einer Dauerwaldwirtschaft sind. Ich habe nirgends bestritten, daß sie auch zur Verbesserung des Hochwaldkahlschlagbetriebes Anwendung finden können, es ist dies aber bisher nur in sehr geringem Umfange geschehen, und es wäre in Bärenthoren jedenfalls nicht geschehen, wenn ein Besitzer dort gewaltet hätte, der ohne gründliche forstliche Ausbildung und ohne eigene forstliche Gedanken gewissenhaft nur die Vorschriften seiner Hochwaldkahlschlageinrichtung befolgt hätte oder sie hätte durch einen Angestellten befolgen lassen.
2. Verschiedentlich wird ausgeführt, daß die Ermittelung des Derbholzvorrates von 1884 unzuverlässig sei, die Derbholzfestmeterzahl von 1884 dürfe auch der von 1913 nicht vergleichsweise gegenübergestellt werden,

* Keineswegs habe ich behauptet, was mir unterstellt worden ist, daß der wirkliche laufende Derbholzmassenzuwachs des ganzen Waldes im Jahre 1884 = 1,55 fm gewesen sei.

»weil sie methodisch völlig anders als diese ermittelt worden ist.« Es kommt doch wohl lediglich darauf an, ob beide Zahlen genügend genau für unsere Zwecke ermittelt sind. Indem ich für die Einzelheiten auf meine Schrift »Dauerwaldwirtschaft«, 2. Aufl., verweise, will ich hier nur bemerken, daß das sorgsam aufgestellte Püschelsche Abschätzungswerk von Bärenthoren jagen- und abteilungsweise Größe, Holzart, Güteklasse und Vollbestandsfaktor, außerdem das in Aussicht genommene Abtriebsalter und den mutmaßlichen Abtriebsertrag angibt. Ich habe eingehend gezeigt, daß die von dem damaligen Taxator benutzten Massenangaben je Hektar mit den Angaben der Ertragstafeln von Schwappach 1896 in sehr guter Übereinstimmung sich befinden. Vor allem aber ist bei der Zwischenprüfung vom Jahre 1884 eine außerordentlich gute Übereinstimmung der inzwischen erfolgten Abtriebserträge mit den Angaben des Abschätzungswerkes festgestellt worden. Endlich, und hierauf ist m. E. ein Hauptwert zu legen, bestätigt Herr von Kalitsch selbst, der den damaligen Zustand seines Reviers noch in genauester Erinnerung hat, die Zuverlässigkeit der Püschelschen Arbeit. Püschel soll auch seine Angaben der Holzmassen nicht mit genügender Zuverlässigkeit haben machen können, weil er 1872 noch nicht über Ertragstafeln verfügte. Derselbe Püschel hatte aber zur Grundlage seiner Schätzungen Zahlenreihen, welche den Angaben der späteren Ertragstafeln, wie ich zeigte, ganz genau entsprachen, und zuverlässige Massenangaben konnte ein erfahrener Forstmann vor 50 Jahren genau so gut machen, wie sie heute der Händler, welcher stehende Bestände kauft, und jeder erfahrene Forstmann für sein Revier auch ohne Ertragstafeln machen kann. Herr von Kalitsch hat für viele seiner Bestände die Derbholzmasse so genau angegeben ohne Ertragstafel, daß die genaue Aufnahme mit Kluppe und Höhenmaß, wie Semper sie ausführte, nachträglich sich als völlig überflüssig, wenn auch zur beiderseitigen Beruhigung und zur Überzeugung der Öffentlichkeit notwendig erwies. Es ist also daran festzuhalten, daß die von mir mitgeteilten Anfangs- und Endzahlen für den Derbholzvorrat eine sichere und für unsere Zwecke vollauf genügend genaue Grundlage abgeben.

3. Es wird mir ein grober Fehler in der Berechnung vorgeworfen, weil ich angeblich die Anormalität des Bärenthorener Waldes nicht erkannt und mit meinen 6,3 fm Derbholzdurchschnittszuwachs nicht den Durchschnitts-, sondern den laufenden Zuwachs ermittelt hätte. Der Kritiker denkt, wenn er vom Gesamtderbholzdurchschnittszuwachs spricht, an den Normalwald und die Ertragstafel, welche für jedes Alter jene Größe als Quotienten aus dem von der Fläche geernteten und auf ihr noch stehenden Derbholze einerseits und dem Alter des Bestandes anderseits angibt. Er erläutert seinen Gedankengang dadurch, daß er sagt: Wenn der Bärenthorener Wald zu Anfang nur 1 bis 40-jährige Bestände gehabt hätte und in den folgenden 29 Jahren durchschnittlich 39 fm Vorertrag und 100 fm Vorrat erzeugt hätte, so dürfe man nun doch nicht sagen, daß in den 29 Jahren ein Durchschnittszuwachs von 139/29 = 4,8 fm stattgefunden habe, sondern man müsse sagen, der Wald habe nunmehr bei einem Alter von im Mittel 20 + 29 Jahren einen Durchschnittszuwachs von 139/50 = 2,78 fm erzeugt. Geht man in diesem irrigen Gedankengange weiter, so würde man für einen gegebenen Wald die durchschnittliche jährliche Derbholzerzeugung immer nur bei Annahme eines normalen Altersklassenverhältnisses und einer bestimmten Umtriebszeit angeben dürfen. Ich habe nun die »Anormalität« des Bärenthorener Waldes nicht nur nicht verkannt, sondern sie sogar sehr eingehend beschrieben, und, von anderm

abgesehen, dahin charakterisiert, daß sie einen viel zu geringen Holzvorrat zeigte. Meine Aufgabe war dann, nachzuweisen, was *dieser* Wald mit *diesem* geringen Vorrat bei Behandlung im Sinne des Dauerwaldes in 29 Jahren und durchschnittlich in einem Jahre hat leisten können. Es ist demnach in meinen Angaben der ihnen angeblich nachgewiesene Fehler nicht vorhanden. Er ist hineingetragen durch Erwägungen, welche ich nicht angestellt habe. Auch ich bin mir darüber klar, daß, wenn der Wald zu Anfang der Wirtschaft anders zusammengesetzt gewesen wäre, wenn er also zum Beispiel nur 1 bis 40-jährige Bestände gehabt hätte, oder wenn er nur Ödland gewesen und erst aufgeforstet worden wäre, seine Leistungen andere hätten sein müssen. Dies dürfte selbstverständlich sein. Es ist doch nicht ohne Grund geschehen, daß ich den Anfangszustand so genau wie möglich geschildert habe. Eine gewisse Berechtigung mag dem Vorwurfe zugestanden sein, daß ich gesagt habe: Der Gesamtderbholzzuwachs während der 29 Jahre hat demnach 6,31 fm betragen und entspricht somit nahezu dem Maximum des durchschnittlichen Gesamtderbholzzuwachses der II. Standortklasse (Schwappach 1908 = 6,5 fm). Ich hätte dies besser vermieden, da die beiden Zahlen nicht zum Vergleich geeignet sind. Wer aber meinen Ausführungen folgt, wird mir zugestehen, daß diese Zahl nur herangezogen wurde, um für die Beurteilung der Höhe der Bärenthorener Leistung eine Erläuterung zu geben, einen Anhaltspunkt. Etwas anderes konnte gar nicht gemeint sein, da ja doch meine ganze Darlegung darauf hinausläuft, zu zeigen, daß Dauerwaldwirtschaft ganz andere Werte erzeugt, als die Ertragstafeln naturgemäß nachweisen können.

4. Es wird im Zusammenhang einmal die Zuverlässigkeit und dementsprechende Brauchbarkeit meiner Zahlenangaben in Frage gestellt, u. a. auch mit der unrichtigen

Behauptung, es seien zur Ermittelung der Derbholzvorräte »gutachtlich« Bestandsmassen »eingesetzt«, sodann aber behauptet und angeblich zahlenmäßig bewiesen, daß bei demselben Anfangszustand des Waldes Herr von Kalitsch in 29 Jahre lang geführter Kahlschlagwirtschaft genau oder fast genau dieselbe Derbholzerzeugung zu verzeichnen gehabt haben würde, wie sie als Ergebnis der Dauerwaldwirtschaft erzielt worden ist. Dies Ergebnis wird in der Weise berechnet, daß die am Anfange der Wirtschaft vorhandenen 180 Hektar 1 bis 20-jähriger Bestände als zehnjährig, die 320 Hektar 21 bis 40-jähriger als 30-jährig usw. behandelt worden und daß nun diese zehn-, 30- usw. jährigen Flächen mit dem Gesamtderbholzzuwachs der III. Klasse der Schwappachschen Ertragstafeln von 1908 multipliziert und die Produkte bis zum Ende der Untersuchungszeit nach 29 Jahren aufsummiert werden. Es ist nun klar erwiesen, daß der Zustand des Reviers höchstens der IV. Bodenklasse, auf keinen Fall der III. entsprach, es ist die Annahme unmöglich, der Bodenzustand könne unter der Herrschaft der Kahlschlagwirtschaft sich so gehoben haben, daß daraus die durchschnittliche Annahme der III. Klasse für den ganzen Wirtschaftszeitraum gerechtfertigt werden könnte. Zu den 21 bis 40-jährigen Beständen, die summarisch als 30-jährig behandelt werden, gehörte fast die Hälfte des ganzen Waldes, kaum ein Bestand war 0,7 bestanden, eine Anzahl hoffnungsloser räumiger Orte sollte nach der Absicht des Taxators abgetrieben werden, um Kulturen an deren Stelle zu setzen, zum Beispiel der 7,2 Hektar große Bestand in 15b, der als »absolut unwüchsig, räumig, mit einzelnen strauchartigen Kiefern und Heide« beschrieben ist. Dies alles bleibt unberücksichtigt, und es wird einfach der für einen Vollbestand der III. Ertragsklasse aus den Tafeln entnommene Zuwachs mit der Fläche multipliziert. Einen solchen willkürlichen Rechenexempel kann gegenüber meinen der Wirklichkeit entnommenen Angaben keine Beweiskraft eingeräumt werden. »Ist es nicht überhaupt bedenklich, die Zahlen von Semper und den früheren Taxatoren einfach zu verdammen, statt dessen aber neue einzuführen, ohne dafür beweiskräftige Unterlagen zu haben?« äußerte sich mit bemerkenswerter Zurückhaltung ein sehr guter Kenner des Bärenthorener Waldes (34). Es ist aber auch schon von anderer Seite (27) eine Gegenrechnung aufgestellt worden, welche den mehrfach, freilich zu Unrecht, bestrittenen Anfangsvorrat des Reviers der Zahl nach gänzlich unberücksichtigt läßt und nur nach den Ertragstafeln mit der richtig anzuwendenden IV. Klasse Nutzung und Vorrat während und nach Ablauf von 29 Jahren auf 105.054 fm berechnet. Indem dieser Zahl die wirklich und einwandfrei festgestellten Ergebnisse des Dauerwaldbetriebes mit 156.543 fm gegenübergestellt werden, ergibt sich für den letzteren ein Mehr von über 51.000 fm, gegenüber der möglichen Erzeugung im Kahlschlagbetrieb. Neuerdings endlich hat König im *Deutschen Forstwirt* in sehr klarer und eingehender Weise die Irrigkeit jener oben behandelten Gegenrechnungen nachgewiesen und der mehrfach gedruckten Behauptung, »es sei nachgewiesen worden, daß der Dauerwald in bezug auf Holzmassenerzeugung dem Kahlschlagbetriebe nicht überlegen ist«, jeden Boden entzogen. »Der Dauerwald ist tatsächlich überlegen, und muß es sein aus inneren, dem Wesen des Betriebes entspringenden Gründen.« (57).

5. Grundsätzlich muß endlich hier allen Einwänden entgegengetreten werden, welche darauf hinausgehen, die Bärenthorener Zahlen anzugreifen, weil sie in den Angaben der Ertragstafeln keine Bestätigung finden. Diese mehrfach erhobenen Einwände werden zum Beispiel durch den Satz ausgedrückt: »Die auf den vielen weitverstreut

liegenden Probeflächen im Laufe langer Versuchszeiten gefundene Tatsache, daß die Kiefer innerhalb einer bestimmten Standortsklasse auch durch Eingriffe, welche über das Maß der Durchforstung hinausgehen, nicht zu einer erhöhten Gesamtzuwachsleistung gebracht werden kann«, oder auch: »nicht durch Einsetzen von Bestandsmassen – welche immer anfechtbar sind – zu Anfang und zu Ende des Zeitabschnittes, sondern durch Aufrechnung des Gesamtderbholzzuwachses der Ertragstafeln soll der Zuwachs gefunden werden;« (26) oder auch: »Die Durchforstungsmethode des Herrn von Kalitsch kann dagegen an der Steigerung der Massenproduktion – solange die aus den Ertragstafeln für gleichaltrige Hochwaldbestände abgeleiteten *Gesetze* (so!) nicht als Trugschlüsse nachgewiesen werden – keinen nennenswerten Anteil gehabt haben.« (11.) Derartige Äußerungen lassen auf eine ganz irrtümliche Wertung und Beurteilung der Ertragstafeln schließen. Man scheint zu glauben, die Ertragstafeln könnten gleich wissenschaftlichen Untersuchungen Naturgesetze ermitteln.

Es ist nicht meine Absicht, in die angeblich neuerdings mit Vorliebe (54) geübte Schmähung der Ertragstafeln einzustimmen. Die fleißige langjährige Arbeit so vieler forstlicher Arbeiter hat uns in den Ertragstafeln ein Werkzeug geschaffen, das vorläufig für viele Fälle unentbehrlich sein dürfte, und das zu schmähen für mich kein Anlaß vorliegt. Nur in der ganz falschen Beurteilung der Ertragstafeln liegt die Gefahr. Wer da glaubt, in den Angaben der Ertragstafeln naturgesetzliche, auf dem Wege der wissenschaftlichen Forschung gewonnene Wahrheiten zu besitzen, der irrt. Mit vollem Recht hat Schwappach selbst gesagt: »Die Ertragstafeln sind ein Instrument, mit welchem sich jeder, der es gebrauchen will, vertraut machen muß; nur jener erzielt gute Leistungen, der es auch wirklich beherrscht.« Damit ist ausgesprochen, daß es sich hier um ein rein praktisches Hilfsmittel handelt, zu technischen Zwecken zusammengestellt. Aber weder liegt der Arbeit eine eindeutige Fragestellung im Sinne wissenschaftlicher Forschung, noch eine wissenschaftlich zulässige Methode ihrer Ausführung zugrunde. Borggreve hat dies s. Z.[9] treffend dargelegt: »Da nun aber schwerlich heute noch jemand für wirkliche Existenz von Standortsklassen* eintreten wird« – »so kommt die Logik immer wieder zu dem tragischen Resultat, daß alle Untersuchungen darüber, an welchen Kriterien man diese – im Walde, also tatsächlich, ja doch nicht vorhandenen – Klassen erkennt, und wie viel Masse Zuwachs usw. dieselben in irgendeinem Alter haben, seien sie noch so sorgfältig ausgeführt, völlig gegenstandslos sind ....« – »Das bei Aufstellung dieser Ertragstafeln angewendete Verfahren zeigt sich für jeden, auch für den, der es bislang als richtig oder dich unvermeidlich angesehen hat, in seiner ganzen Richtigkeit, wenn man es anstatt auf die Holzbestände tragenden Böden, auf irgend etwas anderes, der Beurteilung der meisten Menschen näher Liegendes anwendet. Es ist beispielsweise genau dasselbe, als wenn man alle Einwohner der Stadt Berlin oder auch München zunächst in fünf nicht vorher abgegrenzte Körpergewichts- oder Reichtumsklassen einschätzen wollte, dann nachher eine Anzahl von Mitgliedern jeder Klasse wiegen oder auf Pflicht und Gewissen ihr Vermögen angeben lassen wollte – entsprechend der »genauen« Aufnahme ausgesuchter Probebestände –, und nun nachdem der Durchschnitt jeder Klasse hiernach festgestellt, einen beliebigen Unbekannten,

* Borggreve ließ »heute noch« und »Klassen« mit fetten Lettern drucken. Fast vierzig Jahre sind ins Land gegangen, und ich weiß nicht, ob nicht doch auch heute noch viele an die Existenz der »Klassen« glauben. (Anm. des Herausgebers: Im Original wurde statt Standortsklassen versehentlich Stand*es*ortklassen gedruckt.)

nachdem man ihn seinem ungefähren Aussehen oder auch der Güte seines Rockes und Schwere seiner Uhrkette gemäß in etwa die vierte dieser fünf Klassen eingeschätzt, wieder auf den Kopf zusagen wollte: »Du wiegst oder besitzest so viel, wie der von uns berechnete Durchschnitt der vierten Klasse beträgt.« Ich halte dieses Gleichnis für sehr nützlich zur Beurteilung des Wertes der Ertragstafeln, diesen letzteren aber doch für sehr viel höher, nicht dem Grunde, aber dem Grade nach, als es nach Borggreves zugespitzten Worten scheinen könnte, weil eben Bestände doch sehr viel einfachere und weniger nach allen Richtungen variierende Größen sind als Menschen. Nur so viel sollte klar sein, daß man mit der Berufung auf Angaben der Ertragstafel nicht eine einzige im Walde wirklich ermittelte Holzvorratsgröße oder Ertragsleistung entkräften kann. Jede durch wirkliche Messung ermittelte Masse oder Zuwachsgröße hat viel mehr Gewicht als eine der Ertragstafel entnommene entsprechende Größe, da letztere immer nur zur Hilfe genommen werden sollte, wenn erstere fehlt oder wegen Mangel an Zeit, Geld oder Arbeitskraft nicht gewonnen werden kann.

Bestände, welche, unter der Herrschaft der Kahlschlagwirtschaft entstanden, eine Reihe von Jahren im Sinne des Dauerwaldes bewirtschaftet wurden, hören sehr bald auf, den Ertragstafeln zu folgen, können gar nicht mehr durch sie betroffen werden. Denn die Tafeln verzeichnen ja doch nur, was im großen Durchschnitt in Beständen steht und wächst, die im Sinne des gleichaltrigen Hochwaldes (noch dazu aus nur einer Holzart) entstanden und behandelt sind. Wer im Dauerwald wirtschaftet, muß sich bald darauf einrichten, ohne Ertragstafeln fertig werden zu können. Dies habe ich im einzelnen an einigen Bärenthorener Beständen bewiesen. Ich möchte hier besonders an die genauen Mitteilungen über die dicht nebeneinanderliegenden Probeflächen gleichen Alters im Walde des Herrn von Kalitsch und in der Zerbster

Stadtforst erinnern. Der im alten Sinne behandelte Zerbster Bestand paßt auch heute noch in die Ertragstafel, der Bärenthorener dagegen auf keine Weise mehr. Seine Höhe verweist ihn in die II. Standortsklasse, und dementsprechend ist auch seine Gesamtderbholzmasse der Tafel entsprechend, seine Stammzahl aber beträgt nur 62 v. H., der Mittendurchmesser des Stammes 129 v. H. des Tafelansatzes.

Wenn gesagt wird, die großen, der Dauerwaldwirtschaft, und ihr allein, verdankten Zuwachsleistungen des Bärenthorener Waldes müßten irrtümlich angegeben sein, weil bei den zahlreichen Ertragsprobeflächen der Versuchsanstalten ähnliche Leistungen nie beobachtet worden wären, dann kann nicht nachdrücklich genug auf die in dieser Hinsicht völlige Bedeutungslosigkeit der Ertragstafeln verwiesen werden. Denen, die Probeflächen aussuchten und ausmessen ließen zur Aufstellung der Ertragstafeln, lag und liegt wohl auch jetzt noch der Gedanke der Dauerwaldwirtschaft weltenfern. Es gibt keine solche Probeflächen, die alljährlich von der pflegenden Axt im Sinne des Dauerwaldbetriebes behandelt wurden, und in denen bei gleichzeitiger Bodenpflege die Stetigkeit des gesunden Waldwesens Leitziel aller Maßnahmen war. Da ist doch selbstverständlich, daß die Mehrleistungen nicht zur Beobachtung kommen konnten, welche der Dauerwaldbetrieb allein erzielen kann.

Daß Dauerwaldbetrieb mehr und wertvolleres Holz nachhaltig erzeugt als Kahlschlagbetrieb, ist somit a priori beweisbar und bewiesen und durch die zahlreichen, in meiner »Dauerwaldwirtschaft« näher dargestellten Beispiele auf das sicherste erhärtet. Der Schluß ist danach berechtigt, daß eine Wirtschaft ihre Holzerzeugung in demselben Maße steigern muß, wie sie, von der Kahlschlagwirtschaft sich entfernend, dem Dauerwaldbetriebe sich allmählich mehr und mehr annähert.

e) Es ist auch gegen meine Empfehlung der Dauerwaldwirtschaft die Autorität des allerdings von mir ganz außerordentlich hochgeschätzten von Hagen-Donner'schen Werkes »Die forstlichen Verhältnisse Preußens« ins Feld geführt, und ich bin gefragt worden (11), was ich zu der dort niedergelegten Beurteilung des Plenterbetriebes sage, welche teilweise allerdings den Dauerwald betreffen kann. Denn es werden als »Unzuträglichkeiten« des Plenterwaldes eine »erschwerte Wirtschaftskontrolle und gesteigerte Anforderungen an Leistungsfähigkeit und Zahl der Forstbeamten« angeführt, Bedenken, welche allerdings auch gegen die Dauerwaldwirtschaft sprechen. Dies sind Donners Hauptsätze. Im übrigen heißt es nur, daß viele der vom Plenterwald erhofften Vorteile, namentlich auf den geringen Bodenklassen, sich kaum verwirklichen dürften. Es werden aber auch nach dieser Richtung vergleichende Ermittlungen in Aussicht genommen.

Dies ist 1894 vom damaligen Chef der Preußischen Staatsforstverwaltung geschrieben. Seine Absicht war es hier sicher nicht, ein starres Dogma für alle Zeit aufzustellen; das geht aus dem »dürften« und den beabsichtigten Versuchen klar hervor. Die Zeiten haben sich gewandelt. Erschiene heute eine zeitgemäße Neubearbeitung des Hagen-Donner, so würden zwei alles beherrschende Tatsachen berücksichtigt werden, an die 1894 nicht zu denken war: der auf mehr als das 100-fache (in Mark) gestiegene Holzwert und die zwingende Not, von unserer Waldfläche mehr Holz nachhaltig zu ernten, um unseren dringendsten Bedarf zu decken. Soll dabei der Wald nicht verwüstet, sondern erhalten und stetig ertragreicher gemacht werden, so kann dies nur durch die Dauerwaldwirtschaft geschehen, soweit waldbauliche Technik dabei in Frage kommt. Und sollten wir heute, nach fast 30 Jahren, nicht berechtigt sein, gesteigerte Anforderungen an die Leistungsfähigkeit der Forstbeamten zu stellen? Ist ihre

Zahl nicht erheblich vermehrt im Verhältnis zu der schmachvoll verkleinerten Fläche? Ich bin vollkommen überzeugt davon, daß Donner, wenn er heut noch lebte und im Amt wäre, was freilich schwer zu denken ist, dem Dauerwaldbetrieb die Tür öffnen würde in der Art, wie ich es für die Staatsforsten wünschte, daß er nämlich jedem bewährten Revierverwalter, der mit entsprechender Begründung und Vorlage eines Planes um die Erlaubnis nachsuchte, Kahlschläge hinfort in seinem Revier unterlassen, die ganze Holzernte stammweise auszeichnen und eine Dauerwaldwirtschaft, frei von den Fesseln der Periodenwirtschaft nebst Trennung der Haupt- und Vornutzung führen zu dürfen, diese Erlaubnis erteilte und Vorsorge für eine dauernde Beobachtung der neuen Wirtschaft und entsprechende Kontrolle treffen würde. Aber wie dem auch sei, ich kann in dem Donner'schen Werke kein Hindernis finden für meine Bestrebungen; die gütigen Augen dieses hochverehrten Mannes würden mich genau so freundlich anblicken, wie ich sie in der Erinnerung habe aus seinen letzten Lebenstagen, und wenn er wirklich meinte, die bürokratische Maschine unseres Staatswaldbetriebes könne auf derartigen Wegen nicht weiterlaufen ohne zu große Reibungen, so würde er vielleicht sagen: »Na dann versuchen Sie es beim Privatwalde.« Und dort liegt nach den bisherigen Erfahrungen die Hoffnung. Aus dem Privatwalde, sobald er seinen Vorteil erkannt hat, wird der Fortschritt waldbaulicher Technik kommen. Je mehr Beispiele entstehen, wie das von mir in meiner »Dauerwaldwirtschaft«, 2. Aufl., geschilderte der unmittelbar benachbarten Flächen (Jagen 16, Bärenthoren, Jagen 37, Zerbster Revier), von denen die eine nach 30-jährigem Dauerwaldbetrieb an Vorrat, Wert und Zuwachs und an Gesundheit ihres Wesens die andere nach der alten Art bewirtschaftete so handgreiflich übertrifft, um so öfter wird es wirken: *vestigia terrent, exempla docent.*[10] Hat der Privatwald bisher in seinen Gesamtholzleistungen – was durch die mangelhafte Statistik nicht einmal ganz sicher bewiesen werden kann – hinter dem Staatswalde zurückgestanden, so ist der einfache Grund dafür nur darin zu suchen, daß der Privatwald im Durchschnitt mit geringerem Vorrat (kürzerem Umtrieb) arbeitete als der Staatswald. Denn in diesem hatten von Hagen und Donner in kluger Voraussicht den ganzen Betrieb so geregelt, daß ein reicher Vorrat angesammelt und gesichert werden mußte. Ihm geht unsere herrschende Forsteinrichtung zu Leibe, leider vielfach nur zugunsten unserer Feinde, und bald wird die nachhaltig mögliche Gesamtleistung sprunghaft sinken und auch die Feinde, so weit sie denken wollen und können, davon überzeugen, daß sie mit ihren törichten Gewaltforderungen die Henne zum Verhungern bringen, welche ihnen die Eier liefern sollte.

III.
Auswirkungen des Dauerwaldgedankens in der forstlichen Praxis

a) Zunächst geht aus dem bisherigen klar hervor, daß jeder Forstwirt, wie immer nach Lage, Größe, Holzart sein Wald beschaffen sein mag, den Entschluß, eine Dauerwaldwirtschaft zu führen, sofort, von heut auf morgen, in die Tat umsetzen kann. Er braucht nur die Erhaltung oder die Schaffung eines gesunden und zur höchstmöglichen Holzwerteerzeugung geeigneten Waldwesens auf allen ihm zur Bewirtschaftung übergebenen Flächen als oberstes Ziel anzustreben und jede Einzelfläche zu prüfen an dem Maßstabe, den wir oben näher geschildert haben. Hat er bisher im Kahlschlagbetriebe gewirtschaftet, so wird von dem Tage seines Entschlusses an kein Kahlschlag mehr geführt werden dürfen. Von dieser Regel gibt es nur wenige Ausnahmen, welche sich aber ebenfalls aus dem Wesen des Dauerwaldes notwendig ergeben.

Es gibt zum Beispiel raume Kiefernalthölzer, die keinen Stamm ohne Baumschwamm enthalten, demnach einen negativen Zuwachs haben. Schwammbäume stehen lassen, während man gesunde Bäume fällt, ist Verschwendung der natürlichen Erzeugungskräfte, die nur gerechtfertigt werden kann durch nicht waldbauliche zwingende Gründe. Enthält der Bestand noch gesunde und gutbekronte Stämme außer den Schwammbäumen, so wird der Dauerwaldwirtschafter sie stehen lassen. Vielfach wird sich dann ein Bild ergeben, das man nach der bisherigen Auffassung als Überhaltbetrieb bezeichnete. Dies ist kein waldbauliches Ideal, von Stetigkeit des Waldwesens kann keine Rede sein, wenn man den ganzen bisherigen Bestand abnutzt und nur einzelne Bäume, losgelöst aus ihrer bisherigen Verbindung mit dem Ganzen, also unter plötzlich und damit ungünstig veränderten Verhältnissen stehen läßt. Immer aber ist es besser als völliger Kahlschlag, denn die Fläche bleibt nicht völlig produktions-, schatten- und schutzlos, und die Überhälter liefern standortgerechten Samen. Sind aber Schwammbäume, wie so häufig, nur in mehr oder weniger hohem Anteil der gesamten Stammzahl vorhanden, so ergibt sich nach dem Hiebe ein stark durchlichteter Bestand, und damit eine Gefahr für Vergrasung, Verödung, jedenfalls Rückgang des Bodens. Aber doch nur, wenn man meint, man dürfe den also gelichteten Bestand sich selbst überlassen. Von unserm Standpunkt der Betrachtung aus, ist dieser Bestand ergänzungsbedürftig, und wenn keine Aussicht auf natürliche Ergänzung besteht, so müssen auf dem Wege der künstlichen Kultur neue junge Bestandesglieder ihm zugeführt werden. Nicht durch Unterbau, obwohl dabei Bilder entstehen können, die man bisher als Unterbau bezeichnete. Unterbau setzt den Begriff eines Bestandes von begrenzter Dauer voraus, das ewige Waldwesen des Dauerwaldes kennt nur Ergänzung des an Holzpflanzen und damit Holzerzeugern zu arm gewordenen Bestandes. Der Dauerwald kennt weder Kahlschlag, noch Überhalt, noch Unterbau, aber der Übergang zur Dauerwaldwirtschaft aus dem bisherigen Waldzustande wird oftmals Bilder schaffen, die man mit jenem Namen zu bezeichnen gewohnt ist.

Es gibt auch schlecht behandelte, schlechtformige, nahezu zuwachslose Bestände auf erkranktem Boden. Hier aber wird die Dauerwaldwirtschaft nur selten einen Abtrieb und einer Neukultur zustimmen. Ihr liegt die Frage näher, wie der Boden zu heilen, der zu geringe oder minderwertige Vorrat zu ergänzen und sein Zuwachs zu heben sei. Einbau oder Ergänzung werden in erster Linie in Frage kommen.

Es gibt Fichtenorte, die so stark vom Wilde geschält sind, oder in solchem Grade von der Rotfäule befallen, daß der an ihnen noch mögliche Zuwachs im Werte stark gemindert wird. Aber auch hier wird der allmähliche Einbau ergänzender junger Bestandesglieder bei langsam fortschreitender Entnahme des jeweils schlechtesten Materials, der Forderung des Dauerwaldes besser gerecht werden, als der jede Wertholzerzeugung der Fläche für lange Zeit vernichtende Kahlschlag.

Es gibt endlich Bestockungen mit unerwünschter Holzart, Wildhölzern oder ungeeigneten Ausländern, zu denen man die aus Samen nachweislich ungeeigneter Herkunft gezogenen Bestände heimischer Holzart rechnen kann. Hier treibt die Furcht vor Verseuchung des Reviers durch die früh fruchtenden Fremdlinge gar leicht zu dem ohnehin von Holzhauern und Käufern immer befürworteten, gar keine Mühe noch Nachdenken fordernden Radikalmittel Kahlschlag. Der Dauerwaldbewirtschafter darf es nicht anwenden. Jene Furcht ist unbegründet. Die ungeeigneten Fremdlinge können im Dauerwalde nicht im Konkurrenzkampf mit den standortsgemäßen Arten bestehen, bauen wir diese hinein und nutzen Beschirmung, Schutz und Zuwachs des Vorhandenen so lange aus, bis Besseres allmählich aufwachsend an seine Stelle treten kann.

b) Kahlschlagwirtschaft ist ein breiter, geebneter, bequemer Weg, und ihrer sind viele, die darauf wandeln. Dauerwaldwirtschaft ist ein schmaler, steiniger, steiler, dornenvoller Pfad, und noch sind es wenige, die auf ihm sich mühen. Aber es winkt ihnen ein hohes Ziel, die nachhaltige Erhöhung der heimischen Holzerzeugung. »Fast stets, und gerade im Privatwald wird die Forderung nachhaltig höherer Produktion herauslaufen auf die Forderung höheren Abtriebsalters, und damit auf die Forderung eines höheren Bestandsvorratskapitals.« – »Ist dessen Vermehrung, wie wir für die meisten Fälle feststellen müssen, nötig, so kann sie nur erfolgen, indem der Einschlag der bisher als hiebsreif betrachteten Bestände eingeschränkt, weiter eingespart wird.« – »Das bedingt in den meisten Fällen auch für die nächste Zukunft, nicht etwa für die Dauer, einen Verzicht auf Geldeinnahme.« – »Der Waldbesitzer muß dieses Opfer bringen wollen, wenn er am Wiederaufbau mithelfen soll.« (57.)

Dauerwaldwirtschaft unterscheidet sich von jeder Nichtdauerwaldwirtschaft durch die schwere Forderung, daß die gesamte Ernte des Waldes alljährlich stammweise sachverständig ausgezeichnet werde. Dies zu erfüllen, ist die wichtigste Aufgabe des Dauerwaldwirtschafters. Bei ihrer Erfüllung kann seine Tätigkeit vom Handwerk zur Kunst steigen. »Der Beruf des Forstmannes ist halb Wissenschaft und halb Kunst, und nur die Ausübung macht hierbei den Meister.« (Cotta) Und soweit es sich wahrlich um eine Kunst handelt, ist für ihre Ausübung ein gewisses Maß natürlicher, nicht erlernbarer Begabung und Anlage unerläßlich. Nicht alles läßt sich lernen; und es gab und gibt sehr gelehrte Forstleute, die niemals im Sinne des Dauerwaldes richtig auszeichnen können. Aber vieles läßt sich lernen, wenn die Liebe zum Walde und den Bäumen lebendig ist, und ist auch nicht jeder ein Schöpfer gewaltiger Werke, auch das Kunsthandwerk oder die Handwerkskunst kann sich weit über das gedankenlose Schema der Kahlschlagwirtschaft erheben.

c) Wer die Dauerwaldwirtschaft empfiehlt als mühelos schnellen Gewinn spendend, etwa mit dem trivialsten Ausdruck, der dafür zu finden war, »da kann man nur kloppen, braucht aber nicht zu kultivieren« (54), der hat sie sicher nicht verstanden und beweist nur, daß auch jede gute Sache entstellt und mißbraucht werden kann. Wer da sagt, jeder Forstwirt dürfe bei Einführung der Dauerwaldwirtschaft sofort seinen Abnutzungssatz erhöhen (44), würde schwer zu tragen haben, wenn er die Verantwortung vor der Zukunft überall dort übernehmen sollte, wo ein gutgläubiger Waldbesitzer für seine Übernutzung sich durch solchen Rat gedeckt glaubte. Dauerwaldwirtschaft bedeutet fast immer für den Waldbesitzer den Entschluß zu einer gewissen vorläufigen, später reich belohnten Entsagung. Eberbach formuliert die Forderung dahin, daß kein Baum geschlagen werden darf, so lange noch schlechtere seines Kalibers vorhanden sind. Mehrung des Vorrats an Masse und Wert ist die z. Z. überall und fast ausnahmslos zu erfüllende Forderung. Wann und in welchem Maße ein Forstwirt die höhere Nutzung, welche der Dauerwaldbetrieb ihm sicher in Aussicht stellt, mit gutem Gewissen erheben darf, das lehrt ihn erst die Kontrolle seiner Wirtschaft nach Verlauf einiger Jahre. Sehr oft freilich wird es zutreffen, daß die durch alle Bestände pflegend gehende Axt mehr entnehmen muß, als der bisherige Abnutzungssatz festsetzte. Dann, aber nur dann darf das Mehr in der sicheren Zuversicht genommen werden, daß dem Walde und seiner nachhaltigen Erzeugungskraft kein Schaden geschieht. Sonst ist die Erhöhung des planmäßigen Abnutzungssatzes nur zulässig, wenn der zahlenmäßige Beweis geliefert ist, daß unter der Herrschaft der Dauerwaldwirtschaft der Gesamtderbholzvorrat des Reviers gemehrt wurde.

Auch die beste Vorschrift kann durch Unverstand in ihr Gegenteil verkehrt werden. Wer die Kahlschläge aufgibt, angeblich sich dem Dauerwald widmet und nun regellos alle Bestände durchhaut, mit Rücksicht auf hohen Verdienst der Holzhauer oder Steigerung der Einnahme aus Holz überall das Beste entnehmend, dabei die Stetigkeit des gesamten Waldwesens weder prüft noch beachtet, der mag wohl einem Laien sich als Dauerwaldwirtschafter vorstellen, in Wirklichkeit ist er entweder ein Ignorant oder ein gewissenloser Waldschlächter. Der Art gibt es leider immer mit und ohne Dauerwald. Daß solche Mißwirtschaft unter dem Deckmantel des Dauerwaldes einreißen könnte, darf den Dauerwaldgedanken nicht töten. Buchmäßige Kontrolle und sachverständige Beaufsichtigung dürfen daher niemals, jedenfalls dort nicht fehlen, wo der Waldbesitzer nicht selber auch der Wirtschafter ist.

Wenn also als Vorbedingungen für eine Dauerwaldwirtschaft gefordert worden sind (19)

1. Luft und Liebe des Betriebsleiters,
2. gute Vorbildung und praktische Erfahrung desselben in allen waldbaulichen Fragen,
3. Möglichkeit, daß der Betriebsleiter nicht durch andere Geschäfte behindert ist, sich ganz der Waldpflege zu widmen,
4. so kann man dem nicht nur beistimmen, sondern man muß solche Forderungen als Selbstverständlichkeit bezeichnen. »Eine völlige Übertragung der Bärenthoreener Wirtschaft halte ich in den meisten Fällen für sehr gefährlich«, heißt es dann weiter an derselben Stelle. Der Sinn dieses Satzes kann nur der sein, daß für die meisten Privatwaldungen die oben genannten Voraussetzungen nicht als gegeben angenommen werden. Ob solch Urteil zutrifft, kann unentschieden bleiben. Sicher ist aber glücklicherweise, daß es eine ganz erhebliche Anzahl von Privatforsten gibt, in denen die Bedingungen wohl erfüllt sind, und für sie kann uneingeschränkt der Rat gegeben werden: »Treibt Dauerwaldwirtschaft«. Auch dann, wenn es nicht möglich ist, jene fast überall notwendige, zunächst Opfer fordernde Einsparung zu machen, wo Not irgendwelcher Art zu stärkeren Eingriffen in den Wald zwingt, als ihm nachhaltig zugemutet werden dürfen, auch da ist der Kahlschlag der Übel größtes, und Dauerwaldwirtschaft bietet die Möglichkeit, auch solche Eingriffe vorzunehmen mit geringerer Schädigung der Stetigkeit des Waldwesens als sie der Kahlschlag bedingt.

d) Dauerwaldwirtschaft fordert den »gemischten Wald«, dessen Notwendigkeit Gayer so beredt dargelegt hat. Es gibt (vielleicht abgesehen von praktisch ganz bedeutungslosen Ausnahmefällen) keinen Waldboden in Deutschland, der nur eine Holzart zu tragen vermöchte, und es gibt keine Forstwirtschaft (wieder abgesehen von fast selbstverständlichen Ausnahmen, wie Eichenschälwald, Weidenheger und, bedingt, Erlenbruch), welche ihre Ziele nachhaltig mit dem reinen Bestande erreichen könnte. Die bestandsgeschichtliche Forschung lehrt, daß überall, wo mangelnde Einsicht in das Wesen des Waldes reine Bestände auf großen Flächen geschaffen hat, vor Zeiten neben der nun bevorzugten auch andere Holzarten vorgekommen sind. Wer Dauerwaldwirtschaft treiben will, wird in seinen reinen Beständen jeden Rest alten Mischholzes, sei es welcher Art immer, aufs sorgsamste erhalten und zur Samenertragfähigkeit heranpflegen. Ich kannte einen lieben, hochgeschätzten Kollegen der alten Schule, der in seinen Fichtenstangenorten auf jede noch vereinzelt vorhandene Buche als auf ein Unkraut Jagd machen ließ, gleicherweise habe ich Forstleute gesehen, auf welche die weiße Birke im Kiefernbestande gleich dem roten Tuch zu wirken schien; bei Kahlschlägen schöner alter Mischbestände wurde allen Vorstellungen zum Trotz jeder Wacholderbusch, jeder Strauch, jede wilde Rose, jeder »Vorwuchs« sorgfältig entfernt, gleich als ob nur die nun auch völlig abrasierte, jedem Windzug völlig schutzlos preisgegebene Fläche die Sorgsamkeit der Hiebsführung bezeugen könne; unter der Überschrift »Aushieb verdämmenden Weichholzes« wird gar oft noch vielerorten ein planloser Vernichtungskrieg gegen alles geführt, was nicht Fichte, Eiche oder sonst zum reinen Anbau bestimmte Holzart ist. Das alles sind grundsätzliche Verstöße gegen den Dauerwaldgedanken.

Die Buche ist es vor allem, die »Mutter des Waldes«, die wir durch unsern reinen Nadelholzanbau vertrieben haben, und die der Dauerwald braucht, die das Nadelholz vor allem braucht, um seinerseits an sich mehr zu erzeugen, als es ohne die Mutter möglich ist, deren Holzerzeugung auf der Fläche daneben aber noch zu gewinnen. Eines der schlimmsten Dogmen, welches die Kahlschlagwirtschaft und die mit ihr so gern rechnende Forsteinrichtung geprägt haben, ist das von der anspruchsvollen Holzart Buche, welche nur auf den besten Kiefern- (und Fichten-)Standorten möglich sei. Das Gegenteil ist richtig und nun vielerorten, u. a. auch von von Kalitsch in Bärenthoren, bewiesen, die Buche ist auch auf unseren ärmsten Waldböden als Mischholzart der Kiefer möglich, wenn wir nach Grundsätzen des Dauerwaldes wirtschaften. Sie mehrt die Erzeugung der Kiefer und gibt ihren eigenen Ertrag noch dazu. Das in neuester Zeit vielbesuchte Revier Sieber hat vielen Forstleuten unter Führung des Forstmeisters Kautz die Augen dafür geöffnet, welch wohltätigen Einfluß die Buche als Gesellschafterin auch der Fichte auf den Zustand des Bodens und damit auf die Gesundheit des Waldwesens ausübt. Man beachte auch, was die reiche Waldbauerfahrung des Forstmeisters Kautz für die Fichtenbuchenmischung (*Zeitschrift für Forst- und Jagdwesen* 1921, S. 390) in Übereinstimmung mit unseren Klassikern Burckhardt und Gayer niedergelegt hat. – Vermissen wir die Buche am schmerzlichsten, so dürfen doch auch die anderen Holzarten des deutschen Waldes und die reiche Strauchflora, die von der herrschenden Praxis vollkommen beiseite gelassen zu werden pflegt, dem Dauerwalde nicht fehlen. Wohl hat Burckhardt trefflich gesagt: »Man sieht es als kein gutes Zeichen für eine Wirtschaft an, wenn die Birke in ihr herrschend geworden ist.« Aber damit ist nicht jener öde Vernichtungskrieg entschuldigt, der vielerorten gegen die Birke und ähnlich gegen die Aspe geführt worden ist und wird. Schon wird viel gewonnen sein, wenn der Dauerwaldwirtschafter seinen Wald sorgsam bis in jeden Winkel durchsucht nach den selten gewordenen Holzarten und Sträuchern, und deren jedes einzelne Stück pflegt und erhält wie ein Naturdenkmal, immer daran denkend, daß jede Art das lebendige Waldwesen vervollständigt, in ihm seine bestimmte Rolle zu spielen berufen ist. Er wird auch hierin bei Herrn von Kalitsch in die Lehre gehen können. Seltenen oder vielmehr selten gewordenen Baum- und Straucharten, aber auch Pflanzen des Bodens hat er von jeher seine liebevolle Aufmerksamkeit zugewendet, und quer durch den Bestand gehend, führt er den Besucher geradewegs sicher auf die einzige Stelle, wo im ganzen Jagen ein Wacholder, ein Polypodium[11] oder ein Lycopodium complanatum[12] sich angesiedelt hat.

Von solcher liebevollen Aufmerksamkeit für die Erhaltung und Mehrung des Vorhandenen ist nur ein kleiner Schritt zum Anbau des Verlorengegangenen. Überall rührt es sich jetzt für den Buchenanbau im Nadelwalde; wo aber wird der wilde Obstbaum, die Elsbeere, die Mehlbeere, wo werden Pfaffenhütchen und Kornelkirschen, wo Schwarz- und Weißdorn im Walde angebaut? Viel zu wenig vom Standpunkt des Dauerwaldes.

e) Ein schier unbegreifliches Mißverständnis bedeutet die Annahme, im Dauerwalde brauche nicht kultiviert zu werden, die natürliche Verjüngung allein sei in ihm zulässig. Da Mischwald vom Dauerwalde gefordert wird, so ist es selbstverständlich, daß man die Mischhölzer anbauen muß, wo sie nicht mehr vorhanden sind, so wie es selbstverständlich ist, daß der Dauerwaldwirtschafter überkommene Kahlschlagflächen und Blößen aufzuforsten hat, um auf ihnen baldmöglichst ein Waldwesen zu schaffen.

Ist einmal das gesunde Waldwesen in erwünschter Manigfaltigkeit seiner Arten vorhanden, so ist natürliche Verjüngung nichts weiter als eine Lebensäußerung des Waldes, und künstliche Kultur kommt gar nicht mehr in Frage.

Erinnern wir uns aber, daß wir jede Fläche des Waldes zunächst einmal daraufhin zu prüfen haben, ob auf ihr genug Holzpflanzen vorhanden sind, um die Erzeugungskräfte für die Zwecke des Waldbaues auszunutzen, so leuchtet ein, daß sich die Verpflichtung ergibt, den Holzpflanzenbestand zu ergänzen, wo jene Forderung, wie so oft, nicht erfüllt ist. Und hier kommt es nun darauf an, zu entscheiden, ob Samenträger genug auf der Fläche oder in ihrer Nähe vorhanden sind, um die Ergänzung der Natur überlassen zu können oder nicht; und wenn ja, ob der Boden gesund oder derart erkrankt ist, daß Ansamung nicht möglich ist. Alsdann ist zweckdienliche Bodenbearbeitung geboten. Fehlen aber die Samenträger oder sind sie nur einer Art, während andere Arten dem Mischwald nötig sind, oder ist schnellere Bestandsergänzung erwünscht und durchführbar, als sie durch natürliche Besamung erwartet werden kann, dann muß die künstliche Kultur den Bestand ergänzen durch Saat oder Pflanzung. Bei der Entscheidung über Saat oder Pflanzung gilt der oberste Grundsatz, daß, wer Saat ausführt, keiner Begründung seines Tuns bedarf, wer aber pflanzt, nachweisen muß, daß erfolgreiche Saat unmöglich ist. »Denn eine aus Saat entsprossene Pflanze kann niemals schlecht gepflanzt sein« (44).

f) Wer die Stetigkeit des gesamten Waldwesens zu seinem Leitsatze macht, kann Samen und Pflanzen fremder Herkunft nicht verwenden. Wer in dieser Beziehung noch den geringsten Zweifel hegt, sei verwiesen auf Haacks Arbeit: Beschaffung des Kiefern- und Fichtensamens einst, jetzt und künftig (Mitt. d. Deutschen Forstvereins 1909 Nr. 6). Er findet in dieser ausgezeichneten Studie klar und übersichtlich zusammengestellt, was dem Waldbau grundsätzlich zu wissen not ist. Es sollte ein Ehrenpunkt jedes Revierverwalters sein, sich in bezug auf Samen- und Pflanzenbeschaffung unabhängig zu machen. Regelmäßiger

Bezug körberweis verpackter Hunderttausender von Kiefern- und Fichtenpflänzlingen für große Kiefern- oder Fichtenwirtschaften bezeichnet einen Tiefstand forstlicher Technik, der mit dem Dauerwaldgedanken unvereinbar ist. Die Ernte aller Waldsämereien im eigenen Revier muß im Dauerwalde organisiert sein und zu den regelmäßigen Aufgaben des Waldbaues gerechnet werden. Daß der so gewonnene Samen teurer wird als der käuflich zu erwerbende, konnte doch nur so lange für die Praxis bestimmend sein, als man beide im waldbaulichen Werte gleichsetzte, und damit einem Irrtum anheim fiel, der dem deutschen Walde unmeßbare Verluste eingetragen hat. Nur solcher Same muß angekauft werden, der einstweilen im eigenen Revier nicht wächst. Je mehr sich die Dauerwaldwirtschaft ihrem Ziele nähert, um so geringer werden die Aufwendungen, welche für Samenernte und etwaigen Samenankauf nötig sind. Der Dauerwald aber erzeugt reichlicher und öfter Samen als der gleichaltrige Wald. Mit hoher Wahrscheinlichkeit legt Kautz nach langjährigen Beobachtungen die Seltenheit der guten Buchenmastjahre dem gleichaltrigen Hochwalde zur Last, und mit berechtigtem Stolze sagt von Kalitsch, daß in seinem Walde die Kiefer alljährlich fruchte. Das eine ist ohne weiteres einleuchtend, daß im Kronenraum des gleichaltrigen Waldes (dem Dach der Müller'schen Feldscheune) die Kronen einander gegenseitig gerade diejenigen Teile schädigen und zerreiben, welche für die Bildung der Blütenteile gebraucht werden.

g) Der Dauerwald muß ungleichaltrig sein, aber keineswegs alle Altersklassen auf derselben Fläche aufweisen. Jeder, der im Sinne des Dauerwaldes wirtschaftet, muß in kurzer Zeit zu ungleichaltriger Zusammensetzung seiner Bestände gelangen. Wie diese aber im einzelnen nach 10-, 20- oder 30-jähriger Wirtschaft aufgebaut sein werden, das hängt in allererster Linie von dem Zustande ab, in welchem der Wirtschafter sie übernahm; daneben von den unzähligen natürlichen und wirtschaftlichen Einflüssen, die das einzelne Revier betreffen, und endlich von der Art und Weise, wie der Revierverwalter seine Aufgabe anfaßte. Gebe man es auf, über eine Schablone zu grübeln, deren Erreichung als Wirtschaftsziel vorschwebt, und vertage man überhaupt alle jene so sehr beliebten Spekulationen über die Gestaltung später Zukunft des Waldes, welche oftmals bewußt oder unbewußt nur dazu dienen, die Aufmerksamkeit abzulenken von der Entschließung darüber, was jetzt und sogleich geschehen muß und kann. Wir dürfen den Nachkommen gegenüber ein ruhiges Gewissen haben, wenn wir so arbeiten, daß auf allen Flächen unseres Waldes ein gesundes Waldwesen lebt, und wenn wir stetig für die Mehrung und Wertsteigerung seines Vorrats und Zuwachses sorgen.

h) Gegen die Durchführbarkeit der Dauerwaldwirtschaft, welche allerdings als durch die Tat bewiesen angesehen werden kann, sind zahlreiche Einwände erhoben worden. Es lohnt sich nicht, auf diejenigen näher einzugehen, welche nur in Behauptungen bestehen, die durch die »langjährige Erfahrung« gestützt werden, wie zum Beispiel »der Jahresabnutzungssatz kann nicht erfüllt werden nur durch Herausnahme von untüchtigen Bestandesgliedern« (13). Einer solchen durch nichts gestützten Behauptung gegenüber ist, abgesehen von dem Bärenthorener Beispiel, die Mitteilung wertvoll, daß in einem großen ostpreußischen Revier 10 Jahre lang alljährlich die Axt über drei Viertel der gesamten Fläche ging und jährlich 20.000 fm Einschlag lieferte (15). Denjenigen, welche vor dem alljährlichen »Herumnaschen« (13) in allen Beständen warnen, sei gesagt, daß, wer »nascht«, sich aussucht, was am besten schmeckt; sein Tun ist grundsätzlich dem pflegenden Hiebe im Dauerwald gegensätzlich. Wer aber die Verzettelung des Einschlags als Erschwernis für die Holzernte und -kauf betrachtet, hat recht; legt er aber diesem Umstande entscheidende Bedeutung bei, so mahnt schon Gayer: »Die Annehmlichkeit und Bequemlichkeit, wie sie durch den Kahlhieb in großen Schlägen und die damit erzielte Arbeitsorientierung geboten wird« ... »zum entscheidenden Motive bei der Wahl der Bestandsform zu machen, ist vom Standpunkte des waldbaulichen Gewissens ein durchaus verwerfliches Prinzip.«

Dient es der Sache oder hat es irgendwelche Beweiskraft, wenn man drucken läßt: »Es muß wohl bei Festlegung der Umtriebszeit bleiben« (13). Es will mir anmaßend erscheinen, für solch persönliche Ansicht, der mit demselben Recht die entgegengesetzte gegenübergestellt werden kann, die Zeit des Lesers in Anspruch zu nehmen.

Daß Naturereignisse, wie Sturm und Feuer vor allem, den Wald vernichten und Kahlflächen schaffen, und unsere schönsten Zukunftspläne zunichte machen können, wird doch ernstlich niemand als Grund gegen die Dauerwaldwirtschaft gelten lassen. »Unmöglich kann angenommen werden, daß vermutet wird, daß die neue Bärenthorener Wirtschaft einen günstigen Einfluß hat auf Niederhaltung schadenbringender Massenwirkung« (nämlich der Insekten) (13). Solch günstiger Einfluß wird nun allerdings nicht nur vermutet, sondern von der Dauerwaldwirtschaft sicher erreicht, und zwar trotzdem in Bärenthoren im Jahre 1919 ein erheblicher Spanner- und Spinnerfraß große Flächen noch gleichaltriger Kiefernstangenhölzer vernichtet hat. In dem Maße wie Ungleichaltrigkeit und besonders Mischwald die Waldfläche für sich erobern, in demselben Maße werden jene Schäden sich mindern. Haben sie doch hier wie anderwärts nur jene Waldteile betroffen, die noch den alten Charakter trugen. »Es ist Tatsache, daß die auch nur mit 0,2 der Bestandsmasse mit Buchen, Hainbuchen, durchstellten Kiefernbeständen bei den bedeutenden Fraßbeschädigungen des Kiefernspinners, des Spanners und der Forleule während der letzten 20 Jahre so gut wie gar nicht gelitten haben, während die reinen Kiefernbestände stark mitgenommen sind« (Danckelmann, *Zeitschrift für Forst- und Jagdwesen* 1881, S. 6). So kann Dauerwaldwirtschaft gerade dadurch, daß sie die Stetigkeit eines gesunden Waldwesens erhält, als die beste biologische Bekämpfungsmethode der Schädlinge oder vielmehr als die beste biologische Prophylaxe bezeichnet werden (vgl. Escherich, *Zeitschr. f. Forst- und Jagdwesen,* April 1922, S. 197).

Viele Einwände sind aus dem Mißverständnis hervorgegangen, es solle die Bärenthorener Wirtschaft als Muster und Regel auf die ganze Kiefernwirtschaft übertragen werden. Das soll sie meines Erachtens wohl, aber es ist natürlich nur dann ohne sinngemäße Erweiterung und Fortbildung möglich, wenn man es mit einem ähnlich zusammengesetzten Walde zu tun hat. »Wenn aber im zu bewirtschaftenden Walde Althölzer in größerem Umfange in die Hiebsreife eingetreten sind und der Boden unter lichter Stellung durch Verangerung Not leidet, ist die Aufgabe der Holzernte und Holzverwertung der Zukunft nicht ohne weiteres nach Bärenthorener Regel lösbar (6). Da solche Verhältnisse in Bärenthoren nicht vorliegen, kann für ihre Behandlung die dortige Wirtschaft auch keine Regel liefern. Wohl aber zeigt der Dauerwaldgedanke, der dort Gestaltung und Auswirkung fand, auch die Lösung dieser so oft mit Recht hervorgehobenen Schwierigkeit.

Dauerwald schließt künstliche Kultur nicht aus, wo sie unentbehrlich ist, um ohne allzugroßen Zeitverlust das kranke Waldwesen zu heilen. Künstliche Kultur findet im Dauerwald stets bessere Vorbedingung als auf der Kahlfläche. Daran ist zu denken. Sodann zeigt uns Wagners Blendersaumbetrieb für solche Fälle einen gangbaren und bereits erprobten Weg. Fruchtbare, praktische Arbeit hat Erdmann geleistet und durch seine Mitteilungen zugänglich gemacht. Wiebeckes *Dauerwald* gibt zahlreiche eingehende Hinweise zur Überwindung der in Frage stehenden Schwierigkeiten. Mit Wiebeckes Ausführungen hierzu kann ich mich nur in dem einen Punkte nicht einverstanden erklären, daß grundsätzlich jede Kiefer von 45 cm Brusthöhendurchmesser als hiebsreif bezeichnet wird. Ich verweise dazu auf das wertvolle, viel zu wenig gewürdigte Vermächtnis, das Michaelis uns in seiner Schrift »Gute Bestandspflege mit Starkholzzucht« (Neudamm 1907) hinterlassen hat. Kiefern von 45 cm Durchmesser haben die 3/2-fache Versorgungskraft für die Volkswirtschaft gegenüber solchen von 30 cm; solche von 60 cm aber die doppelte. »Ein Land, das bereits Mangel leidet und erheblicher Zufuhr von auswärts bedarf, aber tunlichst auf eigenen Füßen stehen möchte, hat daher keine Veranlassung, noch weiter in den Stärken seiner Hölzer herabzugehen, sondern alle Ursache, den Nachdruck auf Starkholzzucht zu legen.«

Viel Gewicht wird auf die Behauptung gelegt, hochwertiges, d. h. möglichst astreines Holz erwüchse nur im gleichaltrigen Schlußstande, und die »vertikale Gliederung«, welche der Dauerwald im Kronenraum anstrebt, führe zu ästigen, vom Handel gering bewerteten Stämmen. Hier lese man, was Duesberg über die Edelform der Halbschattenkiefer schreibt und höre eine neue Stimme: »Hochwertige Ware muß astrein und von gleichmäßigem Jahrringbau sein. Einen solchen erziehen wir, wenn der Waldbaum im Zeitraum der Hauptschaftausbildung im Stärkewachstum zugunsten des Höhenwachstums zurückgehalten wird« (18). Der erfahrene Holzfachmann wertet jene Stämme, die im innersten Kern enge Jahrringe zeigen, nicht die auf den Kahlschlagkulturen mit Ringen von ½ cm Breite und mehr beginnenden. Dann richte man den Blick auf die Bärenthorener Halbschatten-Jungwüchse mit ihren schwachen, bald nach unten neigenden Ästen und den zum Lichte strebenden Höhentrieben, so wird man sicher sein, daß im Dauerwalde die Stämme erwachsen, die den hochwertigsten gleichkommen, welche wir heut nutzen als Frucht einer Zeit, da die Jungwüchse im Schutz und Schirm des Altholzes erwuchsen. Auch hat Köhler (Stammzahlen. Tübingen, Laupp 1919) in trefflicher, überzeugender Art nachgewiesen, daß die Erzielung von Astreinheit durch engen Schluß bis zur Vollendung des Höhenwachstums ganz unwirtschaftliche Opfer bedingt, denen gegenüber rechtzeitige Aufastung der Nutzholzstämme dasselbe Ziel besser und billiger erreicht.

Die Frage der Fällungsbeschädigungen ist genugsam erörtert. Sorgen wir nur für hochwertiges, gesundes Starkholz. Die Nachkommen werden es uns danken und werden schon Wege finden, es zu nutzen. »Was kann es also für einen Zweck haben, sich immer und immer wieder Gedanken und Sorgen wegen der Zukunft zu machen! – Wir leben in der Gegenwart, und sie stellt uns vor große Aufgaben. Sehen wir zu, daß wir ihnen gerecht werden! Die Zukunft wird die eigenen selber meistern.« (4) Die weitläufigen Erörterungen über die möglichen späteren Schwierigkeiten bei der Fällung dienen häufig ebenso wie die Hinweise auf die Feuersgefahr durch die Reisigdeckung oder die scheinbar so erfahrungssatten Erörterungen über mögliche Sturmrichtungen und Sturmschäden beim Aufhieb der Blendersäume nur als Schreckmittel, den Fortschritt aufzuhalten, um die Ruhe des »alten Praktikers« nicht zu stören. Derlei Gegengründe sind billig wie Brombeeren – heute sind die freilich auch nicht mehr billig – sie sind jedermann geläufig und man kann mit ernster Miene lange Gespräche darüber führen; was an ihnen wahr ist, läßt sich kaum bestreiten, und der Zweck wird leichtlich erreicht: »lassen wir es schon beim alten«. Es ging doch auch so, wir haben auf den Kahlflächen und in den Pflugfurchen und mit den angekauften Pflänzlingen doch schöne Schonungen geschaffen und »ist denn wirklich dieser einmalige Eingriff« (des Kahlschlages) »in das aufbauende kleine Lebewesen des Waldes unerträglicher, wie die jetzt fast zur dauernden Einrichtung gewordene Streuabgabe auf großen Flächen?« (13) Gewiß nicht. Nur ziehe ich daraus nicht den gewünschten Schluß: also bleiben wir beim Kahlschlag, sondern den andern: streben wir danach, die Streuabgabe überflüssig zu machen. Im Dauerwalde wird sie von Jahr zu Jahr schwieriger und unlohnender; ebenso wie die Weide und Gräserei. Ist Streunot vorhanden, so steuere man ihr durch Beschaffung von Ersatzmitteln, ist Not um Gras und Weide, so schaffe man Wiesen und Weiden, denn die Gesundheit und Leistungsfähigkeit der Landwirtschaft muß uns um so viel näher am Herzen liegen, als wir das Brot etwa höher denn das Obdach schätzen und vielfach die Wärme. Aber man befriedige jene Bedürfnisse, wo sie offenkundig sind, nicht zu einem so unwirtschaftlich ungeheuerlichen Preise, wie ihn der Ausfall an Holzerzeugung heut darstellt, wenn man sich selbst betrügend, der Land- und Forstwirtschaft zugleich auf derselben Fläche zu dienen meint. – Daß solche Forderungen nicht leicht und nicht plötzlich zu erfüllen sind, darf uns nicht davon abhalten, sie immer und immer wieder zu erheben, um allmählich alle Volksgenossen von ihrer Notwendigkeit im Interesse aller zu überzeugen, und damit den Boden für ihre Verwirklichung zu bereiten.

Verständlich sind die Bedenken gegen die Dauerwaldwirtschaft, welche sich von der bei ihr erheblich erschwerten Wirtschaftskontrolle herleiten. Es ist hier zunächst nicht die buchmäßig rechnerische Kontrolle der Forsteinrichtung, sondern jene Aufsicht des Waldbesitzers oder seiner Organe gemeint, die Unredlichkeiten der örtlichen Beamten oder

Fehler und Nachlässigkeiten bei der Ausführung der Arbeiten im Walde durch Bereisungen der Reviere verhindern soll. Dabei kommen auch jene Fehler in Betracht, welche bona fide[13] von noch unerfahrenen oder schlecht ausgebildeten oder minderbegabten Beamten gemacht werden und durch die Aufsicht allmählich beseitigt werden können. Es ist dagegen einmal zu bemerken, daß gegen solche Übelstände, wie die genannten, auch die Kahlschlagwirtschaft nicht schützt. Es gibt nur ein Mittel dagegen, das ist dieses, daß wir den alten Geist der grünen Farbe mit seiner Waldliebe, Treue, Opferwilligkeit, Gradheit und Zuverlässigkeit in allen ihren Gliedern zu erhalten und zu stärken suchen, daß wir den Stolz auf das grüne Ehrenkleid unserem jungen Nachwuchs überliefern, ihn in ihm lebendig erhalten, daß die Forstleute aller Grade wieder einig zu einer Familie zusammenwachsen, die stark ist durch gemeinsame Erziehung, welche ihnen der lebendige »Wald als Erzieher« spendet. Das mag manchem heut gleich utopisch erscheinen, wie die Beseitigung der Streunutzung, dennoch dürfen wir nicht aufhören, es immer und immer wieder zu sagen, um sie alle zu sammeln, in deren Herzen es noch als ein Sehnsuchtswunsch wiederklingt, daß sie sich finden und sich aneinander stärken, bis die Kraft ausreicht, abzustoßen, was in diese Erziehungsgemeinschaft sich nicht fügen will oder kann. Unser Ziel ist die Stetigkeit des gesunden Waldwesens. Im heutigen Wirtschaftswalde ist es nicht erreichbar ohne die Stetigkeit des gesunden Forstbeamtenkörpers. Für einen solchen gibt uns weder die Sekundareife jedes Försteranwärters noch das Abiturientenexamen jedes Oberförsteranwärters heutzutage eine Gewähr. Scharfe, rücksichtslos geübte Auslese durch Fachexamina, welche die Fähigkeit prüfen, auf welche es für jede Stellung ankommt, das ist, was helfen kann. Und da wir immer ein Überangebot haben, so dürfen wir die Forderungen so hoch spannen, bis nur so viel Anwärter übrigbleiben, wie wir gebrauchen.

Indessen bleibt die Tatsache bestehen, daß dem im Dauerwalde wirtschaftenden Beamten ein höheres Maß von Vertrauen zugemessen ist als dem im gleichaltrigen Hochwalde wirtschaftenden, und daß von ihm ein höherer Grad nicht von Gelehrsamkeit, aber von Liebe für die Holzzucht und von selbstdenkender Arbeit verlangt wird. Denn Auszeichnen ist seine wichtigste Arbeit, und diese verlangt vereinigte körperliche und geistige Anstrengung neben natürlicher Begabung.

Darum ist Dauerwaldwirtschaft am ehesten erfolgreich, wo der Waldbesitzer sein eigener oberster Forstbeamter ist, oder wo das Band des persönlichen unbedingten Vertrauens den Besitzer mit seinen Forstbeamten verbindet. Je größer der Waldbesitz ist, je mehr Beamte in ihm beschäftigt werden, um so lockerer werden naturgemäß die persönlichen Beziehungen, um so mehr tritt die Notwendigkeit hervor, der zumal der Staatswald sich nicht entziehen kann, organisatorische Maßregeln zu treffen, die den einzelnen bei genügender Bewegungsfreiheit doch am Zügel halten. Unsere in langer Zeit erprobten Organisationen sind durchaus geeignet, die gestellte Aufgabe zu erfüllen, wofern sie nur der Zeit sich anpassen und ihren Anforderungen. Von der Vorstellung freilich, daß Bereisungen sich nur innerhalb der grünumrandeten 1. Periode bewegen und außerdem die letzte Kultur und den frischgeharkten Saatkamp besuchen, muß man sich freimachen. Wie die Axt, so müssen auch die Bereisungen bald hier bald da die ganze Revierfläche kreuzen, ausgezeichnete Pflegehiebe in allen Altersklassen sind Hauptpunkte ihrer Prüfung, Stichproben des jagen- oder distriktsweise zu buchenden Einschlages ersetzen die Schlagrevisionen. Sollen wir auf gesteigerte Leistungen des Waldes verzichten, weil sie schwerer zu kontrollieren sind?

Und auch diese Schwierigkeit, welche naturgemäß mit der Größe der Reviere steigt und in Betrieben, welchen mehrere Reviere unterstellt sind, ein Höchstmaß erreicht, läßt sich überwinden. Derjenige, der am gründlichsten hierüber nachgedacht hat und ihrer Herr wurde, Chr. Wagner, hat uns auch in seinen Grundlagen der räumlichen Ordnung einen gangbaren Weg gewiesen, sie zu meistern, ohne gegen die Grundgedanken des Dauerwaldes zu verstoßen. Ihm werden wir folgen, wo es gilt, in größerem Maßstabe eine Dauerwaldwirtschaft einzuführen. Wo viele Köpfe, viele Sinne und darunter natürlich auch widerstrebende, durch den Willen des Waldbesitzers den Übergang von der Kahlschlagwirtschaft zur Dauerwaldwirtschaft, von der Bestandes- zur Baumwirtschaft vollziehen sollen, kann einheitliches Handeln nicht ohne einen gewissen Zwang, nicht ohne eine Art von Schablone vollzogen werden, welche im Blendersaum sie, wie Wagner sich ausdrückt, gewissermaßen »an der Stange hält«, einen Wechsel der Persönlichkeiten ohne Schaden für das System geschehen läßt und eine Kontrolle der Arbeit allein ermöglicht. Innerhalb des allgemeinen Rahmens der Wirtschaft bleibt aber der freischaffenden Betätigung des einzelnen Beamten unter der Herrschaft des Dauerwaldgedankens ein so weiter Spielraum, wie ihn die alte flächenweise Hochwaldwirtschaft niemals annähernd gab, ja den sie oft ganz und gar vermissen ließ. Und dieser Spielraum muß besonders weit bemessen sein, so lange es sich um den Übergang von der alten zur neuen Wirtschaft handelt. Unsere heutige räumliche Ordnung im Walde, der heutige Waldaufbau entspricht allermeist ganz und gar nicht weder den Forderungen einer Dauerwaldwirtschaft, noch den Forderungen, welche Wagner als Ziel für den Aufbau des Waldes setzte. Wo wir auch beginnen, begegnen wir naturgemäß Übergangsschwierigkeiten. Verwechseln wir diese nicht mit der Schwierigkeit des Dauerwaldbetriebes an sich und belasten wir letzteren nicht mit Vorwürfen, welche nur gegen die frühere Wirtschaft insofern erhoben werden können, als sie uns den Übergang ihrer Natur nach erschwerte. Ausgedehnte Flächen mit räumig stehendem, entweder durchaus oder fast ganz hiebsreifem Holze geben am ehesten Anlaß zu Erörterungen darüber, daß »hier« keine Dauerwaldwirtschaft möglich sei. Da wird der Übergang häufig Maßnahmen fordern, die im durchgebildeten Dauerwaldbetriebe nicht mehr erforderlich sind, sei es, daß man in breiteren Säumen abräumt, als mit Rücksicht auf die Bodenpflege erwünscht ist, sei es, daß Jung- und Vorwüchse, horstweise auftretend, die Entfernung hiebsreifen Altholzes fordern, oder daß auf allzu raumen Partien die Bestandeslückenwirtschaft mit künstlicher Kultur einsetzt. Auch zahlreichere Säume können zum Ziel führen und, wo es zur Erhaltung vorhandenen Jungwuchses zweckmäßig scheint, in Keilform zusammenstoßen. Der Wege gibt es so viel verschiedene, als es verschiedene Waldbilder gibt, sei ihr Ziel und gemeinsamer Kreuzungspunkt nur immer die Verwirklichung des Dauerwaldgedankens!

Dauerwaldwirtschaft, wo sie sich durchsetzt, wird ganz von selbst die Forstbeamten wieder aus der Schreibstube in den Wald führen. Der Förster, oder wie man heut sagen muß, der Betriebsbeamte (als ob das seine stolze Stellung heben könnte, oder als ob der Oberförster nicht ebenso gut Betriebsbeamter wäre oder wenigstens sicher sein sollte) müßte mit allem Schreib- und Rechenkram verschont werden, den Bureaukräfte ebenso gut oder besser und schneller erledigen können. Von ihm sollte nichts weiter verlangt werden an schriftlichen Arbeiten, als was sich aus seiner Tätigkeit von selbst ergibt, Nummer und Aufmaß der Hölzer, Angabe der Arbeiter, ihrer Arbeitszeit und der ausgeführten Arbeit. Wozu soll der Förster die Stamminhalte in der Tabelle aufsuchen, Listen aufstellen und das Kunststück eines modernen Lohnzettels vollführen? Das kann doch alles im Bureau des Oberförsters gemacht werden. Wenn man dieses

Bureau aber, wenigstens in sehr vielen Fällen, bezüglich seiner Ausstattung mit geschulten Kräften und zeitgemäßen Arbeitshilfsmitteln mit demjenigen eines kaufmännischen oder industriellen Betriebes vergleicht, der ähnliche Wertobjekte und ähnliche Umsätze bearbeitet, wie eine Oberförsterei sie aufweist, da »staunt der Fachmann und der Laie wundert sich«. Der Privatwald wird auch hier schneller die richtigen Wege finden und nicht durch die Angst behindert sein, daß die vom Scheibdienst entlasteten Oberförster und Förster nun nichts mehr tun und ihre freigemachte Kraft dem Walde nicht widmen würden. Kann nur so das Ziel erreicht werden, daß die Holzernte durchweg jährlich stammweise fachmännisch richtig ausgezeichnet wird, statt daß sie wie bisher oftmals von schnell abgesteckten Schlagflächen durch Vernichtung des Waldes und im übrigen als Sammelhieb von den Holzhauern nach alter Übung, wenn es hoch kommt, noch aus einigen Durchforstungen entnommen wird, in welchen allenfalls schleunigst im letzten Augenblick, vor den Äxten hergehend, eine flüchtige Auszeichnung stattfand – dann werden so unermeßliche Werte im Walde geschaffen, daß man gar viele Schreibmaschinen und Bureaubeamte dafür haben kann. Die pflegende Arbeit im Walde aber zeitigt schon in kürzester Frist so auffallende Erfolge in Umgestaltung des Waldwesens und Förderung des Zuwachses zumal in jüngerem Holze, daß Arbeitsfreudigkeit, ja sogar Leidenschaft (für gewöhnlich sagt man auf deutsch »Passion«) bei allen Tätigen mächtig geweckt zu werden pflegen.

IV.

Dauerwald und Forsteinrichtung[14]

Mit Einführung der Dauerwaldwirtschaft verlieren die bisherigen Forstabschätzungs- und Einrichtungswerke nebst ihrem Betriebsplane zwar nicht ihren Wert, wohl aber ihre Bedeutung für die Wirtschaft. »Die Forsteinrichtung«, so sagt Eberbach mit Recht, »soll das Ergebnis der Waldwirtschaft und ihrer Entwicklung sein, nicht umgekehrt – wie bisher zumeist – die Waldwirtschaft das Ergebnis einer bestimmten Forsteinrichtungsform. Damit wird der Forsteinrichtung die Stelle zugewiesen, die ihr allein zukommen kann«. Da nun die Dauerwaldwirtschaft jede Trennung von Haupt- und Vornutzung, jede Art der Flächenkontrolle unmöglich macht, und den Begriff des »Umtriebes« ihrem Wesen nach gar nicht kennen kann, so braucht sie eine Buchführung, welche ganz anders eingerichtet sein muß, als die bisherigen Forsteinrichtungs- oder Abschätzungswerke waren. Diese Buchführung wird in einem »Betriebswerk« zusammengefaßt, und sie ist nicht anders aufzufassen als die Buchführung, zum Beispiel eines industriellen Unternehmens. Unsere Vorstellungen sind im Laufe der Zeit in dieser Beziehung befangene geworden. Man baute die Forsteinrichtung aus, gleich als ob sie eine selbstständige Existenzberechtigung habe, man stellte sie sogar dem Waldbau als eine gleichberechtigte Disziplin gegenüber, man umgab sie mit einem Nimbus sogenannter Wissenschaftlichkeit und Gelehrsamkeit, und es waren nicht die schlechtesten des Faches, welche im Ausbau der Forsteinrichtungstheorie das Mittel suchten, dem einfachen Handwerke des Försters den Glanz eines dem Laien schwer zugänglichen geheimnisvollen Reiches tiefsinniger Forschung zu leihen. So war nicht zu verwundern, daß die

Forsteinrichtung sich des Thrones bemächtigte, von dem aus sie den Wald zu beherrschen unternahm und daß sie im Laufe der Zeit oftmals halb unbewußt dem Walde ihren Stempel aufdrückte, jenen Aufbau und jene Form, die ihren, den Zwecken der rechnenden Meisterin allein gefügig war, und die wir als die des Ertragstafelwaldes mit seinen Flächeneinheiten gleichalten und gleichartigen Holzbestandes bezeichnen können. Diesen angemaßten Thron gilt es zu zertrümmern: dahin zielt Eberbachs, hier wie so oft die Lage blitzartig erleuchtendes Wort (*Silva* 20, S. 59) »Am Anfang war die Ertragstafel und die Umtriebszeit. Und der Herr schuf mit ihrer Hilfe den Normalwald und gebot den Menschen, daß sie keine andere Waldform neben ihm haben sollten. Diese Vorstellung muß endgültig überwunden werden.« Der Buchhalter und der Kassierer sind auch für ein industrielles Werk unentbehrliche und lebenswichtige Persönlichkeiten, aber der technische und der kaufmännische Leiter des Betriebes werden und dürfen sich ihnen niemals unterordnen, auch nicht gleichstellen, sondern immer selbstverständlich verlangen, daß jene sich ihren Bedürfnissen folgend anpassen. Oder dürfte der Buchhalter die Einführung neuer Maschinen oder eine Umstellung der Fabrikation mit dem Hinweis darauf erschweren, daß für solche seine bisher gebrauchten Formulare keine Rubrik besäßen, oder daß die neuen Einrichtungen ihm die Buchführung erschwerten? Nur zwei gleichwichtige und Haupttätigkeitsgebiete gibt es für uns: die Holzerzeugung und die Holzverwertung, nach den üblichen Bezeichnungen als Waldbau und Forstbenutzung bekannt. Die Forstpolitik sorge außerdem dafür, daß sie richtig gepflegt werden können. Alles andere, die Forsteinrichtung, der Forstschutz, der Wegebau, die Vermessung, die Wertberechnung, die Holzmeßkunde und Gerätekunde, die Gesetzes- und Verwaltungskunde, und wie die vielen forstlichen Disziplinen sonst noch genannt sein mögen, sollten wir uns gewöhnen als Hilfsmittel zu betrachten für jene drei, auf die es ankommt. Und die Forsteinrichtung insbesondere, die Buchführung der Waldwirtschaft, was soll sie uns sein? Ein periodisch aufzunehmender Nachweis des Waldzustandes oder Vermögens und ein laufender Nachweis der Nutzungen und Aufwendungen mit dem Zwecke, jederzeit die Wirkung unserer Wirtschaft und ihrer Nutzungen auf das Vermögen feststellen und den Nachweis der Nachhaltigkeit führen zu können.

Demgemäß gehört zu jedem Betriebswerk als notwendiger Bestandteil die Karte mit Grenzregister und Vermessungstabelle. Dies ist allgemein anerkannt, und es braucht hier darüber nichts weiter gesagt zu werden. Die zur Übersicht und zur Buchführung ebenso, wie zur Orientierung draußen und zum Verkehr, zu jagdlichen wie insbesondere zu den Zwecken der Holzernte notwendige auf der Karte dargestellte Einteilung des Waldes in Wirtschaftsfiguren ist ebenfalls ein allgemein anerkanntes Erfordernis.

Wunderbarerweise hat man aber die in jeder Wirtschaftsfigur vorhandene Menge an Derbholz, also den Holzvorrat festzustellen und periodisch zu kontrollieren bisher zumeist für überflüssig erachtet. Man begnügte sich mit der Altersklassenübersicht, die doch nur dann einen Wert beanspruchen kann, wenn die Bestände gleichaltrig und gleichmäßig bestockt sind, und stellte den Holzvorrat nur fest für die in den nächsten 10 oder 20 Jahren zum Abtrieb bestimmten Flächen. Die Größe dieser Flächen ergab sich aus der Reviergröße und der mehr oder weniger willkürlich bestimmten Umtriebszeit. Der auf ihnen vorhandene Vorrat, vermehrt um den fünf- bzw. 19-jährigen Zuwachs und geteilt durch 10 bzw. 20, ergab den Abnutzungssatz. Dieser mit viel Arbeit und Zeitaufwand »ermittelte« oder »berechnete« Abnutzungssatz mußte es sich dann aber häufig gefallen lassen, nachträglich gutachtlich noch erhöht oder erniedrigt zu werden; für die Vornutzung wurde außerdem ein Ertrag nur gutachtlich oder nach Erfahrungssätzen ausgeworfen.

In meiner »Dauerwaldwirtschaft« habe ich schon darauf hingewiesen, daß ein erfahrener älterer Forstmann diesen Abnutzungssatz in wenigen Tagen nach eingehender Besichtigung des Reviers genau so gut abzuschätzen imstande ist, wie ihn die zeitraubende »Ermittelung« beschafft. Es ist ähnlich, wie oftmals mit Waldwertrechnungen, wo Erfahrung und Kenntnis der in Betracht kommenden Verhältnisse das Resultat zuerst feststellt, um dann lange zahlenreiche Berechnungen aufzustellen und abzustimmen, damit ein ähnliches Ergebnis als Resultat einer Ermittelung oder Berechnung erscheine.

Ein fester Abnutzungssatz muß auf alle Fälle durch das Betriebswerk dem Wirtschafter gegeben werden. Dieser Abnutzungssatz ist gleich dem jährlichen Zuwachs, wenn der Wald den zur Erfüllung seines Zweckes erforderlichen Aufbau und Vorrat besitzt, und kleiner, wenn letzteres nicht der Fall ist, die Mehrung des Vorrats demnach eine Notwendigkeit ist. Da wir im Dauerwaldbetriebe nicht einen erheblichen Bruchteil der Fläche von der Derbholzproduktion dadurch ausschließen, daß wir ihn zur Erziehung übergroßer Mengen junger Pflanzen bestimmen, so muß im Dauerwalde der richtige Vorrat stets höher sein als in einem nach den Grundsätzen des schlagweisen Hochwaldes eingerichteten Walde und deshalb muß Vorratsvermehrung fast ausnahmslos beim Übergang zur Dauerwaldwirtschaft gefordert werden. Ich habe deshalb die Erreichung eines möglichst hohen und wertvollen Vorrats als Ziel der Dauerwaldwirtschaft aufgestellt.

Auch mir ist wohlbekannt, daß mit Überschreitung eines gewissen Vorratsmaßes der Zuwachs zurückgehen muß. Wie hoch aber im Dauerwalde der Vorrat gesteigert werden kann, bis der höchstwertige, nachhaltig mögliche Zuwachs erreicht wird, wissen wir nicht; es fehlt uns dafür an Unterlagen. Die

Ertragstafeln können solche nicht liefern, weil die Bestände des Dauerwaldes denen der Ertragstafeln nicht entsprechen; so können wir vorläufig nur sagen, der Vorrat soll möglichst hoch und muß jedenfalls höher sein als der ertragstafelmäßige Normalvorrat des schlagweisen Hochwaldes.

Durch unsere Wirtschaft selbst müssen wir die Antwort erarbeiten auf die Frage nach der Höhe des besten oder im Sinne des Dauerwaldes normalen Vorrats, und unser Betriebswerk soll uns dazu verhelfen. Es enthält für jede Wirtschaftsfigur einen besonderen Bogen, auf welchem neben einer guten Bestandsbeschreibung der Holzvorrat verzeichnet ist. Der Dauerwaldwirtschafter schlägt nun Jahr für Jahr in dieser Wirtschaftsfigur so viel Holz, als nötig ist zur Herstellung oder Erhaltung des gesunden und leistungsfähigen Waldwesens, immer dann einen Stamm entnehmend, wenn er einen besseren schädigt, alles Kranke entfernend. Sein Blick ist dauernd auf die besten und wertvollsten Glieder des Bestandes gerichtet, denen die besten Lebensbedingungen geschaffen werden sollen. Da der gemischte Wald sein Ziel ist, so werden auch zugunsten der am spärlichsten vertretenen Mischholzart Hiebseingriffe notwendig sein, und da das Bodenklima so beschaffen sein muß, daß die Abfallstoffe eines Jahres auch in der gleichen Zeitfrist eines Jahres zur Zersetzung gelangen, so wird die Rücksicht hierauf ebenfalls Eingriffe der Axt fordern können. Hat der Dauerwaldwirtschafter eine Reihe von Jahren so gewirtschaftet, so nimmt er den Derbholzvorrat der Wirtschaftsfigur von neuem auf in derselben Art und Weise, wie es das vorige Mal geschah. Hat sich nun der Vorrat vermindert, so war der vorhandene Vorrat bei Beginn seiner Wirtschaft zu groß, hat er sich vermehrt, so war er zu klein. So muß Dauerwaldwirtschaft ganz von selbst (automatisch) zum richtigen Vorrat führen. In der von Michaelis geprägten Bramwalder Durchforstungsregel ist eine Vorschrift gegeben, deren Befolgung jeden Wald besser und ertragreicher gestalten muß. Nimmt man noch die Regel des Dauerwaldes hinzu, daß kein Stamm gefällt werden soll, so lange noch schlechtere seiner Art und seines Kalibers zu fällen sind, so sind alle Vorteile erreicht, die aus dem Übergange von der summarischen Bestandswirtschaft zur Baumwirtschaft erwartet werden dürfen.

So liegen die Dinge unter Voraussetzung einer idealen Axtführung. Da aber diese nicht ohne weiteres überall vorausgesetzt werden kann, muß ein Gesamtabnutzungssatz an Derbholz dem Wirtschafter als bindende Norm gegeben werden und dieser Abnutzungssatz soll so bemessen sein, daß er sicherlich ohne Schädigung des Waldwesens nachhaltig erwartet werden darf. In jedem ordnungsmäßig bewirtschafteten Walde wird man zunächst gut tun, sich an den bisher etwa in den letzten zehn Jahren durchschnittlich erreichten Gesamtertrag als Anfangsabnutzungssatz zu halten, selbstverständlich unter Berücksichtigung etwa während dieser Zeit durch außergewöhnliche Kalamitäten oder bewußte Übernutzungen eingegangener Holzmengen. Und »wenn es sich um die erste Betriebsregelung eines Waldes handelt?« (56). Da bittet man den nächst erreichbaren älteren Forstverwaltungsbeamten, das Revier zu bereisen und den Abnutzungssatz gutachtlich auf Grund seiner Erfahrung zu bestimmen. Sein Ergebnis wird schwerlich weit abweichen von dem, was eine umständliche Taxationsarbeit vieler Monate »ermitteln« kann. Der Abnutzungssatz bleibt so lange in Kraft und Anwendung, bis eine neue Aufnahme des Vorrats und der Vergleich mit dem Ausgangsvorrat stattfinden kann. Ergibt dieser Vergleich eine Mehrung des Vorrats bei Erfüllung des Abnutzungssatzes, so ist es gut, und wenn das wirtschaftliche Bedürfnis es verlangt, so kann der Abnutzungssatz vorsichtig gutachtlich erhöht werden. Letzteres muß sogar geschehen, wenn der Wirtschafter die Erfahrung gemacht hat, daß er mit dem bisherigen Abnutzungssatz seinen Beständen noch nicht genügend Pflege hatte angedeihen lassen können. Ist der Vorrat aber gemindert, so war der Abnutzungssatz zu hoch, und muß entsprechend herabgesetzt werden. »So wird von Revision zu Revision weiter experimentiert« (56) »ein Dauerzustand der Ungewißheit«. Diese Ungewißheit ist nicht größer, als sie von jeher und überall herrschte und herrscht, insofern stets bei einer neuen Taxation ein neuer, meist von den früheren etwas abweichender Abnutzungssatz ermittelt zu werden pflegt. Das Experimentieren aber, wenn man es so nennen will, belohnt sich reichlich, denn es führt uns von Revision zu Revision sicherer zur wirklichen Feststellung des nachhaltig höchstmöglichen Holzertrages des betreffenden Waldes und zur Erreichung des dafür erforderlichen Dauerwaldnormalvorrats. Und da wir aus unserem neuen Betriebswerk nun für jedes Jagen ohne weiteres ablesen können, was es mit seinem bisherigen Vorrat an Zuwachs wirklich geleistet hat, und da wir die einzelnen Wirtschaftsfiguren nun mühelos in dieser Beziehung miteinander und mit der Durchschnittsleistung des Reviers vergleichen können, so ergibt sich in der Tat die Möglichkeit, die Ertragsverhältnisse unseres Waldes besser als bisher kennen zu lernen. Denn »mit der Ermittlung des Zuwachses aus dem Unterschied der Vorratsaufnahmen nach Ertragstafeln ist uns nicht gedient, weil wir auf dieser Weise lediglich den Zuwachs erfahren, der in den Ertragstafeln steht. Er interessiert uns nicht, er ist für uns ohne Wert. Wir wollen zahlenmäßig und möglichst genau den Zuwachs kennen, den der Bestand in der Periode wirklich geleistet hat, weil wir festzustellen wünschen, ob und in welchem Maße unser Eingriff auf den laufenden Zuwachs gewirkt hat« (17).

Daß ich die Forderung nach einem »möglichst großen« und wertvollen Vorrat aufgestellt habe, wird nun als unwirtschaftlich bezeichnet, und es wird mir als Vorbild Biolley vorgehalten, der in seiner Schrift »L'aménagement des forêts« der Waldwirtschaft Ziele weist, welche mit den von mir erstrebten durchaus übereinstimmen. Nur der Ausdruck ist anders. Biolley sagt: *

> L'aménagement sera l'observateur, et le traitement l'expérimentateur. Les effets de la mise en œuvre des forces et des matières offertes au producteur forestier, les rapports qui s'établissent, sont du domaine des faits, non celui de la théorie. On peut bien les étudier, les observer, les influencer, dans une certaine mesure les solliciter même, mais non les fixer et les mesurer d'avance; ils doivent nécessairement varier avec les circonstances et les lieux et surtout avec le traitement. Il s'agit donc de les saisir dans leur variété en corrélation avec les interventions humaines. L'aménagement rationel sera la systématisation des expériences faites ou à faire par le traitement; son but est de préparer et de développer la base expérimentale du traite-

* Es ist unerläßlich, den Urtext zu beachten, um dem Vorwurf einer nicht sinngemäßen Übersetzung vorzubeugen. Eine wirkliche Verdeutschung, nicht die für das eingehende Verständnis unmögliche wörtliche Übertragung, ist bei Biolley manchmal nicht ganz leicht. Es scheint mir wünschenswert, daß diejenigen, welche Biolley preisen, um den Dauerwald zu schmähen, den Schweizer Forstmann selbst lesen möchten, anstatt nur aus deutschen Referaten über sein Buch zu schöpfen. Sie werden dann mit Erstaunen sehen, daß auch Biolley Dauerwaldwirtschaft treibt, daß ganz dieselben leitenden Gedanken es gewesen sind, welche Biolley zu seiner Méthode du Contrôle (Anm. des Herausgebers: *Kontrollmethode = Nachhaltskontrolle im Rahmen der Forsteinrichtung*), Eberbach zu seinen Studien aus dem Walde, Kalitsch zu seinem Dauerwaldbetrieb führten, dieselben, welche mich bei Schaffung und Darstellung des Dauerwaldbegriffes geleitet haben, und so hat der alte Dengler (Anm. des Herausgebers: nicht zu verwechseln mit Alfred Dengler, dem späteren Hauptgegner der Dauerwaldidee Möllers) wieder vollkommen recht, wenn er 1858 im Vorwort zur 4. Auflage von Gwinners *Waldbau* schreibt: »Jedem,

ment, afin que celui-ci devienne, à son tour; expérimental. Il cherchera à substituer aux chômages et aux jachères répétés de la futaie simple, l'utilisation perpétuelle et aussi totale que possible sur chaque unité de la surface de tous les éléments de la production, qu'ils soient dans le sol ou dans l'atmpsphère; à établir un meilleur rapport entre l'accroissement et le matériel; à assurer l'intervetion opportune du sylviculteur en faveur de l'accroissement, de la sélection et de la conservation du milieu ambiant; il tendra done à substituer les constantes de la futaie organisée sur la donnée de l'accroissement, aux variables de celle organisée sur la donnée de l'âge. Autrement dit: il visera:

a) à produire le plus possible
b) à produire par les moyens le plus possoble réduits;
c) à produire le mieux possible.

Dies würde in die uns geläufige Ausdrucksweise übertragen also lauten:

Die Forsteinrichtung verzeichnet die Ergebnisse, welche der Waldbau als Versuchsansteller erreicht. Die Erfolge, welche der Forstmann mit Hilfe der Naturkräfte und -stoffe des Waldes erzielt, müssen als Tatsachen, nicht als Gegenstände theoretischer Erörterung gewertet werden. Wohl kann man sie studieren, beobachten, beeinflussen und bis zu gewissem Grade steigern, aber man

der eigene Forschungen gemacht hat, wird erinnerlich sein, daß oft zwei oder mehrere Personen auf dieselbe Idee kommen und sie oft fast in demselben Gedankengange darstellen. Mir ist wenigstens öfters vorgekommen, daß ich eine Sache für mein geistiges Eigentum hielt, und bald nachher andere auf demselben Wege sah, oder in irgendeinem längst vergessenen Buche die Spuren derselben fand. Wir müssen eben alle voneinander lernen.«

kann sie nicht im voraus feststellen und messen; je nach den Umständen und der Örtlichkeit, besonders aber nach der Art der waldbaulichen Behandlung müssen sie notwendigerweise verschieden sein. Es handelt sich also darum, sie in ihrer Abhängigkeit von der menschlichen Tätigkeit verstehen zu lernen. Aufgabe einer vernünftigen Forsteinrichtung wird es also sein, eine geordnete Übersicht zu schaffen über die Erfahrungen, welche der Waldbau gemacht hat oder machen wird. Die Grundlage der Erfahrung soll sie dem Waldbau bereiten und ständig erweitern, damit dieser auf ihr immer sicherer aufbaue.

Wenn der gleichaltrige Hochwald die Erzeugungskräfte des Bodens und der Luft nur unvollkommen ausnutzt, ja sogar sie in periodischer Wiederkehr völlig vergeudet, so soll nun der Waldbau danach streben, diese Erzeugungskräfte ununterbrochen und so vollständig als möglich auf jeder seiner Flächeneinheiten nutzbar zu machen, er soll das Verhältnis von Vorrat und Zuwachs verbessern und Sicherheit dafür schaffen, daß des Forstmanns Eingriffe in den Wald dem Zuwachs, der richtigen Auswahl der Bestandsglieder und der Erhaltung des Waldwesens dienen. Der Zuwachs ist eine bestimmte und sichere, das Alter eine unbestimmte und schwankende Grundlage für die Einrichtung des Waldes, darum soll die erstere an die Stelle der letzteren treten. Mit anderen Worten, es soll unser Ziel sein:

a) die höchstmögliche Erzeugung,
b) die möglichst sparsame Erzeugung,
c) die höchstwertige Erzeugung.

Man wird Biolleys Äußerung nirgends in Widerspruch mit dem Gedanken der Dauerwaldwirtschaft finden. Im Gegenteil, er sagt selbst von dem in seinem Sinne behandelten

Walde »cette forêt produit et agit parce qu'elle dure«.[15] Allein, so sagen die Gegner, Biolley betont das beste Verhältnis von Vorrat und Zuwachs und was ich mit »möglichst sparsame Erzeugung« übersetzt habe, das nennt er »par les moyens le plus possible réduits«. Das soll doch wohl heißen, der Vorrat soll so gering sein, wie möglich ist, ohne den Zweck zu a zu beeinträchtigen. Nie habe ich das höchstmöglich in anderem Sinne verstanden. Nicht die Anhäufung eines höchstmöglichen Vorrats an sich, sondern die dauernde, ununterbrochene Erzeugung möglichst hoher Holzwerte ist das Ziel. Weil aber fast nirgends in unsern Wäldern mehr der dazu genügende Vorrat tatsächlich vorhanden ist, darum ist es richtig und notwendig, zunächst die Steigerung des Vorrats in die erste Linie zu rücken, und da wir die Höhe des für den Dauerwald in jedem örtlichen Falle besten Vorrats nicht kennen, die Heranbildung eines höchstmöglichen Vorrats zunächst als Ziel der Dauerwaldwirtschaft zu bezeichnen. Dies kann und muß um so unbedenklicher geschehen, als ja die Durchführung einer Dauerwaldwirtschaft ganz von selbst eine zu große Vorratanhäufung unmöglich macht. Wenn dauernd überall das schlechte und kranke und jedes Bestandsglied entfernt wird, das ein besseres an der vollen Entfaltung seiner Wuchstätigkeit hindert, wenn jeder Ort, der nicht die genügende Anzahl von Holzpflanzen zur Ausnützung der Erzeugungskräfte aufweist, durch Einführung geeigneter junger Bestandsglieder ergänzt wird, so muß der Wald ertragreicher werden, d. h. seinem Idealbilde sich annähern, und es kann eine die volle Entfaltung der Erzeugungskräfte lähmende Vorratsanhäufung gar nicht stattfinden. Was ich anstrebe, ist im Erfolg genau dasselbe, was Biolley lehrt. Er kommt aber unsern auf den Begriff der Verzinsung eingestellten Reinerträglern scheinbar mehr entgegen, als ich, der ich ihre Grundanschauung als irrtümlich bekämpfen zu müssen glaube. In seinen an die Privatwaldbesitzer gerichteten Erörterungen macht Biolley immer wieder auf die Notwendigkeit einer genauen Vorratsaufnahme im ganzen Walde aufmerksam und auf die Notwendigkeit, für jede Wirtschaftsfigur eine Übersicht zu schaffen über die Hiebsergebnisse, um nach einer bestimmten kürzeren oder längeren Frist durch abermalige Aufnahme des Vorrats und Vergleich mit der früheren die Einwirkungen der Eingriffe auf den Vorrat feststellen zu können. So allein gelange der Eigentümer allmählich zu einer wirklichen Kenntnis darüber, welches Vorratskapital er im Walde besitze, und welchen Ertrag er damit erziele. Sollte nun das Verhältnis dieser beiden Größen den Eigentümer nicht befriedigen, so warnt er ihn eindringlich vor Kahlschlag und Versilberung, denn »man ersetzt das Holzkapital, dessen künftige Wertsteigerung sicher ist, durch ein Geldkapital, dessen künftige Entwertung ebenso sicher ist«. – »Man ersetzt die Erzeugung eines entweder dem Besitzer selbst oder der Allgemeinheit nützlichen Produktes durch Geldeinnahme; Geld aber ist ein Tauschmittel, kein Produktionsmittel« (vgl. Kordvahr, *Zeitschr. f. F. u. Jagdwesen* 1919, S. 1 u. 1921, S. 206).

Wenn er dann freilich wohl für vernünftig erklärt: »de chercher à obtenir entre le capital engagé dans une fôret (*réprésenté principalement par son matériel*) et son revenu (*réprésenté principalement par son accroissement*) un rapport aussi avantageux que possible (taux)«,[16] wenn er also das Verhältnis von Zuwachs zu Vorrat als Zinsfuß zu ermitteln für nützlich erklärt, so folgt nun unmittelbar der Nachsatz, der ihn als Gewährsmann der Reinerträgler unmöglich macht: »sans se laisser séduire par la hauteur absolue de ce taux«.[17] »Séduire« heißt verführen, verlocken, verblenden; d. h. also doch wohl: folget nicht diesem Weiser, von dem Biolley gleich noch besänftigend hinzufügt, daß er immer viel höher sei, als man ihn errechnete, wegen des steigenden Holzwertes, den man freilich nicht sicher kalkulieren könne.

Jenes Verhältnis zwischen dem höchstmöglichen, höchstwertigen Vorrat eines im Dauerwaldbetrieb bewirtschafteten Waldes, der die dauernde Erzeugung eines höchstmöglichen, höchstwertigen Zuwachses verbürgt, und diesem letzteren selbst ist ein naturgesetzlich für jeden Wald Begründetes, durchaus Feststehendes, Unabänderliches. Wie groß es sei, wird uns die Dauerwaldwirtschaft lehren, verbunden mit einer Buchführung, wie ich sie vorgeschlagen habe, wie sie in viel feinerer, genauerer Art durch Biolley in seiner Méthode du contrôle[18] ausgebildet ist und ihm bereits beachtenswerte Ergebnisse geliefert hat. Dieser Zinsfuß der Materialverzinsung des Dauerwaldes hat daher gar nichts zu tun mit dem jeweiligen sogenannten landesüblichen Geldzinsfuß, und seine Höhe ist für unsere forstliche Tätigkeit genau so gleichgültig wie die Höhe des letzteren. Wohl ist es »vernünftig«, der Größe jener Materialverzinsung des Dauerwaldes nachzuforschen und sie so genau wie möglich allmählich kennen zu lernen, denn dies bedeutet nichts anderes als in die Natur des Waldwesens immer tiefere Einblicke zu erwerben und immer zuverlässigere Grundlagen zu gewinnen zur Beurteilung eines Waldes und der menschlichen Tätigkeit in ihm. Aber für die waldbauliche Tätigkeit brauchen wir die Kenntnis jener Zahl nicht, wirtschaften wir im Sinne des Dauerwaldes, so stellt sich das rechte Verhältnis von selbst her, und mein und Biolleys Ziel fallen vollkommen zusammen. Eine glänzende Bestätigung dafür finde ich in einer Schilderung der Eindrücke, welche Oberförster Conrad bei einem Besuche Biolleys unter Führung des Oberforstmeisters Fricke empfangen hat (*Zeitschr. f. F. u. Jagdwesen*, Juli 1920, S. 408). Er sagt dort, die theoretische Grundlage für Biolleys Ziel sei es, »mit einem verhältnismäßig möglichst kleinen Kapital möglichst viel und möglichst wertvolles Holz zu produzieren«. In der Praxis aber werde »größtmögliche Steigerung des Zuwachses – also höchster

Waldreinertrag bei möglichst großem Vorrat – zum Zweck und Ziel der Wirtschaft«. Hierdurch wird nun der in Biolleys oben (S. 72) abgedruckten zwei Forderungen zu a u. b liegende logische oder Gedankenfehler vollends klar. Die höchstmögliche Erzeugung (a) fordert als unwandelbare Vorbedingung *bestimmte* Produktionsmittel; man kann also nicht die höchstmögliche Erzeugung mit dem *möglichst geringen* Produktionsmitteln erstreben. Die erste Forderung raubt der zweiten den Sinn.

Mit Biolley und Eberbach stimme ich darin vollkommen überein, daß für jede Wirtschaftsfigur eine in kürzeren oder längeren Zwischenräumen zu wiederholende Vorratsaufnahme und eine laufende jährliche Kontrolle des angefallenen Holzes stattfinden muß, wenn das Ziel erreicht werden soll. Solche Aufnahmen sollen nun einerseits zu viel Fehlerquellen besitzen, anderseits viel zu viel Zeit und Kosten erfordern, daher unmöglich sein. Nun, wer Dauerwaldwirtschaft treiben will, muß sie haben; sind sie also unmöglich, so ist auch Dauerwald unmöglich. Daß sie tatsächlich möglich sind und sogar mit einem sehr hohen Grade von Genauigkeit durchgeführt werden können, hat Biolley bewiesen. Ob es notwendig ist, seiner Methode zu folgen, oder ob man auch mit einfacheren Mitteln zum Ziele kommen kann, das wird die Praxis lehren. Mir erschien es wichtig, zunächst mit allen Mitteln dahin zu streben, daß überhaupt mit solchen Vorratsaufnahmen erst einmal der Anfang gemacht werde, und dies war jedenfalls um so leichter zu erreichen, je einfacher man die Ausführung gestaltete. In diesem Sinne habe ich das Formular zur Dauerwaldeinrichtung entworfen, welches von Wendroth (20) bei der Dauerwaldtaxation für die Oberförsterei Biesenthal angewendet und dann auch veröffentlicht worden ist. Es kann jedem Dauerwaldwirtschafter empfohlen werden, und je mehr es angewendet wird, um so eher werden

Vorschläge zur Verbesserung auftauchen. In diesem Formular wird für jede Wirtschaftsfigur, welche bei Beginn der Arbeit schon Derbholz enthält, dessen Vorrat eingetragen. Daneben ist eine gute, unbeschadet der Kürze doch möglichst treffende Beschreibung des Bestandes- und Bodenzustandes zu geben. Für die Ermittlung der Masse werden die üblichen Methoden des Kluppens, der Schätzung nach Ertragstafeln, der Aufnahme von Probeflächen usw. so angewendet, wie es in jedem Falle der Bestand erfordert, um ohne unnützen Arbeitsaufwand zu einem brauchbaren Ergebnis zu kommen. Wesentlich ist, daß der Ausführende genaue Auskunft gibt über die Art seiner Massenaufnahme; sein Nachfolger, der etwa nach 5 oder 10 Jahren die neue Aufnahme macht, wird dann genügend die Fehlermöglichkeiten beurteilen. Wesentlich für ihn ist, was nun genau feststeht, der Ertrag der betreffenden Wirtschaftsfigur und der Vergleich der Bestandsbeschreibung mit dem nun vorgefundenen Zustande; die Neuaufnahme der Masse in derselben früher angewendeten Methodik wird ihn in den Stand setzen die weiter wesentliche Frage zu entscheiden, ob der Vorrat sich gemehrt oder gemindert hat, und ein Urteil darüber zu gewinnen, wie die Hiebsmaßregeln und die sonstige waldbauliche Behandlung auf das Waldwesen im ganzen und den Zuwachs im besonderen gewirkt haben. Es ist nun keineswegs nötig, durchweg alle 5 Jahre eine Neuaufnahme des Vorrats zu machen, und auch nicht nötig, den ganzen Wald auf einmal zu bearbeiten. Aber gerade zur Einleitung einer bewußten Dauerwaldwirtschaft wird der Wunsch lebendig werden, recht bald sich und anderen über die Erfolge der neuen Wirtschaft Rechenschaft ablegen zu können. Deshalb wird oftmals eine fünfjährige Periode, deren Innehaltung mein Formular ermöglicht, aber nicht fordert, erwünscht sein. Je vollkommener die Wirtschaft wird, je mehr sich der Vorrat dem anzustrebenden

Höchstmaß nähert, um so seltener wird die Neuaufnahme nötig sein. Auf der anderen Seite ist es klar, daß je gründlicher und genauer der Vorrat ermittelt wird, um so kürzere Zeiträume gewählt werden dürfen, um mit genügender Sicherheit den Zuwachs zu beurteilen. Wie weit man darin gehen will und soll, hängt im letzten Grunde vom Werte des Holzes ab. Je seltener und wertvoller das Holz wird, um so mehr rechtfertigt sich der Arbeitsaufwand für die Kontrolle des Vorrats und Zuwachses, und man kann sich einen äußersten Fall denken, bei dem alljährlich jeder Stamm des Waldes, der über 7 cm Brusthöhendurchmesser besitzt, numeriert, nach Durchmesser und Höhe gemessen in die Bücher eingetragen würde. Die Holzernte würde dann, nach den Nummern der Bäume erfolgend, ohne weiteres aus den Büchern ihrer Masse nach sich ergeben, und über das Verhältnis zwischen Vorrat und Zuwachs gewönne man den denkbar genauesten Überblick. Die aufgearbeitet zum Verkauf kommende Holzmasse würde freilich mit der aus den Büchern sich ergebenden nicht übereinstimmen, weil, wie Biolley ja besonders betont, 100 fm stehenden Holzes niemals gleich 100 fm aufgearbeiteten Holzes sein können, da wir zur Berechnung des Inhalts beim stehenden andere Methoden anwenden als beim aufgearbeiteten Holze.[19] Das hat ihn ja zur Erfindung seiner »Sylven« geführt, die man nicht als »ideelle Festmeter« (56) bezeichnen darf. Es sind Festmeter, die sich aus der Berechnung des stehenden Holzes ergeben, und sie sind genau so sehr und so wenig »ideell« wie unsere üblichen Festmeter. Die absolut richtige Holzmasse erfahren wir weder aus der Messung am stehenden noch am liegenden Holze, wir müßten dann schon zum Xylometer greifen; wir bedürfen ihrer auch nicht, wie die Erfahrung der Praxis genugsam beweist. Bleiben wir bei unserm gedachten Falle jährlicher Messung aller Bäume, so müßte natürlich auch die Meßhöhe, in der die Kluppe ansetzt, wie bei Biolley, dauernd durch eine Marke gekennzeichnet sein.[20]

Wir dürfen es getrost der Zukunft überlassen zu entscheiden, wie weit sie in der Genauigkeit ihrer Vorratsaufnahmen zu gehen gezwungen werden wird. Daß man Brennholz pfundweise verkauft, wie es gegenwärtig in Berlin geschieht, wäre vor Jahren manchem Grünrock wohl ebenso wunderlich erschienen, wie uns jetzt der Gedanke jährlichen Aufmaßes aller einzelnen Bäume erscheint. Für uns ist nur wichtig, wie wir es jetzt und sofort bei Einführung der Dauerwaldwirtschaft machen müssen. Die Vorratsaufnahme brauchen wir, darüber ist kein Zweifel. Machen wir sie also so gut als möglich und nötig und bestimmen wir den Festmetervorrat des bestehenden Bestandes so, daß er mit dem des gefällten und aufgearbeiteten möglichst übereinstimmt in demselben Sinne, wie es jeder Händler macht, der Holz auf dem Stamme kauft. Verteilen wir die Arbeit der Vorrataufnahme nach Eberbachs Vorschlag auf alle Jahre, so daß, wer den fünfjährigen oder erst den zehnjährigen Erfolg seiner Waldbehandlung erheben will, jährlich ein Fünftel oder nur ein Zehntel der Revierfläche aufnimmt, und legen wir diese Arbeit in diejenigen Hände oder Köpfe, welche sie am sichersten und besten ausführen können, die der Oberförster und Förster. Sie haben das größte Interesse daran, denn die Buchführung des Dauerwaldes gibt ihnen für jede einzelne Wirtschaftsfigur eine Chronik, welche ihnen den Erfolg ihrer Arbeit zahlenmäßig nachweist und sie erlöst von dem Bannspruch, daß erst späte Geschlechter den Lohn ihrer Mühe ernten sollen; nun ernten sie ihn selbst Jahr für Jahr in steigendem Maße.[21]

»Der Zuwachs, wie er heut ist, und wie er künftig sein wird, ist eine *Unbekannte*. Zuwachsansätze können daher immer nur *Schätzungen* sein.« – »Aber es erwächst aus dieser Sicherheit die Pflicht für die Forsteinrichtung, die *vorläufigen*

Zahlen immer wieder an Hand der zurückliegenden *wirklichen* Leistungen zu berichtigen.[22] Und diese Berichtigung kann nur geschehen im Anhalt an die innerhalb eines gewissen Zeitraumes geschehenen Nutzungen und die dabei beobachtete Vorratsentwicklung.« – »Wenn vermeidbare Fehler bei den Vorratsfeststellungen wirklich vermieden werden, so müssen auf solchem Wege gewonnene Zuwachszahlen doch immer *mehr* Vertrauen verdienen als reine Schätzungen«. Es ist zuzugeben, daß bei den Vorratsaufnahmen Fehler vorkommen können, welche das Ergebnis stören, besonders wenn nur kurze Zwischenräume die Aufnahmen trennen.« »Aber da ein anderes Mittel, sich über den tatsächlich geleisteten Zuwachs zu vergewissern, nicht besteht, ist man eben auf diesen Weg angewiesen, und wenn man die Zeit und Mühe, die man bisher bei der Forsteinrichtung auf Arbeiten von recht zweifelhaftem Werte verwendet hat, den Vorratsermittlungen zugute kommen läßt, so werden grobe Fehler bei der Zuwachsnachprüfung nicht vorkommen können, und sie werden sich außerdem, wenn sie einmal vorkommen sollten, bei der nächsten Vorratsaufnahme sicher herausstellen und von selbst berichtigen« (14).

Es ist beanstandet worden, daß die Vorratsaufnahme und damit auch jede Kontrolle auf das Derbholz von 7 cm Durchmesser aufwärts beschränkt wird. »Die Grenze für Derbholz mit 7 cm ist willkürlich, Holz ist Holz« (11a), auch der Holzvorrat der noch kein Derbholz enthaltenden jugendlichen Bestände müßte berücksichtigt werden; auch das Zopfende wachsender Stangen von 7 cm abwärts ist Holz, das zum Aufbau des Derbholzes der zum Hiebe gelangenden alten Stämme unentbehrlich ist, warum lassen wir das außer acht? Der Grund ist sehr einfach, weil die Berücksichtigung dieser verhältnismäßig außerordentlich geringen Massen uns unserm Ziele nicht näher bringen würde, weil es sich hier nicht um Lösung einer wissenschaftlichen, sondern einer rein praktisch technischen Frage handelt. Soweit das Holz unter 7 cm Durchmesser schon mit stärkerem organisch verbunden ist, kann man es als eine natürliche Funktion des letzteren auffassen, soweit das Verhältnis noch nicht besteht, als ein notwendig von selbst sich ergebendes Glied des gesunden Waldwesens, welches wir anstreben. Zu diesem gesunden Waldwesen gehört die Fähigkeit der Derbholzerzeugung, gehört ein tauglicher Vorrat auf allen Flächen; solcher ist nicht gegeben, wo nur Holzpflanzen ohne Derbholz die Fläche bedecken. Da uns praktisch nur das Derbholz interessiert, so können wir bei unserer Vorratsaufnahme und Vorratsbeobachtung im Dauerwalde das Richtderbholz ruhig vernachlässigen. Daß der Dauerwaldbetrieb es nicht entbehren kann, ist selbstverständlich. Aber es erscheint von selbst und stets in genügender Menge.

Bei den periodisch wiederkehrenden Vorratsaufnahmen ist nicht die absolute Höhe des Vorrats das wichtigste, sondern seine etwaige Zu- oder Abnahme, weil daran die Einwirkung unserer waldbaulichen Maßregeln in erster Linie erkennbar wird. Wenn jedesmal das Nichtderbholz unberücksichtigt bleibt, so wird unser Zweck auch ohne dieses vollkommen erreicht. Ich weiß aber wohl, daß die meisten Herren Kritiker meiner Bestrebungen von dem Gedanken nicht loskommen, es müsse doch eine bestimmte Masse solcher Jugendbestände im Interesse der Nachhaltigkeit nachgewiesen werden, wie sie ja auch große Bedenken dagegen empfinden, daß ich den Vorrat als Ganzes und nicht wenigstens nach Stammstärkeklassen getrennt aufnehme. Wie soll denn dabei ein richtiges Altersklassenverhältnis hergestellt werden? Das sind Sorgen, die zum Teil nur auf die bisherigen alteingewurzelten Vorstellungen von letzten Endes flächenweiser Altersklassenverteilung bei voraus bestimmtem Umtriebe zurückzuführen sind, teils rechnen sie zu den schon erwähnten, vielfach sehr beliebten theoretischen Erörterungen über eine ferne Zukunft, welche den Blick von den nächstliegenden dringenden Aufgaben ablenken. – Gesetzt den Fall, ein ganzes Revier habe nur gleichaltrige 40-jährige Bestände, so erscheint vor meinem Auge als wichtigste die Frage: wie muß ich sie behandeln, um die Holzwertproduktion auf der ganzen Fläche zur größten Höhe zu führen und zwar alsbald in den nächsten Jahren, wie sind sie zu pflegen, wie etwa zu ergänzen? Der bisherigen Anschauung dagegen entspricht es mehr, zunächst Pläne zu entwerfen, nach denen ein normales Altersklassenverhältnis angebahnt werden könnte. Das ist m. E. das überflüssigste Grübeln, was es gibt. Immer und überall müssen wir mit *dem* Wald, der uns gegeben ist, das Beste zu erreichen suchen, dann findet sich alles weitere von selbst. Gewöhnt man sich erst an den Gedanken, daß jeder Ort im Wald alljährlich mit der Axt und, wo es notwendig wird, auch mit der Kulturarbeit pflegend durchgearbeitet werden soll, immer mit dem Dauerwaldziele des in allen Teilen gesunden Waldwesens, so wird man bald zu der Erkenntnis kommen, daß bei solcher Tätigkeit sich unvermeidlich der Aufbau des Waldes ganz von selbst und verhältnismäßig schnell verändert und Ungleichaltrigkeit der Bestandesglieder unvermeidlich eintritt. Wird doch jede Störung der normalen Entwicklung einzelner Individuen, wie sie Brand, Blitz, Bruch oder Wurf, Diebstahl, Wild-, Pilz- oder Insektenschaden oder sonstige äußere Einwirkungen herbeiführen, sofort zum Anlaß sinngemäßer Gegeneingriffe des Wirtschafters, welche die gestörte Harmonie der zusammenwirkenden Erzeugungskräfte wieder herzustellen bemüht sind. Mit derartigen Störungen aber muß man als mit sicher zu erwartenden, aber niemals bestimmt vorauszusehenden Ereignissen, in gewissem Sinne also als normalem Vorgange, rechnen, wie denn auch jeder, der Pläne für eine alte Umtriebszeit von 120 Jahren zu entwerfen unternimmt, mit ein bis zwei großen Kriegen und ihren zunächst unberechenbaren Folgen für den Wald gleichsam wie mit einer normalen Tatsache rechnen sollte.

Erst nachdem diese Arbeit völlig niedergeschrieben war, brachte das Märzheft 1922 der *Allg. Forst- und Jagdzeitung* einen Aufsatz von Forstmeister Ph. Sieber-Ernsee (71), welcher eine wertvolle Bestätigung für die Richtigkeit der vorgetragenen Forderungen dadurch erbringt, daß der Verfasser auf Grund seiner Erfahrungen die Brauchbarkeit und die unzweifelhafte Möglichkeit solcher Vorratsaufnahmen bestätigt, wie sie die Dauerwaldwirtschaft verlangt. Sieber hat auch schon im Jahre 1920 (*Allg. Z. F.- u. J.-Ztg.*, S. 200) ausgesprochen, »daß für jeden Wald eine normale, d. h. gleichmäßige Jahresnutzung als eine zunächst unbekannte Größe besteht, die von der Ertragsregelung gesucht werden muß«. Indem wir sie auf dem hier vorgeschlagenen Wege suchen, gelangen wir allerdings dahin, den gesamten bewirtschafteten Wald zu Versuchsflächen auszugestalten. Dieser Ausdruck stammt von dem vielleicht gründlichsten, unparteiischsten, den miteinander streitenden Gedankengängen am sorgsamsten nachgehenden Gegner unserer Auffassungen, dem Oberforstrat Dr. Eichhorn, dessen Aufsatz (70) ebenfalls erst nach Vollendung dieser Arbeit zu meiner Kenntnis gelangte. Eichhorn stellt diesen Zustand des Wirtschaftswaldes als einer Summe von Versuchsflächen gleichsam wie ein Abschreckungsmittel auf, mir aber will er als eine außerordentlich treffende neue Bezeichnung erscheinen für das, was ich erstrebe. Ja gewiß: erst wenn jeder Revierverwalter sein Revier auffaßt, behandelt und beobachtet wie eine Versuchsfläche, um aus der Wirkung seiner Behandlung auf den Wald in der zurückliegenden Zeit sichere Grundlagen zu gewinnen für sein Handeln in der nächsten Zukunft, erst dann kommt die allgemeine Bedeutung bestandesgeschichtlicher Forschung zu ihrem vollen Recht, erst dann werden wir zur technischen Höhe steigen, und in neuerem Sinne gewinnt dann tiefere Bedeutung das vorahnend gesprochene Wort unseres alten Pfeil: »Fraget die Bäume, wie sie erzogen sein wollen; sie werden Euch besser darüber belehren, als die Bücher es tun.«

V.
Dauerwald und Forstästhetik

Messen wir endlich den Wert des Dauerwaldgedankens an einem Maßstab, der untrüglich ist, ob er schon vielfach nicht anerkannt wurde, an der Forstästhetik. Sie ist noch immer nicht an die Stelle des forstlichen Unterrichts gerückt, welche ihr Begründer ihr ersehnte, als er in Danzig sich dahin äußerte, es wäre leichter Forstästhetik als Hauptfach vorzutragen und in dies Kolleg Waldbau und Forsteinrichtung einzuschalten, als umgekehrt. Von Salisch wurde damals, wie die Verhandlungen bewiesen, nicht verstanden. Die Befürchtung, es würde eine neue forstliche Weltanschauung sich bahnbrechen, zog sich gleich einem roten Faden durch die gegnerischen Ausführungen. Aber prophetisch antwortete von Salisch: »Die andere Weltanschauung bricht sich Bahn, der werden Sie keinen Damm entgegenstellen können.« So wie ein wahrhaft frommer Mensch die Forderung stellen kann, das ganze Leben solle ein Gottesdienst sein, so und in demselben Sinne ist von Salischs Forderung recht zu verstehen. So, wie jener das kleine Tun des Tages unter dem Gesichtspunkt der Ewigkeit, *sub specie aeternitatis,*[23] sich abspielen läßt, so wird der Forstmann, den das Gefühl der Ehrfurcht vor den unerforschlich hohen Werken der Natur und vor ihrer unendlichen Schönheit einmal gefaßt hat, unbewußt sein Tun auch im kleinsten Einzelnen so einrichten, daß es vor der Forstästhetik bestehen kann. Er treibt Forstkunst, welche sich zum handwerksmäßigen Betrieb der Forstwirtschaft verhält wie die Baukunst zum Maurergewerbe. Und sie erreicht dabei alle Zwecke der Forstwirtschaft in erhöhter Vollkommenheit. Auch in dieser Anschauung befinden wir uns in einer merkwürdigen Übereinstimmung mit dem letzthin so viel zitierten Biolley. Dieser sagt nämlich in Fortsetzung der schon oben (S. 72) angeführten Stelle: »cette forêt produit et agit parce qu'elle dure (Dauerwald); étant vivante et forte elle est belle; et le forestier qui la traite se trouve jouir du rare privilège d'atteindre le beau en recherchant l'utile, et de faire oevre utile en faisant oevre de beauté: il réalise l'harmonie qui est en même temps sa puissance.«[24]

Dauerwaldwirtschaft allein kann den von der Forstästhetik erhobenen Ansprüchen genügen, ja sie kommt ihnen ganz von selbst entgegen. So kann man dem Dauerwaldwirtschafter zurufen: »Wende den Gedanken der Dauerwaldwirtschaft auf den gesamten Wald an! Haue nirgends mehr Kahlschläge, gehe mit der Axt alljährlich durch den ganzen Wald, erhalte auf der ganzen Fläche dauernd das gesunde Waldwesen, so wird die jährliche Einnahme aus dem Walde wachsen; dafür aber wird von dir gefordert, ein hohes Maß von geistiger und körperlicher Arbeit; denn wenn du früher nur den Holzhauern zu sagen brauchtest: in diesem Jahre hauen wir im Distrikt 10, so mußt du nun jeden Stamm einzeln bezeichnen, der deiner mit der Ernte pflegenden Axt verfallen sein soll. Aber du steigst vom Handwerk zur Kunst, zur wahren Forstkunst, und du hast nun die Möglichkeit, dein Handeln unter die Leitung der Forstästhetik zu stellen in freischaffender Betätigung. Dir schreibt nicht mehr der Betriebsplan vor, an bestimmter Stelle ein Waldverwüstungswerk zu vollbringen; jeder Axthieb kommt der Gesundheit, Wuchskraft und damit der Schönheit deines Waldes zu gute. Die Mischung verschiedener Holzarten, die wechselvolle Gruppierung der Altersklassen, die Herausbildung mächtiger Baumgestalten und die Pflege freudig nachwachsenden Jungwuchses sind in deine Hände gegeben.

Deine Arbeit ist erschwert, aber sie ist unendlich veredelt; deine wirtschaftlichen Erfolge steigen ganz entsprechend dem vermehrten Aufwand an Nachdenken und Sorgfalt, den du eingesetzt. Und um so mehr, je tiefer du dich von den wahren Gesetzen der Forstästhetik durchdringen lässest; denn dann wird es sich bestätigen, daß der schönste Wald auch der ertragreichste ist, und daß derjenige, welcher die Forstkunst zu höchster Vollkommenheit bringt, forstästhetischen Forderungen ebensowohl wie den wirtschaftlichen entspricht, demnach die Versöhnung beider ganz von selbst bewirkt« (55).

Verzeichnis

der auf die Dauerwald-Aufsätze des Verfassers in Nr. 1 der *Zeitschrift für Forst- und Jagdwesen* 1920 und Nr. 2 des Jahres 1921 (Sonderdruck, 2. Aufl., 1921) bezugnehmenden Veröffentlichungen.

I. Aus der Zeitschrift für Forst- und Jagdwesen

1. Trebeljahr: *Kiefern-Dauerwaldwirtschaft,* Mai 1920, S. 289.
2. Müller: *Gedanken über die Bärenthorener Wirtschaft,* Mai 1920, S. 296.
3. Oberdieck: *Dauerwaldwirtschaft,* August 1920, S. 478.
4. Eberbach: *Dauerwaldwirtschaft,* Oktober 1920, S. 545.
5. Hausendorf: Der *Dauerwald des Herrn von Keudell,* Oktober 1920, S. 577.
6. Maerker: *Zur Kiefern- und Dauerwaldwirtschaft,* November 1920, S. 595.
7. Eichhorn: *Die beste Bestandsform und das beste Einrichtungsverfahren,* Januar 1921, S. 38.
8. Japing: *Natürliche Verjüngung und damit Stetigkeit des Waldwesens auf der ganzen Waldfläche,* Januar 1921, S. 45.
9. Busse: *Meine Reiseeindrücke von Bärenthoren,* März 1921, S. 157.
10. Kordwahr: *Individualismus und Sozialismus in der Forstwirtschaft,* April 1921, S. 206.

11. Trebeljahr: *Kiefern-Dauerwaldwirtschaft,* Mai 1921, S. 286.
11a. Kautz: *Verjüngung und Pflege der Buchen- und Fichtenhochwaldbestände,* Juni 1921, S. 397.
12. Lüderßen: *Zwei Seelen wohnen, ach! In meiner Brust,* Mai 1921, S. 308.
13. Stubenrauch: *Forstliche Plauderei,* Juni 1921, S. 406.
14. Eberbach: *Die beste Bestandsform und das beste Einrichtungsverfahren,* Juli 1921, S. 466.
15. Keck: *Dauerwald und Großbetrieb,* September 1921, S. 632.
16. v. Tresckow: *Forstwirtschaftlicher Rückblick auf die Jahre 1919/1920,* September 1921, S. 612.
17. Hiß: *Die beste Bestandsform und das beste Einrichtungsverfahren,* September 1921, S. 636.
18. Zentgraf: *Für den Plenterwald,* November 1921, S. 840.
19. Roth: *Wie weit kann und wie weit muß sich der Staatsforstbetrieb und der Privatforstbetrieb die Errungenschaften von Bärenthoren zunutze machen?,* Dezember 1921, S. 898.
20. Wendroth: *Betriebsregelung im Dauerwalde,* Januar 1922, S. 11.

II. Aus *Silva. Forstliche Wochenschrift*

21. Dieterich: »Die Dauerwaldwirtschaft«, 1920, Nr. 9, S. 45.
22. Junack: »Muß die Kahlschlagwirtschaft beseitigt werden?«, 1920, Nr. 19, S. 101.
23. Krug: »Naturverjüngung – Dauerwaldwirtschaft«, 1920, Nr. 20, S. 105.
23a. Graml: »Die Bedeutung des Altersklassenverhältnisses«, 1920, Nr. 46, S. 241.
24. Busse: »Der Fehler in dem Möllerschen Dauerwaldexempel«, 1921, Nr. 11/12, S. 57.
25. Anonymus: »Dauerwald und Forsteinrichtung«, 1921, Nr. 14, S. 73.
26. Schade: »Ist die Kahlschlagwirtschaft dem ›Dauerwaldbetrieb‹ hinsichtlich Holzmassenerzeugung wirklich unterlegen?«, 1921, Nr. 15, S. 81.

27. Hiß: »Der Erfolg der Dauerwaldwirtschaft in Bärenthoren«, 1921, Nr. 67, S. 97.
28. Eberhard: »Einiges zur norddeutschen Kiefernwirtschaft«, 1921, Nr. 20, S. 121.
29. Justus: »Massenertrag von Kiefern-Kahlschlagwirtschaft und ›Dauerwaldbetrieb‹«, 1921, Nr. 22, S. 138.
30. Menzel: »Die Bärenthorener Wirtschaftsform«, 1921, Nr. 29, S. 193.
31. Müller: »Langenbrand – Bärenthoren und die Ökonomie des Denkens«, 1921, Nr. 30, S. 204.
32. Splettstößer: »Bodenbearbeitung im Kiefernwald«, 1921, Nr. 31, S. 209.
33. Müller: »Ist die natürliche Verjüngung im Blenderwalde Haupt- oder Nebensache?«, 1921, Nr. 33, S. 225.
34. Goedeckemeyer: »Eine kurze Bemerkung zu Bärenthoren«, 1921, Nr. 35, S. 241.
35. Busse: »Der Waldbaukursus in Langenbrand«, 1921, Nr. 35, S. 242.
36. Dieterich: »Besprechung einer neuen Kiefernertragstafel«, 1921, Nr. 37, S. 257.
37. Albert: »Die Bärenthorener Böden«, 1921, Nr. 38, S. 261.
41. Eberbach: »Freie Wirtschaft und Forsteinrichtung«, 1921, Nr. 41, S. 285.
42. Lüke: »Vor- und Nachteile des Kieferndauerwaldes«, 1921, Nr. 42, S. 293.
43. Schwappach: »Über Biolley's Kontrollmethode«, 1922, Nr. 2, S. 9.

III. Aus anderen Quellen

45. Wiebecke: »Der Dauerwald«, Verlag der Landwirtschaftskammer für die Provinz Pommern, 1921.
46. Keßler: *Allgemeiner landwirtschaftlicher Anzeiger für ganz Deutschland*, 1921, Nr. 52.
47. Wagner: »Welche Maßnahmen sind zu ergreifen, damit der deutsche Wald die gesteigerten Anforderungen der Jetztzeit

möglichst ohne Schaden leistet? Bericht über die 17. Hauptversammlung des deutschen Forstvereins München 15./19. September 1920«, S. 68 ff. *Allgemeine Forst- und Jagdzeitung,* November/Dezember 1920, S. 245.

48. Wagner: »Über die Bezeichnungen »Dauerwald und Blendersaumschlag«, *Allgemeine Forst- und Jagdzeitung,* August 1921, S. 183.
49. Zentgraf: »Forstlicher Lehrgang der Landwirtschaftskammer für die Provinz Sachsen, 31./8. bis 4./9. «, 1920.
50. Von Arnswaldt: »Die Bedeutung der Naturverjüngung usw. Bericht über die 32. Hauptversammlung des Vereins Mecklenburgischer Forstwirte«, 23. Juni 1921.
51. Bruhn: »Die Kiefern-Dauerwaldwirtschaft«, *Jahrbuch des schlesischen Forstvereins für 1921,* S. 33.
52. König: »Die Hebung der Forstwirtschaft als Teil des Wiederaufbaues der deutschen Volkswirtschaft«, *Der deutsche Forstwirt,* 1921, Nr. 17.
53. Sprangers: »Bijvend dennenbosch«, *Tijdskrist der Nederlandsche Heidemaatschappij,* 1. November 1920.
54. Bertog: »Dauerwald«, *Waldheil-Kalender für 1922,* II. Teil
55. Schwappach: »Besprechung des Dauerwaldes«, *Deutsche Forstzeitung. Forstliche Rundschau,* 1921, Nr. 4; Entgegnung von Möller: ebd., Nr. 5; Nachschrift von Schwappach: ebd., Nr. 5; Entgegnung von Möller: ebd., Nr. 7.
56. Möller: »Die Versöhnung forstästhetischer und wirtschaftlicher Forderungen«, *Die Gartenkunst,* Frankfurt a. M, Juliheft 1921.
57. Borgmann: »Besprechung der Betriebsregelung im Dauerwalde«, *Deutsche Forstzeitung. Forstliche Rundschau,* 1922, Nr. 3.
58. König: »Anteil der Privatforstwirtschaft am Wiederaufbau«, *Der deutsche Forstwirt,* März 1922, Nr. 13.
59. Kreutzer: »Zum Thema Dauerwald«, *Wiener Allgemeine Forst- und Jagdzeitung,* Oktober 1921, Nr. 41.
60. Beck: »Rückblicke«, *Tharandter forstliches Jahrbuch,* 1921, Heft 5, S. 264.

61. Eberhard: »Die Technik der Naturverjüngung«, *Forstwissenschaftliches Zentralblatt*, Juni 1920. S. 222.
62. Eberhard: »Begriffliches: Dauerwald – Blendersaumschlag«, *Forstwissenschaftliches Zentralblatt*, Dezember 1921, S. 441.
63. Harrer: »Produktionssteigerung in der Forstwirtschaft«, *Forstwissenschaftliches Zentralblatt*, Dezember 1921, S. 448.
64. Fabricius: »Besprechung«, *Forstwissenschaftliches Zentralblatt*, Mai 1921, S. 195.
65. Tschermak: »Bodenverbesserung durch ›Dauerwaldwirtschaft‹«, *Zentralblatt für das gesamte Forstwesen*, Mai/Juni 1920, S. 161.
66. Cieslar: »Die Kiefern-Dauerwaldwirtschaft des Herrn von Kalitsch«, *Zentralblatt für das gesamte Forstwesen*, Mai/Juni 1920, S. 163.
67. R.: »Die Wirkung der Reisigdüngung als Kohlensäuredüngung«, *Zentralblatt für das gesamte Forstwesen*, Juli/August 1921, S. 233.
68. Weber: »Die deutsche Forstwirtschaft an einem Wendepunkt«, *Allgemeine Forst- und Jagdzeitung*, Mai/Juni 1920, S. 99.
69. C. Wagner: »Über Naturverjüngung«, *Allgemeine Forst- und Jagdzeitung*, April 1921, S. 73.
70. Holland: »›Bestandswirtschaft‹ und ›Stetigkeit des Waldwesens‹«, *Allgemeine Forst- und Jagdzeitung*, August 1921, S. 177.
71. Eichhorn: »Die freie Wirtschaft und das badische Forsteinrichtungsverfahren«, *Allgemeine Forst- und Jagdzeitung*, März 1922, S. 49.
72. Sieber: »Ertragsregelung im Blenderwald«, *Allgemeine Forst- und Jagdzeitung*, März 1922, S. 60.

Rede des 1. Berichterstatters Oberforstmeister Dr. Alfred Möller

anlässlich der 2. Vollversammlung
des Deutschen Forstvereins[1]
zu Dessau am 5. September 1922

Erster Vorsitzender, Geheimrat Wappes: Ich erteile nun das Wort dem Herrn Oberforstmeister Dr. Möller.

Oberforstmeister Professor Dr. Möller: Meine Herren! Es war im Jahre 1913 zu Trier, als ich schon einmal die Ehre hatte, in der Versammlung des Deutschen Forstvereins einen Vortrag zu halten. Es handelte sich damals um ein Korreferat zum Wagner'schen Blendersaumbetriebe und Referent war der verehrte Präsident der württembergischen Finanzdirektion, Herr Professor Chr. Wagner, selbst. Oberforstmeister Riebel, mein unvergeßlicher Vorgänger im Amte des Direktors der Forstakademie Eberswalde, saß auf unserem Präsidentenstuhl. Wie schön, wie heiter war jene Tagung in der altberühmten Moselstadt, wie klangen die fröhlichen Lieder zum festlichen Trunk, den freigiebige Gastlichkeit in Saarburg den Gästen kredenzte!

Jene Tagung unterrichtete uns durch einen Vortrag des Herrn von Mammen über die Mehreinfuhr des Deutschen Reiches an Holz. Herr von Mammen sprach vom wirtschaftlichen Aufschwung des Deutschen Reiches, von der allseitig anerkannten und immer augenscheinlicher werdenden Unzulänglichkeit der vollständigen Deckung des heimischen Holzbedarfs durch die heimische Holzproduktion. Hatte doch das Rekordjahr 1907 eine Holzmehreinfuhr von 15 Millionen Festmeter zu verzeichnen, die für das damals letzte Berichtsjahr 1912 ebenfalls in fast gleicher Höhe wieder erschien. Demnach drückte uns forstliche Sorge nicht allzu schwer. Der Ertrag unserer heimischen Wirtschaft stieg von Jahr zu Jahr und noch lieferte das Ausland gern und reichlich, was uns fehlte. Die Holzdurchschnittspreise für Nutz- und Brennholz in den preußischen Staatsforsten bewegten sich um etwa 10 M.

Aber wir Forstleute, das dürfen wir ruhig sagen, ruhten auch damals nicht untätig auf den Kissen satter Zufriedenheit. Chr. Wagners Werke hatten dem niemals eingeschlafenen emsigen Mühen zur Verbesserung unserer Technik einen neuen Anstoß gegeben und hatten auch die Laueren aufgerüttelt. Ein in der forstlichen Literatur bis dahin beispiellos zu nennender Erfolg war seinen Büchern beschieden gewesen, und als der Deutsche Forstverein den Blendersaumschlag auf seine Tagesordnung setzte, da folgte er einem allgemein gefühlten Wunsche der ganzen arbeitenden forstlichen Welt; war doch Gaildorf schon ein forstlicher Wallfahrtsort geworden, ähnlich wie heute Bärenthoren. Bärenthoren ist es und die Wirtschaft seines Besitzers, die den Deutschen Forstverein diesmal nach Dessau gelockt hat, und der Wunsch Bärenthoren zu sehen, kommt in den zahlreichen Anmeldungen für den Ausflug zum Ausdruck.

So fasse ich den mir gewordenen ehrenvollen Auftrag zu einem Vortrage vor dieser hochansehnlichen Versammlung wohl richtig auf, wenn ich annehme, dass Sie von mir über die Bärenthorener Wirtschaft etwas hören wollen, Hinweise auf ihre Art und Bedeutung, welche Ihnen bei dem naturgemäß flüchtigen Besuche es erleichtern möchten, kritisch zu sehen, das Augenmerk von vorneherein auf das Wesentliche zu richten, nichts zu übersehen, wie es so leicht bei flüchtiger Wanderung geschieht, was für die Beurteilung Bedeutung gewinnt und Anregung für Ihr eigenes weiteres forstliches Handeln bieten könnte.

Warum wohl hat sich, seit ich im Januar 1920 zuerst die Aufmerksamkeit der forstlichen Welt auf Bärenthoren lenkte, warum hat sich eine so beispiellose Anteilnahme an dieser Wirtschaft bekundet, wie sie in der Zahl der Besucher nicht nur, sondern auch im Blätterwalde der forstlichen Literatur zum Ausdruck kommt?

Der tiefste Grund, meine Herren, liegt in dem Weltgeschehen, liegt in den anderen Sternen, die heute über uns funkeln gegenüber denen, die am Himmel von Trier freundlich leuchteten, liegt in unserer himmelanschreienden Not. »Not lehrt beten«, so sagt das Sprichwort, Not ist allzeit der Menschen wirksamste Lehrmeisterin gewesen, Not lehrt suchen nach Mitteln und Wegen ihr zu steuern, Not lehrt arbeiten und Arbeit allein schützt vor dem Verzweifeln. Wir suchen in Bärenthoren Mittel, unserer forstlichen Not zu steuern, und wir dürfen sie nach dem Zeugnis so vieler Besucher dort mit Sicherheit erwarten. Die Holzerzeugung unserer jammervoll verkleinerten Holzbodenfläche, wie sie bis dahin gewesen ist, reicht nicht aus, unseren unentbehrlichen Bedarf zu befriedigen. Holz stieg daher im Preise noch vielmal mehr als alle anderen Güter; der Ersatz des fehlenden aus dem Auslande, der früher so leicht war, ist ausgeschlossen. Es gilt, auf der heimischen Holzbodenfläche je Hektar 1 fm Holz mehr zu erzeugen, als bis dahin mit unseren alten Wirtschaftsmethoden erzeugt wurde, oder aber für die einzelnen Besitzergruppen, so gilt es

in den Fideikommißforsten	26 %
in den freien Privatforsten	48 %
in den Staatsforsten	22 %
in den Gemeindeforsten	30 %

an Holzerzeugung dem Walde mehr abzugewinnen, wohlgemerkt nachhaltig und nicht durch Raubbau. Herr Landforstmeister Dr. König hat uns dies im *Forstwirt* überzeugend klargelegt. Es gibt demnach keine andere Rettung für uns als diese, den Ertrag unseres Waldes zu steigern sowie seinen Zustand dabei zu verbessern. Die Frage ist, ob wir das können. König hat uns klar vor Augen geführt, welche sozialpolitischen, wirtschaftspolitischen und legislatorischen Vorbedingungen erfüllt sein müssen, wenn wir waldbautechnisch mit Erfolg sollen arbeiten können. Von allen diesen kann hier die Rede nicht sein. Nehmen wir an, sie wären erfüllt, so lautet unsere Frage nun: Ist die Erreichung des Zieles waldbautechnisch möglich? Viel Zweifel erhebt sich und Verzagen will sich zeigen. Da kam die Kunde vom Bärenthorener Dauerwalde; hier ist es nicht nur möglich, hier ist es nachgewiesene Wirklichkeit, daß durch Fortschritt waldbaulicher Technik unter ungünstigen Verhältnissen auf armem Boden ein viel höherer Ertrag erzielt werden kann, als unsere Schulweisheit uns träumen ließ. Und dies ist nun die Frage, meine Herren, die Ihnen am nächsten liegen dürfte: Ist das wahr, kann man sich davon durch den Augenschein überzeugen? Und wenn ja, wie ist das Ergebnis zustande gekommen? Ist es der Erfolg einer bestimmten Methode, die demnach allen anderen Methoden waldbaulicher Behandlung überlegen erachtet werden müsste?

Zunächst also: Ist es wahr? Was ist über allen Zweifel festgestellt? Festgestellt ist, dass vor nahezu 40 Jahren, im Jahr 1884, Der Kammerherr von Kalitsch in Bärenthoren ein 667 Hektar großes Kiefernrevier in traurigster Verfassung übernahm, dasselbe, welches Gegenstand Ihrer Besichtigung ist. Es stockt auf sehr geringem, bedürftigem, durch langjährige Streunutzung noch mehr verarmtem Boden, hatte nur Dickungen, Ackersterbebestände und Stangenhölzer von schlechtem Wuchs und Schuß. Hierüber sind wir durch vorhandene Bestands- und Revierbeschreibungen völlig unterrichtet, und der Herr Besitzer bestätigt es uns aus seiner eigenen lebhaften Erinnerung. Jetzt sehen

Sie einen reichbestockten Wald in freudigstem Wuchs mit überraschendem Zuwachs. Der Gesamtderbholzvorrat des Reviers konnte nach dem vorhandenen Abschätzungswerk mit völlig genügender Sicherheit

im Jahre 1884 auf 35.000 fm
im Jahre 1913 auf 92.000 fm

festgestellt werden; die genau gebuchte Nutzung während derselben 29 Jahre ergab 64.172 fm. Seit der Aufnahme von 1913 sind nun abermals fast 10 Jahre verstrichen, und es liegt im allgemeinen Interesse der deutschen Forstwirtschaft, daß im kommenden Jahre dieses Bärenthorener Versuchsrevier ersten Ranges einer neuen Aufnahme bezüglich seines Holzvorrates unter Berücksichtigung der inzwischen weiter erfolgten Nutzungen unterzogen werde.

Schon die eben genannten Zahlen ergeben aber während der 29-jährigen Beobachtungszeit bis 1913 eine Erzeugung von jährlich je Hektar 6,3 fm. Das ist eine Grundtatsache, über deren Sicherheit wir völlig im klaren sein müssen, wenn unser Versuch in Bärenthoren die Früchte zeitigen soll, die wir erwarten.

Man hat nun die Sicherheit und Vergleichsfähigkeit der für 1884 ermittelten Derbholzsumme von 35.000 fm bestritten. Ich muß daher kurz daran erinnern, wie diese Summe festgestellt worden ist. In einer Übersicht sämtlicher Abteilungen des Reviers ist das Alter einer jeden derselben nach den Angaben des von Forstinspektor Püschel im Jahre 1872 aufgestellten Abschätzungswerkes eingetragen worden. Von Püschel stammen ferner für jede Abteilung Angaben der Standortsklasse, des Vollbestandsfaktors und des mutmaßlichen Abtriebsertrages. Es lässt sich zeigen, wie ich schon in meiner Abhandlung von 1920 näher ausführte, daß Püschel für seine Angaben eine Ertragstafel benutzte, deren Massenangaben mit denjenigen der Schwappach'schen Kiefernertragstafel von 1896 fast genau übereinstimmen, nur mit dem Unterschiede, dass er III. Klasse nennt, was bei Schwappach die IV. ist, und das die Massen seiner IV. Klasse dem Mittel zwischen IV. und V. Schwappach'schen Klasse entsprechen. Unter Berücksichtigung dieser Verschiebung konnte demnach für 1884 der Vorrat jeder Abteilung und der des ganzen Reviers mit Benutzung der Ertragstafel mit einer für unsere Zwecke völlig genügenden Genauigkeit errechnet werden. Den Beweis lieferte die im Jahre 1884 ausgeführte sogenannte Zwischenprüfung, aus der und ihren Vorarbeiten für eine Reihe inzwischen abgetriebener Bestände uns die Hilfsergebnisse bekannt sind, und diese stimmen mit den in der angegebenen Weise berechneten auf das beste überein. Es kommt hinzu, daß Herr von Kalitsch aufgrund seiner genauen Kenntnis des damaligen Revierzustandes und der Püschelschen Taxe deren Zuverlässigkeit bestätigt. Ich muß demnach daran festhalten, daß die Derbholzmassenangabe für 1884 durchaus richtig ist und nur mit solchen Fehlern behaftet, wie sie für eine derartige Aufnahme, auch für die von 1913, jedem Forstmann selbstverständlich erscheint. Jedenfalls verdient die tatsächliche Behauptung, daß unser Revier in den 29 Jahren von 1913 eine jährliche Erzeugung von 6,3 fm ja Hektar geleistet hat, volles Zutrauen und beansprucht noch mehr Bedeutung als die von meinen Gegnern viel herangezogene Verschiebung der Altersklassenverteilung, welche in derselben Zeit eintrat.

Die Altersklassentabelle wies im Jahr 1884 nach Bestände von

über 80 J.	61–80 J.	41–60 J.	21–40 J.	1–20 J.
5 ha	62,1 ha	100,2 ha	319,5 ha	80,1 ha
und im Jahre 1913				
112,6 ha	148,3 ha	190,8 ha	130,7 ha	84,5 ha

Hierbei ist eben zu berücksichtigen, dass die Bestände im Jahr 1913 infolge der eigenartigen Wirtschaft zum großen Teile nicht mehr den Bildern des gleichaltrigen Hochwaldes entsprechen, dass insbesondere die über 60-jährigen Bestände jetzt meist nur geringe Stammzahlen des betreffenden Alters , dafür aber auf der ganzen Fläche bereits eine junge Generation nachwachsender Kiefern aus natürlicher Verjüngung aufwiesen. Dadurch ist es auch erklärlich und gerechtfertigt, daß die Fläche der jüngsten Altersklasse jetzt mit 845 Hektar so erheblich hinter der ihr im schlagweisen Hochwalde zukommenden Größe von 667/5 = 133 Hektar zurückbleibt.

Sie sehen hieraus, daß eine solche Altersklassenübersicht, wie sie z. B. für unsere preußischen Staatswald-Abschätzungsarbeiten als erste Grundlage gefordert und angefertigt werden, ihren Wert und Bedeutung dort verlieren, wo der Dauerwald herrscht, wo also gleichaltrige Bestockung der Flächen grundsätzlich nicht mehr Wirtschaftsziel ist. Diese Altersklassenübersicht ist die letzte allenfalls noch mögliche für das Bärenthorener Revier, weil der Übergang vom Kahlschlag her noch Reste der Gleichaltrigkeit überlieferte. Bei Neuaufnahme des *heutigen* Zustandes, davon werden Sie sich überzeugen, hätte eine Altersklassenübersicht überhaupt keinen Sinn und Nutzen mehr. Nur die wirklich vorhandenen Derbholzvorräte spielen noch eine Rolle.

Sollte nun die Überlegenheit der Bärenthorener Wirtschaft über die übliche Kahlschlagwirtschaft festgestellt werden, so war es nötig, ein Bild davon zu entwerfen, was denn diese bestenfalls hätte leisten können. Um dies zu ermitteln, habe ich seinerzeit wieder eine vollständige Zusammenstellung aller Abteilungen des ganzen Reviers gefertigt, in welche die Flächen genau den Vorschriften der 1872er bzw.1884er Taxe entsprechend, mit dem Alter von 1913 einen möglichen Vorrat an Derbholz von 47.614 fm unter der

Annahme, daß der von den früheren Taxatoren im Sinne der Kahlschlagwirtschaft vorsichtig und sachverständig festgesetzte Abnutzungssatz von 1,55 fm pro Jahr und Hektar wäre eingehalten worden. Wenn man diesen anrechnet, so ergibt sich für den Fall einer sorgsamen Bewirtschaftung im Kahlschlagbetriebe eine mögliche Jahresderbholz-Massenerzeugung von 2,2 fm pro Hektar gegenüber den 6,3 fm, welche in Wirklichkeit geleistet wurden. Das bedeutet offenbar eine ganz außerordentliche Überlegenheit der neuen Wirtschaft.

Wenn, wie König es fordert, die Fideikommißforsten zur Behebung unserer Holznot ihren Holzvertrag um 26 %, also ¼ etwa steigern müssen, so haben wir hier eine Steigerung um 200 %. Daß solche Erfolge zur Nachahmung lockten, ist daher ebenso wenig zu verwundern, wie die andere Wirkung, daß sie Zweifel und Widerspruch weckten.

Man konnte in der *Silva* lesen, es sei nachgewiesen, daß der Dauerwald in Bärenthoren in Bezug auf Holzmassenerzeugung den Kahlschlagbetrieben nicht überlegen sei, mit anderen Worten, Herr von Kalitsch hätte sich nicht zu bemühen brauchen, er wäre genau so weit gekommen, wenn er im üblichen Kahlschlagbetriebe gewirtschaftet hätte.

Dieser Beweis ist völlig missglückt, wie König bereits festgestellt hat. Ich habe jenen angeblichen Beweis in meiner neuen Arbeit über den Dauerwaldgedanken ausführlich widerlegt. Er geht nicht von der Wirklichkeit aus, sondern von willkürlicher Annahme. Hält man sich an Beispiele aus der Wirklichkeit, so wird die Überlegenheit der Wirtschaft des Herrn v. Kalitsch sinnfällig klar. Ich habe in meiner Dauerwaldabhandlung von 1920 unter anderem ein von Herrn von Kalitsch selbst berechnetes Beispiel angeführt, das Jagen 15 b, 7,2 Hektar groß, welches Ihnen bei dem Besuche Bärenthorens als Punkt 3 Ihrer Führung gezeigt wird. Das war einmal beschrieben als der schlechteste Bestand des ganzen Reviers, absolut unwüchsig mit strauchartigen Kusseln, und der im Jahre 1884 33-jährige Bestand sollte nach der für die Kahlschlagwirtschaft durchaus richtigen Bestimmung damals abgetrieben werden, um eine Neukultur an seiner Stelle zu schaffen. Er hätte damals im ganzen 576 fm geliefert, die Kalitsche Wirtschaft nutzte aber in fast jährlicher Wiederkehr während 29 Jahren 835 fm und brachte dabei einen im Jahre 1913 nun 62-jährigen Bestand zuwege, der auf das Hektar (nach stammweiser Kluppierung) 230, im ganzen 1656 fm aufwies, dabei 2,6 % Zuwachs leistete und sich weiter gut entwickelt hat, wie Sie selbst feststellen können. Die Kahlschlagwirtschaft hätte hier im allergünstigsten Falle einen heute 38-jährigen Bestand geschaffen, dessen bisherige Vornutzungen mit den durch die Dauerwaldwirtschaft erzielten ebenso wenig den Vergleich aushalten, wie sein bestmöglicher gegenwärtiger Wert und Zuwachs gegen den heut ausstehenden Wert und Zuwachs ankommen kann. Solch Beispiel zeigt unter anderen die Wertlosigkeit von Berechnungen, welche die Wirklichkeit ausschalten und an ihre Stelle willkürliche Annahmen und Ertragstafelzahlen setzen.

So stelle ich also wiederholt fest, was als Grundlage unserer Betrachtung wichtig und nicht zu erschüttern ist, dass die Wirtschaft des Herrn von Kalitsch in Bärenthoren in bezug auf die Holz- und Wertproduktion der Kahlschlagwirtschaft gegenüber eine ungeheure Überlegenheit bewiesen hat. Deshalb verdient sie in vollem Maße die Aufmerksamkeit, die ihr zuteil geworden ist und wird, und wir wollen uns nun darüber klar zu werden versuchen, worin ihr Wesen besteht, oder, wenn ich mich an das gestellte Thema halten soll, welche Methode der Behandlung so große Erfolge zeitigte.

Was hat also Herr von Kalitsch getan? Da ist zu allererst im allgemeinen das wichtigste zu sagen und an die Spitze zu stellen: Er hat dem Walde seine stetige unermüdliche eigene Arbeit während all dieser Jahre gewidmet. Seine Arbeit ist es, die den Erfolg brachte: er zeigt uns, was die wirkliche persönliche, ich darf sagen tägliche Arbeit eines Forstkünstlers wert ist, welche Werte diese Arbeit selbst in der ödesten Kiefernheide hervorzaubern kann: Nur durch unsere vermehrte, verständnisvoll eingesetzte Arbeit dürfen wir hoffen, das vorgesteckte Ziel zu erreichen, das Mehr an Holzwertertrag von unserer Waldfläche. Setzen wir diese Einsicht in die Tat um, ein jeder an seiner Stelle, in seinem Walde, dann ist uns die Erreichung des Zieles sicher; dann, aber nur dann, werden wir den Bedarf an Holz ohne das Ausland uns von der heimischen Erde gewinnen können.

Nun aber im einzelnen: Da ist zunächst zu sagen, daß Herr von Kalitsch kein Programm aufstellte, keine Methode im voraus festlegte und kein bestimmtes Wirtschaftsziel, etwa einen besonderen, durch die forstliche Arbeit zu erreichenden, im voraus festgelegten Aufbau des Waldes anstrebte, sondern daß er den Wald nahm, wie er war, an die gegebenen Verhältnisse sich anschloß und aus ihnen zu machen suchte, was möglich war, und zwar gleich, sofort und ohne weitläufige Spekulationen für eine ungewisse Zukunft, und hierin vor allem dürfen wir sein Handeln zum Muster nehmen. Jeder Forstmann wird, wenn er seine Tätigkeit beginnt, vor einen bestimmten, wirklichen Wald gestellt, dessen Zusammensetzung und Aufbau niemals irgendeinem Schulbegriff, einer Schablone ganz genau entspricht; seine Aufgabe ist, mit *diesem* Walde, nicht mit irgendeinem Normalschema zu arbeiten und *diesen* Wald, so viel als möglich ist, zu nutzen, gleichzeitig dafür zu sorgen, dass seine Ertragsfähigkeit von Jahr zu Jahr steige. Daher, da kein Wald dem andern vollkommen gleicht, kann es niemals eine Schablone, ein Rezept geben, das ohne eigene Gedankenarbeit auf den Wald angewendet, zum Ziel führen möchte.

Was Herr von Kalitsch getan hat, ist in großen Zügen nun allgemein bekannt und oftmals besprochen worden. Er hat Kahlschläge niemals geführt, dem Walde die Ernte nur stammweise, niemals bestandsweise entnommen, indem er jährlich oder mit sehr wenigen Jahren Zwischenraum die ganze Waldfläche durcharbeitete und stammweise immer so auszeichnete, daß die Wegnahme eines Stammes zur freieren Entwicklung, stärkeren Leistung eines besseren oder mehrerer leistungsfähiger Bestandesglieder den Anlaß gab. Jeder Baum, der gehauen ist, wurde in diesem Sinne kritisch betrachtet und nur nach sorgfältiger Überlegung zum Hiebe gezeichnet. Niemals hat die Rücksicht auf die Holzernte in vorderster Linie gestanden, wenngleich sie selbstverständlich in voller Bedeutung gewürdigt wurde.

Ein Beispiel klärt diesen scheinbaren Widerspruch! Wenn jemand kommt und verlangt einen Posten Zaunpfähle von 3 m Länge und bestimmtem Mindestdurchmesser, so geht der bequeme Mann mit dem Käufer in den nächsten Stangenort, der seit längerer Zeit nicht durchforstet wurde, und sucht sich die Stämme aus, die auf möglichst kleinem Raume zusammengedrängt das erforderliche Quantum hergeben, bevorzugt solche besonders, die zwei oder gar drei der gewünschten Länge liefern. Der durch Bärenthoren geschulte Wirtschafter aber sagt dem Käufer: »Kommen Sie Ende der Woche wieder, ich werde Ihnen das Holz aussuchen«, und er geht in den Wald und sucht solche Stämme, die zwar des Käufers Anforderungen erfüllen, aber er entnimmt sie nur dann und dort, wenn und wo durch ihre Fortnahme bessere in ihrer Entwicklung gefördert werden, wo sie nach der Michaelischen Durchforstungsregel fallen müssen, immer dann einen Stamm entnehmen, wenn er einen besser gearteten handgreiflich schädigt oder beengt. So findet er das erforderliche Verkaufsquantum ebenso gut wie der bequeme Mann, aber er braucht zur Auswahl viel mehr Zeit, viel mehr Nachdenken, und das gefällte Holz liegt über einen viel größeren Raum verteilt, die Anweisung und Abfuhr wird umständlicher und teurer. Und wie rechtfertigt er diesen Mehraufwand an Zeit und Kraft und Geld? Sein Wald wird besser und erzeugt nach dieser Ernte mehr und besseres Holz als vordem, während die unpflegliche, nur auf bequeme Ernte bedachte Auszeichnung einen in seiner Leistungsfähigkeit herabgesetzten Bestand aus minderwertigen Gliedern zurücklässt. Also keine Kahlschläge! Jährliche Durcharbeitung des ganzen Waldes mit der Axt liefert die Ernte und pflegt den Wald, der auf diese Weise in der Qualität seiner ungehemmt sich entwickelnden Glieder immer besser werden muß. Was weiter? Reisigdüngung, Reisigdeckung, Bodendeckung! Alles Reisig verblieb dem Walde als Bodendeckung zuerst, als Bodendüngung später. Die Leistungsfähigkeit des armen Waldbodens kann nur durch zwei Faktoren, Wasser und Humus, gesteigert, durch diese beiden aber auf eine Höhe gebracht werden, welche für unsere Kiefer wenigstens und den Kiefer-Buchen-Mischwald die Höchstentwicklung der ersten Bodenklasse ermöglicht. Die Reisigdeckung erhält die Frische der obersten Bodenschicht. Diese Frische belebt die Mikroorganismenwelt, zuerst die Entwicklung zahlloser Fadenpilze, unter denen viele aus dem Boden an das deckende Reisig heranwachsen und dessen allmählichen Abbau befördern. Die Frische des Bodens ermöglicht die Entwicklung einer Moosflora, welche in Bärenthoren allmählich überall an Stelle der auf dem kahlen Sande herrschenden Flechten trat. Die Moose überwachsen die Reste des Reisigs, und unter ihrem schützenden, die Austrocknung hemmendem Mantel, geht die begonnene Arbeit der Fadenpilze in beschleunigtem Zeitmaße vor sich. Die Holzteile des Reisigs werden morsch, und nun erst beginnt in genügender Stärke die Arbeit der kleinsten Lebewesen, der Bakterien, als deren Stoffwechselprodukte schließlich für die höhere Pflanzenwelt aufnehmbare Verbindungen erscheinen. Mannigfaltiges Kleintierleben gedeiht in dem humosen Mull und hilft zu seiner Durchlüftung, wahrscheinlich auch bei seiner Zersetzung. So wandelt sich der Boden zum lockeren und humosen Sande. Früher ging man auf harter Tenne, und bei trockenem Wetter knirschten die zertretenen Flechten (Hungermoose) unter den Tritten. Jetzt wandelt man auf einem federnden Teppich, nur hier und da knackt ein Zweig des trockenen, noch nicht zersetzten Reisigs von der letzten Durchforstung. Solche Vergleiche können Sie besonders deutlich bei Punkt 2 und Punkt 8 Ihrer Wanderung in Bärenthoren selbst anstellen, wo der benachbarte Wald der Stadt Zerbst und der Staatsoberförsterei Grimme die Wirkung der Kahlschlagwirtschaft für den Boden erkennen lassen.

Um weiter die Aufzählung der Bärenthorener Methoden zu vervollständigen, so hat Herr von Kalitsch schon vor 30 und mehr Jahren an verschiedenen Stellen seines Reviers Buche in die Kiefer eingebaut, welche den Bestandes- und Bodencharakter sehr günstig beeinflusst. Zuerst gewissermaßen zaghaft auf kleineren Flächen angelegt, haben diese Versuche so glänzende Erfolge gezeitigt, daß nun neuerdings in immer größerem Umfange mit dem Einbau der Buche vorgegangen wird.

Und nun die vielbesprochene Kiefernnaturverjüngung, der Sie in allen Entwicklungszuständen auf Schritt und Tritt begegnen und die, wenn ich mich nicht täusche in ganz besonders hohem Maße viele Besucher hierher lockte! Die hat Herr von Kalitsch nicht gemacht, sie gehört nicht zu seinen Methoden, sie ist einfach als die natürliche Folge richtiger Herstellung und Erhaltung eines gesunden Waldwesens entstanden.

Pflege des Waldes mit der Axt ist der Ausdruck eines Gedankens, der in der forstlichen Literatur gewiß nicht neu, in der forstlichen Praxis bisher nur zu sehr bescheidener Auswirkung gelangte. Es ist eines der größten Verdienste der Bärenthorener Wirtschaft, daß sie uns gelehrt hat, wie durch ständig wiederkehrende Pflegehiebe die Schnelligkeit der Entwicklung unserer Bestände gerade in jugendlichem Alter und damit ihre Zuwachsleistung so außerordentlich gemehrt werden können, weit über das bisher für höchstmöglich gehaltene Maß hinaus.

Die Fortschritte unserer forstlichen Technik sind, das zeigt die Erfahrung, im wesentlichen bedingt durch den Einheitswert des Festmeters Holz. Haben wir Fortschritte in der Durchforstungstechnik gemacht, so sind sie keineswegs unserer besseren Einsicht in die Entwicklungsgesetze des Waldes entsprungen. Die Worte »Grubenholz« und »Papierholz« erklären die Fortschritte weit zutreffender. Wenn erst die Überzeugung allgemein wird, dass wir durch regelmäßige Pflege mit Schere, Beil und Axt von der jüngsten Jugend an unsere Kulturen bisweilen um ein Jahrzehnt früher in den Zustand des werterzeugenden Derbholzbestandes bringen können, dann wird auch die Geneigtheit wachsen, die Mühe und Unbequemlichkeit solcher Arbeit auf sich zu nehmen. Sie lohnt sich heut, wo der Wert eines jeden Reiserknüppels zu ungeahnter Höhe gestiegen ist. Es wird dann nirgends mehr im Stangenholzalter weitausladende Protzen geben, die längst hinaus gemußt hätten, wie der bei unseren üblichen Durchforstungen ständig wiederkehrende Ausdruck lautet, es werden dann nirgends mehr noch in vorgerücktem Alter zwei und mehr Stämme auf dem Raum eines Quadratmeters beisammenstehen, von denen natürlich keiner eine normale Krone ausbilden konnte. In dieser Hinsicht ist das Bärenthorener Beispiel unendlich lehrreich.

Noch haben wir uns erst mit mehr oder weniger Mühe, je nach dem wir Käufer oder Verkäufer sind, an die hohen Holzpreise gewöhnt; schwerer, aber unvermeidlich, ist die Gewöhnung an die jetzigen Schlußsummen unserer Kulturpläne; noch gar nicht eingeleitet ist die nun weiter erforderliche Gewöhnung an den Gedanken, daß wir unendlich viel mehr Arbeit als bisher dem Walde zuwenden müssen und unter den veränderten Verhältnissen auch dürfen und können. Es wird in Zukunft kein Revier geben, in dem die Waldarbeiter für Hauungen und Kulturen nur während einiger Monate beschäftigt werden, und das Wort unseres verstorbenen Ehrenmitglieds Ney: »Am besten hat's die Forstpartie, die Bäume wachsen ohne sie« wird seinen früher wohlbegründeten Sinn verlieren.

Doch der Wald kann nicht mit der Axt allein gepflegt werden. Wer die Pflegehiebe weiterführt bis in das Baumholzalter, der kommt schließlich zu einem Zustande der Verlichtung seiner Bestände, bei dem die natürlichen Erzeugungskräfte des Lichtes nicht mehr, wie es unser Ziel sein sollte, vollständig in Holz, vielmehr zu einem großen Teil in Gras, Bärenkraut, Heide usw. umgesetzt werden, und bei diesem Zustand geht dann, wie allgemein bekannt, auch der Zuwachs des gelichteten Bestandes zurück. Dieser Erwägung trägt die Bärenthorener Reisigdeckung gebührend Rechnung. Ohne die Reisigdeckung ist sie und sind vor allem ihre Erfolge undenkbar. Bestandspflegende Durchforstungen dürfen nie ohne Rücksicht auf den Boden durchgeführt werden. Bleibt er in waldbaulich gesundem Zustande, so findet sich, wie Sie in Bärenthoren sehen werden, die natürliche Verjüngung überall reichlich ein und die junge Generation ergänzt in willkommener Weise die verminderte Stammzahl der älteren. Daß die Kiefer eine Lichtholzart sei, lehrt jedes Waldbaubuch, und die Waldbauschriftsteller, die in diesem Punkte wohl ausnahmsweise sämtlich einig sind, haben mit ihrer Behauptung vollkommen recht. Ist sie aber auch unsere ausgesprochenste Lichtholzart, so gilt demnach auch von ihr, was Borggreve für alle Holzarten aussprach, daß nämlich eine jede imstande sei, bis zur Manneshöhe den Schatten ihres eigenen bis auf 1/3 des vollen Schlusses gelichteten Mutterbestandes ohne Schaden zu ertragen, und hierfür finden Sie die mannigfaltigsten und lehrreichsten Beweisbilder in Bärenthoren, deren Wert wir gar nicht hoch genug anschlagen können in einer Zeit, da die Forstleute sich gewöhnt haben, junge Kiefern nur auf Kahlflächen zu sehen, und die Zumutung, Kiefernkulturen nach Keudell'scher Art auf Flächen anzulegen, die noch mit Altholz bestockt sind, aber an Stammzahl nicht genug tragen, um die Erzeugungskräfte des Standortes auszunutzen, als etwas naturwidriges und unmögliches bezeichnen. Wo Sie in Bärenthoren reichen Kiefernanflug unter alten Kiefern bemerken, da werden viele von Ihnen, gleich hunderten früherer Besucher, fast unwillkürlich und zunächst sich dahin äußern: »hier muß doch nun schleunigst nachgelichtet werden«; und der Geist der Bärenthorener Wirtschaft antwortet Ihnen darauf: »Solange die alten Kiefern gesund sind und mit befriedigendem Zuwachs arbeiten, solange im ganzen Revier noch irgendwo gleichstarke, aber in Form, Zuwachs oder Gesundheit schlechtere Stämme stehen, so lange muß nie über den Zuwachs gelichtet werden. Denn der Jahresringmantel einer gesunden Altkiefer ist mehr wert, als der unter ihr stehende Anflug nach ihrer Entfernung an Jahresmehrleistung aufbringen könnte.« Und der zweite nur allzu naheliegende und von der Mehrzahl der Besucher weiterhin geäußerte Geistesblitz entladet sich alsdann in den Worten: Ja, wie wollen Sie dann später eine solche Kiefer von 2 bis 3 fm aus dem Jungwuchs herausbringen, ohne alles zu zerschlagen? Und hierauf möchte ich Ihnen antworten. 1. Sie werden in Bärenthoren die beste Gelegenheit haben, sich davon zu überzeugen, daß diese Schwierigkeiten nicht unüberwindlich sind. 2. Die Zukunft wird es Ihnen danken, wenn Sie ihr recht zahlreiche gesunde Starkholzkiefern überliefern. Sie wird schon Mittel und Wege finden, solche zu nutzen, und sie wird Ihnen keine Vorwürfe machen darüber, daß

Sie nicht jede Starkholzkiefer an einen Weg gepflanzt haben. Und: 3. Wenn Sie natürliche Verjüngung in großem Umfange und auf großen Flächen auch in Kiefern erst einmal einleiten wollen und können und die Schwierigkeiten der Fällungsbeschädigungen dabei ausschließen wollen, dann finden Sie erprobten und zuverlässigen Rat bei Christof Wagner und seinen Blendersäumen. Allgemein aber ist bei dieser und auch bei mancher anderen forstlichen Frage Eberbachs Wort von Bedeutung: »Wir leben in der Gegenwart und sie stellt uns vor große Aufgaben; sehen wir zu, daß wir ihnen gerecht werden; die Zukunft wird die eigenen selber meistern!«

Es soll, so sagen viele, durch die Arbeiten der Versuchsstation nachgewiesen sein, daß man durch Modifikation der Durchforstungsprinzipien die Gesamtmassenerzeugung eines Kiefernbestandes nicht steigern könne über jene Größen hinaus, die in den Ertragstafeln angegeben sind. Hierbei wird nicht berücksichtigt, daß noch keine offizielle Versuchsstation im Bärenthorener Sinne gewirtschaftet hat. Mit vieljährigen Zwischenräumen sind die Versuchsbestände durchforstet und bezüglich ihrer Massen aufgenommen worden; nirgends aber ist jemals eine regelmäßige Pflege und Beobachtung des Bodens und seines Humuszustandes durchgeführt. Bärenthoren ist ein Versuchsrevier seit 40 Jahren und zeigt und beweist, daß man auf einem ganz anderen Wege zu ganz anderen Ergebnissen kommt. Vor allem wird hier ganz klar, wie unselig die Vorstellung ist, es gäbe in Wirklichkeit verschiedene durch die Natur geschaffene und durch nichts zu verändernde Bodenklassen, und ein Bestand, der als 30-jähriger von der Versuchsanstalt der IV. Bodenklasse zugewiesen war, müsse seine Entwicklung auch für die weiteren Bestandsleben so gestalten, wie die Zahlen der Ertragstafeln es für die IV. Bodenklasse angeben. Die 40-jährigen Bärenthorener Versuche lehren uns, daß ein solcher Bestand im Zeitraum eines Menschenalters in die II. Bodenklasse hineinwachsen kann, daß mithin aus Ertragstafelzahlen keine »Gesetze« abgeleitet werden können, nach denen wir zukünftige Erträge unseres Waldes bestimmen können. Und ist das etwa wunderbar und nicht vielmehr selbstverständlich, da wir doch aus unseren alten Abschätzungs-Werken und ihrem Vergleiche mit neueren uns davon überzeugen, wie oft in derselben Zeitspanne anstelle einer II. Bodenklasse mit massenreichem Kiefern-Buchen-Mischbestand durch Kahlschlag, Schlagruhe, Waldpflug, schlechte Saat und Nachbesserungen eine IV. geworden ist!

Die Bodenklassen schaffen wir uns durch geschickte oder ungeschickte Behandlung; sie sind nichts Gegebenes, Unabänderliches. Muß ich mich nun wehren gegen den Einwurf, ich hielte also einen tiefgründigen Lehmboden und eine Düne der Nehrung, einen Südhang auf Muschelkalk, einen Nordhang auf granitischem Gestein, einen Alluvialboden im Überschwemmungsgebiet, dies alles für waldbaulich völlig gleichwertig mit den Bärenthorener jungglazialen Hochflächensanden? Ich denke nein. Doch es würde vom Thema zu weit abführen und mehr Zeit erfordern, als mir gegeben ist, hierauf näher einzugehen. Nur auf den Widersinn, der darin liegt, daß man einen Boden klassifiziert, nach dem, was gerade augenblicklich als Produkt menschlicher Bewirtschaftung darauf steht, also nach der Höhe des aufstehenden Bestandes, nach einem durch menschliche Einwirkungen veränderlichen Maßstabe, anstatt, wie es sein sollte, nach den wirklich unveränderlichen, in der Entstehungsart chemischen und physikalischen Zusammensetzungen, Exposition und Feuchtigkeitsverhältnissen gegebenen, nur darauf sei hingedeutet. Und auch das mag noch hinzugefügt werden, daß dieser Widersinn freilich eine praktische Berichtigung darin findet, daß unsere Wissenschaft diese wirkliche Bonitierung bis heute noch nicht zu liefern vermochte, wir uns deshalb mit den Ertragstafelbonitierungen als einen Notbehelf bis dahin abfinden mußten, darüber aber doch nicht vergessen dürfen, daß es sich eben um einen Notbehelf handelt und daß wir uns deswegen nicht wundern dürfen, wenn er uns im Stich läßt, sobald wir die engen Voraussetzungen verlassen, unter denen allein er einen gewissen Wert beanspruchen konnte.

Der freudige Buchenwuchs in Bärenthoren ist aufs beste geeignet, einen Grundirrtum zu zerstreuen, der bis in die neueste Zeit allgemein verbreitet war und in der Waldbauvorschrift zum Ausdruck kam, die Buche wüchse nur auf Kiefernboden II. allenfalls II. bis III. Klasse und besserem. Als Herr von Kalitsch seine Wirtschaft begann, hätte wohl jeder zünftige Forsttaxator für seinen Wald, wie für so viele Tausende von Hektar ähnlichen Kiefernwaldes, sich mit dem Dogma begnügt: Hier wächst nur die Kiefer, allenfalls noch die Birke; wohingegen das, was Sie jetzt in Bärenthoren beobachten, uns in der Überzeugung stärkt: Es gibt im norddeutschen Flachland keinen Boden, auf dem wir nicht mit Erfolg der Kiefer die Buche beigesellen könnten. Ja, wir werden es sogar in weitestem Umfange tun müssen, sobald nur erst die Mehrzahl der Forstleute davon überzeugt ist, daß wir dadurch die Kiefernerträge unseres sogenannten Brotbaumes nicht nur nicht herabsetzen, sondern sogar steigern, die Sicherheit gegen Gefahren erhöhen, die Gesundheit des gesamten Waldwesens fördern und der Forstästhetik unschätzbare Dienste leisten.

Noch eine Bemerkung, die vielen von Ihnen wie Ihren Vorgängern beim Besuch des Bärenthorener Waldes sehr naheliegen wird, möchte ich hier vorweg berühren: Die angebliche Steigerung der Feuersgefahr durch die Reisigdeckung. Jeder große reine Kiefernwald unterliegt der Brandgefahr und es ist hier nicht Zeit und Gelegenheit über die Ihnen bekannten Vorbeugungs- und Bekämpfungsmittel zu sprechen. Diese stets drohende Gefahr wird aber durch das am Boden liegende Reisig, wenn erst ein Winter darüber gegangen ist, gar nicht und auch sonst nicht in solchem Maße erhöht, daß uns dies abhalten könnte, auf die nachweislich so großen und zur Erreichung unseres Zweckes unentbehrlichen Vorteile dieser Maßnahme zu verzichten. Wenn aber jemand sagt, bei uns geht das nicht, denn alles Reisig wird doch von der Bevölkerung der nächstliegenden Ortschaften sofort weggeholt, und daraus den Schluß zieht, also bleibt alles beim alten, so ist dieser Standpunkt nicht zu billigen. Der richtige ist es vielmehr, wenn die Notwendigkeit einer Maßnahme einmal erkannt ist, unermüdlich nach Mitteln und Wegen zu suchen, sie durchzuführen. Nur Beharrlichkeit kann hier zum Ziele führen und je nach Lage der Verhältnisse werden verschiedene Wege einzuschlagen sein.

Betrachten Sie Bärenthoren im heutigen Zustande als ein hohes forstliches Kunstwerk, so werden Sie unvergeßliche Eindrücke und Einsichten mit von dannen nehmen! Rechnen Sie nicht auf Rezepte; es ist keine Lehrlingsanstalt! Am wenigsten kann man hier Regeln lernen für die Behandlung von Waldbildern, die in Bärenthoren nicht vorkommen, z. B. verlichtete, schwammdurchseuchte Kiefernalthölzer von 120 Jahren.

Unmittelbar anzuwendende Regeln könnte allenfalls derjenige mitnehmen, dessen Wald von ganz gleicher oder ähnlicher Beschaffenheit wäre wie der Bärenthorener zu Beginn der Kalitschen Wirtschaft. Aber auch diesem wäre mit dem Rezepte nur dann gedient, wenn er den Sinn der Wirtschaft zugrunde liegenden Gedanken nachempfindend erfaßte und die Ausführung im Sinne des Meisters gestaltete. Denn Herr von Kalitsch hat sich als ein Künstler unseres Faches erwiesen, der die scheinbar so einfache, oft mißachtete waldbauliche Arbeit in der eintönigen Kiefernheide vom Handwerk zur Kunst erhob und die glänzendste Bestätigung lieferte für des Altmeisters Cotta sinnvolles Wort: »Der Beruf des Forstmannes ist halb Wissenschaft und halb Kunst und nur die Ausführung macht hierbei den Meister.« Was aber dieser Künstler instinktiv erreichte, das galt es in Worte zu fassen, um es nutzbar zu machen zur Anwendung in weiteren Kreisen. Die leitenden Gedanken, die höheren Gesichtspunkte, die unbewußt sein Schaffen beeinflußten, konnten diese herausgeschält und dargestellt werden, so war zu hoffen, daß sie über den Einzelfall des Bärenthorener Waldes hinaus sich fruchtbar für den Waldbau überhaupt erweisen würden. Und dies schwebte mir als Aufgabe vor, da ich es unternahm, auf Wunsch und mit Hilfe des Herrn von Kalitsch seine Wirtschaft und ihre Erfolge einem größeren Kreise von Fachgenossen darzustellen, nicht nur der Sänger seines Ruhmes zu werden, sondern dazu zu helfen, daß »an seinem Wesen die deutsche Forstwirtschaft sollte genesen.« So bezeichnete ich seine Wirtschaft als etwas durchaus Neues, als eine Art von Dauerwaldwirtschaft und bestimmte den Begriff der Dauerwaldwirtschaft dadurch, daß sie die Kontinuität des Waldorganismus oder die Stetigkeit des Waldwesens auf der ganzen Wirtschaftsfläche als ihr erstes Ziel betrachtete. Jede Wirtschaft also, die dieses Ziel verfolgt, ist eine Dauerwaldwirtschaft. Nur eine solche Wirtschaft ist imstande die Höchstleistung des Waldes an Masse und Wert zu gewährleisten. Dauerwaldwirtschaft unterscheidet sich grundsätzlich von aller bisherigen Forstwirtschaft in der Auffassung, mit der sie dem Arbeitsobjekte gegenübertritt. Sie sieht in dem Walde ein einheitliches, lebendiges Wesen mit unendlich vielen Organen, die alle zusammenwirken und miteinander in Wechselbeziehung stehen.

In dem Raum zwischen den obersten Kronenspitzen und zwischen den äußersten Wurzelverzweigungen im Boden ist dieses Wesen geschlossen, und alles, was in diesem Raum sich befindet, lebt und webt, gehört dem Organismus an. Dieses Waldwesen ist gedacht von ewiger Dauer. Es lebt, arbeitet und verändert sich. Nur eine seiner Funktionen, freilich die für und wichtigste, ist die Holzwerterzeugung.

Holzwerte werden nur erzeugt von Stämmen, die schon Holzwert besitzen; darum müssen solche und überall vorhanden sein. Ein Kahlschlag ist unmöglich; denn er mordet das Waldwesen und vernichtet die Produktion auf längere Zeit. Gleichaltrige Bestockung auf großen Flächen ist für die Dauer ebenso unmöglich. Der Umtriebsbegriff verliert für den Dauerwald jeden Sinn. Der Dauerwald wirtschaftet nicht mit Beständen, sondern mit Bäumen als Organen des Waldwesens. Der Dauerwald kennt keine Perioden, am wenigsten solche, während deren im Walde nichts zu arbeiten wäre. Er kennt keinen Überhalt oder Unterbau, wenn schon die Dauerwaldwirtschaft beim Übergang aus unserem bisherigen Walde zu dem neuen oftmals Bilder schaffen wird, die nach bisherigem Gebrauche so bezeichnet wurden.

Der Dauerwald kennt nur Ergänzung des Laubholzbestandes, wenn und wo nicht die genügende Anzahl von Holzpflanzen auf der Fläche vorhanden sind oder bisher nicht vorhandene Holzarten dem Bestande eingefügt werden. Der Dauerwald kennt kein Schema des Aufbaues, seine Tätigkeit paßt sich stets dem jeweils gegebenen und bewirtschafteten Walde und seinem Zustande an; und so mannigfaltig die Bilder im deutschen Walde gegenwärtig sind, so mannigfaltig würden sie unter allgemeiner Herrschaft der Dauerwaldwirtschaft auch bleiben, ja sie würden sogar noch weit reichere Abwechselung bieten. Und das ist das Wesentliche; ein jeder kann in jedem Walde in jedem Augenblick Dauerwaldwirtschaft einleiten. Er braucht nur die Erhaltung der Stetigkeit des gesunden Waldwesens zur obersten Richtschnur all seines waldbaulichen Tuns zu nehmen. Schwere und neue Anforderungen werden an den Dauerwaldwirtschafter gestellt. Kein Stamm darf gefällt werden, der nicht von dem Wirtschafter selbst oder in seinem Sinne sachverständig ausgezeichnet ist.

Eine ungeheure Vermehrung körperlicher und geistiger Arbeit im Walde ergibt sich daraus. Wer aber sollte glauben, daß das, was wir brauchen, die Erhöhung der heimischen Holzproduktion bis zu dem zu unserer Existenz notwendigen, also wie König errechnete um durchschnittlich 1 fm pro Jahr und Hektar auf unserer ganzen Waldfläche, daß ein so hohes Ziel zu erreichen wäre ohne vermehrten Einsatz? Und dieser Einsatz bedeutet eben für uns vermehrte Arbeit und Aufopferung. Es fragt sich, ob wir sie zu leisten willens sind; aber ich glaube, daß diese Frage stellen sie auch beantworten heißt, und hier möchte ich mich nun auf einige Worte berufen, die bei der vorjährigen Versammlung des Vereins in Kreuznach gefallen sind. Es hat dort Herr Landforstmeister Gernlein gesagt: »Wir müssen und wollen die Erträge unseres Waldes in der nachdrücklichsten Art steigern. Aber diese Steigerung darf nicht erfolgen auf Kosten des in unserer Wirtschaft steckenden Kapitals, nicht in einer Weise, daß die Existenz und Wachstumsmöglichkeiten unsrer heimischen Holzarten dadurch gefährdet und beeinträchtigt, sondern vielmehr derart, daß sie nachhaltig zur höchsten wirtschaftlichen Leistung gefördert werden.« Doppeltes Bravo begleitete nach dem Bericht diese Worte und das angedeutete Ziel ist eben dasjenige, *welches durch die technische Auswirkung des Dauerwaldgedankens und durch diese allein, niemals durch Herabsetzung der Umtriebszeit des schlagreifen Hochwaldes, erreicht werden kann.*

Es hat weiter der Herr Vorsitzende gesagt: »Wir haben in dem heutigen Deutschland nur zwei Wege, entweder Zersetzung und Vernichtung durch die furchtbare Umklammerung oder Bezwingung des Arbeitsdruckes von innen heraus durch Umwandlung der technischen Arbeit.« Sehr richtig hat er meines Erachtens klar ausgesprochen, was vielen von uns zu hören nicht angenehm sein mag, daß die deutsche Forstwirtschaft bisher noch nicht auf der erreichbaren Höhe der Tätigkeit und Leistung gewesen ist, daß sie von der Stufe des Handwerksmäßigen noch nicht allzu weit entfernt ist, und er hat als eine Aufgabe unseres Vereins bezeichnet die Förderung dieser Entwicklung, die Schaffung der wirtschaftlichen Voraussetzungen und Grundlagen forstlicher Höchstleistung, verbunden mit der Anfeuerung zu idealer Hingabe an den Beruf. Das ist's, was gefordert wird: Studium und Arbeit, welche die Ergebnisse der gewonnenen Einsicht, in persönlicher, stetiger Tätigkeit dem Walde zuführt. Nicht in der Schreibstube, nur im Walde kann des Forstmanns eigenste Arbeit die notwendige Mehrerzeugung von Holz bewirken. Und das Beispiel und Vorbild mit dem sichtbaren Erfolge, das haben sie in der Person des Herrn von Kalitsch vor sich, und deshalb ist der Besuch von Bärenthoren durch so viele Fachgenossen von besonderem Werte und eröffnet die Hoffnung, daß er Anlaß werde nicht nur zu Gedankenaustausch und akademischer Erörterung all der tausend Schwierigkeiten, welche sich einer Umstellung unserer Wirtschaft und ihrer bisherigen Grundauffassungen in den bisher herrschenden Verhältnissen entgegenstellen, sondern zu dem Entschluß, tatkräftig und sofort Mittel und Wege zur Überwindung dieser Schwierigkeiten zu erarbeiten.

An dem Beispiel der Bärenthorener Wirtschaft wurde der Dauerwaldgedanke entwickelt; daß dieses Beispiel in allen Einzelheiten vorgeführt werden konnte, hat unendlich viel dazu beigetragen, dem Gedanken freie Bahn zu schaffen; denn der praktische Forstmann hält sich gern an greifbare tatsächliche Verhältnisse und folgt weniger gern dem abstrakten Gedankengange. Aber darüber darf kein Zweifel sein, daß die Bärenthorener Wirtschaft nur *eine* und nicht *die* Dauerwaldwirtschaft ist.

Dadurch erhebt sich ihre belehrende und zur Nachahmung ansprechende Bedeutung so weit über das einzelne Schulbeispiel. Der Dauerwaldgedanke hat, das wissen Sie, gezündet, er hat nicht nur eine in unserem Fach beinah beispiellose literarische Tätigkeit entfacht, er hat auch, und das ist das Wertvollste, sehr viel Jünger schon geworben, die am Werke sind, ihn im Walde zu verwirklichen. Diese Erfolge wären sicherlich nicht möglich gewesen, wenn der Gedanke nicht seit langer Zeit in den Schriften vieler unserer Fachschriftsteller, Borggreves und Gahers vor allen, vorbereitet gewesen und in den Gedanken vieler arbeitenden Praktiker unbewußt sich zur Grundlage ihres forstlichen Denkens entwickelt hätte. Angesichts dieser Tatsache erschien es mir Pflicht, die seither zu dem Gegenstand bekanntgewordenen zustimmenden und gegnerischen Äußerungen der Fachgenossen zusammenfassend aufs neue zu bearbeiten, und ich habe das in der kürzlich erschienenen selbständigen Schrift *Der Dauerwaldgedanke – Sein Sinn und seine Bedeutung* zu tun versucht, jetzt nunmehr losgelöst von der unmittelbaren Anlehnung an das Bärenthorener Beispiel und mit dem Ziele, zu zeigen, wie der an diesem Beispiel zuerst entwickelte Gedanke sich praktisch auswirken kann, zunächst für das große Gebiet der nordostdeutschen Kiefernwirtschaft, darüber hinaus aber für den Waldbau überhaupt. Im Rahmen eines Vortrages ist es freilich nicht möglich, dieses große Problem, das eine Umgestaltung unseres forstlichen Denkens und Handelns, dann aber unserer Betriebstatistik und -kontrolle, die an Stelle der bisher üblichen Abschätzungswerke zu treten hätte, zwangsläufig im Gefolge haben muß, auch nur annähernd zu erschöpfen, und ich darf um der Sache willen die Herren, welche literarisch, ganz besonders aber diejenigen, welche praktisch den neuen Wegen folgen oder sie bessern wollen, auch diejenigen, welche sie für Irrwege halten und versperren möchten, darum bitten, diesen meinen Ausführungen ihre Aufmerksamkeit nicht vorzuenthalten.

Wie ich mir die Entwicklung denke? Je größer die Zahl der Privatbesitzer wird, welche im Sinne des Dauerwaldgedankens arbeitend, sich und ihre Beamten zu Künstlern unseres Faches herausbilden, um so größer werden ihre Erfolge sich gestalten und um so schneller werden diese Erfolge den Nachbarn zuerst und dann der Allgemeinheit sichtbar werden. Und diese Erfolge werden den Gedanken des Dauerwaldgedankens erzwingen.

Im Staatswalde aber kommt es nun darauf an, daß man zunächst solchen Revierverwaltern, die aus freier Überzeugung mit dem Bewusstsein ihrer Verantwortung und dem Willen zum Einsatz ihrer vollen Kraft eine Dauerwaldwirtschaft zu führen um die Erlaubnis bitten, solche nicht versage und ihnen nicht unüberwindliche Hindernisse auftürme durch allzu strenge Bindung an Formen und Formblätter, denen der Dauerwald seiner Natur nach sich nicht fügen kann. Und Versuchsreviere[2] brauchen wir, nicht Versuchsflächen, wie das neuerdings so vielfach ausgesprochen und gefordert ist, geschlossene größere Waldkomplexe, in denen zielbewußte Dauerwaldwirtschaft ihre Leistung erproben kann unter steter genauer Kontrolle, Versuchsreviere, die dann allmählich zu belehrenden Musterbeispielen heranwachsen, gleich Gaildorf und Bärenthoren; oder glaubt man, daß in der Welt zerstreute Versuchsflächen von je 1 Hektar und meist noch geringerer Größe jemals uns Einsichten vermitteln könnten gleich denen, die wir aus Bärenthoren entnehmen?

Dauerwaldwirtschaft gibt dem Wirtschafter ungeahnte Freiheit der Betätigung. Nur eine aber strenge Bindung gibt es für ihn, nämlich an den festgesetzten Abnutzungssatz, außerdem keine. Daß Freiheit mißbraucht werden kann, wir wissen es nur zu gut; daß sie auch in unserem Falle mißbraucht werden wird, ist anzunehmen; daß der Mißbrauch aber einen Umfang annehmen könnte, der den Segen aufwöge, welche die dem wahren Dauerwaldkünstler gewährte Freiheit zu stiften vermag, das ist nicht möglich, wenn anders die Ideen lebendig bleiben in den Trägern unseres grünen Ehrenkleides, die Sie, Herr Präsident, als Leitstern für die Tätigkeit des Deutschen Forstvereins in Kreuznach bezeichneten.

So möge denn der in der Bärenthorener Wirtschaft des Kammerherrn von Kalitsch materialisierte Dauerwaldgedanke weiter wirken und leben und unserer forstlichen Technik Freiheit schaffen, Freiheit in der Gebundenheit nicht durch Formen, Formeln und Schablonen, aber in der Gebundenheit der Pflicht zur Arbeit, »die nie ermattet, die langsam schafft, doch nie zerstört«, die allein die Kraft schafft, aller Welt zum Trotz die Pflicht der Hoffnung zu bekennen und zu erfüllen, »die zu dem Bau der Ewigkeiten zwar Sandkorn nur im Sandkorn reicht, doch von der langen Schuld der Zeiten, Minuten, Tage, Jahre streicht«. (Stürmischer Beifall[3])

Alfred Möllers Vorlesungsnotizen 1906–1921[1]

(Auszug)

Aus der 28. Vorlesung (Seite 496):

Schaltet man die Einwirkung der Menschen aber aus, wie es auf weiten Länderstrecken in den außereuropäischen Kontinenten heute noch zutrifft, so schafft die Natur die natürlichen Pflanzengenossenschaften, wie wir sie vorfinden; und zwar schafft sie in der großen Mehrzahl der Fälle, die für uns in Betracht kommen, und über riesige Flächen der ganzen Erde hin den Wald, also eine Genossenschaft aus Bäumen, von hochragenden, viele Jahre hindurch existierenden Gewächsen. …

Jetzt, wenn Sie meinen Ausführungen bis hierher gefolgt sind, werden Sie zu würdigen wissen, was es bedeutete, wenn ein Mann wie Heinrich Cotta am 21. Dezember 1816 schon die Vorrede zur ersten Auflage seiner nachmals berühmt gewordenen Anweisung zum Waldbau mit den Worten begann: »Wenn die Menschen Deutschland verließen, so würde dieses nach 100 Jahren ganz mit Holz bewachsen sein.« Alles, was ich bisher Ihnen vorgetragen habe, ist eigentlich nichts als eine Vorbereitung zum wahren, eingehenden Verständnis dieses einen Satzes. Sie haben viel gewonnen für Ihre allgemeine forstliche Bildung, wenn Sie von der Bedeutung dieses Satzes eine begründete Überzeugung haben.

Welche Konsequenzen dieser Satz für den denkenden Forstmann gestattet, das will ich hier als Einschaltung nur andeuten.

Wenn nämlich dieser Satz richtig ist, so folgt daraus, *daß es überall nur der Schonung bedarf, um einen Holzwuchs zu erzeugen; daß man von einer bestimmten Fläche nur Menschen und Tiere unbedingt auszuschließen braucht,* um einen Holzbestand entstehen zu sehen. Und dies ist eine wichtige und beherzigenswerte Tatsache!

Der Wald, welcher auf diese Weise entstünde, würde gewiß in seiner Zusammensetzung nach Arten und in seinen Altersklassenverhältnissen nicht dem gleichen, den wir heute haben, und der vollständig unter der Einwirkung der Menschen entstanden und geworden ist – aber eine Vegetation von Holzpflanzen würde es sein. – *Die Geduld wird zur wichtigsten Kulturmaßregel!*

Aus seiner 30. Vorlesung (Seite 534):

Tanne und Buche sind mithin die endlichen natürlichen und dauernden Beherrscher einer durch Mencheneingriffe nicht gestörten Vegetation auf allen ihnen und zugleich einer oder mehreren anderen Holzarten zusagenden Standorten Deutschlands. Hainbuche und Linde sind die Vertreter auf solchen Standorten, die jenen beiden klimatisch oder aus sonstigen Gründen (Überschwemmungen) nicht mehr zusagen. Kiefer und Erle vermochten nur unter extremen Boden-, Fichte unter extremen klimatischen Verhältnissen die Alleinherrschaft zu behalten.

Und hier muss ich nun noch ein Wort der Erklärung anschließen. Sie finden bisweilen in den Büchern die Bezeichnung »schattenliebend« und »lichtliebend«. Sie finden zum Beispiel die Tanne oder die junge Buche sei schattenliebend; und man könnte daraus die ganz verkehrte Anschauung gewinnen, als wüchse eine junge Tanne oder Buche im Schatten besser als im Lichte. Das ist falsch! – Es gibt unter den Bäumen jedenfalls keine Schatten liebenden. Sie wachsen alle im Licht besser. Aber sie kommen im Lichte in einen Konkurrenzkampf mit anderen, die das Licht besser ausnutzen und im Forsthaushalt, wo man ihnen nicht helfen kann, sind sie dann verloren.

Aus der 31. Vorlesung (Seite 543)

Zäune sind ein wesentliches Kulturmittel. Durch ein Stellgatter läßt sich in wenig Jahren ein Bestand hochziehen.

Es ist oft eine ganz falsche Sparsamkeit, wenn man für Zäune kein Geld ausgeben will; besonders in einigermaßen wildreichen Revieren. Aber freilich, die Zäune müssen dicht sein. Nie darf man mehr Zäune anlegen als man unterhalten kann, solange sie notwendig sind. Darum sind die neuen Drahtmaschengeflechte von so außerordentlicher Bedeutung durch Dichtigkeit, Billigkeit und mehrfache Verwendungsfähigkeit. Ein Reh innerhalb eines Gatters sollte als schlimme Nachlässigkeit geahndet werden. Praktisch sind nicht zu große Zäune. Wenn ein Weg durch ein ganzes Jagen geht, lieber rechts und links zäunen: denn, wenn ein Zaun undicht ist, so sind die ganzen Kosten nutzlos ausgegeben.

Also, meine Herren, es ist ein viel zu wenig betonter, dabei ganz enorm wichtiger Satz, daß man nur die Bedingungen für irgendeinen Organismus zu schaffen hat, so ist er da: auf jedem Dunghaufen findet sich die Melde; im Garten die Winde Aegopodium, Euphorbia; auf den Kiefernkulturen Senecio. Dies gilt aber auch für niedere Organismen: Wo immer Sie süße Milch hinstellen, wird sie sauer, doch sterilisierte nicht; das weiß jeder. Wo immer Sie Zuckersaft hinstellen, wird er Alkohol; wo immer Sie ein paar Stiefel ins Feuchte stellen, wird es schimmelig; ebenso Brot. So auch mit den Krankheiten der Gewächse: Massenhaftes Auftreten, also wirtschaftlich Schädliches, zeigt immer an, daß die Bedingungen dafür sehr günstig sind. Direkte Bekämpfung ist dann unmöglich. Man muß die Bedingungen ändern: bei Kartoffelkrankheiten verwendet man andere Sorten; bei Reblaus andere Weinstöcke usw. Wohl kann man auch direkte Bekämpfungsmittel anwenden, aber der Grundgedanke, die Bedingungen zu ändern, ist festzuhalten. *Deshalb muß bei forstlichen Kalamitäten die erste Frage lauten: sind Fehler gemacht?*

So beim Maikäfer – große Kahlschläge; beim Wurzelschwamm – ungeeignete Bodenverhältnisse. Mit direkten Vertilgungsmaßregeln ist fast nie etwas zu machen! *Unsere großen Kalamitäten sind Produkte unserer verkehrten Wirtschaft.*

Sowie 31. Vorlesung (Seite 546):

Die Zeiten der bequemen Wirtschaft sind vorbei. Nur der Forstmann, der ein genügendes wissenschaftliches Rüstzeug mitbringt, kann noch hoffen, mitzuwirken am Fortschritt, Dauerwaldwirtschaft treiben zu können!

Die verfeinerte Technik der Zukunft wird keinen Kahlschlag mehr kennen; dies ist sicher! Ebenso sicher ist, daß wir noch nicht so weit sind. – Es ist aber kein Zufall, daß seit Jahrzehnten unsere Literatur angefüllt ist mit Vorschlägen zur sogenannten natürlichen Verjüngung, mit Sehnen nach Plenterwald, dem Schreckgespenst des eingefleischten Taxators, der die Taxation und Kontrolle für ebenso wichtig oder gar für noch wichtiger hält als die Holzzucht und ganz verkennt, daß sie nur ein nebensächlich Ding, ein Hilfsmittel ist, um Holzzucht planmäßig treiben zu können und die Nachhaltigkeit angeblich zu sichern.

Schlussworte (31. Vorlesung, Seite 546 ff.):

Wenn der mächtige Altbestand der Kiefern zur Ernte gebracht wird, wenn der Oberförster und Förster mit Behagen glatte gesunde, feinringige kernreiche Stämme von ½ m Mitteldurchmesser in ihre Tabellen eintragen und sich bei der Versteigerung an dem Wettbewerb der Käufer erfreuen, da wird oft die Besorgnis laut, ja werden denn aus unseren Kulturen, die wir säen und pflanzen, gleiche Fruchtgenüsse für die Forstleute des 21. Jahrhunderts erwachsen; und wenn man dann die Schütte[2] junge An- und Aufwüchse grausam dahinmorden sieht und untätig schier verzweifelnd zusehen muß, wie die scheinbar so frohwüchsigen, vielversprechenden Stangenhölzer von dem Wurzelschwamm durchlöchert werden, wie in den angehenden Baumhölzern hier und da der Wuchs frühzeitig stockt, der Hallimasch und der Baumschwamm sich einnisten, wie *dann die Insektenkalamitäten über uns hereinbrechen und ganze Reviere in Wüsteneien verwandeln, dann wird die Besorgnis immer stärker, und man fragt sich, liegt es doch etwa an uns; haben wir Fehler gemacht, die vermieden werden müssen, wenn wir unseren vornehmsten, oben ausgesprochenen Grundsatz treu durchführen wollen!?*

Erklärung der forstlichen Fachbegriffe
Von Wilhelm Bode

Abnutzungssatz:	Die durch das Einrichtungswerk vorgesehene jährliche, steuerliche Nutzungsmasse, s. a. Hiebssatz
Abschätzungswerk:	Forsteinrichtungswerk
Abteilung:	Dauerhafte Kennzeichnung der räumlichen Waldeinteilung (ca. 10–30 ha): dient der Planung, Kontrolle und Verwaltung des Forstbetriebes
Abtriebsalter:	Alter des Bestandes zum Zeitpunkt der flächenhaften Nutzung (Kahlhieb oder auch Kahlschlag)
Abtriebsertrag:	Zerschlagungswert eines Bestandes
Altersklasse:	Die Einteilung der Bestände in 10- oder in der Regel 20-jährige Altersstufen
Altersklassenübersicht:	Übersicht über die Altersklassenverteilung der verschiedenen Baumarten; gehört zu den Hauptergebnissen der Betriebsregelung
Altersklassenverhältnis:	Nach Baumartengruppen oder Bestandsklassen wird die tatsächliche Flächenverteilung der Altersklassen mit dem idealen ausgeglichenen Altersklassenverhältnis zur Prüfung der Nachhaltigkeit verglichen

Anflug:	Aus flugfähigem Samen durch Naturverjüngung entstandener Jungwuchs
Astung:	Zur Astung werden die Trockenäste bestimmter Totast erhaltender Baumarten (zum Beispiel Fichte, Douglasie, Kiefer) mit Handsägen auf eine Höhe von bis zu 8 m entfernt (mit Klettermaschinen auch bis 16 m), um astreines Holz zu erzeugen. Wegen der hohen Investitionskosten in den stehenden Bestand heute nur noch sehr selten angewandt
Baumwirtschaft:	Vorratspflegliche Wirtschaft durch Pflege des Einzelbaumes bei selektiver Nutzung konkurrierender Bäume
Besamungsschlag:	Besamungshieb; Auflichtung eines Altbestandes auf ganzer Fläche beim Großschirmschlag nach einer Mast im folgenden Winter
Beschirmung:	Beschattung des Bodens durch die Kronen des Bestandes
Bestandesgeschichte:	Beschreibung der Entwicklung und Begründung eines Bestandes (= individuelle Entwicklungsgeschichte)
Betriebsart:	Art der Bewirtschaftung eines Waldes (Waldbaumethode). Je nach Verjüngungsmethode wird sie unterschieden in Hoch-, Mittel- und Niederwald
Betriebsplan:	Maßnahmen, die für den kommenden Forsteinrichtungszeitraum vorgesehen sind. Der Betriebsplan ist ein Teil des

	Forsteinrichtungswerkes bzw. des Betriebswerkes
Betriebswerk:	Das Betriebswerk oder Forsteinrichtungswerk ist das Ergebnis der Betriebsregelung
Bleichsand:	Gebleichte obere Bodenhorizonte; in der Regel durch Ausspülung der rotbraungefärbten Eisenoxide aus den oberen Bodenschichten
Blendersaumhieb:	Gradlinig verlaufende Säume in O-W- bzw. SO-NW-Richtung. Mehrere Reihen werden zu einer räumlich begrenzten Hiebsfläche zusammengefaßt und gegen Sturm durch einen Laubholzschutzstreifen gesichert. Jede Schlagreihe hat eine Länge von 200–500 m. Kahlschlagfrei führt er zu einer heterogenen Kronenstruktur mit langen Phasen der Ungleichaltrigkeit, fördert die Stetigkeit des Waldes und ist nach Möller darum eine Form des Dauerwaldes. Der Blendersaumschlag nach Chistof Wagner (1836–1918) zielte u. a. auf die systematische Förderung des Mischwaldes
Blendersaumschlag:	siehe Blendersaumhieb
Bodengare:	Aktiver Zustand der biologischen Zersetzung der organischen Auflage im Oberboden
Bodenklasse:	Einteilung der Ertragsfähigkeit der Böden

Bonität:	Ertragsklasse
Brusthöhendurchmesser:	Durchmesser eines stehenden Stammes in 1,3 m Höhe
Derbholz:	Oberirdische Holzmasse, deren Durchmesser mit Rinde über 7 cm beträgt
Diluvialsande:	Eiszeitliche Talsande
doppelhiebiger Hochwald:	Syn.: zweihiebiger Hochwald; nach der Verjüngung wird ein Teil des Bestandes, unter dessen Schirm der neue Bestand heranwächst, belassen. Die Zahl der belassenen Bäume ist größer als beim Überhalt
Durchforstungsart:	1. Niederdurchforstung: Entnahme der unterdruckten Bestandesteile, mit dem Ziel des einschichtigen Bestandsaufbaues 2. Hochdurchforstung: Nutzung herrschender Stämme mit dem Ziel eines zwei- oder mehrschichtigen Bestandsaufbaus 3. Auslesedurchforstung: Nach der Läuterungsphase werden hochwertige Bäume herausgearbeitet, um sie in der Entwicklung zu fördern. Sie führt zum mehrschichtigen Bestandsaufbau und ist damit eine Hochdurchforstung
Durchreiserung:	Läuterung von Jungbeständen unter 7 cm Durchmesser

Durchschnittszuwachs:	Gesamtzuwachs dividiert durch das Alter des Baumes bzw. des Bestandes
Edaphon:	Gesamtheit aller in den oberen Bodenschichten lebenden Pflanzen, Tiere und Bakterien
Eichenschälwald:	Früher weitverbreitete Sondernutzung von Eichenstangenwäldern zur Abschälung der Rinde zum Zweck der Gewinnung von Gerbrinde
Endnutzung:	Nutzung eines hiebsreifen Bestandes bzw. eines im Rahmen der Betriebsregelung zur flächenhaften Nutzung vorgesehenen Bestandes
Erntefestmeter:	Abk.: Efm; entspricht einem Vorratsfestmeter (Vfm) – 20 % = ideeller cbm vollständig ausgefüllt mit Holzmasse
Ertragsklasse:	Verhältnis von Alter und Höhe eines Baumes bzw. eines Bestandes. In der Regel werden 3–5 Ertragsklassen ausgeschieden
Ertragstafel:	Darstellung von Wachstum und Zuwachs der wichtigsten Baumarten; Grundlage ist die Beziehung zwischen Bestandshöhe und -alter. Die Ertragstafel enthält Mittelwerte, die sich durch einmalige oder wiederholte Aufnahmen von Einzelprobeflächen ergeben
Ertragstafelwerk:	Gibt auf Grundlage der Beziehung von Alter zu Höhe die Entwicklung von Beständen wieder. Es wird durch ein-

malige oder wiederholte Aufnahmen ausgewählter Probeflächen erstellt

Femelschlagbetrieb: Unregelmäßig verteilte Löcherhiebe, zunächst sehr klein (= 0,7 ha) und erst sehr viel später im Zuge der natürlichen Verjüngung auf Trupp- oder Horstgröße allmählich anwachsend. Die Verjüngungskerne werden durch Rändelung langsam vergrößert. Er führt auf großer Fläche zu kleinflächigem, ungleichaltrigem Bestandsaufbau

Festmeter: Übliche, ideelle Maßeinheit (= cbm) für das Rundholz, siehe auch Erntefestmeter. Möller gebraucht den Begriff anstelle des heutigen Begriffs Vorratsfestmeter

Forleule: Zum Massenwechsel neigender zimtbrauner Eulenschmetterling, dessen Raupe der gefährlichste Kiefernschädling ist

Forstabschätzungswerk: Forsteinrichtungswerk

Forstästhetik: Lehre von der Schönheit des Waldes

Forstbenutzung: Lehre von den Nutzungsarten u. -formen der Waldprodukte und des Holzes

Forsteinrichtung: Mittelfristige und langfristige Planung im Forstbetrieb

Forsteinrichtungswerk: Betriebswerk

Gesamtabnutzungssatz: siehe Abnutzungssatz, Hiebsatz

Gesamtzuwachs:	Zuwachs, der an einem Baum oder einem Bestand bis zu einem bestimmten Zeitpunkt erfolgt
Grubenholz:	Ein bis in die 60er-Jahre wichtiges Marktsegment für Waldrundholz, was danach nur noch sehr geringe Bedeutung hat (hochmechanisierter Steinkohleabbau unter dem Schild sowie Rückgang des Steinkohleabbaus insgesamt)
gruppenweise Mischung:	Mischung verschiedener Baumarten auf einer mehr oder weniger runden Kleinfläche. Die Fläche hat den Durchmesser der Bestandshöhe
Hauptnutzung:	Summe aller Holzerträge des Forstbetriebes
Hauptschaftausbildung:	Holz des Baumstammes von der Erdoberfläche bis zur Endknospe
Hiebsreife, hiebsreif:	Erreichen eines bestimmten Gesundheitszustandes, einer bestimmten Sortenstruktur, des höchsten Geldertrages oder der Kulmination des Wertzuwachses eines Bestandes; beim Einzelbaum das Erreichen der gewünschten Zielstärke; in der konventionellen Waldwirtschaft in der Regel durch die Umtriebszeit bestimmt
Hochdurchforstung:	Entnahme von herrschenden Bäumen im Bestand

Hochwald: Aus Kernwuchs oder Pflanzung entstandener Wald, bei dem Bäume im voll erwachsenen Alter genutzt werden

Holzring: Jährlicher Holzzuwachsmantel des Stammes in Form eines Jahresringes (auf der Stammschnittfläche sichtbar)

Holzvorrat: Menge an Holz in einem Bestand gemessen in Holzvolumen, Holzmasse und im Betriebswerk unterteilt in Baumarten, Stärke und Qualitätsklassen

Horstweise Mischung: Mischung verschiedener Baumarten, beim Horst (10–50 Ar) den Übergang zur selbstständig bewirtschafteten Fläche bildend

Inspektionsbeamter: Ein Aufsichtsbeamter der vorgesetzten oberen Forstbehörde, der die Forstämter betriebswirtschaftlich, forstfachlich und in ihren Jahresergebnissen kontrolliert. Seine Funktion hat sich heute bürokratisch erübrigt

Jagen: Preußischer Begriff für Abteilung

Jahresabnutzungssatz: Jährlicher Hiebsatz

Jungwuchs: Jungwald von der Ansamung oder Pflanzung an bis zum Eintritt des Bestandsschlusses, d. h. der vollständigen Beschattung des Bodens

Käfergraben: Früher angewandte mechanische Bekämpfungsmethode gegen Käferschädlinge

Kahlhieb:	Entnahme aller Bäume einer Bestandsfläche
Kahlschlag:	= Kahlhieb oder Hochwaldkahlschlag; regelmäßig das Ergebnis der Endnutzung eines Altersklassenwaldes
Kernholzentnahme:	Entnahme von Bäumen aus Kernwuchs (aus Samen) im Gegensatz zur Ernte von Bäumen aus Stockausschlag
Kleinbestandswald:	Waldbestände in Horstgröße (ca. 10–50 Ar)
Kluppe:	Ein spezielles Handwerkzeug zum Messen des Durchmessers eines liegenden oder stehenden Baumstammes (ein sog. Messschieber)
Kluppen:	Vorgang der Durchmessermessung (mit vorstehendem Werkzeug)
laufender Zuwachs:	Tatsächlicher Zuwachs eines Jahres; er wird in der Regel mithilfe der Ertragstafel bestandsweise geschätzt
Läuterung:	Baumentnahme durch (meistens) negative Auslese (= Standraumregulierung) im Jungbestand, ohne Anfall von nutzbarer Holzmasse
Leimring:	Mit Raupenleim bestrichener Papierstreifen, der gegen die hinaufkletternden Insekten um die Baumstämme gewickelt wird

Leseholznutzung:	Selbstwerbung von Schlagrestholz für den Hausbrand
Lichtholzarten:	Lichtbedürftige Baumarten mit geringem Beschattungsvermögen wie Waldkiefer, Eiche, Birke, Kirsche, Aspe, Lärche, Esche, Eberesche etc.
Lichtschlag:	Lichtungshieb; Auflichtungen, die dem Jungwuchs und der Verjüngung dienen
Lichtungshieb:	Entnahme einzelner Bäume, damit ein gleichmäßiger Schirm über der vorhandenen Verjüngung zur Förderung des Jungwuchses und der Regulierung des Lichthaushalts verbleibt
Nachhaltbetrieb:	Nutzung der vielfältigen Leistungen des Waldes durch nachhaltige Produktion. In der konventionellen Waldwirtschaft häufig nur auf die Nachhaltigkeit der Massennutzung bezogen
Niederwald:	Wald, der durch Stockausschlag oder Wurzelbrut entstanden ist. Er wird innerhalb weniger Jahrzehnte flächenhaft geerntet
Normalwald:	Der ideelle Aufbau eines Altersklassenwaldes, in dem jede Altersstufe mit einem Jahr in derselben Flächengröße vertreten ist sowie entsprechend eine Einheit Kahlfläche zur Wiederaufforstung und eine zur Endnutzung ansteht. Ein in der Natur nicht vorkommendes Denkmodell, welches die Grundlage

	der Ökonometrie des Altersklassenwaldes bildet, aber zu gravierenden systemischen Fehlschlüssen führt
Normalvorrat:	Holzvorrat des Normalwaldes, der sich ergibt, wenn jede Altersklasse den der Durchforstungsart und -stärke entsprechenden Ertragstafelvorrat aufweist
Mittelwald:	Zweischichtiger Wald bestehend aus einer unteren Schicht aus Stockausschlag und einer oberen Schicht aus Stockausschlag und Kernwuchs. Der Mittelwald ist eine Zwischenform aus Nieder- und Hochwald
Mittendurchmesser:	Durchmesser in der Mitte eines abgelängten Stammes
Morgen:	Ein Morgen entspricht ¼ Hektar, also 2500 m^2
Ortstein:	Bodenhorizont mit zementartigen Verfestigungen als Folge von eisen- und aluminiumhaltigen Humusbestandteilen in ursprünglich humusfreien oder humusarmen Anreicherungshorizonten (entsteht meistens unter Grundwassereinfluss)
Periodenwirtschaft:	Wirtschaftsweise, die die Bestände eines Betriebes periodisch zur Nutzung heranzieht
Periode:	Sie bezeichnet die Wiederkehr einer Hiebsmaßnahme. Im Dauerwald alle drei bis fünf Jahre

Plenterwald:	Hochwaldform mit einer naturnahen, gemischten Bestockung von der Jungpflanze bis zum Altbaum mit einem strukturellen Gleichgewichtszustand von Ober-, Mittel- und Unterstand (= Plenterstruktur)
Raffholz:	Lese- oder Klaubholz, eine bis ins 20. Jahrhundert lokal weitverbreitete Nutzung der ländlichen Bevölkerung durch Aufsammeln von Trockenästen und Reisig vorwiegend für den Hausbrand, die inzwischen wieder aktuell geworden ist und Nährstoffkreisläufe schädigt
Räumig:	= Räumde: Fläche mit einem Bestockungsgrad von 0,1 bis 0,4
Reinertragslehre:	Sie bezeichnet die Lehre von der jährlichen Geldrente im Forstbetrieb. Sie kann als Waldreinertrag oder als Bodenreinertrag berechnet werden. Ersteres berechnet die Jahresrente als Rente des aufstockenden Bestandswertes eines Waldes, letztere unter Einbezug des Bodenwertes. Bei heutigen Waldbodenpreisen führen Letztere fast zwangsläufig zu negativen Renditen im Vergleich zum Kapitalanlagenmarkt
Rohhumusauflage:	Gestörte Zersetzungstätigkeit der organischen Auflage; massive Störung des Nährstoffkreislaufs
Rotfäule:	Schadpilz der Fichte, der häufig an einem flaschenförmigen Wurzelanlauf erkennbar ist (*Fomes annosus*)

Saum:	Streifen am Rand eines Bestandes, der waldbaulich zur Verjüngung oder schutz- oder erntetechnisch genutzt wird
Innensaum:	Reicht in den Bestand so weit hinein, daß durch das einfallende Licht Verjüngung und Bodenvegetation verbessert werden
Außensaum:	Zur offenen Fläche hin, stärker aufgelichtet
Schattenholzarten:	Baumart, die vor allem in der Jugend viel Beschattung erträgt, zum Beispiel Buche, Tanne, Eibe, Linde etc.
Schirmschlag:	Schlagverfahren, bei dem ein mehr oder weniger intensiver Schirm von Altbäumen zur Besamung verbleibt (Verjüngungsverfahren)
schlagbarer Bestand:	Ein Altersklassenbestand, der seine vom Waldbesitzer definierte Hiebsreife erreicht hat. Die Hiebsreife ist nicht objektiv definiert, sondern forstlich gewillkürt
Schlagrevision:	Überprüfung der Holzschläge durch vorgesetzte Forstdienststellen
Schlagwirtschaft:	Wirtschaftsweise, die die Bestände schlagweise (d. h. flächenhaft) nutzt
Schütte:	verbreitete und besonders gefährliche Krankheit an jungen Kiefern in Kämpen, Baumschulen und Kulturen, die mit Verfärbung der Nadeln beginnt

und zum Ausfall führt. Erreger ist ein Schlauchpilz (Lophodermium pinastri)

Schüttespritzen: Chemische Begiftung gegen den Schüttepilz

Schwammaushieb: Aushieb von mit Schwammpilzen befallenen Kiefern

Spanner: Zum Massenwechsel neigende Familie der Schmetterlinge, deren Raupen sich spannmessend fortbewegen, da die mittleren Bauchfüße fehlen (Forstschädling)

Spinner: Spinnende Schmetterlingsfamilien, die zum Massenwechsel neigen

Standortsklasse: Ertragskundliche Einstufung eines Waldstandortes

Stangenholz: Baumstärkeklasse für Altersklassenwälder, die eine Durchschnittsstärke von bis zu 20 cm Mittendurchmesser erreicht haben. Stärkere sind angehende oder schwache Baumhölzer

Standraum: Tatsächlicher Wuchsraum eines Baumes innerhalb eines Bestandes; wird durch Durchforstungseingriffe beeinflusst (vgl. Durchforstung)

Stockausschlag: Jungwuchs, der aus alten Baumstümpfen austreibt (im Gegensatz zum Kernwuchs)

Streunutzung:	Entnahme von Laub- und Nadelstreu als Nebennutzung für die Landwirtschaft (zum Einstreu bei der Stallhaltung). Durch den Entzug organischer Substanz führt die Streunutzung zu Schäden am Bestand und zur biologischen Verarmung des Bodens
Streifensaat:	Im Gegensatz zur Flächensaat, bei der unregelmäßig das Saatgut ausgebracht wird, wird bei der Streifensaat das Saatgut in Streifen im Abstand von 1–2 m ausgebracht, was die spätere Kulturpflege erleichtert
Tafelansatz:	Vorrats-, Zuwachs- oder Nutzungsangabe der Ertragstafel
Taxation:	Traditioneller Begriff für Forsteinrichtung
Taxe:	Planungsergebnis der Forsteinrichtung (= Hiebsatz)
Thaler:	Bis zur reichsweiten Einführung der Mark die letzte gebräuchliche Silbermünze. Der letzte gebräuchliche sog. Vereinstaler wurde 1908 durch eine Dreimark-Münze ersetzt, die im Volksmund weiter Thaler genannt wurde
Überhaltbetrieb:	Einzelne alte Bäume verbleiben zum Zweck der Verjüngung und Lichtungszuwachs im Bestand
Umtriebszeit:	Zeitraum zwischen Begründung und Ernte eines Bestandes, bestimmt durch

	die waldbauliche Zielsetzung, d. h., dem Zeitpunkt der Endnutzung
Unterbau:	Anbau einer dienenden Unterschicht zum Schutz des Bodens und zur Pflege der Stämme des Hauptbestandes
Vollbestandsfaktor:	Maß der Bestandsdichte
Vollbestand:	Ein Altersklassenbestand, der die Bestandsdichte von 100 % des Ertragstafelwertes aufweist
Vollsaat:	Ausschließliche Bestandsbegründung durch Saat auf ganzer Fläche
Vornutzung:	Alle Holznutzungen, die nicht Endnutzung im Altersklassenwald sind
Vorrat:	Stehende Holzmasse eines Bestandes gemessen nach Stammzahlen je Flächeneinheit oder in der Regel in der Masseneinheit je Hektar (Vorratsfestmeter), ein ideeller Würfel von einem cbm-Inhalt ausgefüllt mit Holz
Vorwuchs:	Ein gegenüber dem Restbestand vorwachsender Baum im gleichaltrigen und einschichtigen Jungwald
Waldwertrechnung:	Lehre von der Berechnung des Wertes stehender Wälder und ihres Grund und Bodens
Weichholz:	Nicht zur Verkernung neigende Holzarten, zum Beispiel Linde, Fichte, Tanne, Weide, Birke, Pappel etc.

Weidenheger:	Früher übliche Erzeugung von Flechtmaterial in Sonderkulturen (vor allem mit Weiden außerhalb des Waldes)
Wertzuwachs:	Die in Währungseinheiten gemessene Zunahme des Bestandswertes im Beobachtungszeitraum
Wildhölzer:	Wildobst
Wirtschaftsfigur:	Anderer Begriff für Planungseinheit oder Bestandseinheit
Wurzelschwamm:	gefürchteter Pilzschädling aus der Familie der Bergporlinge. Er verursacht die stark entwertende Rotfäule bei Fichte
Xylometer:	Geeichtes Tauchgefäß zur Inhaltsermittlung (= Massenermittlung) eines Holzstücks
Zopfende:	Dünnörtiges Stammende des abgelängten Stammes
Zuwachsleistung:	Zuwachs an Gewicht oder Organsubstanz, in der Regel in Vfm je Hektar angegeben
Zuwachsprozent:	Zuwachsleistung in Prozent des Ausgangswertes
Zwischennutzung:	siehe Vornutzung

Zu den Autoren

FRANK BAHR lebt heute an und teilweise auf der Ostsee und arbeitet als freier Maler, Karikaturist und Cartoonist.

WILHELM BODE (Herausgeber), Leitender Ministerialrat a. D., ist Jurist und Forstakademiker. Als Leiter der saarländischen Landesforstverwaltung führte er erstmals in einem Bundesland die kahlschlagfreie und chemiefreie Dauerwaldwirtschaft auf Basis sanfter Betriebstechniken ein. Er ist bekannt durch seine Bücher zur Reform der Jagd und der Waldwirtschaft, u. a. *Waldwende, Naturnahe Waldwirtschaft, Jagdwende* sowie die beiden Porträts *Hirsche* und *Tannen* in der Reihe Naturkunden.

ORAZIO CIANCIO, emeritierter Professor für Forstwirtschaft und Waldbau an der Universität Florenz und der Universität Tuscia (Viterbo), ist Präsident der Italienischen Akademie der Forstwissenschaften. Er ist Autor zahlreicher Bücher und von mehr als 400 wissenschaftlichen Beiträgen, vor allem zu Fragen des systemischen Waldbaus.

JOHANNES VON FREYDORF ist Cartoonist und freier Grafikdesigner aus dem Südwesten.

BERND GERKEN, Dipl.-Chem. Prof. Dr., ist seit 1983 Hochschullehrer für allgemeine Biologie und angewandte Tierökologie in Ostwestfalen, und seit langer Zeit im Naturschutz tätig – seit 2014 auch für den Schutz des Auwalds Leipzig.

JOHANNES HANSMANN ist seit Jahrzehnten ehrenamtlich im Naturschutz tätig. Er ist in der Nähe von Auenwäldern aufgewachsen und widmet sich der Erforschung, Dokumentation und dem Schutz dieser einzigartigen Lebensräume.

GERHARD HOFMANN, Prof. Dr., war bis 1991 Direktor für Ökologie am Institut für Forstwissenschaften Eberswalde und nach dessen Auflösung Gründer und Leiter des privaten Waldkunde-Instituts Eberswalde.

Rainer Kant ist Diplom-Forstwirt professioneller Fotograf und Waldreferent bei B.A.U.M. Hamburg.

Michal Kleff ist Biologe und arbeitet seit vielen Jahren im behördlichen Naturschutz Sachsens.

Norbert Panek ist Buchautor und Verfasser zahlreicher Fachpublikationen zum Thema Wald. Er engagiert sich seit 1986 für den Schutz von Buchenwäldern und gründete 1990 die Nationalpark-Initiative im nordhessischen Kellerwald, die letztendlich zu dessen Ausweisung als Nationalpark führte.

Anmerkungen

Wilhelm Bode: Reden wir also Tacheles!

1 C. Otto Scharmer und Katrin Käufer, *Von der Zukunft her führen. Von der Egosystem- zur Ökosystem-Wirtschaft. Theorie U in der Praxis,* Heidelberg 2014, Vorwort.

2 Entsprechend haben sich die wichtigsten der genannten Forst-Lobbyisten selbst ein Zertifikat ersonnen, das PEFC, in dessen Deutschen Forst-Zertifizierungsrat (DFZR) gemäß § 6 seiner Satzung sie sich zusammengefunden haben, um die einzuhaltenden Kriterien der Nachhaltigkeit für sich selbst zu definieren. Vgl.: {https://pefc.de/media/filer_public/34/03/34036e04-9109-4951-b07c-d3d1d955c6cb/tmppefc_d_4002_satzung-von-pefc-deutschland.pdf}.

3 Vgl. das Ergebnis des Koalitionsausschusses der die Bundesregierung tragenden Parteien vom 3. Juni 2020. {https://www.bundesfinanzministerium.de/Content/DE/Standardartikel/

Themen/Schlaglichter/Konjunkturpaket/2020-06-03-eckpunktepapier.pdf?__blob=publicationFile&v=12}.

4 Programme for the Endorsement of Forest Certification Schemes (PEFC) und Forest Stewardship Council (FSC).

5 Gegründet wurde das PEFC Deutschland von Vertretern folgender Organisationen: Thüringisches Forstministerium, Bayrisches Forstministerium, Bayrischer Waldbesitzerverband, Waldbauernverband NRW, Deutscher Forstwirtschaftsrat, AGDW sowie einer damals wie heute unbekannten Arbeitsgemeinschaft für Umweltfragen.

6 Vgl. dazu die jüngste Studie von Greenpeace unter: {https://www.greenpeace.org/international/publication/46812/destruction-certified/}.

7 Die AGDW, geführt vom Vorsitzenden von der Marvitz, MdB (CDU), feierte den noch nicht entschiedenen Erfolg ihrer Lobbyarbeit auf politischer Ebene des BML ganz unverhohlen in Rundschreiben an ihre Teilorganisationen mit den Worten: »[...]

1. die Richtlinie zur Vergabe der Mittel ist so gut wie fertig. An der Formulierung waren von Seiten der AGDW die Herren Leben und Ziegler beteiligt
2. diese Richtlinie wird in der kommenden Woche in das Abstimmungsverfahren mit BMF gehen, BMU ist erledigt
3. anschließend wird der Bundesrechnungshof beteiligt
4. final wird Frau Dr. Müller, BMEL, dann die Richtlinie unterfertigen
5. dann erfolgt die Veröffentlichung«.

(Sowie des Weiteren zur einzigen in der Diskussion befindlichen ökologischen Bedingung:) »Die im Raum stehende Forderung des BMU, die Mittelvergabe an Flächenstilllegungen zu knüpfen, ist vom Tisch.«

8 Bundesfinanzministerium, »Corona-Folgen bekämpfen, Wohlstand sichern, Zukunftsfähigkeit stärken. Ergebnis Koalitionsausschuss 3. Juni 2020«, {https://www.bundesfinanzministerium.de/Content/DE/Standardartikel/Themen/Schlaglichter/Konjunkturpaket/2020-06-03-eckpunktepapier.pdf?__blob=publicationFile&v=6}.

9 Kleinwaldbesitzer können sich in sogenannten Forstbetriebsgemeinschaften (das sind wirtschaftliche Vereine) zusammenschließen und sich gruppenzertifizieren lassen. Leider bestehen aber gerade bei kleinen Waldbesitzern nicht selten erhebliche und begründete Vorbehalte insbesondere gegen ein PEFC-Zertifikat.

10 Vgl. den Beitrag von Panek zum real existierenden Zustand des deutschen Waldes, wie er sich nach der Bundeswaldinventur ergibt, auf S. 66.

11 Zum Beispiel im DFWR, KFW, DVVFVA, DKV und selbst dem SDW, dem DVV oder dem BdF. Auch in den Letzteren sind es meistens oder häufig Forstbeamte, die in den Gremien vertreten sind.

12 Vgl. den Brief der 70 deutschen Waldexperten an die amtierende Forstministerin Julia Klöckner auf S. 59.

13 Aus seinem Beitrag in: »Der Dauerwald«, in: *Zeitschrift für Naturgemäße Waldwirtschaft*, Heft 60, Oktober 2019, S. 8–10; Sebastian v. Rotenhan war Mitbegründer der Boscor-Gruppe GmbH, einem inzwischen führenden forstlichen Dienstleistungsunternehmen, und Großwaldbesitzer mit hochrentablen Forstrevieren in Franken und Brandenburg, die er nach den Maßstäben der ANW bewirtschaftet. Er ist nicht als Schönredner bekannt und nimmt bekanntlich als ehemaliger CSU-Abgeordneter des bayrischen Landtags geübt kein Blatt vor den Mund. Er ist, was die Wirtschaftlichkeit des naturgemäßen Waldbaus angeht, genauso kompromisslos wie unverdächtig.

14 Zuletzt W. Bode: »Konsistenz – Zur Kritik der forstlichen Nachhaltigkeit«, in: *Naturwissenschaftliche Rundschau* 2017, S. 500–507.

15 Siehe den Beitrag von Orazio Ciancio auf S. 113.

16 N. Panek: *Deutschland, deine Buchenwälder – Daten, Fakten, Analysen.* Ambaum Verlag, Vöhl-Basdorf 2016.

17 Der Begriff wurde erstmals verwandt bei W. Bode: »Biosphere and Syntropy: What Has Forestry to Do with?«, in: Hangladorum, S. (Hrsg.): *Food Security and Food Safety for the Twenty-First Century.* Springer, Singapur, S. 277–288.

18 {https://www.youtube.com/watch?v=XuWmpGnwOHA};

Pierre Ibisch ist bezeichnenderweise kein Forstmann, sondern Biologe und Professor für *Nature Conservation* an der Hochschule für nachhaltige Entwicklung Eberswalde, vormals Forst-Fachhochschule Eberswalde (HNEE).

19 Aus: *Dem Mischwald gehört die Zukunft*, 3. Auflage, Bielefeld o J., S. 381 ff. Prof. Johannes Weck (1905–1965) war ein hoch angesehener Forstwissenschaftler und Hochschullehrer zunächst in Eberswalde und seit 1948 in Hamburg.

20 In den süddeutschen Bundesländern namentlich Baden-Württemberg und in Bayern hat eine schonendere Forstbewirtschaftung ausgehend vom badischen Forstgesetz in den 30er Jahren des 19. Jahrhunderts Tradition, was auch heute noch im Wald südlich des Mains mitunter deutlich erkennbar ist. Wir haben also in Deutschland, was die Naturnähe der Waldbewirtschaftung und stabilere Waldstrukturen angeht, ein deutliches Süd-Nord-Gefälle, das sich nach Nordosten in den neuen Bundesländern eher noch verstärkt.

21 In Nord- und Ostdeutschland findet man passable Beispiele naturnaher Waldwirtschaft ausschließlich in privater Hand oder in einigen wenigen öffentlichen Forstrevieren, die regelmäßig in der ANW organisiert sind und nicht selten einen verzweifelten Kampf gegen die Waldbauvorgaben ihrer Vorgesetzten führen müssen.

22 Vgl. W. Bode »Das NRW-Bürgerwald-Konzept im Auftrag des NABU NRW«, 2010, {https://nrw.nabu.de/imperia/md/content/nrw/stellungnahmen/das_nrw_buergerwald-konzept.pdf}.

23 *In situ* ist ein Begriff der Genetik, der die Anpassung von Lebensformen an sich verändernde Umweltbedingungen an Ort und Stelle ihres Vorkommens bezeichnet, statt außerhalb ihres natürlichen Verbreitungsgebiets.

24 Die Hemerobie bezeichnet die Naturentfremdung von Wäldern; als *semihemerob* werden halbnatürliche und *oligohemerob* naturnahe, gering von der Kultur beeinflusste Wälder bezeichnet.

25 Vgl. u. a. W. Bode: »Die Chancen des Waldsterbens – Ende oder Anfang einer ökologisch orientierten und damit ge-

sellschaftsdienlichen Waldwirtschaft im öffentlichen Forstbetreib?«, in: *Forstliche Mitteilungen* 11/85, S. 48–53; sowie »Der Ökowald – Rezept gegen das Waldsterben«, in: *Der Spiegel* 48/1994 S. 54–70;

26 Pkw-Katalysatoren, Großfeuerungsanalagen-Verordnung, etc.

27 Vgl. auch das Schreiben der 70 Waldexperten an Ministerin Julia Klöckner, auf S. 59.

28 Vgl. ausführlicher den Beitrag von N. Panek auf S. 66.

29 Siehe S. 59.

30 Die unsachliche Kritik darf und soll nicht unkommentiert bleiben: Peter Wohlleben ist nicht klein, sondern ein dominant auftretender, selbstbewusster Forstkollege von ca. 2 m Körpergröße, der sich umfassend als Förster über wissenschaftliche Erkenntnisse über den Wald auf dem Laufenden hält. Mit der Universität Aachen hat er Waldökosystem-Forschungen in seinem Kommunalwaldbetrieb betrieben. Kommunaler Förster wurde er auf eigenen Wunsch, weil er den Unfug der staatlichen Forstverwaltung Rheinland-Pfalz als zuvor deren Lebenszeitbeamter nicht länger ertragen wollte. Entsprechend kündigte er seine gesicherte Stellung und blieb im zuvor schon von ihm selbst staatlich beförsterten und für Forstleute eigentlich unattraktiven Kommunalwaldrevier Hümmel als unabhängiger und eigenverantwortlicher Förster der Gemeinde zuständig. Das vorher defizitäre Revier schrieb schon nach wenigen Jahren schwarze Zahlen und ist inzwischen einer der rentabelsten kommunalen Forstbetriebe in Rheinland-Pfalz. Dazu bewirtschaftete Wohlleben das Revier ab sofort nach Ausscheiden aus der staatlichen Bevormundung ausschließlich kahlschlagfrei und mit Einzelbaumnutzung, chemiefrei, mit sanfter Holzerntetechnik (zum Beispiel mit Kaltblut-Pferden und Waldstammarbeitern, d. h. ohne Großmaschinen), ohne Einbringung von Fremdbaumarten und mit dem Aufbau einer Reihe von ertragreichen forstlichen Nebenbetrieben wie etwa einem Waldfriedhof. Allesamt im Eigenbetrieb und zugunsten der zunehmend wohlhabender werdenden Kleingemeinde Hümmel, die fortan so manchen unbezahlbaren Wunsch ihrer Bürger bezahlen konnte. Kein

Wunder, schon wenige Jahre später entwickelte sich das zuvor unbekannte Revier Hümmel zu einem Exkursionsrevier von Forstkollegen sogar aus dem Ausland. Man darf unterstellen, dass diese Erfolge den Autor Wohlleben bestärkten, seine Erfahrungen niederzuschreiben und sich schnell zu einem zunächst in Fachkreisen beachteten Autor zu mausern, denn schreiben kann dieses »kleine Kommunalförsterchen« auch noch.

31 Vgl. die Petition der beiden führenden Waldbauprofessoren Bauhus (Freiburg) und Ammer (Göttingen) unter: {https://www.openpetition.eu/petition/online/auch-im-wald-fakten-statt-maerchen-wissenschaft-statt-wohlleben}.

32 Vgl. die Stellungnahme von Pierre Ibisch unter: {http://www.centreforeconics.org/news-and-events/press-release-downloads/zum-wissenschaftlichen-umgang-mit-waldbezogenen-b%C3%BCchern-petitionen-und-gutachten-in-deutschland/}.

33 Anm. 31, a. a. O.

34 Ein besonders eindrückliches Beispiel dafür lieferte im Februar 2020 der Wissenschaftliche Beirat Waldpolitik beim BMEL (Hrsg.) unter seinem scheidenden Vorsitzenden Prof. Dr. Spellmann (2020): »Eckpunkte der Waldstrategie 2050. Stellungnahme«. Berlin 2020; das sogenannte *Gutachten* ist an ökologischer Ignoranz und Sturheit nicht zu überbieten. Es wird von »Verkürzung der Produktionszeiten« und gleichzeitig von »Nachhaltiger und naturnaher Forstwirtschaft« geredet, ohne mit einem Wort auf die systemischen Voraussetzungen der Waldökologie einzugehen. Vielmehr distanzieren sich die angesehenen Forstwissenschaftler vom »Leitbild eines gemischten Waldes mit ausschließlich standortheimischen Baumarten«, die »nur bedingt zukunftsfähig« seien. Wald wird also wie selbstverständlich mit Altersklassenforst gleichgesetzt, ohne Letzteren mit einem einzigen Wort so zu bezeichnen, geschweige denn zu hinterfragen. Dass das so bleibt, verdeutlicht die verantwortliche Ministerin Julia Klöckner durch die soeben erfolgte Berufung von Prof. Dr. Jürgen Bauhus zum Vorsitzenden des wissenschaftli-

chen Beirats für Waldpolitik zum Nachfolger Spellmanns. Der Beirat sollte ehrlicherweise besser *Beirat für Forstliche Holzerzeugungspolitik* heißen. Die waldökologische Falschmünzerei wird also politisch fortgesetzt - trotz der akuten Entwaldungsprozesse (vgl. zu Bauhus auch Anm. 31).

35 Matrix bezeichnet nach Thomas S. Kuhn den Werkzeugkasten einer Wissenschaft, in: »Neue Überlegungen zum Begriff des Paradigma«, in: Krüger, L. (Hrsg.): *Thomas S. Kuhn – Die Entstehung des Neuen.* Suhrkamp, Frankfurt a. M., 389–420.

36 A. Dengler: *Waldbau auf ökologischer Grundlage. Ein Lehr- und Handbuch.* Berlin 1930.

37 »Standortgerecht« ist eine Baumart nach den waldbaulichen Vorschriften der öffentlichen Forstbetriebe, wenn sie, wie z. B. die Fichte oder die amerikanische Douglasie, einen Standort hinsichtlich ihres Zuwachses auszunutzen und sich potenziell durch Absaat zu verjüngen vermag. Der Begriff bezieht sich also primär auf die Holzproduktivität eines Standorts zur künstlichen Baumartenwahl auf der Freifläche, also der Altersklassenwirtschaft. Der Begriff darf *nicht* mit »standortheimisch« verwechselt werden und erweckt gezielt einen ökologischen Bezug, den er nicht hat. Die in der sogenannten Jahrhundert-Katastrophe 2018/2019 durch biotische und abiotische Kalamitäten ausfallenden Fichten- und Kiefern-Reinbestände wurden definitorisch sämtlich bereits als *standortgerecht* gepflanzt, sowie alle anderen Großkalamitäten der vergangenen 150 Jahre.

38 Im Sinne von Varela und Maturana also autopoietisch.

39 Es war symptomatisch, dass Prof. Ammer vor seinen Studenten in der Diskussion um eine systemische Waldwirtschaft im waldbaulichen Seminar im Juni 2018 den Autor mit der verblüffenden Äußerung konfrontierte, er könne mit dem sich selbst erschließenden Begriff *Kontinuum aus Raum und Zeit* nichts anfangen. Der Waldbauprofessor hatte den Begriff noch nie gehört, konnte sich eigenständig auch nichts darunter vorstellen.

40 Den Altersklassenforst kann man insofern wissenschaftlich korrekt äußerstenfalls als Quartärwald bezeichnen.

41 Vgl. den Beitrag des Autors auf S. 163.

42 Der Möller'sche Begriff *Dauerwald* entstammt der Zeit der Lebensreformbewegung. Kurz vor 1900 hatte der Begriff *Dauerweide* die Weidewirtschaft durch Begrenzung der Großvieheinheiten je ha und die pflegliche Behandlung des Grünlandes revolutioniert. Die gleichnamigen Schriften wurden vor 1900 in Hunderttausenden von Exemplaren reichsweit agrarpolitisch popularisiert. Die *Dauerweide* prägte später das abwechslungs- und artenreiche Bild unserer Agrarlandschaft. Es ist die Dauerhaftigkeit, die beide Systeme als intensiv nutzbare Kulturökosysteme prägt und ihre Namen verbindet. Angesichts des Klimawandels sind beide Begriffe wieder Fortschrittsbegriffe geworden.

43 Schlussendlich würde das einer biologischen Umwandlung der deutschen Waldfläche im Umfang der zehnfachen Fläche des Saarlandes entsprechen, wenn diese Vernichtung nicht gestoppt wird.

44 Vgl. auch Scharmer, Anmerkung 2.

45 E. W. Küppers: *Denken in Wirkungsketten*. Tectum, Marburg 2013 sowie: *Systemische Bionik*. Springer Vieweg. Wiesbaden, 2015. Oder der verwandte Terminus Biomimicry.

46 Küppers 2015, a. a. O.

47 Auch dafür ist eine Initiative Peter Wohllebens und der Zeitschrift *GEO* zur Jahreswende 2020/21 ein prägnantes Beispiel. Sie boten an, zwei Stiftungsprofessuren für ökologische Waldwirtschaft mit Unterstützung des Eberswalder Prof. Dr. Ibisch an der HNEE einzurichten. Doch die Mehrheit der forstlichen Professoren lehnte dieses großzügige Angebot als Angriff wertend umgehend ab. Vorsorgend initiierte man über den Brandenburgischen Waldbesitzerverband sogar Protestbriefe an die beiden zuständigen Minister für Forstwirtschaft und Wissenschaft, wofür dieser sich ohne Bedenken hergab. Man sitzt eben stets im selben Boot.

48 Zu diesem Zweck hat die Bundesregierung beschlossen, am bestehenden Julius-Kühn-Institut in Quedlinburg ein neues Fachinstitut für Waldschutz einzurichten. Faktisch soll es mit den rund 20 neu zur Verfügung gestellten Planstellen den Versuch perfektionieren, wie einst Sisyphus stoisch weiterzu-

wirtschaften wie bisher, indem primär der wissenschaftliche Aufwand für den Waldschutz intensiviert wird.

49 Anm. 1, a. a. O.

50 BundesBürgerInitiative Waldschutz (BBIWS), {change@e.change.org}.

51 Unter bioklimatischen Kahlschlägen versteht man waldbaulich solche Freilegungen, die größer sind als der umgebende Bestand hoch, also regelmäßig maximal 0,1 ha. Auf größeren Flächen entsteht infolge der ganztägigen Besonnung zwangsläufig ein Freiflächenklima, womit gravierende Veränderungen in der Bodenlebewelt eintreten.

Franz Alt et al.: Experten, Waldbesitzer und Verbändevertreter fordern

1 Offener Brief von 70 deutschen Waldexperten an die Bundesregierung aus Anlass der bundesweiten Waldkalamität 2018/2019.

Norbert Panek: Im Modus einer Holzfabrik

1 Pressemitteilung Nr. 245 des BMEL vom 8.10.2014.

2 Welle et al., »Alternativer Waldzustandsbericht. Eine Waldökosystemtypen-basierte Analyse des Waldzustandes in Deutschland anhand naturschutzfachlicher Kriterien«, 2018, { https://naturwald-akademie.org/wp-content/uploads/2020/06/Alternativer-Waldzustandsbericht_Stand_24_04_2018_1.pdf}.

3 Vgl. Scherzinger, W.: *Naturschutz im Wald – Qualitätsziele einer dynamischen Waldentwicklung*, Stuttgart 1996; Reif, A.: »Das naturschutzfachliche Kriterium der Naturnähe und seine Bedeutung für die Waldwirtschaft«, in: *Zeitschrift für Ökologie und Naturschutz* 8 (2000): S. 239–250.

4 Alle genannten Daten zu den einzelnen Merkmalen, sofern sie sich auf die BWI beziehen, wurden der Infodatenbank {https://bwi.info/} entnommen.

5 Suck, R., Bushart, M., Hofmann, G. & Schröder, L.: *Karte der Potenziellen Natürlichen Vegetation Deutschlands – Band III:*

Erläuterungen, Auswertungen, Anwendungsmöglichkeiten, Vegetationstabellen. BfN-Skripten 377, Bonn-Bad Godesberg 2014.

6 Reif, A., Wagner, U. & Bieling, C.: *Analyse und Diskussion der Erhebungsmethoden und Ergebnisse der zweiten Bundeswaldinventur*. BfN-Skripten 158, Bonn-Bad Godesberg 2005.

7 Welle, T., Sturm, K. & Bohr, Y.: *Alternativer Waldzustandsbericht – eine waldökosystemtypen-basierte Analyse des Waldzustands in Deutschland anhand naturschutzfachlicher Kriterien*, hrsg. Naturwald Akademie, Lübeck 2018.

8 Ebd.

9 Winter, S.: »Mikrohabitate und Phasenkartierung als Kern der Biodiversitätserfassung im Wald«, in: *LWF-aktuell* 63 (2008): S. 40–42.

10 Müller, J., Bußler, H. & Utschick, H.: »Wie viel Totholz braucht der Wald? Ein wissenschaftsbasiertes Konzept gegen den Artenschwund der Totholzzönosen«, in: *Naturschutz und Landschaftsplanung* 39 (6/2007): S. 165–170.

11 Hennenberg, K. et al.: *Analyse und Diskussion naturschutzfachlich bedeutsamer Ergebnisse der dritten Bundeswaldinventur*. BfN-Skripten 427, Bonn-Bad Godesberg 2015.

Gerken, Hansmann und Kleff: Leipzig ist überall

1 {https://www.bfn.de/lrt/0316-typ91f0.html?type=2}.

2 {https://www.afsv.de/download/literatur/waldoekologie-online/waldoekologie-online_heft-15-4.pdf}.

3 Bernd Gerken: *Auen. Verborgene Lebensadern der Natur*, Freiburg i. B. 1988.

4 {https://pfaffenhofen.bund naturschutz.de/fileadmin/kreisgruppen/pfaffenhofen/bilder/Pflanzen_und_Tiere/Artenschutz/Biber/Sommer_et_al._2019_Biber_und_Artenvielfalt_NuL.pdf}.

5 {https://www.researchgate.net/publication/273775820_Das_Hutewaldprojekt_im_Naturpark_Solling_Vogler_Ein_Baustein_fur_eine_neue_Ara_in_Naturschutz_und_Landschaftsentwicklung}.

6 Otfried Lange: *Die geschichtliche Entwicklung des Leipziger Stadtwaldes*, Freiburg i. B. 1959, S. 139

7 Ebd., S. 40.

8 {https://www.spiegel.de/panorama/gesellschaft/hochwasser-halle-meldet-hoechsten-pegelstand-seit-400-jahren-a-903815.html}.

9 {https://www.sachsen-fernsehen.de/stadt-leipzig-gibt-gruenes-licht-fuer-deich-kahlschlag-der-landestalsperrenverwaltung-284211/}.

10 Im Januar 2021 lag noch immer keine Entscheidung vor.

Gerhard Hofmann: Alfred Möller – Wegweiser in die Waldzukunft

1 Gekürzte und vom Autor genehmigte Fassung seines gleichnamigen Beitrags in der Jubiläumsschrift *Naturnahe Waldwirtschaft - Heute* des Landesbetriebs Forst Brandenburg, Eberswalder Forstliche Schriftenreihe Band 46, Hrsg. vom Ministerium für Infrastruktur und Landwirtschaft des Landes Brandenburg, Eberswalde 2010, S. 58 ff.

2 Siehe S. 276 in dieser Ausgabe.

Orazio Ciancio: Alfred Möllers Dauerwaldidee

1 Übersetzung der italienischen Originalfassung wurde von Orazio Ciancio genehmigt. Die Endnoten sind Anmerkungen des Herausgebers und Übersetzers. Das vollständige Literaturverzeichnis zu diesem Beitrag kann beim Herausgeber angefordert werden.

2 Vgl. Ciancio, O. (Hrsg.): *Storia del pensiero forestale. Selvicoltura Filosofia Etica*, Catanzaro 2014.

3 Pignatti, G.: *Il Dauerwald di Bärenthoren e la sua attualità*. in: *Forest* 9 (2012): S. 260–272, {http://www.sisef.it/forest@/contents/?id=efor0706-009}.

4 Küster, H.: *Geschichte des Waldes. Von der Urzeit bis zur Gegenwart*, München 2003.

5 James, N. D. G.: »A History of Forestry and Monographic

Forestry Literature in Germany, France, and the United Kingdom«, in: P. McDonald und J. Lassoie: *The Literature of Forestry and Agroforestry*, Ithaca/NY 1996, S. 15–44.

6 Zit. nach Hofmann, A.: *Contributo ad una selvicoltura su basi naturalistiche*, in: *L'Italia Forestale e Montana* 12 (3/1957): S. 105–111.

7 Ebd.

8 Vgl. u. a. Thomasius, H.: »Prinzipien eines ökologisch orientierten Waldbaus«, in: *Forstw. Cbl.* 111 (1992): S. 141–155; Thomasius, H.: »Geschichte, Theorie und Praxis des Dauerwaldes«, in: LFV Sachsen-Anhalt e. V. (Hrsg.), Garitz 1996; Johann, E.: »Historical development of nature-based forestry in Central Europe«, in: Jurij Diaci (Hrsg.): N*ature-based Forestry in Central Europe: Alternatives to Industrial Forestry and Strict Preservation*, Ljubljana 2006, S. 1–17.

9 Monaco, D.: *Il rapporto uomo-bosco nella storia*, in: *Silva* 1 (2/2005): S. 201–214.

10 James 1996.

11 Lowood, H. L.: »The calculating forester: quantification, cameral science and the emergence of scientific forestry management in Germany«, in: Frängsmyr T., Heilbron J. L. und Rider R. E. (Hrsg.): *The Quantifying Spirit of the Eighteenth Century*, Berkeley und Los Angeles 1991, S. 315–342.

12 Harrison, R. P.: *Foreste. L'ombra della civiltà*, Mailand 1992.

13 Ebd.

14 Lowood 1991.

15 Ebd.

16 Ebd.

17 Hockenjos, W.: »Die Wiederentdeckung des Femelwaldes. Auf forstgeschichtlicher Spurensuche im Bücherschrank eines badischen Forstamtes«, in: *Allgemeine Forst und Jagdzeitung* 164 (12/1993): S. 213–218.

18 Pfeil, W.: *Die deutsche Holzzucht. Begründet auf die Eigenthümlichkeit der Forsthölzer und ihr Verhalten zu den verschiedenen Standorten*, Leipzig 1860, S. 551.

19 Siehe den Reprint auf S. 267 dieses Buches.

20 Hofmann, G.: »Alfred Möller – Wegweiser in die Waldzukunft. Laudatio anlässlich des 150. Geburtstages am 12. August 2010«, *Archiv für Forstwesen und Landschaftsökologie* 44 (3/2010), S. 137–141; auszugsweise in diesem Band S. 100.

21 Clements F. E.: *Plant Succession: An Analysis of the Development of Vegetation*, Washington, D. C. 1916.

22 Möller, A.: *Der Dauwaldgedanke. Sein Sinn und seine Bedeutung*. Berlin 1922; in diesem Band: S. 267.

23 Engel, J.: *Zum 150. Geburtstag von Alfred Möller: Gemeinsame Erinnerung in der Lehroberförsterei Eberswalde*. Ministerium für Infrastruktur und Landwirtschaft des Landes Brandenburg 2010, S. 64–69.

24 Hofmann 2010.

25 Ciancio fordert hier mit Bezug auf Thomasius eine biokybernetische Sichtweise auf den Wald, wie sie dem wissenschaftlichen Waldbau in Deutschland bis heute fremd ist.

26 Giacomini, V.: *Equilibri biologici e produttività biologica delle foreste*, Florenz 1964, S. 17–35.

27 Möller gibt das Beispiel des Obstbaus: Das Holz des Waldes sei nur die Frucht des gesunden Wald-Organismus, also letzterer in seiner organismischen Gesamtheit der Baum, an dem die Frucht wächst.

28 Leopold A.: *A Sand County Almanac and Sketches Here and There*, New York 1949.

29 Ciancio, O.: »La gestione dei querceti di Macchia Grande di Manziana: la teoria del sistema modulare«. in: *Cellulosa e Carta*, 42 (1/1991): S. 31–34. Die klassische Nationalökonomie unterscheidet drei Produktionsfaktoren, die der Wertschöpfung zugrunde liegen: Boden, Arbeit und Kapital. Ciancio fordert also, den Boden, d. h. die Bodenbiologie, als zentrale Wertschöpfungsquelle wieder an die erste Stelle der Holzproduktion zu rücken. Danach ist der Faktor Arbeit wieder zu aktivieren, weil menschliche und tierische Muskelkraft seit Jahrtausenden der Energieinput im Waldökosystem war und ist, den es am ehesten ökologisch dauerhaft verkraftet. Kapital (inklusive Energie) ist demgegenüber weitestgehend einzusparen und zu minimieren. Er fordert also nichts anderes

als eine 180-Grad-Kehrtwende zur aktuellen Entwicklung der europäischen Forstwirtschaft, die primär Kapital gesteuert ist.

30 Callicott, J. B.: »Il ruolo della tecnologia nel concetto mutevole di natura«, in: *Etica ambientale teoria e pratica. A cura di Corrado Poli. Guerini Studio,* Mailand 1999.

31 Ebd.

32 Remmert bezeichnete später den belebten Boden als *Kontinuum.*

33 Ciancio interpretiert den Kern der Dauerwaldidee richtig, aber vermutlich ohne zu wissen, dass Möller erstmals bei seinen mykologischen Forschungen im Amazonasurwald in den 90er-Jahren des 18. Jahrhundert diesen Zusammenhang entdeckte. Es waren nämlich die durch Pilze gesteuerten, intakten Nährstoffkreisläufe im Oberboden des Urwaldes, die Möller das Inzentiv seiner Dauerwaldidee lieferten.

34 Deswegen lässt sich das *Kontinuum aus Raum und Zeit* eines Waldes als zentrale Systemeigenschaft bezeichnen. Eine Begriffsfindung des Herausgebers, die in einer Diskussion mit ihm im Sommer 2019 der Waldbauprofessor Ammer vor seinen Studenten im Waldbauseminar der Universität Göttingen so kommentierte: »Ich weiß nichts mit dem Begriff anzufangen.«

35 Troup, R. S.: *Sylvicultural Systems,* hrsg. v. E. W. Jones, Oxford 1955.

36 Möller erkennt zwar im Plenterwald einen Dauerwald, betont aber, dass der Dauerwald nicht zwangsläufig *nur* durch Überführung in den Plenterwald zu erreichen ist. Er plädiert also für einen freien Waldbaustil, der die sonstigen Kriterien des Dauerwaldes konsequent zu erfüllen hat (also kahlschlagfrei, mit stetiger natürlicher Verjüngung und Priorität der Bodenpflege).

37 Heyder, J. C.: *Waldbau im Wandel,* Frankfurt am Main 1986.

38 Gamborg, C., Larsen, J. B.: »›Back to nature‹: A sustainable future for forestry?«, in: *Forest Ecology and Management* 179 (1–3/2003): S. 559–571.

39 Heyder 1986.

40 Möller verwendete diesen heute sicher nicht mehr treffenden Begriff des Gleichgewichtszustandes. Richtig wäre heute von

der Integrität der Waldlebensgemeinschaft, insbesondere ihrer Kontinuität, ihrem Kontinuum aus Raum und Zeit, zu sprechen.

41 Leibundgut, H.: »Zeitströmungen im schweizerischen Waldbau‹, in: *Schweiz. Zeitschr. Forstwesen* 138 (10/1987): S. 869–879; ders.: »Von Holzackerbau zum naturnahen Waldbau«, in: Ö*sterr. Forstzeitung* 1(4/1987): S. 10 f.

42 Schütz, J.-Ph.: *Sylviculture 1. Principes d'éducation des forêts*, Lausanne 1990.

43 Ciancio meint hier das, was in der waldbaulichen Diskussion in Deutschland als »freier« Waldbaustil gemeint ist, d. h., der Dauerwald Möllers lässt viele verschiedene Wege zu, wenn seine fünf technischen Teilziele (siehe oben, S. 163) streng beachtet werden.

44 Hofmann 2010.

45 Engel 2010.

46 Hofmann 2010.

47 Wiebecke, E.: *Der Dauerwald in 16 Fragen und Antworten.* Stettin 2010 [1921].

48 Köstler, J. N.: *Silviculture,* Edinburgh 1956.

49 Dengler, A.: *Waldbau auf ökologischer Grundlage: ein Lehr- und Handbuch.* Berlin 1930.

50 In abgewandelter Form entspricht das dem formalen Argument der akademisch/arroganten Abqualifizierung von Wohllebens Buch über *das geheime Leben* der Bäume seitens der heutigen Waldbauwissenschaft.

51 Lemmel, H.: *Die Organismusidee in Möllers Dauerwaldgedanken,* Berlin 1939.

52 Ebd.

53 Hier unterliegt Phillips einer Fehlinformation, denn nach dem Krieg wurden die alten Fehler der Kiefernwirtschaft im Wesentlichen unverändert fortgesetzt, was aktuell zu den Flächenkalamitäten gerade in Brandenburg führt. Ein Wandel fand tatsächlich nicht statt.

54 Köstler, J. N.: *Waldbau. Grundriss und Einführung als Leitfaden zu Vorlesungen über Bestandesdiagnose und Waldtherapie,* Hamburg und Berlin 1950; ders. 1956.

55 Ein Begriff, der auch für den Dauerwald als zielführend und klar zu gelten hat.

56 Ansätze dieser Denkungsweise sind tatsächlich Grundlage des sogenannten Prozessschutzansatzes bzw. Lübecker Waldmodells nach Sturm und Fähser u. a. mit ihren sogenannten Referenzflächen. Es ist fraglich, ob der Begriff *Wirtschaftswald* für diese Methode noch sinnvoll ist.

57 Hofmann 2010. Siehe die auszugsweise Wiedergabe seines Vortrages auf S. 100.

58 Pockberger, J.: *Der naturgemässe Wirtschaftswald als Idee und Waldgesinnung.* Wien 1952.

59 Also einem Freien Waldbaustil entsprechen.

60 Also generell, abstraktes Produktionsziel unter Beachtung waldbautechnischer Teilziele bei einem freien Waldbaustil.

61 Die sogenannte *biologische Automation.*

62 Entsprechend argumentierten eine Reihe bedeutender französischer Waldbauwissenschaftler, wie De Liocourt, F.: *De l'Aménagements des Sapinières,* Franche Comté und Belfort 1898; Huffel, G.: *Economie forestière. Troisième édition,* Paris 1926; Schaeffer, A., Gazin, A., D'Alverny, A.: *Sapinières. Le jardinage par contenance (Méthode du Contrôle par les courbes),* Paris 1930; Schaeffer, L.: *Sour trois modes de calcul de la possibilité des futaies jardinées,* Nancy, Paris, Strasbourg 1931.

63 Köstler 1956.

64 Lemmel 1939.

65 Köstler 1950; 1956.

66 Hofmann, A.: »Un giudizio sul ›Bosco Permanente‹ del Moeller«, *L'Alpe* 12 (12/1925): S. 375–381.

67 Hofmann, A.: *Il bosco permanente (Dauerwald) e l'assestamento forestale.* Protokoll des 1. Internationalen Waldbau-Kongresses, Rom 29. April – 5. Mai 1926.

68 Giovanni Bernetti führte dahingehend aus: »Die organismische Sicht auf den Wald führte zu einer aufgeregten und kurzlebigen Bewegung einer überzeichnenden und philosophischen Auseinandersetzung mit der deutschen Nadelholzmanie und hatte zwischen 1920 und 1940 viele Anhänger. [...] Für Möller ist der Wald ein Organismus, so wie die

menschliche Gesellschaft ebenso ein Organismus ist, der sich in Harmonie mit dem Wald bringen muss, indem sie ihre Bedürfnisse durch Nutzungshiebe realisiert, die aber den natürlichen Abgang von Bäumen beschleunigen, ohne jedoch jemals die organismische Perfektion des Waldes wesentlich verändern zu wollen. Mit dieser Widersprüchlichkeit und seiner gleichzeitigen Verwechselung und Unterschlagung der natürlich immer gegebenen Pflicht, sich jederzeit als Waldbauer selbst zu kontrollieren, hatte der Dauerwaldgedanke bis zum Ausbruch des Zweiten Weltkriegs enormen Erfolg. Heute erinnert man sich daran als eine Episode, eine Ära ärgerlicher Polemik und großer Hinwendung zur Natur, die auch auf dem Gebiet der Medizin triumphierte.« (»La selvicoltura naturalistica nella storia del pensiero forestale«, in: *Annali dell'Accademia Italiana di Scienze Forestali*, Florenz 1977, S. 237–257.)

69 Rebel, K.: *Waldbauliches aus Bayern*, München 1922.

70 Leibungut, zit. nach Hofmann 1957.

71 Gayer, K.: *Der Waldbau*, Berlin 1880.

72 Mayr, H.: *Waldbau auf naturgesetzlicher Grundlage*, Berlin 1909.

73 Pockenberger 1952.

74 Zit. nach Hofmann 1957.

75 Krutzsch, H., Weck, J.: *Bärenthoren 1934. Der naturgemässe Wirtschaftswald*, Berlin 1935.

76 Krutzsch, H.: *Bärenthoren 1924*, Neudamm 1926.

77 Heyder 1986.

78 Duchiron, M. S.: *Strukturierte Mischwälder. Eine Heraus-forderung für den Waldbau unserer Zeit*, Berlin 2000.

79 Heyder 1986.

80 Krutzsch 1926.

81 Krutzsch und Weck 1935.

82 Vgl. Helliwell, D. L.: »Dauerwald«, *Forestry* 70 (4/1997): S. 375–379.

83 Troup, R. S.: »Dauerwald«, *Forestry* 1 (1/1927): S. 78–81.

84 Helliwell 1997.

85 Pigatti 2012.

86 Ebd.

87 Vgl. die nach Möllers Tod herausgegebenen Grundlagen des Waldbaus von Hausendorf.

88 Dyson, F.: *Imagined Worlds*, Cambridge und London 1997.

89 Pfeil 1860.

90 Leopold A.: »Deer and Dauerwald in Germany. I. History«, in: *Journal of Forestry* 34 (4/1936): S. 366–375.

91 Wolfe, M. L., Berg F.-C.: »Deer and forestry in Germany. Half a century after Aldo Leopold«, *Journal of Forestry* 86 (5/1988): S. 25–31. Vgl. Auch den Beitrag auf S. 163.

92 Ebd. Hier irren Wolfe und Berg, denn tatsächlich wurden fast nirgends im Dritten Reich öffentliche Wälder gezielt in Dauerwald überführt (siehe Beitrag des Hrsg. auf S. 197).

93 U. a. Wobst, W.: »Zur Klarstellung über die Grundsätze naturgemäßer Waldwirtschaft«, in: *Der Forst- und Holzwirt* 9 (13/1954): S. 269–275.

94 Wolfe und Berg 1988.

95 Leopold A.: »Deer and Dauerwald in Germany. II. Ecology and policy«, in: *Journal of Forestry* 34 (5/1936): S. 460–466.

96 Schabel, H. G.: »Deer and Dauerwald in Germany: Any Progress?«, in: *Wildlife Society Bulletin* 29 (3/2001): S. 888–898.

97 Schraml, U., Winkel, G., »Germany«, in: *Forestry in Changing Societies in Europe Information for teaching module. Part II: Forestry in Changing Societies in Europe; country reports* (2000), S. 121–144.

98 Vgl. auch den Beitrag auf S. 66.

99 Schraml und Winkel 2000.

100 Was Ciancio nicht wissen kann, weil es erst jüngst durch die Aufarbeitung der Geschichte der Forstakademie Hannoversch Münden publiziert wurde, war, dass Möller bereits vor 1918 als Lehrbeauftragter in Hannoversch Münden gegen den aufkommenden Antisemitismus, der sich gegen einen jüdischen Hochschullehrer richtete, engagiert war – ganz im Gegenteil zum späteren Dauerwaldgegner Wiedemann, der unter den Studenten einer der Wortführer war.

101 Ciancio, O.: »Gestione forestale e sviluppo sostenibile«. Atti del Secondo Congresso Nazionale di Selvicoltura per il

miglioramento e la conservazione dei boschi italiani. Venedig 24–27. Juni 1998, Accademia Italiana di Scienze Forestali (Vol. III) 1999, S. 131–187.

Wilhelm Bode: Dauerwald – und kein Ende

1 Der Autor hat diesen Beitrag erstmalig 1992 als Vorwort des vom Degreif-Verlag herausgegebenen Original-Reprints von Alfred Möller *Der Dauerwaldgedanke – Sein Sinn und seine Bedeutung* veröffentlicht. Trotz der vielen dringlichen Herausforderungen, die sich durch den Klimawandel seitdem nur verstärkt haben, arbeitet man bis auf den heutigen Tag mit dem schlagweisen Altersklassenwald weiter, obgleich schon seinerzeit, und zuletzt zunehmend, wiederkehrende Kalamitäten als sogenannte Jahrhundertkatstrophen die tägliche Praxis der Forstbetriebe bestimmen. Zu Beginn des 3. Jahrzehnts des 21. Jahrhunderts ist deswegen erstaunlicherweise nach fast 30 Jahren vom Autor nichts zurückzunehmen oder neu zu formulieren. Die deutsche Forstwirtschaft hat sich nicht etwa besonnen, sondern ihre Betriebsweise seitdem dramatisch verschlechtert. Sie kalkt die Böden, fährt mit schwersten Maschinen darauf herum, hat pflegliche, sanfte Betriebstechniken durch Personalabbau ihrer Waldarbeitskräfte verunmöglicht, die Revierebene als Voraussetzung des territorialen Forstprinzips in der biologischen Produktion ausgedünnt, die Umtriebszeiten vielerorts gesenkt und die Nutzungsintensität deutlich erhöht. Umgekehrt proportional wurde der Aufwand für die Öffentlichkeitsarbeit der Landesforstbetriebe vervielfacht, um die real existierende Waldvernichtung gegenüber dem Bürger zu verschleiern oder schönzureden. Anlässlich der Herausgabe dieses nunmehr deutlich erweiterten und breiter kommentierten Reprints von Möllers Dauerwaldgedanken hat der Autor seinen damaligen Beitrag kritisch auf inzwischen überholte Argumente, Empfehlungen bzw. Beurteilungen überprüft. Er musste feststellen, dass kein einziges Argument von 1992 seither von der Wirklichkeit widerlegt wurde. Der Herausgeber und Autor hat sich darum zum unver-

änderten Abdruck an dieser Stelle entschieden.

2 Siehe S. 276 in dieser Ausgabe.

3 Siehe S. 291 in dieser Ausgabe.

4 Bertalanffy, *Theoretische Biologie,* 1951.

5 W. Tischler, *Ökologie,* 1975.

6 So etwa Krutzsch 1952.

7 Krutzsch, 1952.

8 Ebd.

9 Siehe dazu den Beitrag von O. Ciancio auf. S. 113.

10 zit. nach W. Flöhr in *100 Jahre Bärenthorener Kiefernwirtschaft 1884–1984,* Dresden 1984.

11 Gayer, 1886.

12 Wiedemann, 1951.

13 vgl. ausführlich in: H. Plachter, *Naturschutz,* 1991.

Wilhelm Bode: Vorbemerkungen des Herausgebers

1 Siehe oben seine Porträtfotos auf S. 110 und 111.

2 So zum Beispiel Emil Ramann in *Zeitschrift für Forst- und Jagdwesen* 1923, S. 2 ff.; oder Max Wolff den Forstmann Alfred Möller, ebenda S. 3 ff.; sowie den Naturforscher Alfred Möller ebenda S. 14 ff.; Richard Falck in *Hausschwamm-Forschungen* Heft 9, 1927, S. 1 ff.

3 Ebd.

4 Ebd.

5 Ebd.

Alfred Möller: Dauerwaldwirtschaft

1 Nachdruck der Mongrafie *Dauerwaldwirtschaft,* Springer 1921, identisch mit den Beiträgen: *Kiefern-Dauerwaldwirtschaft. Untersuchungen aus der Forst des Kammerherrn von Kalitsch in Bärenthoren, Kreis Zerbst. Dem Andenken des verstorbenen Oberförster Semper gewidmet,* in: *Zeitschrift für das Jagd- und Forstwesen,* Januar 1920 und Februar 1921.

Die Wiedergabe des Originaltextes wurde um ertragskundliche Daten aus der Semper'schen Aufnahme zur Herleitung der

Gesamtergebnisse, um Berechnungen Alfred Möllers sowie textlich unwesentlich gekürzt, um die Ausführungen für das Gesamtverständnis des verständigen Lesers sowie wie für die heutige fachliche Einordnung zugänglich zu machen.

2 Der Vereinsbericht verzeichnet hier: »Sehr gut! und Heiterkeit!« Wer ahnte damals, mit welchen »Riesenschritten« wir dem Zeitpunkt entgegengehen sollten?

3 Zur Zeit Alfred Möllers lagen noch keine Erfahrungen vor, die Wiederaufforstung von Waldflächen nach Kalamitäten mithilfe von Sukzessionen zu steuern. Man darf als wahrscheinlich unterstellen, dass Möller nach den inzwischen wissenschaftlich bestätigten, guten Erfahrungen mit gesteuerten und pflanzenangereicherten Sukzessionen in dieser Frage heute anders urteilen würde.

4 Trebeljahr hatte in der *Zeitschrift für Forst- und Jagdwesen* 1920, S. 289, unter dem Titel »Kiefern-Dauerwaldwirtschaft« die Darlegungen Möllers heftig kritisiert. Möller hat in dieser Schrift die Bedenken sehr konkret widerlegt. Seine Ausführungen dazu wurden in dieser Wiedergabe gestrichen, weil sie aus heutiger Sicht irrelevant sind, sie als längst wiederlegt gelten und das Verständnis des verständigen Lesers stören würden.

5 Möller bezieht sich hier auf die damals bestehende dezentrale Lenkung der lokalen Forstbetriebe des Reichs mit den damals nur beschränkt zur Verfügung stehenden technischen Möglichkeiten. Seine Aussage gilt deswegen nicht für die heutige Zeit, zumal in den sogenannten Dauerwaldaltbetrieben seit 100 Jahren waldbaulich ausreichende und ökonomisch beste Erfahrungen mit der Dauerwaldwirtschaft gemacht wurden. Der Dauerwald hat sich seit Möller als krisenfest, und der schlagweise Altersklassenwald als krisengeschüttelt erwiesen.

Alfred Möller: Der Dauerwaldgedanke

1 Die eingeklammerten Zahlen verweisen auf das Möller'sche Literaturverzeichnis am Schluss.

2 Übersetzung aus dem Lateinischen: Die Kraft und die Großartigkeit der Natur kann man nicht vollständig erfassen, wenn man sie nur in ihren Teilen und nicht als Ganzes erfasst.

3 Der Begriff Kahlschlag wird von Möller im Folgenden synonym gebraucht für die heutigen Begriffe Hochwaldkahlschlag, Kahlschlagbetrieb, Kahlhieb, Umtrieb, Altersklassenwald, Altersklassenwirtschaft, gleichaltriger Hochwald, Bestandswirtschaft, Schlagwirtschaft, Kahlschlagwirtschaft - also synonym für jede Form der schlagweisen Bewirtschaftung von gleichalten Forsten, wie sie im deutschen Wald forstpolitisch gewollt noch immer vorherrscht.

4 Übersetzung aus dem Lateinischen: allgemeine Auffassung.

5 Übersetzung aus dem Lateinischen: Die Definition wird durch die Gemeinsamkeiten einerseits und die trennenden Besonderheiten andererseits gewonnen.

6 Übersetzung aus dem Lateinischen: trennende Besonderheiten.

7 Der heute als rassistisch anerkannte Begriff wird ausschließlich aus Gründen der Authentizität des Originaltextes wiedergegeben.

8 Übersetzung aus dem Lateinischen sinngemäß: am Sankt-Nimmerleins-Tag.

9 Abk.: seiner Zeit.

10 Übersetzung aus dem Lateinischen: Die Spuren der Misswirtschaft schrecken ab, die Beispiele lehren.

11 Botanische Bezeichnung für Tüpfelfarn.

12 Botanische Bezeichnung für Gemeiner Flachbärlapp.

13 Übersetzung aus dem Lateinischen: gewissenhaft.

14 Diese sehr kritischen Ausführungen Möllers sind forstplanerisch ausgezeichnet und gelten in ihrer Zielrichtung auf das nach wie vor herrschende Verfahren der Forsteinrichtung mithilfe eines terrestrischen Taxators und seiner Bezugsgröße auf die längst durch die Umweltveränderungen restlos überholten Ertragstafelwerke weiterhin als gültig und aktuell. Sie sind aber, was die Lösung des damals bestehenden Problems im Dauerwald angeht, durch die zwischenzeitlich entwickelten Verfahren der Luftbildinventur und der statisti-

schen Dauerstichprobe endgültig gelöst. Heute stehen damit für Forsteinrichtung und Kontrolle im Dauerwald technische Verfahren zur Verfügung, die alle Ergebnisse terrestrischer Forsteinrichtungen, die nach wie vor gang und gäbe sind, an Genauigkeit, Interpretationsfähigkeit und -tiefe weit übertreffen. Möllers Kritik war insofern prägnant und zeitlos zutreffend. Sie beschrieb das daraus resultierende Problem geradezu hellseherisch und für die lange nach seinem Tod entwickelten Verfahren und Techniken als überaus zielführend, was seine wissenschaftliche Exzellenz eindrücklich belegt.

15 Übersetzung aus dem Französischen: Dieser Wald produziert und bleibt auf Dauer produktiv.

16 Übersetzung aus dem Französischen: Er versuche, zwischen dem im Wald eingesetzten Kapital (dem Vorrat) und seinem Ertrag (dem Zuwachs) ein möglichst vorteilhaftes Verhältnis zu erzielen.

17 Übersetzung aus dem Französischen: Ohne sich von der absoluten Höhe dieses Wertes verlocken zu lassen.

18 Übersetzung aus dem Französischen: Kontrollmethode.

19 Möller meint hier die inzwischen allgemein geläufige Unterscheidung von Vorratsfestmeter (Vfm = ideeller cbm) zu Erntefestmeter (Efm), d. h. 1 Vfm - 20 % Ernteverlust = 1 Efm. (~ 1 Sylve).

20 Auch mit dieser rein technisch formalen Forderung hat Möller recht behalten. Längst wird der Durchmesser eines Baumes in einem genormten Verfahren gemessen, nämlich in 1,3 m Höhe über dem Boden, dem sogenannten Brusthöhendurchmesser (BHD).

21 Diese Überlegungen sind durch die technischen Erhebungs- und Kontrollverfahren zwischenzeitlich überholt (siehe oben Anm. 13).

22 Siehe Anm. 13 und 23.

23 Übersetzung aus dem Lateinischen: unter dem Gesichtspunkt der Ewigkeit.

24 Übersetzung aus dem Französischen: Dieser Wald produziert und lebt, weil er dauert (Dauerwald); da er lebt und gesund

ist, ist er schön, und der Förster, der ihn bewirtschaftet, genießt das seltene Privileg, das Schöne zu erreichen, indem er das Nützliche sucht; und er vollbringt ein nützliches Werk, indem er ein Werk der Schönheit schafft, welches Harmonie verwirklicht, die gleichzeitig auch produktiv ist.

Rede des 1. Berichterstatters

1 Jahresbericht des Deutschen Forstvereins 1922. Man beachte die Anrede des Ersten Vorsitzenden Geheimrat Wappes, der Möller bereits nicht mehr als Akademiedirektor und Professor aufruft, weil Möller bereits abberufen war. Möller verstarb unerwartet sechs Wochen später. Die Rede kommt also historisch seinem waldbaulichen Vermächtnis gleich.

2 Diese Forderung Möllers ist heute überholt, denn inzwischen liegen in rund 200 privaten Forstrevieren die Erfolge der Dauerwaldwirtschaft auf dem Tisch und sind jederzeit im Wald zu besichtigen. Wer heute noch Versuchsreviere im Staatswald fordert, will die Dauerwaldwirtschaft in Wirklichkeit verhindern. Möller hat allerdings umso mehr recht mit seiner Forderung, dass wer im Staatswald Dauerwaldwirtschaft betreiben will, dieses umfassend auch tun können sollte. Das heißt konkret, solche Reviere sind aus der zentralen Betriebslenkung auszugliedern und durch die Dauerstichproben-Kontrolle gesondert zu kontrollieren.

3 Der Vorsitzende, Präsident Wappes, unterstrich im Anschluss den außerordentlichen Beifall, der nach seiner Erinnerung so noch »nicht aus einer Versammlung des Deutschen Forstvereins erschollen ist«. Die außerordentliche Qualität dieses Vortrages, der gleichermaßen von Empirie wie Fachkenntnis getragen war, bleibt gemessen an den »verwissenschaftlichten« und »reduktionistischen« Waldbaulesungen an den forstwissenschaftlichen Hochschulen bis heute unerreicht.

Alfred Möller: Vorlesungsnotizen

1 Vorlesungsmanuskript veröffentlicht nach seinem Tod von seiner Frau Helene Möller und seinem vormaligen Assistenten Erhard Hausendorff, in: *Der Waldbau – Vorlesungen für Hochschulstudenten,* Berlin 1929. Die Notizen sollten Grundlage des ersten Bandes seiner Waldbaulehre werden. Möller teilte die Waldbaulehre ein in die naturwissenschaftlichen Grundlagen des Waldbaus (Band I) und in die empirisch gewonnene Waldbautechnik (Band II, Notizen verloren). Wegen seines überraschenden Todes kam es zu seinen Lebzeiten nicht mehr zur Vollendung dieses Vorhabens. Das diesen Zitierungen zu Grunde liegende Exemplar im Besitz des Herausgebers zeigt den original handschriftlichen Besitzervermerk August Biers, dem berühmten Waldarzt und kaiserlichen Marinegeneralarzt sowie Direktor der Chirurgischen Universitätsklinik Berlin (1861–1949). Er stand mit Alfred Möller in Kontakt und *heilte* durch eine entsprechende Vorgehensweise sein heruntergewirtschaftetes Revier Sauen auf ärmsten Sandböden in der Mark Brandenburg, das bis heute als Stiftungswald erhalten ist.

Erste Auflage Berlin 2021

Göhrener Str. 7, 10437 Berlin
info@matthes-seitz-berlin.de

Umschlaggestaltung: Dirk Lebahn
Satz: Monika Grucza-Nápoles
Druck und Bindung: GGP Media GmbH, Pößneck
ISBN 978-3-95757-963-8
www.matthes-seitz-berlin.de

bürger:wald:invest

In Wald investieren - Klima schützen - Vermögen sichern

–

Der praktische Anwendungsfall eines Dauerwaldkonzepts nach Wilhelm Bode

Ökologisch konsequent

- Naturnahe Waldbewirtschaftung - Kahlschlagverbot - Ewigkeitsgarantie für die Wälder

Ökonomisch attraktiv

- Nachhaltige Rendite durch Investition in nachwachsende Rohstoffe
- Hochwertige CO2-Zertifikate aus den eigenen Wäldern für die Investoren

Professionalität und Expertise

- Qualitätssicherung durch den ehem. Chef der Saarländischen Forstbehörde Dipl.-Forstwirt W. Bode
- Internationales Expertennetzwerk – die professionell verwaltete Alternative zum eigenen Wald

Private Placement - Beteiligung ab 200.000 €
www.buergerwaldinvest.de | info@buergerwaldinvest.de

Foto: Boris Mittermeier

Ein Projekt der VA Behrens Ideen und Verwaltungs-GmbH, Gartenstr. 35, 48147 Münster (verantwortlich) in Zusammenarbeit mit der bürger:sinn:stiftung. Diese Werbemitteilung ist keine Anlageberatung oder -vermittlung. Rechtsverbindlich für einen Beitritt sind allein die Angaben im Emissionsprospekt mitsamt Nachträgen, die beim o.g. Emittenten angefordert werden können und vor einer Anlageentscheidung gründlich gelesen werden sollten, um die Chancen und Risiken dieser unternehmerischen Beteiligung zu verstehen. Der Erwerb dieser Vermögensanlage ist mit erheblichen Risiken verbunden und kann zum vollständigen Verlust des eingesetzten Kapitals führen.

Wilhelm Bode
Rainer Kant

Dauerwald – Leicht gemacht!

Ein Kurzleitfaden für die Praxis

Herausgegeben von B.A.U.M. e. V.

Natur+Text

Tannen

Ein Portrait von Wilhelm Bode
Ungekürzte Lesung mit Frank Arnold

In seinem Portrait »Tannen« erzählt Wilhelm Bode die überraschende Kulturgeschichte der Tanne, des vermeintlich bekanntesten Baums, und zeichnet die folgenreiche Verdrängung der Tannen aus unseren Bergmischwäldern nach: In der Romantik zum Weltenbaum überhöht und von der industriellen Forstwirtschaft durch die Fichte verdrängt, ist die Tanne heute zum Hoffnungsbaum geworden, denn sie erträgt trockene Sommer in ihrem natürlichen Mehrgenerationenhaus eines Laubmischwaldes gut. Sein Portrait zeigt eindrucksvoll: Für ein funktionierendes Zusammenleben von Mensch und Natur muss der Mensch für ein lebendiges Ökosystem sorgen.

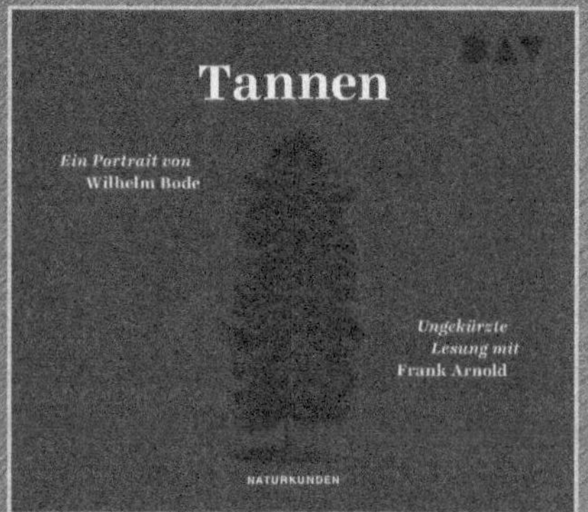